BIBLIOTHÈQUE DES ÉCO PRIMAIRES SUPÉRIEURES
ET DES ÉCOLES PROFESSIONNELLES
Publiée sous la Direction de Félix MARTEL

CHIMIE

(1re, 2me & 3me Années)

par

POIRÉ et DESGRANGES

CINQUIÈME ÉDITION
ENTIÈREMENT REFONDUE

PARIS
LIBRAIRIE CH. DELAGRAVE
15, Rue Soufflot

BIBLIOTHÈQUE
des Écoles primaires supérieures
ET DES ÉCOLES PROFESSIONNELLES

Publiée sous la Direction

de **M. FÉLIX MARTEL**, Inspecteur général de l'Instruction publique

Grammaire et composition française, par MM. GRAILLET et MYARD. 2 50
Exercices correspondant à la Grammaire et Composition française, par MM. MARTEL et MYARD.
1er cahier : Nom. Article, Adjectif. . . . . » 90
2e cahier : Pronom, Verbe . » 90
Théâtre classique du XVIIe et du XVIIIe siècle, par MM. FÉLIX MARTEL et ÉMILE DEVINAT.. . . . . 2 50
Recueil de morceaux choisis de prose et de vers du XVIe au XIXe siècle, par M. FÉLIX MARTEL. 2 25
LA FONTAINE : **Fables**. Extraits, par M. HINZELIN.. . . . . 1 50
FÉNELON : **Extraits** (Télémaque, Dialogues et Fables), par M. POITRINEAU.. . . . . 1 25
VOLTAIRE : **Charles XII**. Extraits, par M. GUY. . . . . » 75
CHATEAUBRIAND : **Extraits**, par M. MÉTIVIER. 1 50
ROUSSEAU (J.-J.) : **Extraits**, par M. STEEG. 1 50
SWIFT : « **Extraits de Gulliver** », par M. HANNEDOUCHE.. . . . 1 25
FOE (D. DE) : **Robinson Crusoé**. Extraits, par M. MOSSUR. . » 75
SCOTT (WALTER) : **Quentin Durward** et quelques extraits d'autres œuvres, par M. MÉTIVIER. . 2 »
ELIOT (G.) : **Silas Marner**. Traduction par M. MOREL. . . . 1 60
THACKERAY : **Extraits**, traduction par M. MOREL. . . . . 2 »
DICKENS : **Extraits**, traduction de M. GUILLOTEL. 2 25
CERVANTES : **Don Quichotte**. Extraits, par M. E. CABLES . . 1 25
FRANKLIN : **Extraits**, par E. HANNEDOUCHE. 1 50
Morale, par M. GÉRARD. Cours des 3 années. . . . . 2 »
Histoire, par MM. VAST et JALLIFFIER. Cours de 1re année. . 2 »
Cours de 2e année. 2 25
Cours de 3e année 2 50

Lectures historiques, tirées des grands écrivains français et étrangers, par M. CAZES, 1re année. 1 50
— 2e année. . . . . 2 »
Géographie, par MM. G. BOURGOIS et G. FOUCART, 1re année. . . 3 »
Extraits de mémoires historiques et militaires du XIXe siècle, par M. GUY. . . . . 2 »
Lectures géographiques, pour les 3 années, par M. CAZES. . 2 50
Lectures sur la société française des XVIIe et XVIIIe siècles, par M. GASQUET. . . . 2 »
Droit usuel, par MM. FÉLIX MARTEL et CHARLES LEGENDRE. . 2 50
Comptabilité et notions de commerce, 3e éd. refondue, par M. EUGÈNE LÉAUTEY. 3 50
Cahiers-registres de cours (in-folio pot).
Comptabilité des non-commerçants. La série des cahiers, 2 francs. — Franco. 2 85
Comptabilité des commerçants, 4 10
— Franco. 4 15
Les deux séries réunies, franco, 6 95
Arithmétique, par MM. GRAND-GAIGNAGE et RECLUS : Cours de 1re, 2e et 3e ann. (Ouvr. refondu), 3 »
Algèbre, par MM. HUE et VAGNIER. 2 50
Géométrie, par MM. HUE et VAGNIER. 1er vol. : Géométrie plane, arpentage et lever des plans 3 »
— 2e volume : Géométrie dans l'espace, nivellement. . . . 2 25
Géométrie (*École de filles*), par MM. HUE et VAGNIER . . . . 2 »
Notions de mécanique, par M. TRESCA. 2 50
Physique, par M. PAUL POIRÉ, 1re année. 1 50
— 2e et 3e année. 2 50
Cours élémentaire d'électricité industrielle, par M. C. LEROIS. 1er fasc., in-12, br. . . 1 »

Le Troisième Livre de
GÉOGRAPHIE
par E. LEVASSEUR & G. NIOX

1° **LA FRANCE** (Revision)..
2° **L'EUROPE.**
3° **LE MONDE.**
4° **LES COLONIES FRANÇAISES.**

In-4°, 96 pages, 67 cartes et nombreuses figures dans le texte, cartonné . . . . 3 »
Le même ouvrage avec la géographie d'un département 3 25

Cet ouvrage est conforme au programme de **l'Enseignement primaire supérieur,** *aux 4 années duquel ses 4 parties correspondent.*

ATLAS MANUEL de
Géographie Physique et Politique
par le Général NIOX

Édition complète. 60 cartes, grand in-4°, reliure souple.. 9 »
Le même Atlas, avec un supplément de 24 cartes historiques, dues à la collaboration de M. Darsy, professeur d'histoire au Lycée Louis-le-Grand . . . . 12 »
L'Atlas de 60 cartes avec un **Livret de Notices**, rédigées pour chaque carte, par le capitaine Malleterre, professeur de géographie à l'École de Saint-Cyr 12 75
Le Livret de Notices se vend séparément, rel. souple 3 75

CHIMIE

CHIMIE

COULOMMIERS

Imprimerie PAUL BRODARD.

CHIMIE

PAR

POIRÉ

ET

DESGRANGES

Professeur à l'École normale d'instituteurs de la Loire-Inférieure

CINQUIÈME ÉDITION

ENTIÈREMENT REFONDUE

PARIS

LIBRAIRIE CH. DELAGRAVE

15, RUE SOUFFLOT, 15

CHIMIE

PREMIÈRE ANNÉE

CHAPITRE PREMIER

Corps simples. — Corps composés. — Distinction entre le mélange et la combinaison. — Exemples simples.

1. Corps simples. — On appelle *corps simples* des corps dont on n'a pu tirer jusqu'ici qu'une seule espèce de matière. Tels sont : le carbone, le soufre, le fer, le cuivre, etc., qui sont des corps solides; le mercure, qui est un corps liquide; l'oxygène, l'hydrogène, etc., qui sont des gaz.

2. Corps composés. Combinaison chimique. — Les corps simples peuvent s'unir entre eux et former des *corps composés.*

Mettons dans un ballon en verre du soufre en morceaux et du cuivre en tournure. A la température ordinaire, rien d'apparent ne se produit : le soufre conserve sa couleur jaune, le cuivre son aspect métallique et sa couleur rouge. Mais, si nous chauffons le ballon, le soufre fond et, quand la température est suffisamment élevée, on voit le cuivre devenir incandescent. Quand cette incandescence a cessé, quand on a laissé le ballon revenir à la température ordinaire, on n'y aperçoit plus ni cuivre ni soufre, mais un corps noir et terne. Il n'a ni la couleur jaune du soufre, ni la couleur rouge du cuivre; il n'a pas non plus l'éclat de celui-ci. C'est un corps nouveau, c'est un corps *composé*, qu'on appelle *sulfure de cuivre*. Il renferme à la fois du soufre et du cuivre qui se sont intimement unis, qui se sont, comme on dit, *combinés*. Du fait de la *combinaison chimique* qui s'est produite est résulté un corps nouveau, dans lequel ont disparu la plupart des propriétés des deux corps mis en présence pour faire place à d'autres propriétés qui sont celles du corps composé.

Nous pouvons encore nous rendre compte de ce qu'est une combinaison chimique en étudiant certains faits qui se passent autour de nous. Considérons le charbon qui brûle dans le foyer : il disparaît peu à peu, parce qu'il se combine avec un gaz, nommé *oxygène*, que renferme l'air et que, de cette combinaison, résulte un composé gazeux appelé *gaz carbonique*, qui s'échappe par la cheminée. De même, le soufre qui brûle à l'extrémité d'une allumette forme, en se combinant avec l'oxygène, un gaz composé, nommé *gaz sulfureux*, qui provoque la toux lorsqu'on le respire.

On donne ordinairement le nom de *combustion* à toute combinaison qui s'effectue, comme dans les exemples précédents, avec dégagement de chaleur et de lumière.

Si l'on voulait recueillir à l'état pur les gaz composés résultant des deux combinaisons précédentes, on pourrait effectuer la combustion en vase clos; par exemple, en descendant dans un ballon rempli d'oxygène un fragment de charbon ou de soufre, préalablement enflammé, placé dans une coupelle soutenue par une tige métallique (fig. 1). Le ballon se trouverait bientôt rempli de gaz carbonique ou de gaz sulfureux, et l'on pourrait constater que ces gaz n'ont ni les propriétés de l'oxygène, ni celles du charbon ou du soufre qui entrent dans leur composition.

Si l'on abandonne à l'air humide un morceau de fer brillant, il ne tarde pas à se recouvrir d'une substance de couleur brune, nommée *rouille*, qui est le résultat de la combinaison du fer avec l'oxygène et qu'on appelle, pour cette raison, *oxyde de fer*. Le fer est dur, la rouille est friable; l'oxygène est un gaz, la rouille est un corps solide. On voit encore, par cet exemple, que les propriétés d'un corps composé sont différentes de celles des corps composants.

3. Phénomènes chimiques. — Les exemples précédents, en même temps qu'ils nous montrent ce qu'est un corps composé, ce qu'est l'acte de la combinaison, nous donnent l'exemple de *phénomènes chimiques*. Ce sont des phénomènes dans lesquels les propriétés des corps ont été modifiées d'une manière profonde et durable. Les phénomènes physiques ne les modifient pas le plus souvent d'une manière profonde. Après l'expérience, le corps modifié retrouve ses propriétés. Si l'on chauffe du soufre et qu'on n'élève pas sa température

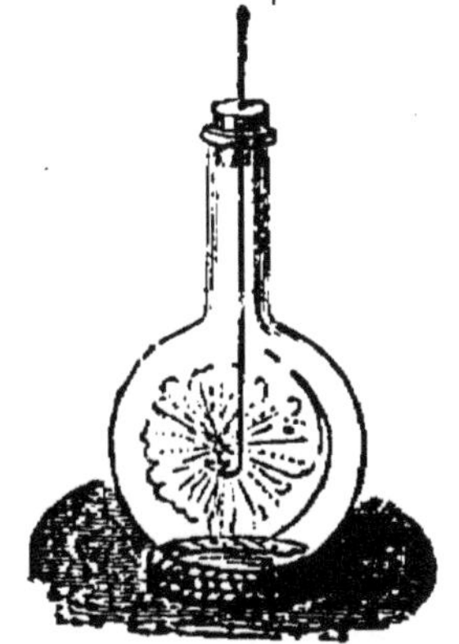

Fig. 1. — Combinaison du charbon et de l'oxygène. Un morceau de charbon enflammé plongé dans un ballon rempli d'oxygène brûle, c'est-à-dire se combine avec l'oxygène, en produisant du gaz carbonique.

assez pour l'enflammer, on le voit fondre et brunir, mais, après refroidissement, il reprend l'état solide et recouvre sa couleur jaune. La modification subie par le corps n'est que passagère et ne change pas ses propriétés d'une manière profonde. Le phénomène ici est *physique*. Il en est de même d'une barre de cuivre qu'on chauffe. Elle s'allonge sous l'influence de la chaleur, mais le refroidissement la ramène à ses dimensions et à ses propriétés primitives.

4. Décompositions chimiques. — Laissons tomber sur du charbon de bois incandescent une pincée d'*azotate de potassium*, corps appelé encore *salpêtre*; le charbon se met à brûler avec un eclat plus vif que dans les conditions ordinaires. Voici ce qui s'est passé : sous l'influence de la chaleur, le salpêtre a laissé échapper de l'oxygène qui entrait dans sa composition, et c'est cet oxygène qui a activé la combustion. Du fait que l'oxygène, une des parties constitutives du salpêtre, s'est échappé, il y a eu *décomposition chimique,* autrement dit, séparation des parties qui formaient le corps.

La préparation de la chaux, ce corps blanc qui sert à la confection des mortiers, nous fournit un nouvel exemple de décomposition chimique. On introduit dans un four en maçonnerie (fig. 2), appelé *four à chaux,* de la *pierre à chaux,* corps de même composition que la craie, pouvant être considéré comme formé par la combinaison de deux corps composés, l'un le *gaz carbonique,* formé, comme nous l'avons vu (2), de charbon et d'oxygène; l'autre, la chaux, formée d'oxygène et d'un métal appelé *calcium.* On chauffe à l'aide de charbon allumé à la partie inférieure du four. La pierre à chaux se décompose : le gaz carbonique se dégage dans l'atmosphère et la chaux reste dans le four.

Fig. 2. — Four à chaux. La pierre à chaux chauffée se décompose en gaz carbonique et en chaux : le gaz carbonique s'échappe avec la fumée du combustible et la chaux reste dans le four.

5. Distinction entre le mélange et la combinaison. — Dans un mélange, chacun des éléments conserve ses propriétés distinctes; dans une combinaison, elles sont remplacées par des propriétés nouvelles, qui sont celles du corps composé.

Mettons dans un mortier de la limaille de cuivre et du soufre en poudre fine, dit *soufre en fleur* : nous pouvons, en les triturant ensemble, en faire un mélange intime et obtenir une poudre de couleur en apparence homogène; mais il nous sera toujours possible de distinguer les grains de soufre des grains de cuivre, sinon avec le seul secours de nos yeux, du moins avec celui d'une loupe, et nous pourrons opérer la séparation des deux éléments en jetant le mélange dans l'eau : le soufre restera en suspension, tandis que le cuivre se déposera au fond du vase. Nous avons là les caractères d'un *mélange*. Les deux éléments sont encore distincts et ont conservé leurs propriétés respectives. Mais, si nous versons le mélange dans un ballon en verre et si nous chauffons le vase, la *combinaison* s'effectue, la masse devient incandescente et nous obtenons un corps homogène, de couleur noire, dans lequel les propriétés du cuivre et du soufre ont disparu; l'union des deux corps est tellement intime qu'on ne peut plus les séparer par des moyens physiques et que le microscope le plus puissant ne permettrait pas de les distinguer l'un de l'autre. Il n'y a plus, en quelque sorte, ni soufre ni cuivre; il n'y a qu'un composé de ces deux corps, le *sulfure de cuivre*.

Nous aurions pu faire l'expérience avec du soufre en fleur et de la limaille de fer. En mélangeant intimement ces deux corps, nous aurions eu une poudre dans laquelle nous aurions pu distinguer les grains de soufre et les grains de fer. Il y a plus : si l'on plonge un aimant dans le mélange, les grains de fer s'attacheront à l'aimant, et en enlevant l'aimant nous pourrons les retirer du mélange. Le soufre et le fer ont conservé leurs individualités respectives.

Mais portons le mélange dans un vase en terre appelé

creuset et chauffons au rouge. Le soufre et le fer vont se combiner et donneront lieu à un nouveau corps, le *sulfure de fer* : il est noir, on n'y distingue plus ni soufre ni fer. Ces deux corps se sont combinés intimement et l'aimant n'est plus capable d'extraire le fer du mélange.

Nous ajouterons, pour compléter la distinction que nous voulons établir entre le mélange et la combinaison, que celle-ci ne s'effectue jamais qu'entre des quantités *déterminées* de matière, tandis que, dans le mélange, les proportions peuvent être quelconques.

Reprenons encore l'exemple de la combinaison du soufre et du cuivre. Si nous introduisons dans le ballon 32 parties de soufre et 63 parties de cuivre, la combinaison s'effectuera dans toute la masse, et, lorsqu'elle sera faite, il ne restera ni soufre ni cuivre en liberté; tout aura été transformé en sulfure de cuivre. Mais si, la proportion de soufre restant la même, nous introduisons 80 parties de cuivre; 63 seulement se combineront aux 32 parties de soufre et 17 resteront libres.

6. Les combinaisons chimiques sont accompagnées de phénomènes calorifiques. — Les combinaisons chimiques sont généralement accompagnées d'un dégagement de chaleur. Nous avons vu (2) le soufre et le cuivre devenir incandescents au moment de leur combinaison.

La chaleur que nous utilisons dans nos foyers et dans l'industrie provient de la combinaison avec l'oxygène des corps simples qui entrent dans la composition des substances combustibles.

Si certaines combinaisons, comme la formation de la rouille, ne donnent pas naissance à une élévation de température appréciable, cela tient à ce que, la combinaison se faisant très lentement, la chaleur dégagée en un temps donné est faible et disparaît à mesure qu'elle se produit.

Les combinaisons accompagnées d'un dégagement de

chaleur sont dites *exothermiques*, et l'on applique la même dénomination aux composés qui en résultent : ainsi l'on dit que le sulfure de cuivre, le gaz carbonique, le gaz sulfureux sont des composés exothermiques.

Quand on veut décomposer un corps exothermique, il faut lui donner de la chaleur, car il est nécessaire de rendre aux corps qu'on veut séparer la chaleur qu'ils ont dégagée en se combinant. Nous verrons bientôt que la plupart des préparations chimiques se font sous l'influence de la chaleur.

Un petit nombre de combinaisons sont accompagnées d'une absorption de chaleur; ces combinaisons et les composés qui en résultent sont dits *endothermiques* : tels sont les *explosifs*. Au moment où ils se décomposent, la chaleur absorbée pendant la combinaison réapparaît et provoque une grande dilatation des gaz provenant de la décomposition : d'où l'explosion.

Remarquons que, dans un mélange, il n'y a jamais dégagement de chaleur. Il pourrait y avoir absorption de chaleur, si l'état physique des corps venait à être modifié; par exemple, si les corps, mélangés à l'état solide, passaient à l'état liquide [1].

7. Objet de la chimie. — La chimie est une science qui étudie les phénomènes chimiques et les lois auxquelles ils obéissent. Elle décrit aussi les propriétés physiques des corps qu'elle étudie, leur état, leur couleur, leur point de fusion et de volatilisation. Cette description doit toujours, dans l'étude qu'on fait d'un corps, précéder celle de ses propriétés chimiques. Le but peut-être le plus important de la chimie consiste, étant donné un corps composé, à déterminer la nature et la proportion des corps simples qui entrent dans sa constitution.

8. Analyse. Synthèse. — La chimie a, pour déter-

1. Voir le *Cours de physique*, n° 44.

miner la constitution des corps composés, deux méthodes différentes, l'*analyse* et la *synthèse*.

Analyser un corps, c'est le décomposer en ses éléments; en faire la *synthèse*, c'est prendre les éléments qu'on suppose entrer dans sa constitution et les combiner pour reconstituer le corps.

L'analyse est *qualitative*, quand elle ne détermine que la nature des éléments; elle est *quantitative*, quand elle détermine leurs proportions relatives.

9. Constitution des corps. Molécules. Atomes.

— Tous les corps sont divisibles en un nombre plus ou moins grand de parties. La nature nous offre de nombreux exemples de cette divisibilité de la matière, qu'elle pousse quelquefois très loin. On a peine à se figurer la ténuité des particules qui se détachent à chaque instant de certaines substances odorantes. Un grain de musc, abandonné dans un appartement où l'air se renouvelle constamment, répand ses particules odorantes de toutes parts, et, au bout de plusieurs mois, la diminution de poids qu'il a subie est à peine sensible.

Bien que la divisibilité de la matière puisse être poussée très loin, les lois de la chimie ne nous permettent pas d'admettre qu'elle aille à l'infini, et nous appellerons *molécules* les particules extrêmement petites qui représentent *la plus petite quantité de matière pouvant exister à l'état libre*. Ces molécules sont, dans un même corps, isolées les unes des autres et séparées par des vides appelés *pores intermoléculaires*.

Une molécule d'un corps composé renferme nécessairement les éléments de chacun des composants. Ces éléments constituent donc des particules encore plus petites que la molécule et on leur donne le nom d'*atomes*. On admet que les molécules des corps simples sont aussi formées généralement de plusieurs atomes qui sont identiques les uns aux autres.

10. Expériences simples. — Effectuer dans un ballon une combinaison de soufre et de cuivre.

Prendre un gros morceau de charbon de bois ; porter à l'incandescence l'une de ses extrémités et y laisser tomber un peu de salpêtre : la combustion est activée par suite de la production d'oxygène résultant de la décomposition du salpêtre.

Mélanger du soufre en fleur et de la limaille de fer, puis séparer les deux corps avec un aimant ou en jetant le mélange dans l'eau.

On peut préparer, sans danger, un composé endothermique de la façon suivante. Mettre dans une petite quantité d'ammoniaque ordinaire une très petite pincée d'iode et agiter : il se dépose au fond du verre un corps noir, qui est de l'iodure d'azote. Filtrer, enlever le filtre et le laisser sécher. Le moindre frottement, celui d'une plume, par exemple, fait détoner l'iodure d'azote resté sur le filtre et l'on peut voir, au moment de l'explosion, la vapeur d'iode résultant de la volatilisation de l'iode sous l'influence de la chaleur dégagée.

CHAPITRE II

**Acides, bases, corps neutres définis par les réactifs
colorés. — Métalloïdes. — Métaux. — Sels.**

11. Réactifs colorés. — On appelle *réactifs colorés*
des substances qui, par un changement de coloration,
permettent de distinguer les corps chimiques les uns
des autres. Les plus employés sont la *teinture de tournesol* et le *sirop de violettes.*

Le tournesol est une substance solide, de couleur
bleue, qu'on extrait de certains lichens. Si l'on fait une
décoction de tournesol, c'est-à-dire si l'on fait bouillir
cette substance avec de l'eau, la matière colorante se
dissout et le liquide filtré constitue la teinture de tournesol. On appelle *papier de tournesol* du papier trempé
dans de la teinture de tournesol, puis séché. Ce papier est
employé aux mêmes usages que la teinture de tournesol.

On prépare le sirop de violettes en faisant infuser des
violettes dans de l'eau et en ajoutant à l'infusion un peu
de sucre. Sa couleur naturelle est violette.

12. Acides. — Versons dans de la teinture bleue de
tournesol quelques gouttes de vinaigre, et agitons : la
teinture passe immédiatement du bleu au rouge. On dit
alors que le vinaigre est un *acide* (acide acétique). *On
appelle acide un corps qui jouit de la propriété de faire
passer du bleu au rouge la teinture de tournesol.*

Avec de l'acide sulfurique, de l'acide chlorhydrique, etc., on aurait obtenu le même résultat.

Les acides donnent aussi au sirop de violettes une coloration rouge.

13. **Bases.** — Dans de la teinture de tournesol rougie par un acide, versons quelques gouttes d'eau de chaux, et agitons : la teinture reprend sa couleur bleue. On dit que la chaux est une *base. On appelle base un corps qui ramène au bleu la teinture de tournesol préalablement rougie par un acide.* La potasse, la soude, l'ammoniaque sont aussi des bases.

Les bases donnent au sirop de violettes la coloration *verte.*

14. **Corps neutres.** — Un *corps neutre* est un corps qui n'agit sur la teinture de tournesol ni pour la rougir quand elle est bleue, ni pour la bleuir quand elle est rouge ; il ne produit également aucun changement de coloration dans le sirop de violettes. Tels sont l'eau, le sel de cuisine, le sulfate de calcium qui, à l'état de plâtre, sert dans les constructions.

15. **Métalloïdes. Métaux.** — Le nombre de corps simples connus actuellement est d'environ 80, mais tous ces corps sont loin de présenter une égale importance.

On les divise ordinairement en deux classes : les *métalloïdes* et les *métaux.*

Les métalloïdes sont, en général, dénués d'éclat et conduisent mal la chaleur et l'électricité.

Les métaux ont un éclat qu'on appelle éclat métallique et conduisent bien la chaleur et l'électricité.

Liste des métalloïdes et des principaux métaux.

MÉTALLOÏDES

Chlore	Oxygène	Azote	Carbone
Brome	Soufre	Phosphore	Silicium
Iode	Sélénium	Arsenic	
Fluor	Tellure	Bore	

PRINCIPAUX MÉTAUX

Hydrogène	Manganèse	Étain	Mercure
Potassium	Fer	Cuivre	Argent
Sodium	Zinc	Plomb	Or
Calcium	Nickel	Aluminium	Platine

Un métal n'est pas nécessairement un corps solide : dans la liste ci-dessus figurent, en effet, le mercure qui est un liquide et l'hydrogène qui est un gaz.

16. Sels. — L'analyse chimique montre qu'UN ACIDE RENFERME DE L'HYDROGÈNE. Ainsi l'acide chlorhydrique est formé de chlore et d'*hydrogène*; l'acide sulfurique, de soufre, d'oxygène et d'*hydrogène*. On peut donc dire *qu'un acide est un corps hydrogéné capable de rougir la teinture de tournesol et qu'on doit considérer comme une combinaison d'hydrogène avec un corps simple ou avec un corps composé.*

Mettons dans un verre contenant de l'eau quelques pointes de fer et versons dans l'eau un peu d'acide sulfurique; aussitôt de nombreuses bulles montent à travers le liquide et viennent crever à la surface; ce sont des bulles d'hydrogène. Le fer a pris, dans l'acide sulfurique, la place de l'hydrogène qui, mis ainsi en liberté, s'est dégagé. Il s'est formé un nouveau corps qui diffère de l'acide sulfurique en ce que le fer y remplace l'hydrogène; ce corps, appelé *sulfate de fer*, est un *sel*. Il reste en dissolution dans l'eau d'où l'on pourrait le retirer par évaporation.

Si l'on met quelques fragments de zinc dans un verre et qu'on verse dessus de l'acide chlorhydrique, une vive effervescence se produit qui a encore pour cause la substitution du métal à l'hydrogène de l'acide. Le corps ainsi formé est du *chlorure de zinc*; c'est encore un *sel*.

On appelle sel le résultat de la substitution d'un métal à l'hydrogène d'un acide.

La combinaison d'un acide et d'une base donne aussi naissance à un sel, et autrefois tous les sels étaient considérés comme résultant d'une semblable combinaison. Ainsi l'on considérait le plâtre comme formé par la combinaison de l'*acide sulfurique* et de la *chaux*, et on l'appelait *sulfate de chaux*; le salpêtre comme formé par la combinaison de l'*acide azotique* avec la *potasse*, et on lui donnait le nom d'*azotate de potasse*. On disait de même *azotate de soude*. En réalité, quand un acide se combine avec une base, l'hydrogène de l'acide se combine avec l'oxygène de la base, et le métal de la base prend encore la place de l'hydrogène de l'acide.

La nouvelle manière d'envisager la composition des sels a fait changer la dénomination de quelques-uns, et l'on dit aujourd'hui *sulfate de calcium*, au lieu de sulfate de chaux; *azotate de potassium* au lieu d'azotate de potasse; *azotate de sodium*, au lieu d'azotate de soude, comme on a toujours dit *sulfate de fer*, *azotate de cuivre*, etc.

Nous nous servirons désormais des nouvelles dénominations, qui répondent mieux à la théorie, tout en faisant remarquer que, dans le langage courant, les anciennes sont encore très employées.

17. Expériences simples. — Faire constater sur la teinture de tournesol ou le sirop de violettes l'action d'un acide, par exemple le vinaigre, et d'une base, par exemple, la chaux.

Pour préparer de l'eau de chaux, mettre dans un flacon quelques fragments de chaux, remplir d'eau le flacon, agiter et laisser reposer; le liquide incolore qui surnage est l'eau de chaux. Chaque fois qu'on s'est servi d'eau de chaux, remplir de nouveau le flacon d'eau, agiter et laisser reposer; avoir soin de tenir le flacon bien bouché.

Faire agir de l'acide sulfurique sur du fer ou du zinc, ou bien de l'acide chlorhydrique sur du zinc et faire constater le dégagement d'hydrogène. Mettre ensuite le liquide dans une assiette et laisser évaporer pour obtenir le sel formé.

CHAPITRE III

Air atmosphérique.

18. La terre est entourée par une couche gazeuse qu'on désigne sous le nom d'*air atmosphérique* et dont l'épaisseur est de 60 kilomètres environ.

L'air est incolore, lorsqu'on le regarde sous une faible épaisseur. Vu sous une épaisseur considérable, il paraît bleu; c'est ce qui arrive lorsque l'atmosphère n'est pas chargée de vapeurs, lorsque *le temps est beau*. Si parfois le ciel nous paraît couvert, gris ou blanc, c'est que l'atmosphère se trouvant chargée de gouttelettes d'eau, qui constituent les nuages, nous ne pouvons la regarder sous une épaisseur assez considérable pour qu'elle nous paraisse bleue.

Galilée[1] a démontré, en 1640, que l'air était pesant. 1 litre d'air pèse 1 gr. 293 à 0° et sous la pression de 760 millimètres.

C'est à la densité de l'air prise pour unité qu'on rapporte la densité des autres gaz. Donc, si l'on connaît la densité d'un gaz, il suffira, pour obtenir le poids d'un litre de ce gaz, de multiplier 1 gr. 293 par cette densité.

19. **Expérience de Lavoisier.** — La composition de l'air n'est connue que depuis la fin du siècle dernier.

---

1. Galilée, né à Pise en 1564, mort en 1642.

C'est à Lavoisier[1] (1774) qu'on doit cette découverte,
qui doit être considérée comme ayant exercé la plus
grande influence sur le développement de la chimie. On
comprend que, la plupart des phénomènes chimiques se
passant au milieu de l'air, celui-ci doit intervenir dans
le plus grand nombre d'entre eux.

Voici l'expérience mémorable par laquelle Lavoisier
démontra l'existence de deux gaz différents dans l'air.

Il introduisit un poids déterminé de mercure dans un
ballon dont le col recourbé (fig. 3) s'élevait jusqu'au

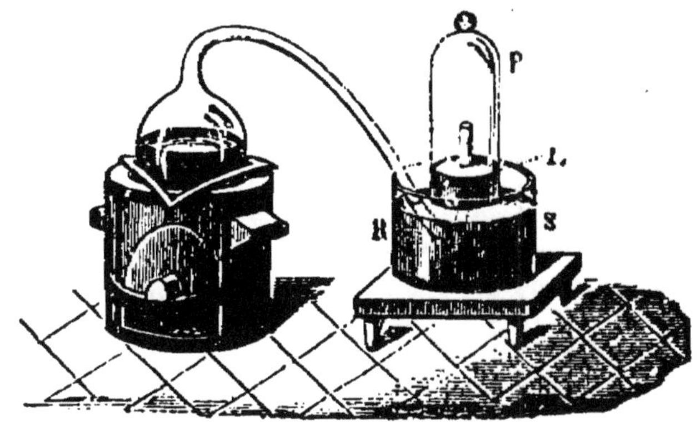

Fig. 3. — Expérience de Lavoisier pour montrer la composition de l'air.
Le mercure chauffé dans le ballon se combine avec l'oxygène de l'air du ballon et de la cloche P en formant du bioxyde de mercure.

milieu d'une cloche P, reposant sur un bain de mercure
RS et remplie d'air; puis, aspirant une partie de cet air
avec un siphon, il fit monter le mercure jusqu'à un niveau
L qu'il marqua soigneusement avec une bande de papier.
Le ballon reposait sur un fourneau. Les charbons que
contenait ce dernier échauffaient le mercure jusqu'à une
température voisine de son ébullition.

L'expérience dura douze jours. Au bout du second
jour, Lavoisier commença à voir nager à la surface du
mercure du ballon de petites parcelles rouges dont le

1. Lavoisier (Antoine-Laurent), célèbre chimiste, né à Paris en
1743, entra à l'Académie des sciences en 1768, fut traduit comme
fermier général, en 1793, devant le tribunal révolutionnaire; con-
damné par lui, il mourut sur l'échafaud le 8 mai 1793.

nombre augmenta pendant quatre ou cinq jours. En même temps le mercure s'éleva dans la cloche P. Au bout de douze jours, Lavoisier, voyant que la *calcination du mercure* (oxydation du mercure) ne faisait plus aucun progrès, éteignit le feu et laissa refroidir l'appareil. Il constata alors que le volume d'air qu'il contenait au début de l'expérience avait diminué d'environ $\frac{1}{5}$, que le gaz qui restait n'avait plus la propriété d'entretenir la combustion ni la respiration, que les animaux y tombaient asphyxiés, que les bougies s'y éteignaient immédiatement.

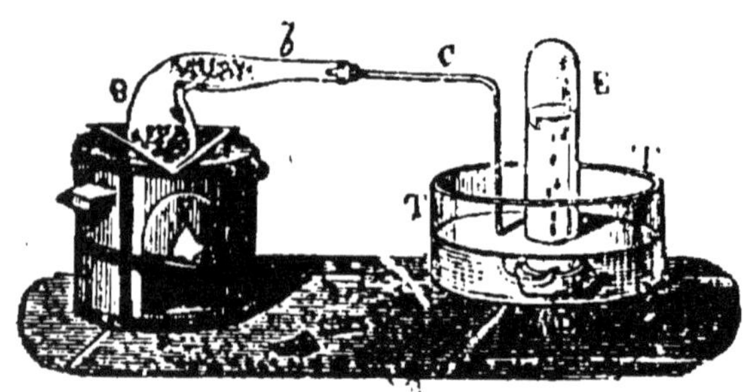

Fig. 4. — Décomposition du bioxyde de mercure.
Le bioxyde de mercure chauffé dans la cornue B se décompose en mercure qui reste dans la cornue et en oxygène qui se rend dans l'éprouvette E.

Reprenant alors les parcelles rouges qui s'étaient formées à la surface du mercure (et qui n'étaient autres que du bioxyde de mercure), il les introduisit dans une petite cornue de verre munie d'un tube abducteur C (fig. 4), la chauffa et décomposa la matière rouge en mercure qui resta dans la cornue et en un gaz qu'il recueillit. Le gaz communiquait à la flamme de la bougie un éclat éblouissant; le charbon, au lieu de s'y consumer paisiblement comme dans l'air ordinaire, y brûlait avec éclat.

En réfléchissant aux conséquences de cette expérience, on voit que l'air se compose de deux gaz de natures différentes et, pour ainsi dire, opposées : l'un, capable d'être absorbé par le mercure chauffé, de communiquer à la combustion une activité qu'elle n'a pas dans l'air, c'est l'oxygène; l'autre, incapable de se combiner avec le mercure et d'entretenir la combustion, c'est l'azote.

Lavoisier acheva de prouver cette importante vérité, en montrant que les deux gaz mélangés dans les proportions qu'il avait déterminées reproduisaient l'air ordinaire.

L'expérience de Lavoisier établissait d'une manière incontestable que l'air est formé d'azote et d'oxygène dans la proportion de $\frac{1}{5}$ d'oxygène pour $\frac{4}{5}$ d'azote.

20. Analyse de l'air. — Il existe plusieurs procédés d'analyse de l'air. Nous n'indiquerons que les plus simples, savoir : par le phosphore à froid, par le phosphore à chaud, par la combustion d'une bougie. Chacun de ces procédés nous permettra de déterminer, comme dans l'expérience de Lavoisier, les proportions selon lesquelles l'oxygène et l'azote entrent dans la composition de l'air.

21. Analyse de l'air par le phosphore à froid. — On introduit un bâton de phosphore mouillé dans un tube gradué reposant sur le mercure (fig. 5) et contenant un volume d'air, qu'on mesure. Le phosphore s'empare lentement de l'oxygène de l'air pour former avec lui de l'acide phosphoreux, que dissout l'eau qui mouille le bâton de phosphore. Lorsque celui-ci n'est plus lumineux dans l'obscurité,

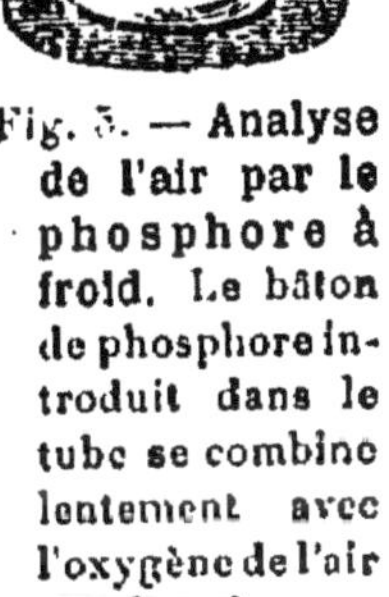

Fig. 5. — Analyse de l'air par le phosphore à froid. Le bâton de phosphore introduit dans le tube se combine lentement avec l'oxygène de l'air que le tube renferme.

on mesure le volume gazeux restant, qui est de l'azote et qu'on trouve égal aux $\frac{4}{5}$ du volume primitif.

22. Analyse de l'air par le phosphore à chaud. — Si l'on opère à chaud, l'analyse se fait plus rapidement. Dans une cloche courbe (fig. 6), contenant un volume déterminé d'air et reposant sur l'eau, on introduit un morceau de phosphore et on le pousse, à l'aide d'un fil de fer, jusqu'à ce qu'il arrive dans le

petit renflement que présente la cloche; on chauffe doucement avec une lampe à alcool : le phosphore fond et
s'enflamme; une lueur verdâtre traverse la cloche de
haut en bas, le gaz phosphorique formé se dissout dans

Fig. 0. — **Analyse de l'air par le phosphore à chaud.** Le morceau de phosphore chauffé à la partie supérieure de la cloche s'enflamme en se combinant
avec l'oxygène de l'air de la cloche.

l'eau et l'on mesure le volume d'azote restant qu'on
trouve encore égal aux $\frac{4}{5}$ du volume d'air enfermé dans
la cloche.

**23. Analyse de l'air par la combustion d'une
bougie.** — On fixe sur une assiette une bougie de
5 à 6 centimètres de longueur et l'on remplit l'assiette
d'eau ou, mieux encore, d'eau de chaux, qui est une dissolution limpide de chaux. La bougie étant allumée, on
la recouvre d'une cloche ou d'un grand verre; la bougie
ne tarde pas à s'éteindre et l'on constate qu'après
refroidissement de la cloche, l'eau a monté d'environ $\frac{1}{5}$.

Voici ce qui s'est passé. Une partie de l'acide stéarique qui forme la bougie, et qui est composé de *carbone*, d'*hydrogène* et d'*oxygène*, a brûlé aux dépens de
l'oxygène de l'air de la cloche, en formant de la *vapeur
d'eau* (hydrogène et oxygène), qui s'est condensée, et

du *gaz carbonique* (carbone et oxygène), qui s'est dissous dans l'eau ou combiné avec la chaux en formant du *carbonate de calcium*.

Par suite de la pression atmosphérique, l'eau a remplacé l'oxygène disparu, qui entrait donc pour $\frac{1}{5}$ dans la composition de l'air de la cloche. Le gaz restant est de l'azote.

24. Vapeur d'eau et anhydride carbonique contenus dans l'air. — L'air renferme aussi une petite quantité de *gaz carbonique*, que nous étudierons plus tard sous le nom d'*anhydride carbonique*.

Pour le prouver, on expose à l'air de l'eau de chaux contenue dans un vase large et peu profond. Il se forme bientôt à la surface une pellicule blanche de *carbonate de calcium*, résultant de la combinaison du gaz carbonique de l'air avec la chaux. Si l'on enlève cette pellicule, elle est remplacée par une autre, et, si l'on réunit les pellicules successivement formées à la surface du liquide, qu'on les chauffe dans une cornue de grès, le carbonate de calcium se décomposera en chaux et en gaz carbonique : la chaux restera dans la cornue et l'on pourra recueillir le gaz carbonique mis en liberté par l'action de la chaleur.

L'air contient aussi de la vapeur d'eau, et c'est la condensation de cette vapeur qui produit la pluie et les brouillards, sa congélation qui produit la neige.

C'est aussi à la présence de la vapeur d'eau dans l'air qu'est due la propriété qu'ont certaines substances, dites *déliquescentes*, comme le sel de cuisine, la potasse, de fondre à l'air, parce qu'elles y absorbent assez d'eau pour s'y dissoudre,

Des analyses précises ont montré que la quantité, en volume, d'anhydride carbonique de l'air oscille entre 0,0002 et 0,0006. Quant à la quantité de vapeur d'eau, elle est très variable.

25. Autres matières contenues dans l'air. —

Indépendamment de l'azote, de l'oxygène, de l'anhydride carbonique et de la vapeur d'eau, l'air contient encore d'autres substances, telles que l'ammoniaque et l'azotate d'ammoniaque. L'ammoniaque provient de la décomposition des matières organiques azotées. L'acide azotique, qui entre dans la composition de l'azotate d'ammoniaque, provient de la combinaison de l'azote et de l'oxygène, combinaison faite en présence de la vapeur d'eau, sous l'influence des étincelles électriques qui éclatent dans l'air pendant les orages.

Avec ces substances se trouvent de nombreux corpuscules qu'on aperçoit très bien sur le trajet d'un rayon solaire traversant une chambre peu éclairée. Parmi ces corpuscules, il en est qui sont organisés; ce sont des animalcules ou des végétaux, tantôt développés, tantôt seulement à l'état de germes. Les admirables travaux de Pasteur ont montré toute l'importance de ces êtres, qu'on désigne quelquefois sous le nom de *microbes*. Tantôt ils provoquent les phénomènes de fermentation, comme ceux qui transforment le sucre en alcool et en anhydride carbonique, l'alcool en vinaigre, etc.; tantôt ils provoquent la décomposition des matières organiques (putréfaction des cadavres, etc.); enfin, il en est qui, absorbés par les animaux, peuvent développer chez eux des maladies infectieuses.

26. Argon. — Lord Rayleigh et M. Ramsay ont découvert (1895) dans l'air un nouveau corps gazeux, qu'ils ont appelé *argon*, qui a de grandes analogies avec l'azote, mais s'en distingue par certaines propriétés, notamment par une densité plus grande.

27. Composition de l'air en poids et en volume. — Les diverses analyses que nous avons faites montrent que dans la composition de l'air l'oxygène entre pour environ $\frac{1}{5}$ et l'azote pour les $\frac{4}{5}$. Ces résultats ne sont qu'approximatifs. Des analyses précises ont montré que la composition de l'air, débarrassé de la vapeur d'eau et de l'anhydride carbonique, était la suivante :

1° en poids : 100 grammes d'air renferment $\begin{cases} 23 \text{ gr. d'oxygène.} \\ 77 \text{ — d'azote.} \end{cases}$

2° en volume : 100 cent. c. d'air renferment $\begin{cases} 21 \text{ cent. c. d'oxygène.} \\ 79 \text{ — d'azote.} \end{cases}$

La proportion d'argon dans l'air est de $\dfrac{1}{100}$ environ en volume. Si l'on veut tenir compte de la présence de ce gaz, il faut retrancher le volume qui le représente du volume de l'azote, avec lequel il est généralement confondu.

28. L'air est un mélange. — Quoique l'air atmosphérique ait une composition constante, on doit le considérer comme un mélange, et non comme une combinaison définie. Voici les raisons principales qu'on fait valoir à l'appui de cette assertion :

1° Les volumes d'azote et d'oxygène, qui se trouvent dans l'air, n'offrent pas entre eux un rapport simple comme ceux qu'on remarque ordinairement dans les combinaisons gazeuses ;

2° Quand on mélange l'azote et l'oxygène dans les proportions où ils se trouvent dans l'air, on n'observe pas les phénomènes calorifiques qui accompagnent ordinairement les combinaisons chimiques, et cependant le mélange présente toutes les propriétés de l'air atmosphérique ;

3° L'eau a la propriété de dissoudre en petite quantité les gaz qui forment l'air atmosphérique et de les laisser échapper quand on la porte à l'ébullition. Si l'on fait bouillir de l'eau qui a séjourné au contact de l'atmosphère et qu'on analyse le mélange gazeux qui s'est dégagé, on constate qu'il renferme 33 parties d'oxygène pour 67 d'azote. Ces nombres, différents de ceux qui indiquent les proportions selon lesquelles l'oxygène et l'azote entrent dans la composition de l'air atmosphérique, montrent que l'air est bien un mélange. En effet, s'il était une combinaison, il devrait se dissoudre à raison de 21 parties d'oxygène pour 79 d'azote, tandis que chaque gaz, ayant conservé ses propriétés particulières, s'est dissous selon son propre degré de solubilité.

29. Expériences simples. — Faire l'analyse de l'air par un, au moins, des procédés indiqués.

Mettre de l'eau de chaux dans une assiette et faire constater, quelques heures après, la formation d'une croûte mince de carbonate de calcium.

Mettre en évidence la présence de la vapeur d'eau dans l'air par le dépôt d'une buée sur les corps froids; par exemple, sur une carafe pleine d'eau fraîche apportée dans une salle chaude.

Dans un appartement, on constatera facilement la présence des corpuscules dans l'air en observant le trajet d'un rayon solaire passant par une petite ouverture.

CHAPITRE IV

Oxygène et Azote. — Combustion.

Oxygène

30. Historique. — L'oxygène a été découvert en 1774 par Priestley [1]; mais c'est à Lavoisier qu'on doit la détermination de ses propriétés principales et du rôle important qu'il joue dans les phénomènes de la combustion et de la respiration.

31. Préparation de l'oxygène. — 1° *Par le bioxyde de manganèse.* On introduit dans une cornue en grès A (fig. 7), une poudre noire appelée *bioxyde de manganèse* (ce produit se trouve dans la nature et se compose, comme son nom l'indique, d'un métal appelé *manganèse* et d'*oxygène*). Le col de la cornue est fermé par un bouchon, qui laisse passer un tube abducteur de forme particulière, dit *tube de Welter*, et se rendant sous la cuve à eau. L'éprouvette H, destinée à recueillir le gaz, est placée sur une planchette K percée d'une fente à travers laquelle passe le tube abducteur.

Comme le bioxyde de manganèse exige pour sa décomposition une température élevée, on place la

1. Priestley, physicien anglais, né en 1733, à Fuldhead, près de Leeds (Angleterre), mort en 1804, se plaça par ses nombreuses découvertes en physique et en chimie au premier rang des savants de l'Europe.

cornue dans un fourneau à réverbère. Ce fourneau se compose d'une partie inférieure C, semblable à un fourneau ordinaire; au-dessus d'elle s'élève une autre partie B, appelée *laboratoire*, qui est recouverte d'une voûte

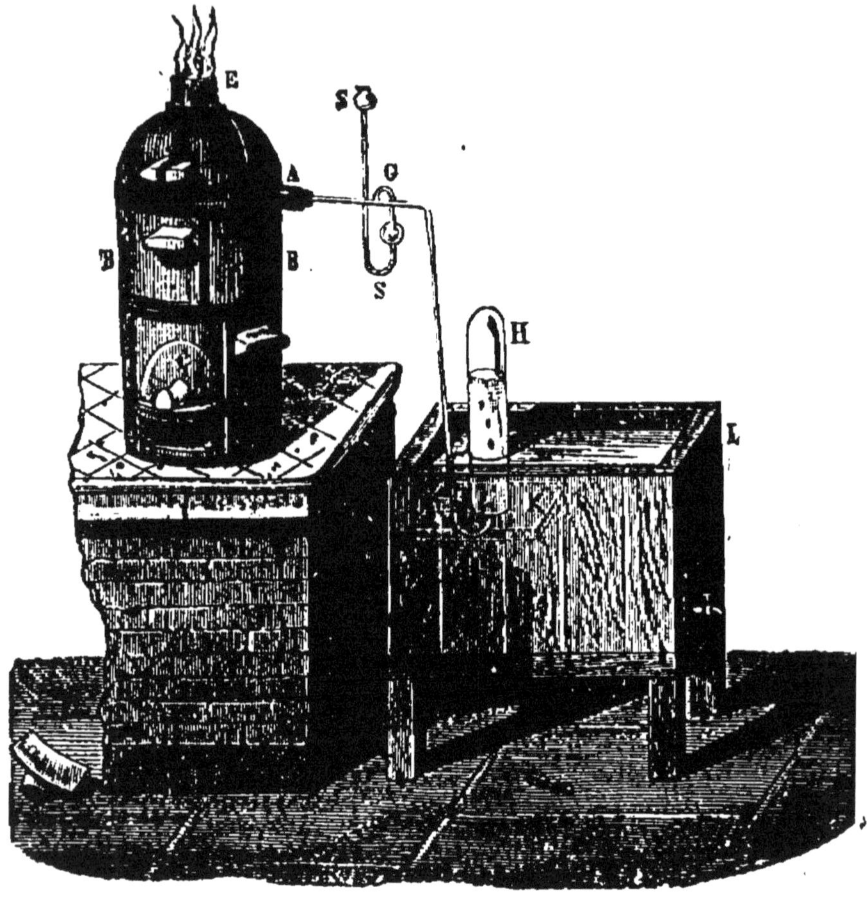

Fig. 7. — Préparation de l'oxygène par le bioxyde de manganèse. B, fourneau à réverbère renfermant la cornue dont le col s'aperçoit en A; I, cuve à eau; H, éprouvette; K, planchette sur laquelle repose l'éprouvette; G S S, tube de sûreté, dit tube de Welter.

fermée qu'on désigne sous le nom de *dôme*. La partie E du dôme peut recevoir un tuyau en tôle destiné à activer le tirage.

La partie C étant remplie de charbon, on place la cornue en B sur une grille que renferme le fourneau et l'on achève de remplir avec du charbon. Puis on allume à la partie inférieure : la combustion se propage de bas en haut et la chaleur développée produit la décomposition du bioxyde de manganèse. Le tiers seulement de l'oxygène contenu dans le bioxyde se dégage; les deux autres restent combinés au manganèse et forment avec lui un oxyde d'un degré inférieur, appelé *oxyde salin* de manganèse.

La légende suivante rend compte de la décomposition qui se produit :

$$\text{Bioxyde de manganèse.} \begin{cases} \text{Oxygène } \frac{1}{3} \text{ »} \longrightarrow \\ \text{Oxygène } \frac{2}{3} \\ \text{Manganèse} \end{cases} = \begin{array}{l} \text{Oxyde salin} \\ \text{de manganèse.} \end{array}$$

Remarques. — Le tube de Welter est un appareil de sûreté qui empêche l'eau de la cuve de monter dans la cornue et de la briser lorsque, par le refroidissement, le gaz de la cornue se contracte et diminue de pression. L'air extérieur a le temps de rentrer dans la cor-

Fig. 8. — Pour retirer de la cuve à eau une éprouvette pleine de gaz, on passe sous l'éprouvette une soucoupe et l'on enlève le tout.

Fig. 9. — Têt à gaz, vu de face (*a*), de profil (*b*), en coupe (*c*).

nue par le tube GSS en déprimant la petite colonne d'eau qu'il renferme, et cela avant que l'eau de la cuve ait pu pénétrer dans la cornue par le tube abducteur qui est plus long.

Pour recueillir le gaz, on commence par plonger

dans la cuve à eau une éprouvette, en la tenant l'ouverture en haut. L'éprouvette étant remplie d'eau, on la retourne et on la pose sur la planchette K, au-dessus du tube abducteur; elle se remplit peu à peu de gaz, qui prend la place de l'eau.

On peut remplacer la cuve à eau représentée dans la figure 7 par une terrine ou tout autre vase analogue (fig. 8). Sur le fond de la terrine est posé un *têt à gaz*, sorte de capsule renversée qui présente deux ouvertures (fig. 9), l'une allongée par laquelle le tube abducteur entre sous le têt, l'autre circulaire par laquelle il pénètre dans l'éprouvette. Sur le têt on pose une éprouvette pleine d'eau qui se remplit de gaz arrivant par le tube. (Ce tube n'est pas représenté dans la figure 8 [1].)

Quand l'éprouvette est pleine de gaz, on introduit, d'une main, sous l'eau de la cuvette, une soucoupe (fig. 8); de l'autre main, on soulève l'éprouvette de dessus le têt à gaz sans retirer de l'eau sa base inférieure, qu'on pose sur la soucoupe; puis on retire de l'eau soucoupe et éprouvette (fig. 10). On a ainsi enlevé l'éprouvette sans permettre à l'air extérieur de se mêler au gaz qu'elle contient. Cela fait, on remplace la première éprouvette par une seconde, et ainsi de suite [2].

Fig. 10. — Éprouvette pleine de gaz reposant sur une soucoupe pleine d'eau.

2° *Par un mélange de chlorate de potassium et de*

1. L'emploi du têt à gaz n'est pas d'une nécessité absolue. On peut s'en dispenser en tenant l'éprouvette à la main pendant le dégagement.

2. Ce que nous venons de dire sur la manière de recueillir le gaz oxygène est général et s'appliquera aussi, dans la suite de ces leçons, à tout gaz se dégageant sur la cuve à eau ou sur la cuve à mercure, cette dernière étant employée pour les gaz très solubles dans l'eau.

bioxyde de manganèse. — Dans un ballon, ou dans une cornue en verre, on introduit un mélange, par parties égales, d'un sel blanc appelé *chlorate de potassium* et de *bioxyde de manganèse.* Puis, l'appareil étant monté comme l'indique la figure 11, on chauffe, soit au moyen d'un bec de gaz, soit avec une lampe à alcool. L'oxygène se dégage et on le recueille comme il vient d'être dit[1].

Le chlorate de potassium est formé de *chlore*, d'*oxygène*

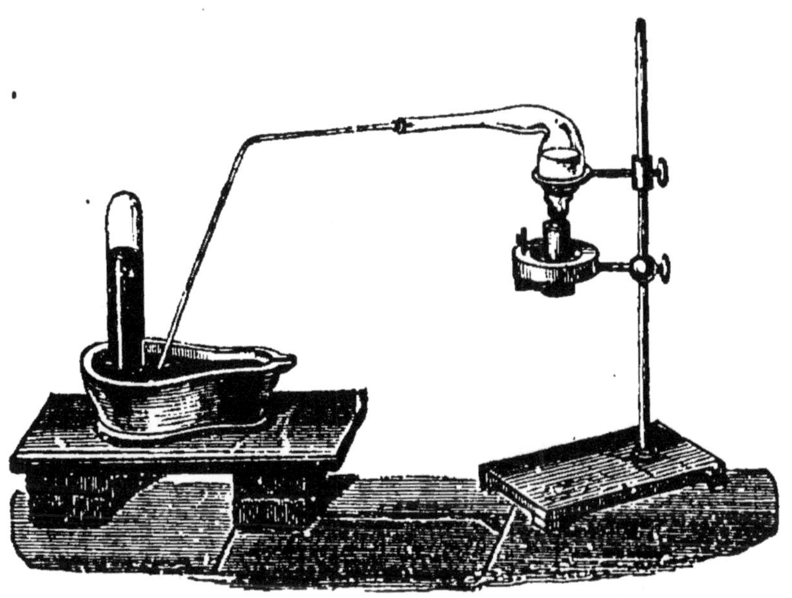

Fig. 11. — Préparation de l'oxygène par le chlorate de potassium. Du chlorate de potassium étant chauffé dans la cornue, il se dégage de l'oxygène qui se rend dans l'éprouvette reposant sur la cuve à eau.

et de *potassium.* Sous l'influence de la chaleur, l'oxygène s'échappe et le chlore forme avec le potassium du chlorure de potassium, corps solide qui reste dans la cornue.

1. Le bioxyde de manganèse ne joue ici aucun rôle chimique, la température n'étant pas suffisamment élevée pour le décomposer. Sa présence a pour but d'empêcher la formation d'un perchlorate de potassium qui pourrait produire des explosions dangereuses. On peut d'ailleurs le remplacer par du sable calciné.

La légende suivante rend compte de la réaction.

$$\text{Chlorate de potassium} \begin{cases} \text{chlore} \\ \text{oxygène} \\ \text{potassium} \end{cases} = \begin{matrix} \text{chlorure} \\ \text{de potassium.} \end{matrix}$$

3° *Extraction de l'oxygène de l'air.* — On extrait aujourd'hui industriellement l'oxygène de l'air par le procédé Boussingault perfectionné par MM. Brin frères. On fait passer de l'air sur de la baryte chauffée qui se suroxyde et prend l'oxygène de l'air. Si l'on élève la température du bioxyde de baryum formé, il abandonne l'oxygène qu'il avait pris à l'air et se transforme en baryte, capable de servir à nouveau.

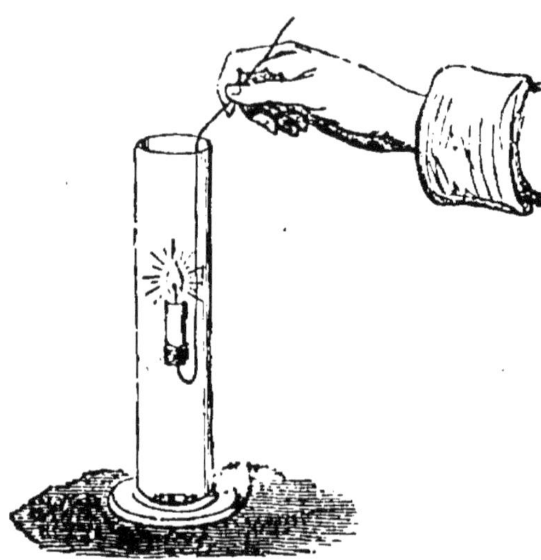

Fig. 12. — Combustion d'une bougie dans l'oxygène. Si l'on descend une bougie allumée dans une éprouvette ou un flacon rempli d'oxygène, elle brûle plus vite que dans l'air.

32. Propriétés physiques. — L'oxygène est un corps gazeux, incolore, sans odeur ni saveur. Il a été liquéfié pour la première fois, en 1878, par M. Cailletet et par M. Pictet[1]. Il est peu soluble dans l'eau, qui en dissout à 0° les 0,04 de son volume. La densité de ce gaz est 1,1056; un litre d'oxygène pèse donc, à 0° et sous la pression de 760, 1 gr. 293 × 1,1056 = 1 gr. 430.

33. Propriétés chimiques. — L'oxygène est éminemment propre à la combustion des corps : nous verrons plus tard qu'il est nécessaire à la respiration. Si

---

1. Voir le *Cours de physique*, n° 263.

l'on plonge dans une éprouvette remplie d'oxygène une allumette qu'on vient d'éteindre, mais qui présente encore quelques points rouges, elle se rallume et brûle avec un vif éclat. Une bougie allumée, plongée (fig. 12) dans un vase rempli d'oxygène, y brûle aussi avec vivacité.

Les expériences suivantes mettent en évidence l'énergie des affinités chimiques de l'oxygène.

Dans un ballon à large goulot, plein d'oxygène, descendons un charbon ardent placé dans une petite coupelle suspendue à l'extrémité d'un fil de fer; le charbon se met à brûler avec une vive lu-

Fig. 13. — Combustion du phosphore dans l'oxygène. Un morceau de phosphore enflammé descendu dans un milieu rempli d'oxygène y brûle avec un éclat extrêmement vif.

Fig. 14. — Combustion du fer dans l'oxygène. Un ressort de montre détrempé et enroulé en spirale brûle dans l'oxygène en projetant de vives étincelles.

mière; le phénomène dure jusqu'à ce que tout l'oxygène ait été transformé en *anhydride carbonique*, gaz qui a la propriété de troubler l'eau de chaux et de rougir la teinture de tournesol.

Le soufre enflammé placé dans les mêmes conditions brûle avec une flamme bleue très vive et donne lieu à un gaz appelé *anhydride sulfureux*, qui provoque les larmes, a une odeur suffocante et décolore la teinture de tournesol après l'avoir rougie.

Le phosphore enflammé brûle aussi dans l'oxygène avec une flamme d'un éclat éblouissant : il s'élève en même temps des fumées blanches (fig. 13) formées par le corps solide pulvérulent qui résulte de la combinaison du phosphore avec l'oxygène. Ce corps est l'*anhydride phosphorique*.

Enfin suspendons à un bouchon de liège un ressort de montre tourné en spirale, à l'extrémité duquel est attaché un morceau d'amadou; enflammons cet amadou et descendons le ressort dans un flacon d'oxygène; l'amadou y brûle avec rapidité (fig. 14), sa combustion se communique au ressort d'acier qui brûle à son tour, en lançant de tous côtés de vives étincelles. La chaleur dégagée par la combustion est tellement grande que l'oxyde formé fond et tombe en globules incandescents, qui vont s'incruster dans le fond du flacon. Cet oxyde n'est pas la rouille ou sesquioxyde de fer; c'est un autre oxyde appelé *oxyde magnétique* de fer. Les parcelles incandescentes qui se détachent d'un morceau de fer chauffé au rouge, lorsque le forgeron le martèle sur l'enclume, sont aussi formées par l'oxyde magnétique.

34. Ozone. — Lorsqu'on fait passer des étincelles électriques dans de l'oxygène, il se transforme en une variété d'oxygène, appelée *ozone*. L'ozone est odorant, a une couleur bleue quand il est vu sous une épaisseur assez considérable. Il a un pouvoir oxydant plus énergique que l'oxygène.

AZOTE

35. Préparation de l'azote. — On peut préparer l'azote en l'extrayant de l'air atmosphérique, dont il est un des éléments. Cette extraction peut se faire par la combustion du phosphore ou d'une bougie, ou encore par le cuivre chauffé au rouge.

1° *Par la combustion du phosphore ou d'une bougie.* —

Dans une capsule en terre placée sur un bouchon de
liège qui flotte (fig. 15) à la surface de l'eau d'une cuve,
on met un morceau de phosphore; on l'enflamme et l'on
recouvre le tout avec une cloche. Le phosphore brûle
aux dépens de l'oxygène de l'air renfermé dans la cloche
et se transforme en anhydride phosphorique, qui se dissout dans l'eau. Quand tout
l'oxygène est absorbé, le phosphore s'éteint et le gaz qui reste
dans la cloche est l'azote.

L'eau a monté d'une certaine
quantité dans la cloche pour
remplacer l'oxygène absorbé
par le phosphore.

L'azote ainsi préparé n'est
pas d'une pureté parfaite : il
contient encore un peu d'oxygène qui a échappé à la combustion vive du phosphore, de
l'anhydride carbonique prove-

Fig. 15. — Préparation de
l'azote par l'air et le phosphore. Le phosphore brûle aux
dépens de l'oxygène de l'air de
la cloche et il ne reste plus sous
celle-ci que de l'azote.

nant de l'air employé et des vapeurs de phosphore.

Le procédé d'analyse de l'air par la combustion d'une
bougie (23) constitue aussi un mode de préparation de
l'azote, mais le gaz ainsi préparé est encore moins pur
que celui qu'on obtient par la combustion du phosphore.

2° *Par le cuivre.* — On peut préparer l'azote, à l'état
de pureté parfaite, en faisant passer un courant d'air
privé d'anhydride carbonique sur du cuivre chauffé au
rouge. A cette température, le cuivre s'empare de l'oxygène de l'air et l'azote seul se dégage.

L'eau d'un flacon à robinet (fig. 16) s'écoule dans un
tube à entonnoir, qui traverse l'une des tubulures du
flacon situé au-dessous. L'eau arrivant dans ce flacon en
chasse l'air par le tube, qui traverse la seconde tubulure
et qui communique avec le reste de l'appareil. Les tubes
en U contiennent de la potasse caustique, destinée à
arrêter au passage l'anhydride carbonique. Le cuivre est

contenu et chauffé dans un tube en verre vert porté sur
une grille, où on l'entoure de charbons ardents; ce tube

Fig. 18. — Préparation de l'azote par le cuivre et l'air. L'air, chassé par
l'eau qui coule dans le flacon situé à droite de la figure, abandonne dans les
tubes en U sa vapeur d'eau et son anhydride carbonique; l'oxygène se combine avec le cuivre chauffé dans le tube qui repose sur la grille et l'azote
pur se rend dans l'éprouvette.

communique avec une éprouvette dans laquelle se rend
l'azote.

36. **Propriétés physiques et chimiques de
l'azote.** — L'azote est un gaz incolore, inodore, insipide. Il a été liquéfié par M. Cailletet. Sa densité est
0,967; 1 litre de ce gaz, à 0° et à 760 mm., pèse 1 gr. 250.

Il éteint les corps en combustion, et les animaux qu'on
y plonge y tombent asphyxiés.

L'azote et l'oxygène de l'air, en présence de la vapeur
d'eau, se combinent sous l'influence des étincelles électriques, ou éclairs, des orages et donnent de l'acide azotique, qui se combine lui-même avec le gaz ammoniac

contenu dans l'air et forme de. l'azotate d'ammoniaque, qu'on trouve dans les pluies d'orage.

37. Applications. — L'azote a été considéré pendant longtemps comme uniquement destiné à tempérer les effets de l'oxygène auquel il est mélangé dans l'air. Mais les travaux de M. Berthelot et d'autres savants ont montré qu'il intervient plus directement dans un grand nombre de phénomènes.

Si l'azote n'a pas la propriété d'entretenir la respiration, il joue cependant un rôle important dans la vie des animaux et des végétaux, car il entre dans la composition de leurs tissus. L'homme et les animaux l'absorbent par les aliments; les végétaux le puisent dans les substances azotées du sol. Cependant les plantes de la famille des *légumineuses* le prennent directement à l'atmosphère qui pénètre le sol, grâce à des nodosités souvent plus grosses qu'une tête d'épingle, par conséquent très visibles, qui se développent sur leurs racines sous l'influence d'organismes spéciaux extrêmement petits.

L'azote est quelquefois employé dans les laboratoires comme atmosphère inoxydante.

COMBUSTION

38. Combustion. — Combustions vives. Combustions lentes. — Les expériences que nous avons faites (33) avec l'oxygène nous ont montré que les corps brûlent dans l'oxygène en se combinant avec lui et nous avons donné à ces phénomènes de combinaison le nom de *combustion* (2). Dans les expériences que nous avons décrites, la combinaison de l'oxygène et des corps employés s'est faite avec une grande rapidité; on dit que la combustion est *vive*. Dans le cas, au contraire, où l'oxygénation se fait lentement, comme lorsqu'un morceau de fer s'oxyde au contact de l'oxygène humide, on dit encore qu'il y a combustion, mais il y a combustion *lente*.

Dans l'air qui, comme nous l'avons montré, est un mélange des deux gaz oxygène et azote, les mêmes phénomènes de combustion se produisent, mais leur intensité est moins vive, car l'azote vient tempérer, par ses propriétés opposées, l'énergie de la réaction.

Lorsque le charbon brûle dans l'oxygène, on dit que l'oxygène est le *comburant* et le charbon le *combustible.* Pendant longtemps on a considéré le mot *combustion* comme exprimant un phénomène d'oxydation ; plus tard, on a généralisé sa signification en le rendant synonyme de *combinaison.* Ainsi on dit que, lorsqu'on combine du soufre avec du cuivre, du chlore avec du phosphore, le cuivre et le phosphore brûlent, le premier dans le soufre, le second dans le chlore : le soufre et le chlore sont ici des comburants en présence du cuivre et du phosphore, qui sont des combustibles. Dans cette acception du mot *combustion,* on appelle *comburants* les corps qui jouent le rôle de l'oxygène, et *combustibles* ceux qui jouent le rôle du charbon.

Le plus souvent, on conserve au mot *combustion* le sens restreint que lui avait donné Lavoisier. Il y a plus : dans le langage ordinaire, on désigne par le mot *combustion* la combinaison de l'oxygène avec *dégagement de chaleur et de lumière,* et l'on réserve le mot *oxydation* pour désigner la combinaison d'un corps avec l'oxygène, quels que soient les phénomènes qui l'accompagnent.

La combustion ne peut s'effectuer dans l'air qu'autant que cet air se renouvelle suffisamment à la surface du combustible. Supposons des charbons en ignition placés au milieu d'une chambre hermétiquement close : l'oxygène de l'air entretiendra d'abord la combustion de ces charbons, qui, par leur combinaison avec l'oxygène, produiront de l'anhydride carbonique ; mais peu à peu la combustion s'effectuera avec moins d'énergie et finira même par s'arrêter tout à fait. En effet l'oxygène de l'air est lentement absorbé, et, au bout d'un certain temps, l'atmosphère de la chambre ne renferme plus que de l'azote et de l'anhydride carbonique, gaz incapables d'entretenir la combustion.

Cela nous explique la nécessité du tirage des cheminées. Lorsque ce tirage n'est pas suffisant, non seulement les produits de la combustion (fumée, anhydride carbonique, etc.) ne sont pas emportés au dehors d'une manière régulière, ce qui présente de nombreux inconvénients pour les personnes qui habitent l'appartement, mais aussi *le feu dort,* comme on dit vulgairement; le combustible ne brûle que péniblement, parce que l'air avec lequel il est en contact ne se renouvelle pas avec assez de rapidité, et que, par suite, la quantité d'oxygène fournie est insuffisante. Tout le monde sait du reste que, pour activer la combustion dans un foyer, il suffit de diriger, à l'aide d'un soufflet, un courant d'air à travers la masse du combustible.

On peut montrer facilement, par l'expérience suivante, la nécessité du renouvellement de l'air dans la combustion des corps. Si nous plaçons une bougie allumée sous une cloche en verre remplie d'air, nous la voyons d'abord brûler comme à l'air libre; puis la flamme s'allonge, pâlit et s'éteint. Cela est dû à l'absorption graduelle de l'oxygène que renfermait l'air de la cloche et qui s'est combiné avec les corps combustibles entrant dans la composition de la bougie.

39. Chaleur dégagée par la combustion des principaux corps combustibles. — Les physiciens ont déterminé les quantités de chaleur dégagées par la combustion des principaux corps combustibles. Le tableau suivant indique les résultats obtenus pour 1 kilogramme de combustible. La quantité de chaleur y est exprimée en calories, la calorie étant la quantité de chaleur nécessaire pour élever de 0° à 1° la température d'un kilogramme d'eau.

Calories.

Hydrogène		34 500
Anthracite	9 000 à	9 300
Houille	7 200 à	8 600
Charbon de bois		8 000
Alcool ordinaire		7 180
Coke	6 800 à	7 000
Bois sec	2 800 à	3 000

RÔLE DE L'AIR DANS LA RESPIRATION[1]

40. L'air est nécessaire à la respiration des animaux ; cette fonction ne peut s'effectuer dans un milieu dépourvu d'air ou dans lequel ce fluide serait trop raréfié. On le prouve en plaçant un animal plein de vie sous le récipient de la machine pneumatique. A mesure qu'on enlève l'air par le jeu des pistons, l'animal s'affaiblit, devient haletant, tombe épuisé et ne tarde pas à mourir. Lavoisier a démontré, en 1777, que le phénomène de la respiration est une combustion lente. Nous allons indiquer en quoi consiste l'accomplissement de cette fonction et quels en sont les effets.

Le sang est un liquide nourricier, qui circule à travers l'organisme dans un ensemble de vaisseaux appelé *système circulatoire*. Dans sa marche, il dépose les éléments destinés à nourrir les organes, à en réparer les pertes incessantes ; mais il se charge en même temps de principes qui le rendent impropre à continuer son rôle réparateur. Il faut donc qu'il se revivifie, et cette revivification, qui est le but et l'effet de la respiration, s'accomplit par l'intermédiaire de l'air atmosphérique. Pour cela l'air, par les mouvements d'inspiration, est introduit dans l'intérieur des poumons ; le sang impropre à la nutrition, dit *sang veineux*, y arrive aussi et, à tra-

---

1. Voir, dans la Bibliothèque des Écoles primaires supérieures et professionnelles, le *Cours d'hygiène*, par M. le Dr Thoinot, nos 14 et suivants.

vers les membranes qui forment les parois des cellules pulmonaires, s'opère un échange de gaz entre l'air et le sang veineux. Celui-ci exhale l'anhydride carbonique qu'il contient en excès et prend une certaine quantité d'oxygène à l'air atmosphérique. Cet oxygène entraîné dans la circulation y brûle les principes charbonneux du sang et produit ainsi de nouvel anhydride carbonique, qui s'échange dans les poumons contre une nouvelle dose d'oxygène. Dans les mouvements d'expiration, l'anhydride carbonique est rejeté au dehors.

On peut mettre en évidence cette exhalation d'anhydride carbonique en soufflant dans un tube plongeant au milieu d'une dissolution limpide de chaux. L'air qui sort des poumons contient une quantité d'anhydride carbonique suffisante pour qu'il se produise bientôt un dépôt de carbonate de calcium.

L'air est le seul gaz qui puisse entretenir la respiration d'une manière continue. L'oxygène serait trop actif; l'azote, mélangé avec lui dans l'atmosphère, en tempère les effets.

41. Chaleur animale. — La combustion lente du charbon dans les vaisseaux sanguins est accompagnée d'un dégagement continuel de chaleur. C'est là la source principale de la chaleur animale. Quand la respiration est active, la température du corps de l'animal reste constante, indépendante de la température extérieure; en général, elle lui est même supérieure. C'est ce qu'on rencontre dans les animaux dits *à sang chaud* ou *à température constante*, comme les mammifères et les oiseaux. Quand la respiration d'un animal est lente, sa température suit la variation de la température des corps environnants : c'est ce qu'on observe chez les reptiles, les poissons, qui sont appelés animaux *à sang froid*, ou *à température variable*.

42. Air confiné. — Nous avons dit que, d'après un certain nombre d'analyses, on pouvait considérer la composition de l'air comme invariable; cette remarque ne peut s'appliquer qu'à l'air libre. Lorsque l'air est enfermé dans un espace limité, où se trouvent réunis des hommes ou des animaux, la composition de l'atmosphère ne tarde pas à être modifiée. A chaque mouvement respiratoire, une certaine quantité d'oxygène disparaît pour être remplacée par une quantité à peu près équivalente d'anhydride carbonique. Au bout d'un temps variable, qui dépend du nombre des individus et de la capacité de l'enceinte où ils sont renfermés, l'air est devenu irrespirable, ou tout au moins nuisible.

C'est à cette viciation de l'air confiné que doivent être attribués les malaises qu'on éprouve dans les endroits où l'air ne se renouvelle pas suffisamment.

Indépendamment de l'anhydride carbonique, l'air confiné contient encore des matières organiques, dites *miasmes*, qui proviennent de l'expiration des gaz ayant servi à la respiration et de l'exhalation cutanée, c'est-à-dire de l'exhalation qui s'effectue par la peau. La présence de ces miasmes se traduit par une odeur forte et repoussante. On a constaté que l'air qui s'échappe des cheminées d'appel destinées à opérer la ventilation des salles où se tiennent des assemblées nombreuses exhale souvent une odeur qu'on ne pourrait supporter impunément.

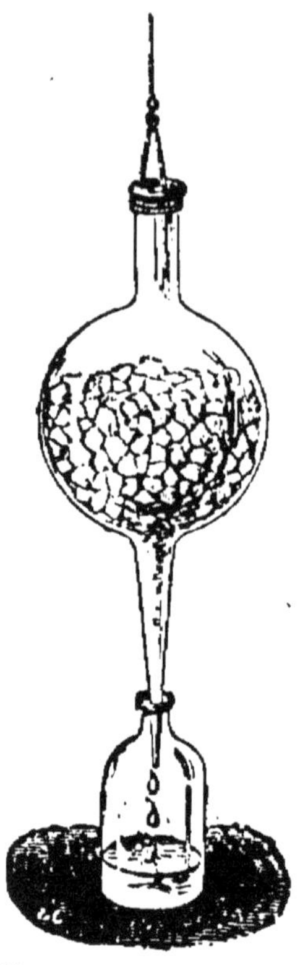

Fig. 17. — Expérience pour prouver la présence des miasmes dans l'air. L'eau qui se condense sur les parois d'un ballon rempli de glace et qu'on recueille dans un flacon a une odeur repoussante.

On peut facilement constater la présence de ces miasmes dans les endroits où respirent un grand nombre d'individus. Il suffit de suspendre au milieu de l'appartement un ballon rempli de glace (fig. 17); la vapeur d'eau répandue dans l'air se condense sur les parois du ballon, et le liquide recueilli, soumis à une température de 25°, répand bientôt une odeur forte, que produit la décomposition des miasmes entraînés par l'eau qui s'est condensée.

Si l'on ajoute à ces causes de viciation de l'air confiné celle que produit la combustion des substances destinées au chauffage et à l'éclairage, on comprendra la nécessité de bons systèmes de ventilation appliqués à nos appartements et aux locaux destinés à des réunions nombreuses.

43. Ventilation. — En tenant compte des conditions assez complexes de ce problème, on a trouvé qu'il faut, en moyenne, 10 à 12 mètres cubes d'air neuf par heure et par individu. Dans tout système de ventilation sagement conçu, on doit se proposer de fournir *au moins* cette quantité d'air. La plupart de nos salles d'assemblée ne rempliraient pas ces conditions, si elles n'étaient soumises à un système plus ou moins parfait de ventilation.

Beaucoup de chambres à coucher sont très insalubres, surtout lorsque l'absence de cheminée diminue la ventilation qui ne s'opère que par les joints des portes et des fenêtres.

44. Expériences simples. — *Oxygène.* Préparer de l'oxygène en chauffant dans un ballon un mélange de chlorate de potassium et de bioxyde de manganèse. (On peut remplacer le bioxyde de manganèse par du sable *calciné.*)

L'appareil à préparation peut être monté ainsi que l'indique la figure 18, et cette disposition convient à toutes les préparations des gaz à chaud. Le support T est un trépied en fil de fer fort; le ballon B, chauffé avec une lampe à alcool, repose sur une toile métallique M pour diminuer les chances de rupture. Le gaz qui se dégage est amené par le tube abducteur A, qui peut être un tube de caoutchouc, dans une terrine pleine d'eau C où on le recueille. Quelle que soit la préparation, il faut avoir soin de retirer de l'eau le tube à dégagement avant d'enlever la lampe, pour éviter que, lorsque le ballon se refroidit (ce qui entraîne une contraction du gaz), la pression atmosphérique n'y refoule l'eau de la terrine et n'en cause la rupture.

Recueillir de l'oxygène dans des éprouvettes et dans des flacons.

Rallumer dans une éprouvette une allumette n'ayant plus qu'un point en ignition.

Effectuer dans des flacons la combustion du charbon et du soufre; à défaut de coupelle, fixer le charbon, taillé en cône, à l'extrémité d'un fil métallique et opérer la combustion du soufre dans une éprouvette en employant une dizaine d'allumettes soufrées réunies en paquet.

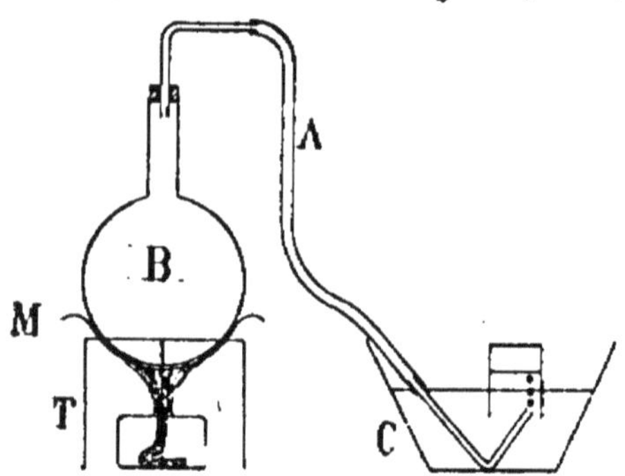

Fig. 18. — Appareil simple pour la préparation de l'oxygène et, en général, des gaz à chaud.

Pour préparer un ressort de montre destiné à montrer la combustion du fer, le détremper en le faisant passer lentement dans la partie supérieure de la flamme d'une lampe à alcool, puis l'enrouler en spirale sur un crayon. Un fil de fer fin brûle aussi bien, mais projette moins d'étincelles; on peut, dans ce dernier cas, remplacer l'amadou par un peu de papier. Le flacon destiné à l'expérience de la combustion du fer doit contenir de l'eau sur une hauteur de 4 à 5 centimètres.

Si l'on veut effectuer la combustion du phosphore, ne manier ce corps qu'avec une extrême prudence et le couper sous l'eau.

Azote et combustion. Préparer de l'azote et montrer que ce gaz n'entretient pas la combustion.

Poser une cloche ou un grand verre sur une bougie allumée; faire constater d'abord la diminution d'éclat de la flamme, puis son extinction complète.

Souffler au moyen d'un tube dans de l'eau de chaux : celle-ci se trouble par suite de la formation de carbonate de calcium.

CHAPITRE V

**Eau. — Notions sur sa composition. — Propriétés
principales de l'eau.**

45. Composition de l'eau. Historique. — Jusqu'à la fin du siècle dernier, l'eau fut considérée comme un élément, c'est-à-dire comme un corps simple. Les travaux de plusieurs savants, entre autres James Watt[1], Lavoisier et Laplace[2] montrèrent que l'eau est un corps composé de deux gaz, l'*oxygène* et l'*hydrogène*.

46. Analyse de l'eau par la pile. — En 1800, Carlisle[3] et Nicholson[4] décomposèrent l'eau par la pile et prouvèrent qu'elle se compose de deux volumes d'hydrogène combinés à un volume d'oxygène. On se sert, pour faire l'expérience, d'un appareil appelé *voltamètre*, qui se compose d'un verre (fig. 19) dont le fond est traversé par deux lames de platine mises en communication avec deux bornes P et P'. On remplit le vase avec de l'eau, qu'on a légèrement acidulée pour la rendre plus

---

1. James Watt, habile mécanicien, né en 1736 à Greenock (Écosse), mort en 1810.

2. Laplace, célèbre géomètre et membre de l'Institut, né en 1749 à Beaumont (Calvados), mourut à Paris en 1827.

3. Carlisle, savant anglais.

4. Nicholson (William), savant anglais, né à Londres en 1753, mort dans cette ville en 1815.

conductrice de l'électricité, et l'on fait communiquer les deux bornes avec les pôles d'une pile [1].

Dès que le courant est établi, les gaz se dégagent contre les lames, et, si l'on a eu soin de disposer au-dessus d'elles de petites éprouvettes, on recueille dans l'éprouvette H, correspondant au pôle négatif, un volume

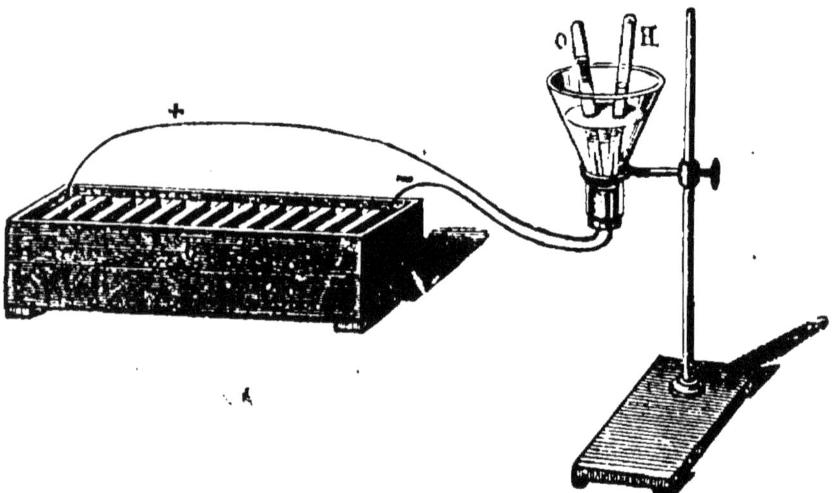

Fig. 19. — Décomposition de l'eau par la pile. L'hydrogène se rend en H, au pôle négatif, l'oxygène en O, au pôle positif. Le volume d'hydrogène est double de celui d'oxygène.

d'hydrogène double du volume d'oxygène recueilli dans l'éprouvette O qui correspond au pôle positif [2].

47. Synthèse de l'eau. — On peut arriver par la synthèse à déterminer la composition de l'eau. Nous n'exposerons ici que la synthèse dite *eudiométrique*.

Il y a deux espèces d'eudiomètres : l'*eudiomètre à mercure* et l'*eudiomètre à eau*. L'un se manœuvre sur le mercure, l'autre sur l'eau. Nous ne décrirons que le premier qui donne des résultats plus exacts que le second.

---

1. On appelle *pile* un appareil capable de fournir de l'électricité et de laisser écouler cette électricité sous forme de *courant*.

2. Les travaux du commandant Renard ont fourni récemment le moyen de préparer par un moyen analogue l'hydrogène destiné à gonfler les aérostats.

Cet appareil se compose d'un tube en verre O à parois épaisses (fig. 20) dont la partie supérieure porte une monture en fer M se terminant à l'intérieur par une tige en fer t : celle-ci vient aboutir à une petite distance d'une autre tige en fer c, qui traverse horizontalement la paroi et doit communiquer avec le sol par l'intermédiaire d'une chaîne métallique a.

Remplissons l'appareil de mercure et faisons-y passer

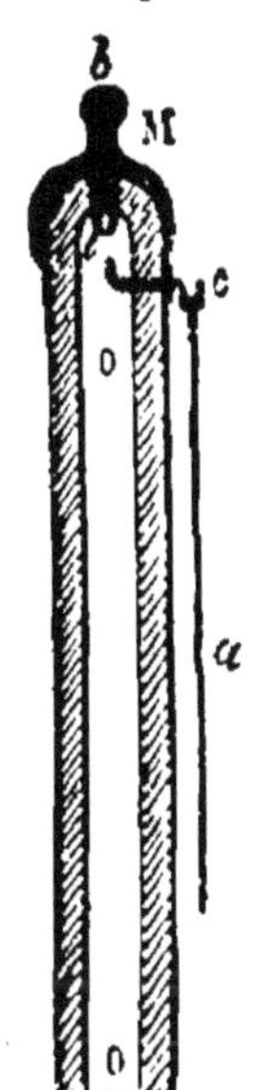

Fig. 20. — Eudiomètre à mercure. M et C sont des garnitures métalliques qui aboutissent à l'intérieur à une petite distance l'une de l'autre.

Fig. 21. — Synthèse eudiométrique de l'eau. L'étincelle électrique qui jaillit entre le plateau de l'électrophore et M se reproduit à l'intérieur entre t et c et provoque la combinaison de l'oxygène et de l'hydrogène que renferme l'eudiomètre.

ensuite un mélange de 2 volumes d'hydrogène et de 1 volume d'oxygène (fig. 21). Approchons de M un corps électrisé, comme le plateau d'un électrophore : une étincelle jaillit entre lui et la monture, se reproduit à l'intérieur entre t et c; un éclair sillonne le mélange, et le mercure monte dans le tube pour remplir le vide laissé par la combinaison des gaz et la condensation de la vapeur d'eau produite. On constate qu'il n'y a point de résidu.

Cette expérience prouve que l'eau se compose exactement de 2 volumes d'hydrogène combinés à 1 volume d'oxygène.

48. Composition de l'eau en poids. — Si l'on pèse exactement un certain volume d'oxygène et un égal volume d'hydrogène, on constate que l'oxygène pèse 16 fois plus que l'hydrogène.

Considérons un volume d'hydrogène pesant 1 gramme, le même volume d'oxygène pèsera 16 grammes. Or, nous savons que l'eau est formée de 1 volume d'oxygène pour 2 volumes d'hydrogène; à un volume d'oxygène pesant 16 grammes correspondent donc 2 volumes d'hydrogène dont le poids est 2 grammes. On voit que, dans la composition de l'eau, le poids de l'oxygène est 8 fois plus grand que celui de l'hydrogène. Ainsi, dans 9 grammes d'eau entrent 8 grammes d'oxygène et 1 gramme d'hydrogène.

En résumé, l'eau est formée :

1° en *volume* : de 2 volumes d'hydrogène et de 1 volume d'oxygène.
2° en *poids* : de 1 gramme d'hydrogène pour 8 grammes d'oxygène.

49. Propriétés physiques de l'eau. — L'eau existe dans la nature sous trois états différents : à l'état liquide, à l'état de glace et à l'état de vapeur.

Vue en petites masses, elle est incolore; sous de grandes épaisseurs, elle paraît verdâtre. Quand elle est pure, elle est sans odeur et sans saveur. Lorsqu'on la refroidit, elle se contracte jusqu'à ce qu'elle ait atteint la température de 4° au-dessus de zéro, où sa densité est maximum : à partir de cette température elle se dilate. Arrivée à 0°, elle se solidifie en augmentant très sensiblement de volume. 930 centimètres cubes d'eau à 4° peuvent donner, en se congelant, 1 litre de glace.

La dilatation de l'eau, au moment de sa congélation, se fait avec une force considérable. Huyghens [1] observa qu'un canon de fer qu'il avait complètement rempli d'eau, qu'il avait ensuite fermé et plongé dans un mélange réfri-

---

1. Huyghens, savant hollandais, né à la Haye en 1629, mort en 1695.

gérant, se brisait avec bruit au moment de la congélation
du liquide intérieur.

Cette expérience explique la rupture, pendant les
gelées, des vases remplis d'eau et fermés. Les pierres
dites *gélives* se fendent, parce que l'eau qu'elles contiennent augmente de volume au moment de la solidification. C'est de là que vient l'expression : *il gèle à pierre
fendre*. On conçoit de même les ravages produits par les
gelées tardives dans les végétaux qu'elles frappent au
moment où la sève commence à circuler.

Lorsqu'elle se congèle, l'eau peut prendre des formes
cristallines. La figure 22 représente les formes qu'on

Fig. 22. — Cristaux de neige. Tous ces cristaux ont la forme hexagonale
ou une forme qui en dérive.

a observées dans les cristaux composant les flocons de
neige.

À la température ordinaire l'eau se transforme lentement en vapeur; si l'on élève suffisamment sa température, elle entre en ébullition et le passage de l'état
liquide à l'état de vapeur se fait beaucoup plus rapidement.

50. Propriétés chimiques de l'eau. — Nous
avons vu (46) que l'eau pouvait être décomposée par un
courant électrique. Certains métaux, comme le potassium
et le sodium, la décomposent à la température ordinaire;
le fer la décompose à une température élevée. C'est ainsi
que (fig. 23), si l'on fait passer un courant de vapeur
d'eau, produite dans une cornue C, sur des fils de fer
contenus dans un tube en porcelaine OO, chauffé au
rouge dans un fourneau F, on recueille de l'hydrogène
à l'extrémité du tube. L'eau a été décomposée : l'oxygène s'est combiné avec le fer, en formant avec lui de

l'oxyde magnétique et l'hydrogène a été mis en liberté.

L'eau se combine avec un grand nombre de corps et souvent avec dégagement de chaleur : par exemple, avec l'acide sulfurique, la potasse, la soude, la chaux.

51. Pouvoir dissolvant de l'eau. — L'eau est capable de dissoudre un grand nombre de substances solides, liquides ou gazeuses. C'est ce qui fait que l'eau ordinaire, que nous rencontrons à la surface de la terre, n'a jamais la pureté que nous avons supposée jusqu'ici

Fig. 23. — Décomposition de la vapeur d'eau par le fer porté au rouge. La vapeur d'eau produite en C se décompose en passant sur les fils de fer chauffés dans le tube O O : l'oxygène se combine avec le fer et l'hydrogène se rend dans l'éprouvette.

et renferme toujours des substances autres que l'hydrogène et l'oxygène.

L'eau qui tombe sous forme de pluie ou se dépose à l'état de rosée a dissous, dans l'atmosphère, de l'oxygène et de l'azote, de l'anhydride carbonique, quelquefois même une petite quantité d'ammoniaque et d'azotate d'ammoniaque. Ces deux dernières substances existent spécialement dans les pluies d'orage (36).

L'eau qui coule sur le sol s'infiltre dans la terre et en sort sous forme de sources, après avoir dissous sur

son passage des substances solides qui varient avec la
nature des terrains.

52. Gaz dissous dans l'eau. — Une eau qui a été
exposée au contact de l'air en contient toujours les éléments. Pour prouver la présence de ces gaz et les
recueillir, il suffit de chauffer un ballon (fig. 24) qu'on a
rempli exactement d'eau, ainsi que le tube abducteur qui
le fait communiquer avec une éprouvette placée sur la

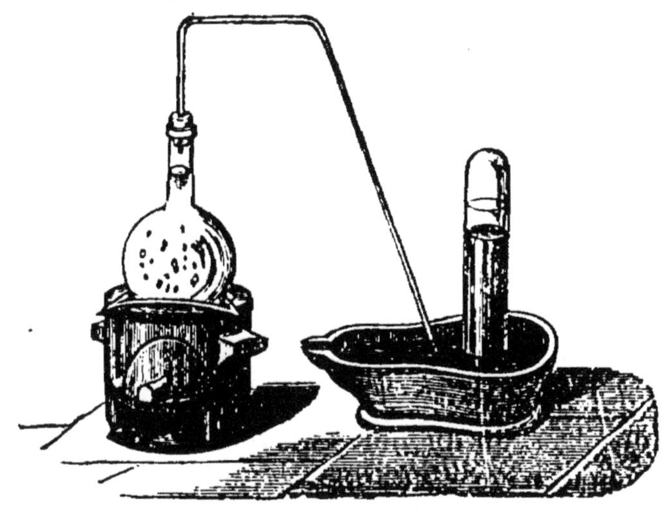

Fig. 24. — Appareil pour extraire l'air dissous dans l'eau. L'eau chauffée
dans le ball i laisse dégager les gaz qu'elle renferme; ces gaz se rendent
dans une épr uvette reposant sur la cuve à mercure.

cuve à merc re. Les gaz se dégagent et sont recueillis
dans l'éprou ette avec une certaine quantité d'eau que
l'ébullition y chassée.

L'analyse de e mélange gazeux montre qu'il est formé
d'oxygène, d'a te et d'anhydride carbonique, c'est-à-
dire des gaz qu ntrent dans la composition de l'atmosphère. L'eau co ante renferme environ 50 centimètres
cubes de gaz par l re.

C'est grâce à l' xygène dissous dans l'eau que les
poissons et les autr animaux à respiration branchiale
peuvent vivre. Ces nimaux ne tardent pas à mourir
dans une eau privée de gaz par l'ébullition.

53. Matières solides dissoutes dans l'eau.

— La nature des substances dissoutes dans les eaux varie suivant la constitution des terrains qu'elles ont traversés, suivant leur température et le temps pendant lequel elles sont restées en contact avec les terres, suivant enfin diverses autres circonstances qu'il serait trop long d'énumérer. Pour prouver la présence de ces substances solides maintenues en dissolution dans l'eau ordinaire, il suffit d'évaporer une certaine quantité de ce liquide dans une capsule : on trouve au fond de la capsule, après l'évaporation, un dépôt solide formé par les substances que l'eau y a abandonnées en se volatilisant.

Ce résidu est le plus souvent composé de carbonates de calcium et de magnésium, de sulfate de calcium et de magnésium, de chlorures de potassium et de sodium, de silice et quelquefois de matières organiques.

Les carbonates de calcium et de magnésium, insolubles lorsqu'ils sont à l'état de carbonates neutres, sont maintenus en dissolution à l'aide d'un excès de gaz carbonique. Dès qu'on porte à l'ébullition une eau qui en renferme une certaine quantité, cet excès de gaz carbonique se dégage et les carbonates se précipitent.

Le sulfate de calcium, appelé souvent sulfate de chaux, que nous avons cité plus haut, est assez soluble dans l'eau froide : sa solubilité diminue à mesure que la température s'élève, et à 200° elle est presque nulle. La partie précipitée par le fait seul de l'élévation de la température se réunit à celle qui se dépose par l'évaporation du liquide et donne lieu à la formation de ces croûtes solides et si adhérentes qui se forment au fond des chaudières à vapeur et qu'on nomme *incrustations*.

Lorsque l'eau qui alimente la chaudière né contient pas de sulfate de calcium, mais seulement du carbonate de calcium, celui-ci se dépose à l'état de poudre fine et non adhérente qu'on enlève facilement. Mais, lorsqu'elle contient en même temps du sulfate de calcium, chaque parcelle de sulfate déposée sur la chaudière devient un centre d'attraction pour le carbonate qui s'y fixe; ce carbonate se recouvre lui-même de sulfate, et ainsi de suite, de telle sorte que ce dépôt par couches alternatives devient très dur, très adhérent et ne peut souvent s'enlever qu'à la pioche.

On a proposé bien des substances pour empêcher la formation de ces incrustations, qui nuisent beaucoup à la solidité des chaudières; mais il n'en est guère qui soient d'une efficacité absolue. La fécule de pommes de terre et les copeaux de bois de campêche donnent cependant de bons résultats.

Ces incrustations peuvent être la cause d'explosions des machines à vapeur. Quand, par négligence, le chauffeur n'alimente pas d'eau la chaudière, la partie de la paroi qui n'est plus en contact avec l'eau peut rougir, par suite de la mauvaise conductibilité des incrustations. Si alors il alimente avant d'avoir laissé tomber le feu, l'eau froide, arrivant sur la tôle encore trop chaude, la refroidit brusquement et il en résulte des contractions, qui ont pour conséquence la rupture de la chaudière déjà ébranlée par l'incandescence. La pression de la vapeur projette au loin les débris de la chaudière et il peut s'ensuivre les accidents les plus graves.

Ce sont ces incrustations produites par l'évaporation de l'eau que nous trouvons, sous forme de plaques solides, dans les chaudières de nos fourneaux de cuisine ou dans les bouillottes, dont nous nous servons pour faire chauffer l'eau.

54. Quelques réactions simples permettent de constater la présence des substances les plus importantes contenues dans les eaux.

On reconnaît la présence des sulfates en versant, dans l'eau acidulée avec l'acide azotique, de l'azotate de baryum qui donne un précipité blanc de sulfate de baryum insoluble. Si l'eau reste limpide en présence de ce réactif, c'est qu'elle ne contient pas de sulfate.

Une eau qui contient des chlorures donne un précipité blanc de chlorure d'argent, quand on y verse quelques gouttes d'une solution d'azotate d'argent.

La présence des sels de calcium se reconnaît par la solution d'oxalate d'ammoniaque, qui donne un précipité blanc d'oxalate de calcium.

Quand une eau contient du bicarbonate de calcium et qu'on y verse une solution alcoolique de bois de campêche, cette liqueur jaune se colore en violet d'autant plus foncé qu'il y a plus de carbonate.

55. Eaux potables [1]. — Une eau, pour être potable, doit être fraîche sans être froide, limpide, sans odeur, avoir peu de saveur. Elle doit contenir, à l'état de gaz dissous, de l'oxygène, de l'azote et du gaz carbonique. On sait en effet qu'une eau récemment bouillie et privée de gaz donne des nausées quand on la boit.

Une eau potable ne doit pas contenir de quantités notables de matières organiques qui, par leur fermentation, en altèrent bientôt la qualité, mais elle doit renfermer des sels en dissolution. La présence du carbonate de calcium, du phosphate de calcium et du chlorure de sodium est utile à la nutrition en général, et, en particulier, au développement de notre système osseux. Il ne faut pas cependant que les matières solides dissoutes dépassent une certaine limite. Quand une eau donne à l'évaporation plus de 0 gr. 5 à 0 gr. 6 de résidu solide par litre, elle doit être rejetée comme boisson, car elle serait lourde et indigeste.

Les eaux d'un grand nombre de puits, de la mer, des mares, des étangs, ne doivent pas, en général, être adoptées pour l'alimentation.

Une bonne eau potable ne doit donner, en présence de la teinture alcoolique de campêche, qu'une légère coloration bleue; elle ne doit pas former de grumeaux avec la solution alcoolique de savon.

1. Voir, dans la Bibliothèque des Écoles primaires supérieures et professionnelles, le *Cours d'hygiène* par M. le Dr Thoinot, n°s 8 et suivants.

On peut reconnaître la présence des matières organiques dans l'eau par l'un des deux procédés suivants :

1° On chauffe une certaine quantité d'eau, 1 litre par exemple, à 65° environ ; on acidule avec l'acide sulfurique, et l'on verse goutte à goutte une dissolution de permanganate de potasse à 1 gramme par litre. Cette liqueur, d'un beau violet, se décolore en arrivant dans l'eau, si celle-ci renferme des matières organiques.

2° On fait bouillir l'eau à essayer avec quelques gouttes d'une dissolution de chlorure d'or. Cette dissolution communique à l'eau une coloration jaune. S'il y a des matières organiques, la coloration disparaît au bout de quelque temps ; le chlorure d'or se décompose, et l'or se dépose à l'état de poussière d'un noir violacé.

56. Filtration des eaux. — On ne doit jamais boire d'eau qui n'ait pas été filtrée, car les eaux de sources les plus pures peuvent à un moment donné devenir infectieuses par suite d'infiltrations. Le voisinage d'une fosse d'aisances, d'un amas de fumier, d'une mare mal entretenue peut empoisonner les eaux les meilleures et y introduire des germes de fièvre typhoïde, de choléra, etc.

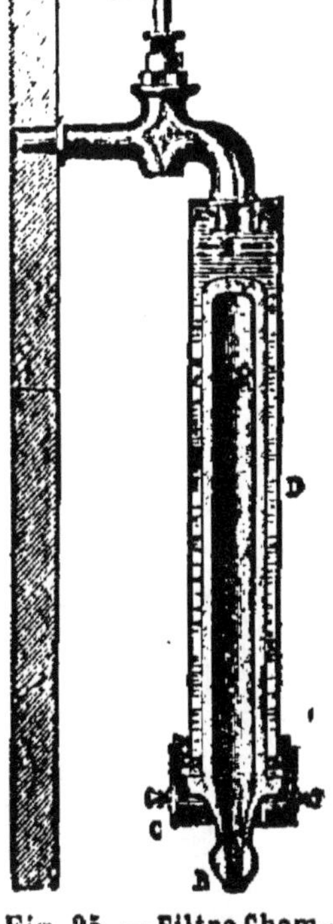

Fig. 25. — Filtre Chamberland avec pression. L'eau arrive en E, pénètre en A en passant à travers la paroi de la bougie et s'écoule en B.

Il y a bien des espèces de filtres ; le meilleur est le filtre *Chamberland, système Pasteur.* Son usage repose sur la propriété qu'ont certaines porcelaines de laisser filtrer l'eau sans se laisser traverser par les matières solides, même les plus ténues, qu'elle tient en suspension.

Quand dans une maison arrive l'eau de la concession,

on se sert du modèle suivant. Il se compose d'une
bougie creuse AB (fig. 25) en porcelaine *dégourdie*,
c'est-à-dire n'ayant subi qu'une cuisson. Cette bougie
est placée dans une enveloppe métallique D, d'où elle
sort par le bas. Un joint à vis et à caoutchouc assure
l'étanchéité. La partie supérieure
de l'enveloppe peut communiquer
à l'aide d'un robinet avec le tuyau
de la concession. Dès qu'on ouvre
le robinet, l'eau arrive en E, sous
pression, dans l'espace annulaire
compris entre l'enveloppe et la
bougie, filtre à travers la bougie et
sort par la tubulure inférieure pour
se rendre dans le vase destiné à la
recevoir (fig. 26). Au bout de peu
de temps, la surface extérieure de
la bougie s'est recouverte d'un enduit glaireux qu'il faut enlever à la
brosse. On démonte le filtre, on
met la bougie dans l'eau et on la
brosse. Ce nettoyage doit être fait
tous les huit jours. Ce système de
filtration est aujourd'hui imposé
dans les établissements publics, les

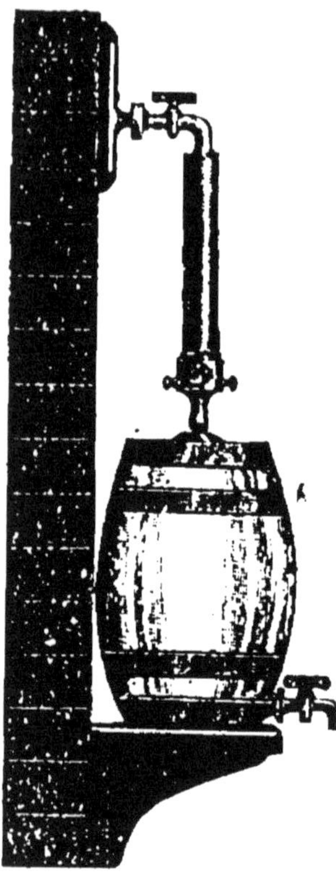

Fig. 26. — Installation d'un
filtre Chamberland avec
son réservoir d'eau filtrée.

lycées, les écoles, les casernes,
les hôpitaux. On emploie alors des
appareils renfermant un nombre de
bougies proportionnel à la consommation d'eau.

A la campagne et dans les maisons où l'eau n'arrive
pas sous pression, on se sert de filtres reposant sur le
même principe. Mais, pour arriver à avoir un débit du
filtre suffisant à la consommation, malgré l'absence de
pression, on emploie plusieurs bougies B (fig. 27), communiquant par des tubulures avec un conduit commun
C, appelé *collecteur* et mis en communication avec un
tube amorceur ET rempli d'eau. On place le système

des bougies au fond d'un vase assez profond renfermant l'eau à filtrer. L'eau du tube amorceur s'écoule et l'appareil fonctionne comme un siphon. L'eau à filtrer traverse les bougies et s'écoule dans un récipient inférieur destiné à la recueillir.

Ces appareils, qui peuvent être installés partout, donnent des résultats aussi satisfaisants que les filtres à pression.

57. Eaux séléniteuses. — On appelle *eau séléniteuse* une eau qui, comme celle d'un grand nombre de puits, contient une forte proportion de sulfate de calcium. Une pareille eau ne peut servir à la cuisson des légumes, parce qu'un des principes qu'ils contiennent se combine avec le sulfate de calcium et forme une matière dure, qui rend ces aliments coriaces et peu digestibles.

Une eau séléniteuse a de plus l'inconvénient d'être impropre au savonnage, parce que le savon se décompose en présence du sulfate de calcium, et il se forme d'autres sels de calcium dont les acides sont les acides gras qui entraient dans la composition du savon.

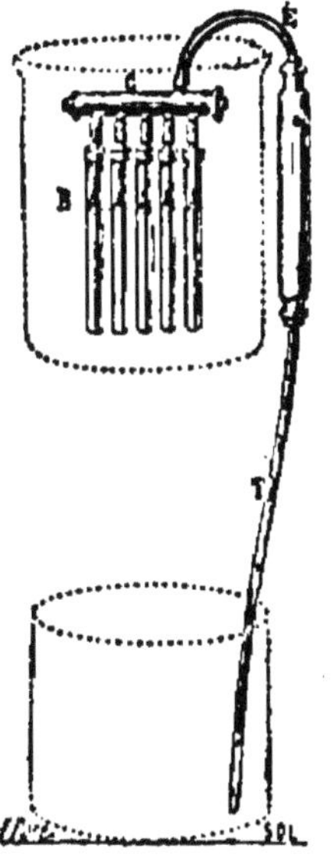

Fig. 27. — Filtre Chamberland sans pression. L'eau du vase supérieur pénètre dans les bougies B et s'écoule dans le vase inférieur par le siphon C E T.

Ces sels insolubles se présentent sous forme de grumeaux. On peut remédier à cet inconvénient en ajoutant à cette eau un peu de carbonate de sodium, qui transforme le sulfate de calcium en carbonate neutre de calcium insoluble. Elle peut alors être employée au savonnage, dès qu'elle a laissé déposer son carbonate.

58. Eaux minérales. — On désigne sous le nom d'*eaux minérales* des eaux qui renferment, en général, plus de matières solides en dissolution que les eaux douces. La limite entre ces deux espèces d'eaux est assez difficile à définir. On distingue : 1° les *eaux gazeuses*, qui dégagent du gaz carbonique par l'agita-

tion (eaux de Seltz, de Pougues, de Saint Galmier);
2° les *eaux alcalines*, qui contiennent du bicarbonate de
sodium (eaux de Vichy, de Vals, de Contrexéville);
3° les *eaux sulfureuses*, qui dégagent une odeur d'œufs
pourris et contiennent du sulfure de sodium ou de
calcium (eaux de Barèges, d'Enghien, de Bagnères);
4° les *eaux ferrugineuses*, qui ont une saveur douce et
contiennent des sels de fer (eaux de Spa, d'Orezza, de
Passy, de Forges); 5° les *eaux salines*, qui renferment
soit du chlorure de sodium et de petites quantités de
bromure et d'iodure (eaux de Bourbonne et de Krus-
nach), soit du sulfate de sodium et du chlorure de
sodium (eaux de Plombières et de Carlsbad), soit aussi
du sulfate de magnésium (eaux de Sedlitz, de Pullna,
d'Epsom).

Les eaux minérales sont très employées en médecine.

L'eau de la mer contient une proportion notable de
chlorure de sodium ou *sel*.

59. Eau distillée. — Pour avoir l'eau pure et
privée de matières étrangères, on la distille au moyen
d'un appareil appelé *alambic* (fig. 28). L'eau à distiller
est versée dans la chaudière C, nommée *cucurbite*. La
cucurbite est surmontée d'une partie appelée *chapiteau*,
qui communique, par un tube T, avec un serpentin S
plongé dans un réfrigérant R plein d'eau froide. La
chaudière C est chauffée par le feu d'un foyer F. L'eau
entre en ébullition, sa vapeur s'élève dans le chapiteau,
passe dans le tube T, de là dans le serpentin SS où elle
se condense, et l'eau qui en provient coule par l'extrémité B dans un vase où on la recueille. Quant aux
matières solides qui étaient en dissolution dans l'eau,
elles restent dans la chaudière.

L'eau distillée pure doit être neutre à la teinture de
tournesol et ne donner de précipité avec aucun des
réactifs cités plus haut (54).

60. Expériences simples. — Décomposer l'eau par la

pile. La pile simple décrite au n° 349 du traité de physique peut suffire.

Faire constater la présence des gaz dans l'eau, en chauffant de l'eau dans un ballon ou dans un tube à essais : bien avant que l'ébullition se produise, on voit des bulles de gaz s'élever au milieu du liquide.

Effectuer les réactions indiquées au n° 54.

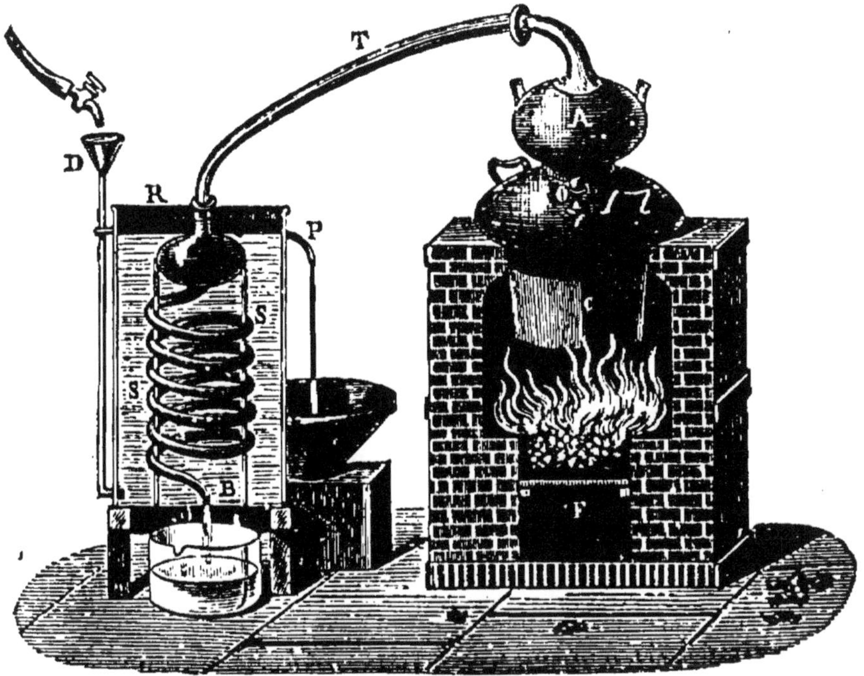

Fig. 28. — Alambic. C, cucurbite; A, chapiteau; S, serpentin; R, réfrigérant.

Se procurer une bougie d'un filtre Chamberland, y adapter un tube de caoutchouc et disposer le tout comme dans la figure 27; amorcer en remplissant d'eau le tube de caoutchouc. Si l'extrémité inférieure de ce tube ne plonge pas dans l'eau, y adapter un tube de verre effilé pour éviter que le siphon ne se désamorce.

CHAPITRE VI

Hydrogène et ses applications.

61. Préparation de l'hydrogène. — Pour préparer de l'hydrogène, on peut utiliser la propriété qu'a le fer chauffé au rouge de décomposer la vapeur d'eau en s'emparant de son oxygène et mettant ainsi l'hydrogène en liberté (fig. 23); mais ce procédé est peu employé.

On prépare ordinairement l'hydrogène en faisant agir

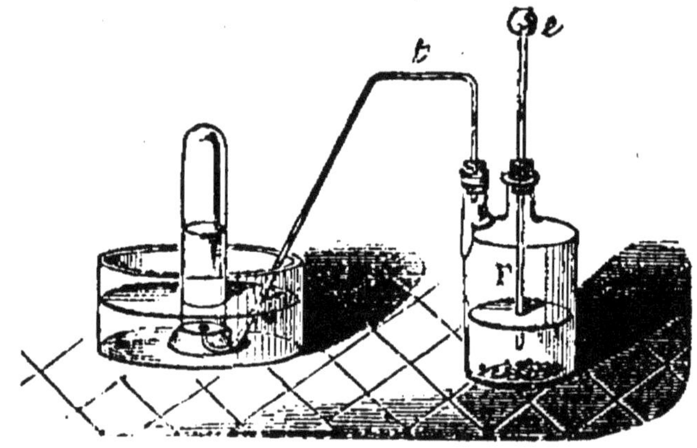

Fig. 29. — Préparation de l'hydrogène par le zinc, l'eau et l'acide sulfurique.

de l'acide sulfurique sur du zinc, en présence de l'eau.

Dans un flacon F (fig. 29) à deux tubulures, on place de la grenaille de zinc et de l'eau; par le tube à entonnoir *e*, on ajoute un peu d'acide sulfurique. Une effervescence se manifeste aussitôt, et l'hydrogène se dégage par le tube *t*.

L'hydrogène de l'acide sulfurique est chassé par le zinc qui prend sa place. Il se forme du sulfate de zinc qui reste en dissolution dans l'eau du flacon.

La légende suivante rend compte de la réaction.

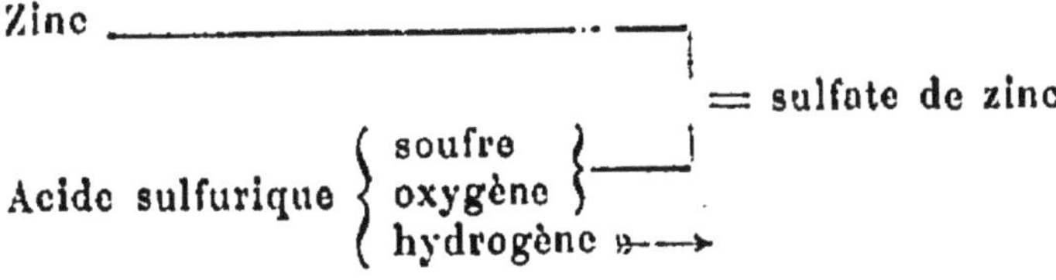

Au lieu de grenaille de zinc on peut employer des clous en fer. La réaction est la même, mais moins rapide; il se forme du sulfate de fer.

On peut encore employer, avec le zinc, de l'acide chlorhydrique, (chlore et hydrogène), au lieu d'acide sulfurique. Le zinc prend, dans l'acide, la place de l'hydrogène qui se dégage et il se forme du chlorure de zinc.

62. Propriétés physiques.

— L'hydrogène est un gaz qui a été liquéfié et même solidifié en 1878 par M. Cailletet et par M. Pictet. — Incolore, sans odeur ni saveur quand il est pur, il est le seul gaz qui conduise bien la chaleur. Il pèse 14 fois $\frac{1}{2}$ moins que l'air; sa densité est 0,0693; 1 litre d'hydrogène pèse 0 gr. 089 : c'est le plus léger de tous les corps connus.

Fig. 30. — Expérience pour démontrer la légèreté de l'hydrogène. L'hydrogène, qui était en H, passe dans l'éprouvette supérieure A.

Cette légèreté peut être mise en évidence par les expériences suivantes.

1° On adapte, l'une contre l'autre par leurs ouver-tures deux éprouvettes de même diamètre (fig. 30) : l'une inférieure H est remplie d'hydrogène, l'autre supérieure A contient de l'air. Au bout de quelques instants l'hydrogène, en vertu de sa légèreté, a passé tout entier dans l'éprouvette A, ce que l'on constate en approchant de son ouverture une allumette enflammée : le gaz qu'elle contient s'enflamme aussitôt, propriété qui appar-

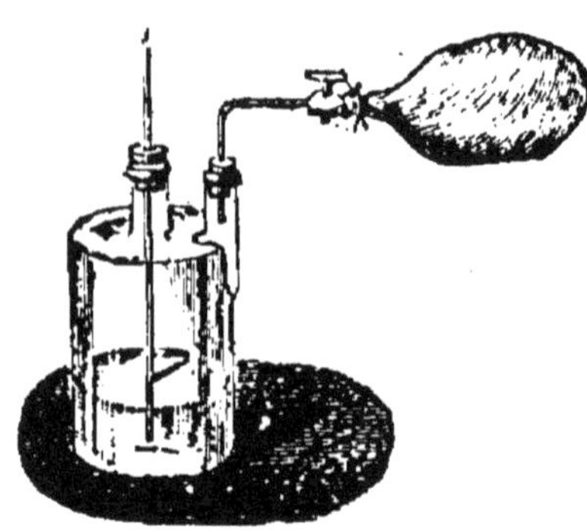

Fig. 31. — Manière de remplir une vessie d'hydrogène.

Fig. 32. — Expérience des bulles de savon gonflées par l'hydrogène. Les bulles s'élèvent rapidement et on peut les enflammer avec une bougie.

tient à l'hydrogène et que l'air ne possède pas.

2º Après avoir exprimé d'une vessie l'air qu'elle contient, on lui adapte un robinet qui, par l'intermédiaire d'un tube en caoutchouc, la met en communication avec un appareil à hydrogène (fig. 31). Lorsque la vessie est remplie, on ferme le robinet et l'on adapte au tube de caoutchouc un tube de verre effilé dont on trempe l'extrémité dans une eau de savon assez épaisse ; lorsqu'on retire le tube de l'eau, une goutte de liquide reste suspendue à son extrémité et, si l'on ouvre le robinet en pressant légèrement sur la vessie, le gaz forme en sortant des bulles de savon, qui s'élèvent rapidement dans l'air où elles peuvent être enflammées à l'aide d'une bougie (fig. 32)

Charles[1] eut le premier l'idée d'appliquer le gaz hydrogène au gonflement des aérostats et de remplacer par lui l'air dilaté que les frères Montgolfier[2] avaient d'abord employé. On dut ensuite renoncer à l'emploi de ce gaz, à cause de la facilité avec laquelle il traverse les membranes.

Mais on y est revenu depuis en employant, pour la construction des aérostats, des étoffes suffisamment imperméables, et le commandant Renard a inventé un appareil industriel qui sert à préparer l'hydrogène par la décomposition électrolytique de l'eau.

La faculté qu'a l'hydrogène de traverser facilement les membranes, et à laquelle on a donné le nom de *propriété endosmotique*, peut être mise en évidence par l'expérience suivante.

On prend sur la cuve à eau une éprouvette remplie

1. Charles (J.-Alexandre-César), physicien, né à Nancy, mort à Paris en 1823. Il devint membre de l'Académie des sciences en 1785, et professeur au Conservatoire des arts et métiers.

2. Montgolfier (Joseph-Michel et Jacques-Étienne), célèbres par l'invention des aérostats. Nés tous deux à Vidalon-lez-Annonay, le premier en 1740, le second en 1745. Étienne mourut dans son pays en 1799 ; Joseph mourut à Paris en 1810. Il était membre de l'Académie des sciences et administrateur du Conservatoire des arts et métiers.

d'hydrogène, on la ferme avec une feuille de papier bien adaptée contre ses bords, on la retourne, et une allumette enflammée, présentée au-dessus de la feuille de papier, [enflamme le gaz hydrogène qui a traversé cette feuille.

Fig. 33. — Propriété endosmotique de l'hydrogène. L'hydrogène contenu sous la cloche pénètre dans le ballon B et le gonfle.

On peut aussi montrer cette propriété, en plaçant un ballon en caoutchouc mince sous une grande cloche remplie d'hydrogène (fig. 33). On a eu soin d'entourer ce ballon d'un fil qui s'applique sur lui sans le serrer. Au bout de quelques heures, l'hydrogène a pénétré dans le ballon, l'a gonflé; le fil serre le ballon qui, au bout d'un jour, finit le plus souvent par éclater.

L'hydrogène est très peu soluble dans l'eau : un litre d'eau à 0° dissout seulement 20 centimètres cubes de ce gaz.

63. Propriétés chimiques. — L'hydrogène a une grande tendance à se combiner à l'oxygène : lorsqu'on approche une bougie allumée (fig. 34) de l'ouverture d'une éprouvette remplie de ce gaz, il brûle avec une flamme pâle. Il n'entretient pas la combustion; car si, comme le représente la figure 35, on introduit la bougie dans l'éprouvette, elle s'y éteint. On peut la rallumer en la descendant dans les couches qui brûlent à l'ouverture, l'éteindre de nouveau, et ainsi de suite.

Le produit de la combustion de l'hydrogène est de la vapeur d'eau. Il suffit, pour le prouver, d'enflammer sous une cloche C (fig. 36) un jet d'hydrogène qui, à sa sortie du flacon producteur F, s'est des éché dans un tube T rempli d'une s stance avide d'eau, comme le chl re de calcium. La vapeur d'eau , oduite par la combustion du gaz s condense contre les parois froides d la cloche et se résout en gouttelettes liquides, qui tombent dans une assiet placée

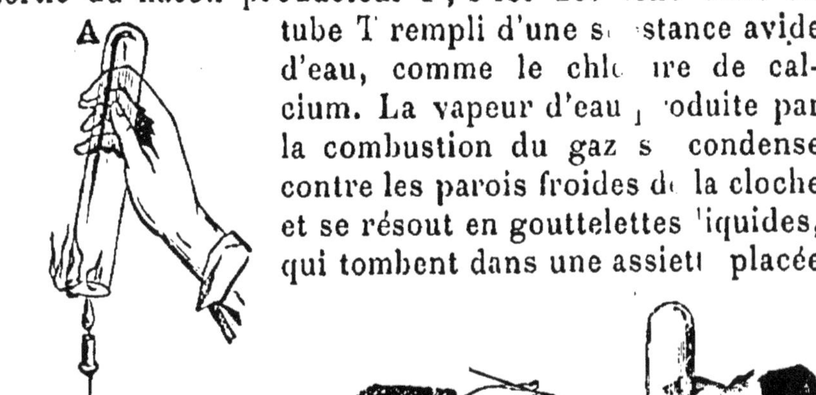

Fig. 34. — Inflammabilité de l'hydrogène. Le gaz brûle à la partie inférieure de l'éprouvette.

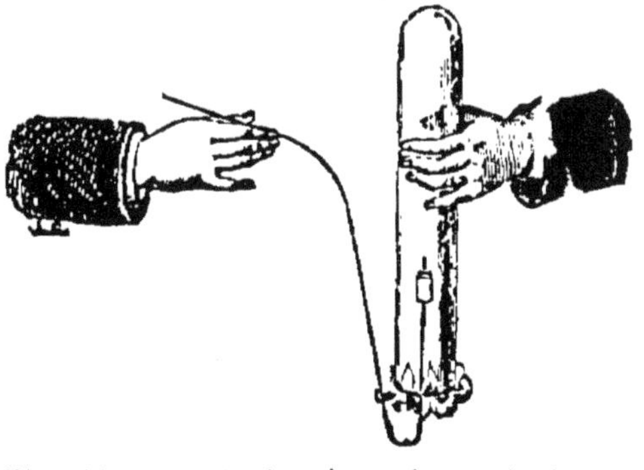

Fig. 35. — L'hydrogène n'entretient pas la combustion. Si l'on enfonce la bougie dans l'éprouvette, elle s'éteint.

au-dessous d'elle. Cette expérience est due à Cavendish.

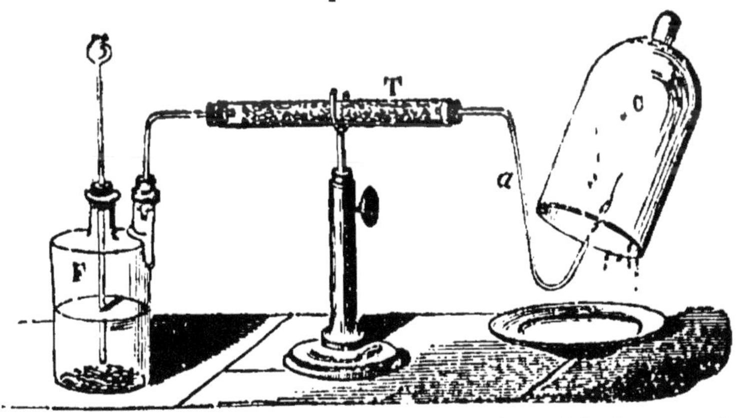

Fig. 36. — La combustion de l'hydrogène produit de l'eau. L'hydrogène préparé en F, desséché en T, brûle à l'extrémité du tube a en produisant de l'eau qui se dépose en gouttelettes sur les parois de la cloche C.

L'inflammabilité de l'hydrogène peut encore être mise

en évidence au moyen d'un appareil connu sous le nom de *lampe philosophique*. Il consiste en un flacon à deux tubulures (fig. 37), d'où se dégage par le tube effilé *a* un jet d'hydrogène qu'on enflamme.

Avant d'enflammer le gaz, il est nécessaire d'attendre que l'air intérieur de l'appareil soit complètement expulsé par l'hydrogène; sans quoi, on s'exposerait à des explosions dangereuses, dues à l'inflammation du mélange d'air et d'hydrogène.

Si, en effet, on introduit dans une éprouvette 1 volume d'hydrogène et 2 volumes 1/2 d'air et qu'on en-

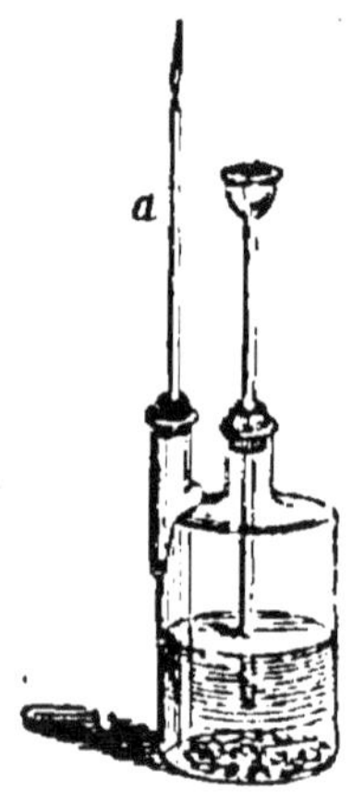

Fig. 37. — Lampe philosophique. L'hydrogène brûle à l'extrémité d'un tube effilé A.

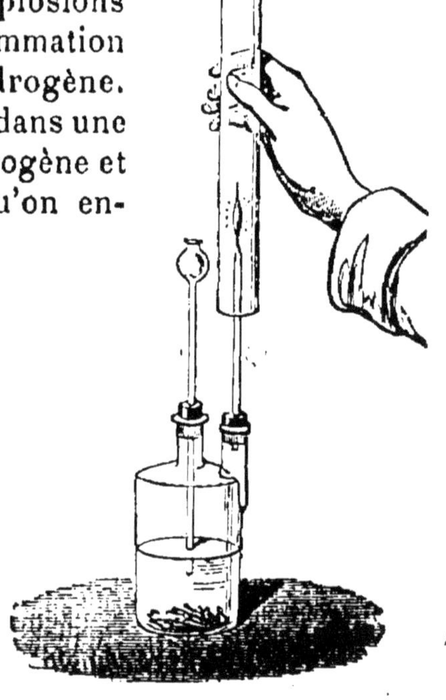

Fig. 38. — Harmonica chimique. Si l'on entoure la flamme d'hydrogène d'un tube ouvert aux deux bouts, on entend un son.

flamme le mélange, il se produit une vive détonation. Voici ce qui s'est passé : l'hydrogène s'est combiné avec l'oxygène et a fourni de la vapeur d'eau qui, portée à une température élevée, s'est subitement dilatée, est sortie de l'éprouvette en poussant l'air devant elle; mais, au contact des parois froides du vase, la vapeur qui y reste se condense, un vide partiel se produit et l'air rentre pour le remplir. Il y a donc un double ébranlement de l'air, et c'est là la cause de la détonation; cette détonation serait plus violente encore si l'on employait un mélange de 2 volumes d'hydrogène et de 1 volume d'oxygène. Dans les deux cas, il faut prendre la précaution d'entourer l'éprouvette avec un linge, qui protégera l'opérateur contre les accidents que peut occasionner la rupture du vase.

Harmonica chimique. — Si l'on entoure (fig. 38) avec un tube de verre ou de grès le jet d'hydrogène enflammé qui s'échappe de la lampe philosophique et qu'on l'abaisse peu à peu, la flamme se rétrécit et l'on entend un son dont la nature dépend de la position du tube.

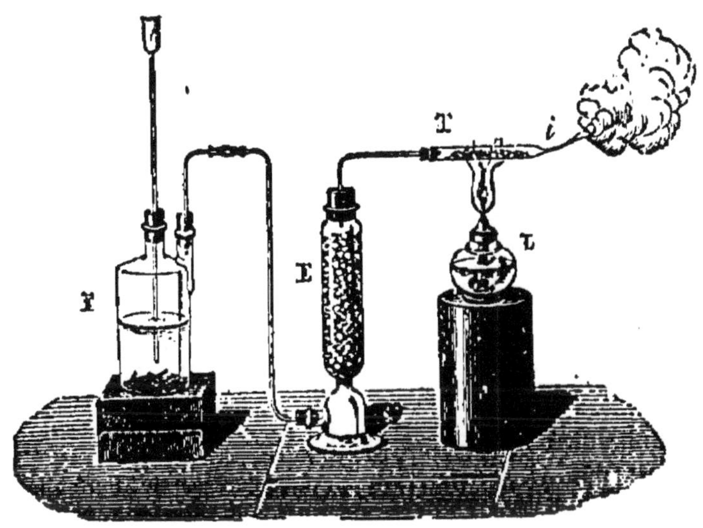

Fig. 39. — Réduction des oxydes par l'hydrogène. Le gaz préparé en F, desséché en E, réduit en T l'oxyde chauffé; de la vapeur d'eau s'échappe en i.

L'hydrogène est un *réducteur*, c'est-à-dire qu'il peut enlever l'oxygène aux corps en présence desquels on le met. Si l'on fait passer un courant d'hydrogène sur un oxyde métallique chauffé (fig. 39) et qu'il puisse, par sa combinaison avec l'oxygène, dégager plus de chaleur que l'oxyde n'en a dégagé au moment de sa formation, l'oxyde est réduit et le métal est mis en liberté. Tel est le sesquioxyde de fer qui, chauffé dans un courant d'hydrogène, donne lieu à de l'eau et à du fer.

64. Applications. — L'hydrogène est employé à gonfler les aérostats et les ballons en baudruche qui servent de jouets aux enfants. Ces ballons ne doivent jamais être approchés d'une flamme, qui les enflammerait. L'enfant pourrait être brûlé. Dans les laboratoires, on se sert souvent de l'hydrogène comme *réducteur* pour désoxyder les corps.

65. Expériences simples. — Préparer de l'hydrogène par le zinc et l'acide sulfurique. On peut remplacer le flacon à deux tubulures par un flacon ordinaire F, fermé par un bouchon de caoutchouc à deux trous; un tube droit T, auquel on adapte un petit entonnoir E, au moyen d'un raccord en caoutchouc R, remplace très bien le tube à entonnoir ordinaire (fig. 40). Cette disposition peut être adoptée pour toutes les préparations des gaz à froid.

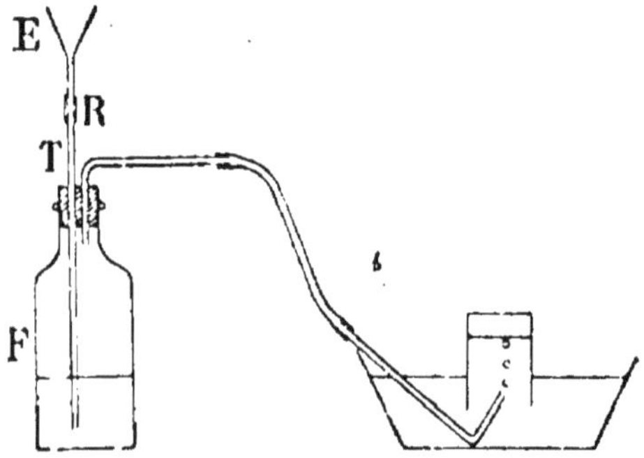

Fig. 40. — Appareil simple pour la préparation de l'hydrogène et, en général, de tous les gaz à froid.

Réaliser les expériences les plus simples indiquées aux n° 62 et 63.

Pour gonfler des bulles de savon avec de l'hydrogène, il n'est pas absolument nécessaire de recueillir préalablement le gaz dans une vessie : il suffit d'adapter au tube à dégagement un tube de caoutchouc terminé par un tube de verre qu'on plonge dans l'eau de savon.

CHAPITRE VII

Carbone. — Charbons naturels et artificiels. — Principaux combustibles.

CARBONE

66. Charbons. — On désigne sous le nom générique de *charbons* un certain nombre de substances qui renferment toutes, en quantité considérable, un même corps simple appelé *carbone*. Dans quelques-unes, comme le diamant et la plombagine, le carbone est pur; dans d'autres, comme la houille, il est mélangé à des matières étrangères, qui sont le plus souvent des carbures d'hydrogène.

Nous diviserons les charbons en deux classes : la première comprendra les charbons *naturels* : diamant, graphite ou plombagine, anthracite, houille, lignite, tourbe; la seconde comprendra les charbons *artificiels* : coke, charbon de cornue, charbon de bois, charbon de Paris, noir de fumée et noir animal.

CHARBONS NATURELS. — DIAMANT

67. Le diamant est du carbone pur, car on a constaté qu'en brûlant dans l'oxygène il se transforme entièrement en anhydride carbonique.

Le diamant est le plus dur de tous les corps; il les

raye tous sans être rayé par aucun. Sa densité varie entre 3,50 et 3,55. Il se présente à l'état de cristaux. Cette substance possède un remarquable éclat, qu'on appelle *éclat adamantin.* Elle a pour la lumière un pouvoir réfringent considérable, et c'est à cela que sont dus les beaux effets de lumière que produit le diamant taillé.

Le diamant est le plus souvent incolore, mais il est quelquefois légèrement teinté de jaune, de vert et de gris; la teinte bleue est fort rare. Il existe des diamants noirs qui semblent plus durs que les autres. On les nomme *diamants de nature.*

68. Le diamant se trouve au Brésil, aux Indes orientales, en Sibérie, dans l'Afrique du Sud. On l'y rencontre au milieu de sables qu'on lave dans un courant d'eau; les particules les plus ténues et les moins denses sont entraînées, et il reste un gravier diamantifère qui est ensuite trié à la main.

Fig. 41. — Taille du diamant. L'ouvrier appuie le diamant à tailler sur la plateforme P' qui tourne rapidement et qui est enduite d'égrisée ou poudre de diamant.

Les diamants bruts ainsi obtenus sont ensuite livrés au commerce pour subir l'opération de la taille. Les anciens ne connaissaient pas la manière de tailler cette pierre et l'employaient avec ses facettes naturelles; ce n'est qu'au XVe siècle qu'on commença à savoir tailler les diamants en les usant avec leur propre poussière.

A cet effet, les pierres les plus petites et les plus défectueuses sont réduites en une poudre qu'on nomme *égrisée.* Cette poussière mêlée avec de l'huile sert à enduire une plate-forme d'acier PP′ horizontale et mobile autour d'un axe vertical XY (fig. 41). Pendant que la plate-forme tourne rapidement, on appuie contre

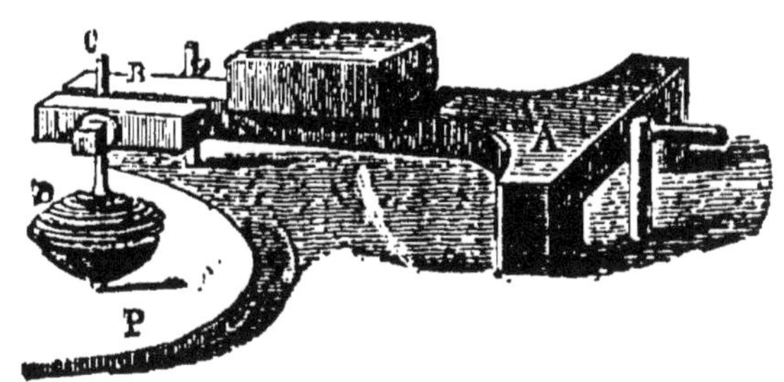

Fig. 42. — Outil pour tenir le diamant pendant la taille.

elle le diamant à tailler, qui est en-châssé dans une masse D d'alliage fusible de plomb et d'étain, montée dans un outil AB que représente la figure 42. Quand une facette est for-mée, on change le diamant de position, et ainsi de suite. La manière dont les facettes sont disposées influe beaucoup sur l'intensité de l'éclat projeté par la pierre. On procède à la taille du dia-mant de deux manières: on le taille en *rose* pour les pierres

Fig. 43. — Rose.

Fig. 44. — Brillant.

de peu d'épaisseur, en *brillant* pour les pierres plus grosses.

La rose présente, à son sommet, une pyramide à facettes triangulaires et une base plate qui est cachée dans la monture (fig. 43).

Le brillant (fig. 44) se termine, à sa partie supérieure, par une face assez large, appelée *table* et entourée de facettes triangulaires qu'on nomme *lentilles* et de facettes en losanges ; sa partie inférieure est formée par une pyramide tronquée à facettes.

Les brillants sont toujours montés à jour ; les roses sont montées dans une petite cuvette métallique, appelée *chaton*. Les brillants ont plus d'éclat que les roses et sont plus recherchés.

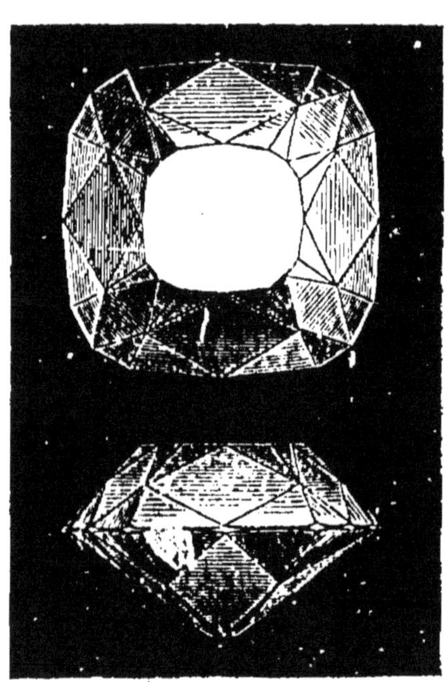

Fig. 45. — Fac-similé du Régent.

Le prix des diamants, surtout lorsqu'ils sont taillés, est, en général, très élevé. Bruts, lorsqu'ils sont susceptibles d'être taillés et qu'ils ne dépassent pas en poids un carat (le carat vaut 0 gr. 205), ils se vendent 48 francs le carat environ ; taillés, ils valent environ 125 francs. Mais, pour les brillants, le prix s'élève considérablement avec la grosseur. Le carat coûte généralement, et suivant sa qualité, de 120 à 240 francs pour un brillant de 1 carat, de 320 à 1 140 francs pour un brillant de 20 carats [1].

Dans ces dernières années, M. Moissan est parvenu à reproduire artificiellement le diamant, mais seulement à l'état de cristaux très petits.

1. Les plus beaux diamants sont :

1° Le diamant du radjah de Matan, à Bornéo, qui pèse plus de 300 carats.

2° Le *Kohi noor* ou *Montagne de lumière*, qui pèse 102 carats 1/2.

3° L'*Orlow*, diamant de l'empereur de Russie, acheté par l'im-

GRAPHITE

69. Le *graphite*, qu'on désigne aussi sous le nom de *plombagine*, de *mine de plomb*, est une variété de carbone qui se présente sous forme de parcelles brillantes d'un gris d'acier, ou de masses feuilletées, que l'ongle peut rayer et qui laissent des traces noires sur le papier. Sa densité est 2,2. Il conduit bien la chaleur et l'électricité, ne brûle dans l'oxygène qu'à une température élevée. Les mines les plus riches en graphite sont en Angleterre dans le duché de Cumberland, et en Russie. On le trouve aussi à Passaw en Bavière, dans le Piémont et dans les Pyrénées.

70. **Usages.** — La plombagine sert à la fabrication des crayons.

Les meilleurs crayons de plombagine anglais se préparent en débitant à la scie des baguettes de graphite pur et préalablement chauffé en vase clos à une forte chaleur rouge. Ces crayons sont habituellement enchâssés dans des baguettes en bois de cèdre. On taille aussi de petits cylindres en graphite destinés à être fixés dans des porte-crayons métalliques.

En 1795, Conté [1] inventa un procédé très simple, qui permet de fabriquer des crayons avec un mélange

pératrice Catherine 2 500 000 francs, plus 100 000 francs de rente viagère.

4° Le *Régent*, diamant de France, qui pèse 136 carats, qui a été estimé à 12 000 000 de francs et que la figure 45 représente en grandeur naturelle. On peut le voir au Musée du Louvre.

5° L'*Étoile du Sud*, qui pesait 254 carats avant la taille, mais cette opération a réduit son poids à 125 carats. Sa forme et sa limpidité sont parfaites.

6° Le diamant de l'empereur d'Autriche, pesant 139 carats 1/2, et évalué à 2 608 325 francs.

1. Conté (Jacques), industriel, né en 1755, près de Séez, en Normandie, mort à Paris en 1805.

d'argile et de plombagine. Ces deux substances, réduites en poudre fine, servent à faire avec l'eau une pâte qu'on coule dans des rainures parallèles pratiquées dans des planches. Lorsque la pâte est sèche, on introduit les baguettes ainsi formées dans des creusets, où on les chauffe à une température d'autant plus élevée qu'on veut avoir des crayons plus durs. On les enferme ensuite dans des cylindres en bois coupés suivant leur longueur en deux parties inégales : dans le milieu de la plus grosse est pratiquée une rainure où on loge la mine de plomb; les deux morceaux sont ensuite recollés ensemble.

La plombagine unie à l'argile réfractaire sert à faire des creusets pour la fusion de l'acier. Délayée dans un peu d'huile, elle est employée pour noircir les tuyaux de poêle, etc.; pétrie avec des matières grasses, elle fournit un excellent graisseur pour les machines; enfin, elle est employée en galvanoplastie pour rendre la surface des moules conductrice de l'électricité.

HOUILLE OU CHARBON DE TERRE

71. La *houille ou charbon de terre* est essentiellement formée de carbone et de bitume unis à une proportion variable de matières terreuses. Lorsqu'on la chauffe à l'abri de l'air, il s'en dégage des combinaisons de carbone et d'hydrogène. Les unes sont liquides à la température ordinaire (goudrons), les autres sont gazeuses et constituent le gaz d'éclairage. Le résidu de la calcination en vase clos est appelé *coke*.

La houille est un combustible précieux pour l'industrie. A poids égal, elle donne en brûlant plus de chaleur que le bois.

Les différentes variétés de houille ne se comportent pas de la même manière pendant leur combustion. Les unes se ramollissent et fondent; les autres n'éprouvent pas de ramollissement.

La France renferme de nombreux dépôts de houille :
le bassin du Nord, qui est le plus important; ceux de la
Loire, de l'Allier et du Massif Central donnent lieu à
d'importantes exploitations. La Belgique et l'Angleterre
sont, sous ce rapport, bien plus riches que la France.

La houille se trouve dans la terre à des profondeurs
plus ou moins grandes. Elle est due à l'ensevelissement
sous les eaux d'anciennes forêts dont les arbres se sont
lentement altérés et décomposés. Des empreintes de
tiges, de feuilles, de fruits, qu'on observe sur certains
morceaux de houille, prouvent cette origine d'une
manière incontestable.

ANTHRACITE

72. L'anthracite est une substance noire, sèche au
toucher.

Elle s'allume assez difficilement; mais, lorsqu'on dispose de moyens énergiques de ventilation, comme dans
les établissements métallurgiques, elle devient un combustible très précieux. Elle donne plus de chaleur que
la houille.

On en trouve aux États-Unis, en Angleterre et, en
France, sur les bords de la Loire, aux environs d'Angers
et dans le Dauphiné.

LIGNITE

73. On désigne sous le nom de *lignite* une substance
charbonneuse, d'origine analogue à celle de la houille,
mais de formation plus récente. Dans certaines localités,
le lignite sert de combustible; il donne en brûlant peu
de chaleur, beaucoup de fumée, et produit une odeur
désagréable.

Le *jais* ou *jayet*, avec lequel on fabrique des bijoux
de deuil, est une variété de lignite.

TOURBE

74. La tourbe provient aussi de l'altération sous l'eau de débris végétaux. C'est une substance qui se forme encore de nos jours dans certaines contrées marécageuses. Elle brûle lentement et produit peu de chaleur. En la desséchant et en la comprimant, on obtient un combustible excellent et d'un prix peu élevé.

Les principaux gisements sont en Hollande, en Westphalie, dans le Hanovre, en Prusse, en Silésie. La France, quoique moins riche, possède néanmoins plus de 600 000 hectares de marais tourbeux exploitables. Les gisements les plus importants sont dans les vallées de la Somme et de l'Oise, dans l'Aisne, dans le Pas-de-Calais, dans la Loire-Inférieure.

CHARBONS ARTIFICIELS. COKE ET CHARBON DE CORNUE

75. Coke. — Le coke est le produit de la calcination de la houille à l'abri du contact de l'air. Cette calcination se fait dans des conditions différentes. Tantôt le coke n'est qu'un des résidus de la fabrication du gaz d'éclairage, tantôt il est le produit d'une fabrication spéciale, qui se fait soit par la carbonisation en meules, soit par la carbonisation dans des fours.

Le coke provenant de la fabrication du gaz d'éclairage fournit un bon combustible pour l'économie domestique ou le chauffage des petits foyers; mais sa faible densité et son défaut d'agglomération le rendent peu propre aux usages métallurgiques et au chauffage des locomotives.

Le coke obtenu par les autres méthodes, dit *coke de suffocation*, est d'une densité considérable. On l'emploie en métallurgie et pour le chauffage des locomotives.

Le procédé de carbonisation en meules est peu employé maintenant. Il consiste à faire avec les morceaux de houille, des tertres coniques qu'on recouvre de paille et de terre humectée. On y met le feu par une ouverture ménagée à cet effet. La combustion se fait lentement, d'une manière incomplète, et au bout de quatre jours de feu on obtient en coke 40 p. 100 de la houille employée.

76. Le procédé de carbonisation dans les fours prend chaque jour plus d'extension. Il est pratiqué par les établissements métallurgiques. Les fours sont disposés de telle sorte que les gaz provenant de la distillation de la houille sont ramenés sur la sole du four avant de se rendre dans la cheminée de l'usine. Ces gaz y brûlent et la chaleur qu'ils dégagent dans leur combustion produit une économie notable de combustible.

77. On désigne sous le nom de *houilles agglomérées*, ou *péras artificiels*, des briques destinées au chauffage des locomotives et obtenues par le moulage sous pression d'un mélange de 90 parties de menu de houille et de 10 parties de *brai solide* ou résidu charbonneux provenant de la distillation des goudrons que fournit la fabrication du gaz d'éclairage.

78. **Charbon de cornue.** — On trouve, sur les parois des cornues qui servent, dans les usines à gaz, à la distillation de la houille, un dépôt très dur de carbone à peu près pur. Il provient de la décomposition des carbures d'hydrogène qui se dégagent pendant l'opération ; il conduit assez bien l'électricité et sert dans la construction des piles de Bunsen. On l'emploie aussi dans les appareils d'éclairage électrique pour faire les électrodes entre lesquels jaillit l'arc lumineux.

CHARBON DE BOIS

79. Séché à l'air, le bois se compose, sur 100 parties, de :

Carbone.   38,48
Oxygène et hydrogène, dans les proportions
  qui constituent l'eau.   35,42
Eau libre 25,00
Cendres   1,10
                                                ———————
                                                100,00

Si l'on calcine du bois à l'abri du contact de l'air, il reste un résidu fixe de carbone, qui conserve la forme des végétaux, et il se dégage des produits volatils, qui renferment une partie du charbon que contient le bois. Ces produits sont des goudrons, de l'oxyde de carbone, de l'anhydride carbonique, des carbures d'hydrogène, du vinaigre de bois, de l'esprit de bois, etc. Le charbon de bois se fabrique par deux méthodes différentes.

80. 1° *Procédé par distillation*. — La calcination peut se faire dans des cornues en fonte, qui sont de véritables appareils distillatoires communiquant avec des réfrigérants où l'on recueille les produits volatils et condensables (vinaigre de bois, esprit de bois). On obtient environ 17 p. 100 de charbon. Ces appareils sont décrits dans le cours de 3ᵉ année à propos de la fabrication du vinaigre de bois (502).

81. 2° *Procédé des meules*. — La fabrication du charbon de bois

Fig. 46. — Fabrication du charbon de bois par le procédé des meules.

peut se faire aussi par le procédé des *meules*. On dispose au milieu des forêts les morceaux de bois qu'on veut carboniser, en ayant soin de ménager des canaux horizontaux aboutissant à une cheminée centrale (fig. 46); on recouvre la meule de feuilles, de mousse, de gazon, et enfin d'une couche de terre qui ne laisse libres que la cheminée et les ouvertures des canaux inférieurs. La cheminée est remplie de bois enflammé. La combustion se communique de proche en proche, et lorsque la fumée, d'abord épaisse et noire, est devenue transparente et d'un bleu clair, on bouche les ouvertures des canaux, dites *évents*. Lorsque tous les évents sont bouchés, la combustion s'arrête peu à peu; on recouvre la meule de terre humide et, au bout de 24 heures, la fabrication est terminée; les bois employés de préférence sont le chêne, le châtaignier, le pin, le charme, le hêtre, l'érable, le bouleau, le tilleul, etc.

Un bon charbon de bois doit être léger, cassant et sonore.

CHARBON ANIMAL OU NOIR ANIMAL

82. Le charbon qu'on désigne sous les noms de *charbon animal* ou de *noir animal* est le produit qu'on obtient en calcinant des os en vase clos. Cette calcination se fait par deux procédés principaux. Dans le premier, qui est le plus ancien, on recueille les produits volatils qui se dégagent dans la calcination des os (goudron, sels ammoniacaux).

Après avoir concassé les os, on en retire la graisse. Pour cela, on les introduit dans un vase en tôle percé de trous qu'on descend dans une chaudière remplie d'eau bouillante. La graisse fond et vient à la surface, où elle est enlevée à l'aide d'écumoires.

Les os sont séchés à l'air, puis introduits dans des cornues C, C' (fig. 47), qui communiquent par un tube T avec des appareils B, B', destinés à condenser les produits volatils. On charge les os en enlevant les couvercles M, M'. Après la calcination, on retire les obturateurs H, H' et le noir animal fabriqué tombe dans les étouffoirs V et V'.

Aujourd'hui, la plus grande partie du noir animal se

fabrique par un procédé qui laisse perdre les produits
volatils, l'industrie du gaz et l'exploitation des eaux des
fosses d'aisances fournissant ces produits au commerce
en proportion considérable.

Les os sont introduits dans des pots qu'on super-
pose, de manière que le fond de l'un serve de couvercle
à l'autre. Ces pots sont chauffés par les produits de la
combustion de la houille qui passent dans le four. A
mesure que la température s'élève, les gaz inflammables
provenant de la décomposition des matières organiques
se dégagent et se condensent dans une cheminée d'appel.
Au bout de 7 à 11 heures, la calcination est terminée.

Fig. 47. — Fabrication du noir animal. Les os sont calcinés dans les cornues
C et C'; les produits volatils se condensent en B et en F.

Le charbon, tel qu'il sort des pots, conserve la forme
des os. On le broie dans des moulins en cherchant à
éviter autant que possible la production du noir en
poudre, qui a moins de valeur que le noir en grains.

83. **Usages.** — Le noir animal a un pouvoir décolorant considérable. On s'en sert pour la décoloration des
sirops. Lorsqu'il a servi pendant un certain temps, il se
trouve saturé de matières colorantes et, pour servir de
nouveau, il doit subir un traitement de revivification.
On l'emploie aussi comme engrais en agriculture.

NOIR DE FUMÉE

84. Le noir de fumée provient de la combustion incomplète de certaines manières carbonées; c'est le corps noir qu'on voit s'échapper d'une lampe qui *file.*

Fig. 48. — Fabrication du noir de fumée.

85. On distingue, dans le commerce, le noir de résine et le noir de houille ou plutôt de goudron de houille.

On le fabrique en faisant brûler, en présence d'une quantité d'air insuffisante pour leur combustion complète, des goudrons, résines ou autres matières placés dans une capsule en fonte O (fig. 48), chauffée par le foyer F. Les fumées qui en résultent se rendent dans une chambre D et laissent déposer le noir sur ses parois. Un entonnoir mobile C permet de ramoner les parois de la chambre.

On a perfectionné cette fabrication en forçant la fumée à traverser, soit des chambres disposées à la suite l'une de l'autre, soit des tubes en U renversés, faits en toile et réunis par des tuyaux métalliques.

86. Usages. — Le noir de fumée est employé pour la peinture et la fabrication des encres d'imprimerie. Mélangé avec 2/3 de son poids d'argile, il sert à faire les crayons noirs des dessinateurs.

PROPRIÉTÉS DU CARBONE

87. Le carbone, qui est l'élément principal des différentes espèces de charbons que nous venons d'étudier, est un métalloïde, dont la propriété caractéristique est la suivante : quand 12 grammes de carbone brûlent complètement en présence de l'oxygène, ils donnent lieu à 44 grammes d'*anhydride carbonique*.

88. Propriétés physiques. — Quelle que soit son origine, le carbone est un corps sans odeur ni saveur. Il est infusible aux températures les plus élevées de nos fourneaux; cependant il se volatilise dans l'arc électrique vers 3 500°. Il est insoluble dans tous les liquides, sauf la fonte de fer en fusion.

Sa conductibilité pour la chaleur et l'électricité varie avec sa provenance : la plombagine conduit bien la chaleur et l'électricité. Tous les charbons artificiels, préparés à une haute température, jouissent de cette propriété.

89. Pouvoir absorbant du charbon. — Une des propriétés les plus curieuses du charbon, c'est l'action absorbante qu'il exerce sur les gaz. Si l'on introduit dans une éprouvette remplie de gaz ammoniac et reposant sur le mercure un morceau de braise, qu'on a chauffé au rouge pour chasser l'air renfermé dans ses pores, le gaz est absorbé par lui et le mercure monte dans l'éprouvette qu'il remplit bientôt.

Les circonstances avec lesquelles varie le pouvoir absorbant du charbon montrent que le phénomène a de grandes analogies avec celui de la dissolution des gaz dans les liquides.

L'absorption des gaz par le charbon est d'autant plus grande que la température est plus basse, que la pression est plus considérable, que le gaz est plus soluble. Le pouvoir absorbant dépend aussi de la nature du charbon et de sa provenance. Le charbon d'os est celui qui jouit de cette propriété au plus haut degré. Viennent ensuite, rangés par ordre d'absorption décroissante : le charbon de bois, la braise, le noir de fumée calciné, le coke. Ce qui précède explique l'augmentation de poids que subit le charbon exposé à l'air atmosphérique.

Les propriétés absorbantes du charbon le font souvent employer comme désinfectant. Les eaux qui contiennent des matières organiques en putréfaction exhalent une mauvaise odeur due aux gaz qui se forment dans la décomposition de ces matières. Il suffit, pour les désinfecter, de les laisser en contact avec du charbon pulvérisé. Dans les campagnes, où l'on n'a souvent pour boisson que l'eau des mares, souillée par la présence de matières organiques, on peut la désinfecter très facilement par le moyen suivant.

On place à la partie inférieure d'un tonneau, dont le fond est percé de trous, des couches alternatives de sable et de charbon en poussière. On descend ce tonneau dans la mare jusqu'auprès de son ouverture supérieure (fig. 49) et on l'y soutient, soit au moyen de cordes, soit en le faisant reposer sur de grosses pierres ; l'eau arrive par les trous dont le fond est percé, filtre à travers les couches de sable, sur lesquelles elle laisse les matières en suspension qu'elle renferme, se désinfecte sur les couches de charbon, et l'on peut puiser de l'eau potable à la partie supérieure du vase.

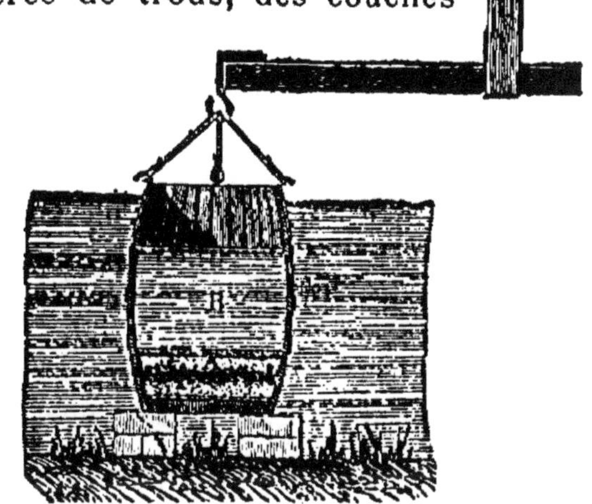

Fig. 49. — **Filtre à charbon.** L'eau pénètre dans le tonneau par la partie inférieure percée de trous et traverse des couches de charbon et de sable.

90. On trouve, dans le commerce, des filtres destinés à l'économie domestique et dans lesquels sont appliquées d'une manière heureuse les propriétés désinfectantes du charbon. Ils se composent d'un vase en bois, en grès ou métal, dont l'intérieur est divisé en trois compartiments

(fig. 50) par deux cloisons horizontales. La première porte à son centre une tête d'arrosoir E entourée d'une éponge ; la seconde est également percée de trous. Le second compartiment est rempli par des couches alternatives de sable et de charbon. L'eau versée dans la partie supérieure subit une première filtration sur l'éponge, passe dans A, où elle est filtrée sur le sable et désinfectée sur le charbon. Elle arrive de là dans la partie B, d'où elle peut sortir par le robinet.

Ces filtres, quoique pouvant rendre de grands services, sont loin de valoir les filtres Chamberland que nous avons décrits (56). Ils ne produisent, au point de vue hygiénique, qu'une filtration imparfaite. Ils laissent passer les germes infectieux et peuvent même être une source d'infection. Au bout d'un certain temps, les matières organiques qu'ils ont arrêtées peuvent entrer en putréfaction et empoisonner l'eau.

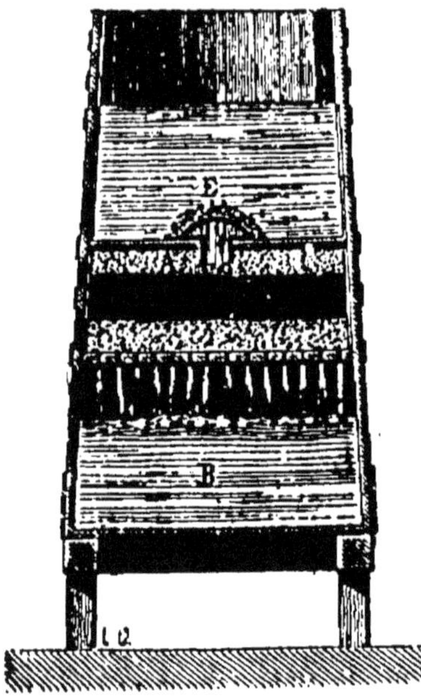

Fig. 50. — Filtre à charbon. L'eau versée en E traverse en A des couches de charbon et de sable et tombe dans le compartiment inférieur B.

Le charbon est aussi employé pour prévenir la putréfaction des viandes. Il suffit de les enfouir dans du poussier de charbon, qui les garantit d'abord du contact de l'air et qui, en absorbant les gaz putrides à mesure qu'ils se produisent, empêche le développement de la putréfaction. Lorsqu'on sort les viandes du poussier, il suffit de les arroser d'eau fraîche.

Le pouvoir absorbant du charbon s'exerce aussi sur les matières colorantes, comme nous l'avons vu à propos du noir animal. Il est appliqué à la décoloration des sirops, du miel, etc. Dans cette absorption, la matière colorante n'est pas détruite, mais seulement condensée dans les pores du charbon.

91. Propriétés chimiques du carbone. — Le carbone chauffé en présence de l'oxygène, à l'air par exemple, s'unit à l'oxygène et brûle sans résidu solide.

Lorsque l'oxygène est en excès, le résultat de la combustion est de l'*anhydride carbonique*; lorsque le charbon est en excès, comme lorsqu'on allume un fourneau rempli de charbon de bois, il se forme en même temps un produit moins oxygéné que l'anhydride carbonique : c'est l'*oxyde de carbone*, qui provient de l'action réductrice que le charbon en excès exerce sur l'anhydride carbonique.

Le charbon se combine au rouge avec le soufre pour former du *sulfure de carbone*, qui présente des analogies avec l'anhydride carbonique.

Le carbone donne avec l'azote un composé gazeux important, qu'on appelle *cyanogène*. Ce gaz combiné à l'hydrogène constitue l'acide *cyanhydrique* ou acide *prussique*, qui est un des poisons les plus violents que l'on connaisse.

Quand on fait jaillir l'arc voltaïque entre deux baguettes de charbon de cornue plongées dans une atmosphère d'hydrogène, le carbone se combine à l'hydrogène et il se produit de l'*acétylène*.

Le charbon est un réducteur énergique, ce qui veut dire qu'il peut enlever l'oxygène aux corps qui en contiennent. Si l'on fait passer un courant de vapeur d'eau sur du charbon chauffé au rouge vif dans un tube de porcelaine, on voit se dégager de l'hydrogène et de l'oxyde de carbone; à une température moins élevée, il se produit de l'hydrogène et de l'anhydride carbonique.

Mélangé et chauffé en présence de certains oxydes métalliques, comme l'oxyde de cuivre et l'oxyde de fer, il leur prend l'oxygène et met le métal en liberté. Cette propriété est souvent utilisée à la préparation des métaux, qu'on retire de leurs oxydes naturels.

COMBUSTIBLES

92. Principaux combustibles. — On désigne sous le nom de *combustibles* des corps, de composition variable, qui ont la propriété de brûler en présence de l'air et de fournir par leur combustion des quantités de chaleur plus ou moins grandes, qu'on utilise pour le chauffage des appareils employés dans l'économie domestique ou dans l'industrie.

Les principaux combustibles sont la houille, le bois, le lignite, la tourbe, le coke, le charbon de bois, les agglomérés ou *péras*, l'hydrogène et les composés qu'il forme avec le carbone (gaz d'éclairage), l'oxyde de carbone, les pétroles. Nous avons déjà décrit les propriétés et l'origine de la plupart de ces corps.

93. Parmi eux le plus important, aujourd'hui, est sans contredit la houille. On peut dire que la puissance industrielle d'une nation est en raison de la quantité de houille qu'elle produit. On a calculé que la quantité de houille consommée dans le chauffage des machines à vapeur produit une quantité de vapeur d'eau capable de donner un travail égal à celui d'un milliard d'hommes; c'est plus que le double des hommes vivant à la surface du globe et capables de travailler.

Les qualités de la houille sont très variables et le choix des houilles pour tel ou tel usage dépend de ces qualités.

On distingue :

1° Les houilles *grasses maréchales*, qui éprouvent au feu une espèce de fusion pâteuse et donnent beaucoup de chaleur; brûlées sur grille, elles fondent bientôt, leurs morceaux s'agglutinent et le tirage devient moins actif. Elles altèrent les barreaux des grilles. Elles sont très bonnes pour le travail de la forge. La plus estimée est celle de Saint-Étienne ; celle de Mons vient après.

2° *Houilles grasses et dures.* — Elles sont moins fusibles que les précédentes. Elles sont très estimées pour les opérations métallurgiques. Telles sont celles d'Alais et de Rive-de-Gier.

3° *Houilles grasses à longue flamme.* — Moins fusibles encore que les précédentes, elles sont meilleures pour les grilles. La houille de Mons, connue sous le nom de *Flénue*, est la meilleure. Elles conviennent au chauffage domestique et à la fabrication du gaz d'éclairage.

4° *Houilles sèches à longue flamme.* — Elles ne fondent pas, ne s'agglutinent point ; bonnes encore pour le chauffage des chaudières, elles donnent moins de chaleur que les précédentes.

5° *Houilles sèches qui brûlent sans flamme.* — Elles brûlent difficilement, donnent un résidu pulvérulent. On les emploie à la cuisson de la chaux et des briques.

Le pouvoir calorifique des houilles dépend surtout de la quantité de charbon et d'hydrogène qu'elles contiennent, et la chimie industrielle possède des méthodes d'analyse qui lui permettent de déterminer ce pouvoir calorifique. Une houille ne doit pas contenir trop d'eau, parce que la vaporisation de cette eau absorbe en pure perte une partie de la chaleur dégagée par la combustion.

Nous avons dit (39) que le pouvoir calorifique de la houille, c'est-à-dire la quantité de chaleur développée par la combustion de 1 kilogramme de houille, variait de 7 200 à 8 600 calories.

94. Le bois est un combustible précieux, qui fournit à nos habitations un moyen de chauffage plus confortable que la houille ; mais il est plus cher ; dans nos pays, il ne peut être employé au chauffage des appareils industriels. Son pouvoir calorifique varie de 2 800 à 3 000. Pour bien brûler, le bois doit être sec, la vaporisation de l'eau qu'il contient donnant lieu à une perte considérable de chaleur. Aussi a-t-on l'habitude de

n'abattre les arbres qu'en automne et en hiver, saisons où ils contiennent le moins de sève liquide.

95. Le coke est un excellent combustible; son pouvoir calorifique est de 6 800 à 7 000 calories, mais il ne donne guère de flamme, ce qui est un inconvénient dans certains cas.

96. Le charbon de bois a un pouvoir calorifique de 8 000 calories, mais il est trop cher pour qu'on puisse l'employer dans la plupart des cas.

97. L'anthracite a un grand pouvoir calorifique : il est compris entre 9 000 et 9 300. Mais cette substance très compacte brûle difficilement, et elle ne peut être employée que dans les cas où l'on dispose de moyens puissants de ventilation, comme en métallurgie.

98. La tourbe est employée comme combustible dans les pays de production. Elle dégage peu de chaleur en brûlant, mais elle produit un feu qui se conserve bien; c'est un avantage pour les ouvriers des champs qui retrouvent, au retour de leurs travaux, le feu qu'ils ont allumé au départ. La tourbe a l'inconvénient de dégager en brûlant une odeur désagréable. On a essayé de faire des charbons de tourbe, dont l'emploi ne s'est pas généralisé.

98. Le gaz d'éclairage, formé de carbures d'hydrogène fournis par la distillation de la houille, est un combustible d'un emploi facile et propre. Il est employé avec avantage dans tous les cas où l'on n'a besoin que d'un chauffage intermittent, comme dans nos cuisines. Il est même économique dans le cas d'un chauffage faible et continu, comme dans la préparation de certains de nos aliments, parce qu'il est plus facile d'entretenir une petite flamme de gaz qu'un petit feu de charbon. Mais, lorsqu'il s'agit de chauffage industriel, son prix de revient est trop élevé pour qu'on puisse l'employer.

100. L'industrie emploie aujourd'hui avec de grands avantages les gaz fournis par la combustion incomplète de la houille : ces gaz, qui sont formés surtout d'oxyde de carbone et de carbures d'hydrogène, sont produits par

des appareils appelés *gazogènes*. A leur sortie des gazogènes, ils sont mélangés à l'air et envoyés dans les fours que leur flamme porte à une très haute température. Nous aurons occasion, à propos de la verrerie et de la métallurgie, de décrire deux de ces fours, le four Boétius et le four Siemens.

101. Les pétroles constituent un combustible de grand avenir, si l'on parvient à construire des appareils destinés à les brûler dans de bonnes conditions. Il sont déjà employés, mais leur usage est encore restreint.

On étudie aussi actuellement le moyen d'utiliser comme combustible l'alcool.

FLAMME

102. On appelle *flamme* un gaz ou une vapeur en combustion portée à une température assez élevée pour devenir lumineux.

Lorsqu'un corps ne peut se transformer en gaz ou en vapeur, il peut devenir lumineux par l'action d'une température suffisante, mais il ne produit pas de flamme : tels sont le charbon bien calciné qui brûle sans flamme, le fer, le cuivre, etc. Le phosphore, le soufre, le zinc, qui sont volatils, les gaz combustibles, comme l'hydrogène, brûlent au contraire avec flamme.

103. **Température de la flamme.** — La température de la flamme a pour cause la chaleur dégagée par la combinaison du gaz ou de la vapeur combustible avec l'oxygène de l'air. Cela est si vrai que la flamme ne se produit qu'aux points où le gaz est en contact avec l'oxygène. Approchons, en effet, une bougie de l'orifice d'une éprouvette remplie d'hydrogène (fig. 51), l'éprouvette étant tournée vers la terre, de telle sorte que le gaz plus léger que l'air reste dans l'éprouvette; le gaz va s'enflammer, mais la flamme ne se propagera pas dans l'intérieur. Renversons au contraire l'éprouvette (fig. 52), le gaz en vertu de sa légèreté s'échappera en partie, une

certaine quantité d'air le remplacera et la flamme se propagera dans l'intérieur.

Il résulte de là qu'à l'intérieur d'une flamme la température est bien plus basse qu'à l'extérieur, puisqu'il n'y a contact et combinaison avec l'oxygène que sur les parties externes. On peut le prou-

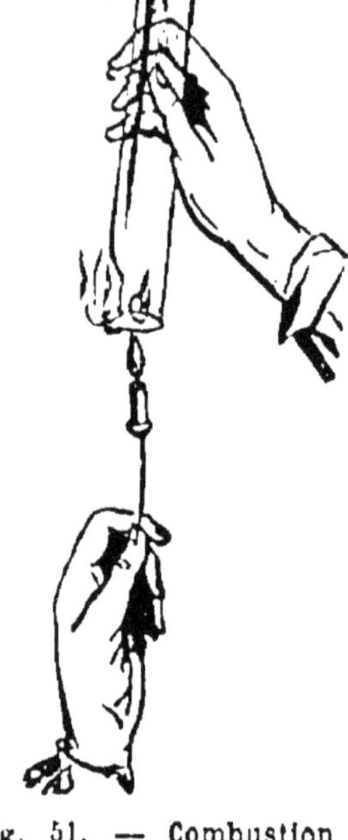

Fig. 51. — Combustion de l'hydrogène. L'éprouvette étant tenue l'ouverture en bas, le gaz ne brûle qu'à la partie inférieure.

Fig. 52. — Combustion de l'hydrogène. L'éprouvette étant tenue l'ouverture en haut, le gaz brûle dans toute l'éprouvette.

ver très simplement par l'expérience suivante due à Faraday.

Plaçons (fig. 53) une feuille de papier en travers de la flamme d'une bougie et nous verrons une auréole roussâtre se tracer à sa surface : elle correspond aux points où la partie extérieure de la flamme, partie

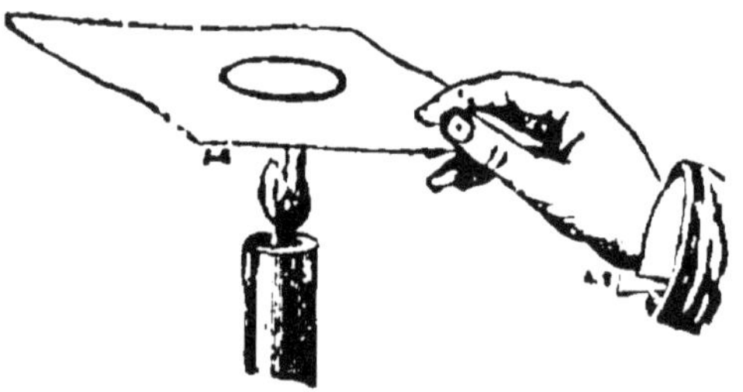

Fig. 53. — Expérience de Faraday. La flamme d'une bougie trace sur une feuille de papier une auréole roussâtre qui correspond à la partie la plus chaude.

qui est la plus chaude, a carbonisé le papier avant de l'enflammer; quant au centre de l'auréole, le papier y est resté blanc, parce qu'il n'a été en contact qu'avec les parties centrales et froides.

Les flammes produites par les différents corps combustibles n'ont pas toutes la même température : plus l'affinité pour l'oxygène du corps qui brûle est grande, plus la température de la flamme est élevée. Aussi celle de l'hydrogène est-elle plus chaude que celle du charbon, celle du charbon plus chaude que celle du soufre.

104. **Éclat de la flamme.** — L'éclat de la flamme est produit par la suspension au milieu du gaz en combustion de particules solides qui s'y échauffent assez pour devenir lumineuses. La flamme de l'hydrogène est très pâle, sans éclat, parce qu'il ne peut se produire dans la combustion de ce gaz aucune parcelle solide; celle du gaz d'éclairage est brillante, parce que ce gaz en brûlant donne lieu à des particules de charbon, qui restent en suspension dans la flamme et y deviennent lumineuses. Il en est de même pour la flamme de l'huile et de la bougie.

Fig. 54. — Une toile métallique étant placée sur une flamme, celle-ci est comme coupée, la combustion ne se continuant pas au-dessus de la toile métallique.

Pour comprendre que l'éclat d'une flamme tient à la présence de corps solides, il suffira de remarquer que la flamme la plus pâle, celle de l'hydrogène, devient brillante dès qu'on y introduit un corps solide, comme un fil mince de platine, de la chaux vive, ou encore si l'on verse dans le flacon qui sert à la préparation du gaz quelques gouttes de benzine, corps formé de carbone et d'hydrogène, dont la vapeur entraînée avec l'hydrogène fournit à la flamme des parcelles de charbon qui

deviennent incandescentes. Réciproquement, la flamme
brillante d'une lampe à huile devient terne et fumeuse
dès qu'on enlève le verre qui l'enveloppe. C'est qu'en
effet, le verre une fois enlevé, le courant d'air, qui circu-
lait autour de la flamme et lui fournissait l'oxygène
nécessaire à la combustion des particules charbonneuses
produites par la décomposition de l'huile, devient moins

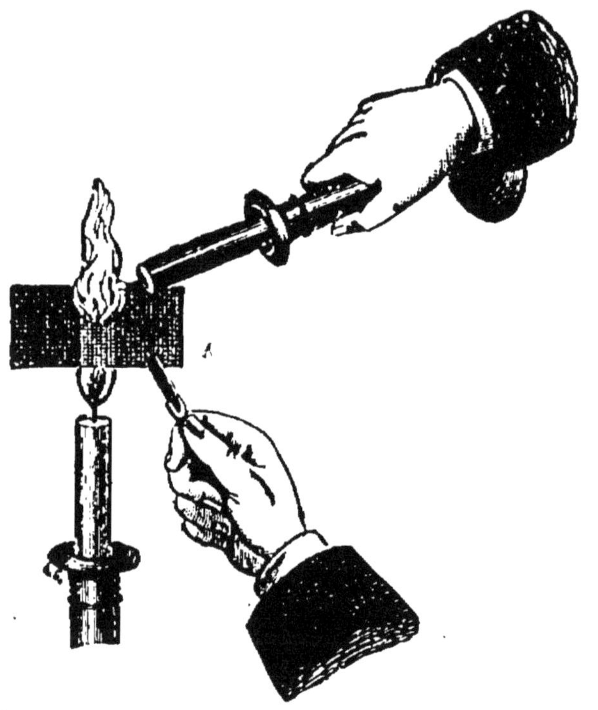

Fig. 55. — On peut enflammer les gaz qui passent à travers la toile métallique.

actif : la combustion n'est plus complète, la température
des gaz qui composent la flamme s'abaisse, et les molécules de charbon, cessant d'être incandescentes, forment
cette fumée noire qu'on voit s'élever au-dessus de la
lampe.

On peut produire un effet analogue sur la flamme d'une
chandelle ou d'une bougie en plaçant transversalement
au milieu d'elle une toile métallique : cette flamme paraît
alors coupée par la toile métallique (fig. 54) au-dessus
de laquelle s'élève une fumée noire. En effet la toile, par

sa conductibilité, prend une quantité de chaleur considérable aux gaz de la flamme, les laisse passer à travers
ses mailles, mais les refroidit assez pour les empêcher
d'être lumineux, en arrêtant la combustion et l'incandescence des molécules de charbon. Cela est si vrai que si,
à une petite distance de la toile, on approche la flamme
d'une autre bougie et qu'on rende ainsi aux gaz la cha-

Fig. 56. — Une toile métallique produit sur la flamme du gaz d'éclairage
le même effet que sur la flamme d'une bougie.

leur qui leur manque, ils prennent feu et continuent à
brûler (fig. 55).

La même expérience peut être faite (fig. 56) sur la
flamme du gaz d'éclairage.

Cette propriété des toiles métalliques est appliquée,
comme nous le verrons plus tard, dans la construction
de la lampe de sûreté de Davy (434).

105. Constitution de la flamme. — Les flammes
produites par la combustion d'un corps simple ou indécomposable sont simples elles-mêmes et homogènes,

mais il n'en est pas de même de celles qui sont produites par les corps composés : leurs propriétés varient en leurs divers points avec la nature des substances qui s'y forment.

Prenons pour exemple la flamme d'une bougie. Nous y distinguerons trois parties différentes.

A l'intérieur, autour de la mèche, une partie sombre *m* (fig. 57), où la température n'est pas élevée; autour de cet espace, une région *i* lumineuse. Cette région est elle-même enveloppée par une couche *e* peu lumineuse et bleuâtre vers sa base *b*.

Si l'on plonge dans la flamme un morceau de fil de fer, il ne rougira pas dans le milieu *m*, se colorera facilement dans la partie lumineuse *i* et rougira fortement dans la couche *e* : ce qui indique que la température va en croissant du centre à la périphérie.

Toutes ces différences s'expliquent

Fig. 57. — Composition de la flamme d'une bougie. *m*, partie sombre; *i*, partie éclairante; *e*, partie peu lumineuse, mais très chaude; *b*, partie bleuâtre.

aisément. La bougie est formée d'acide stéarique, substance composée de charbon, d'hydrogène et d'oxygène, au centre de laquelle se trouve une mèche en coton tressé. Lorsque nous l'allumons, elle brûle mal au début, parce que la mèche n'est pas encore imbibée de matière combustible; mais bientôt l'acide stéarique fond, monte dans la mèche et s'y décompose en produits gazeux, qui constituent la partie obscure *m* de la flamme et n'y brûlent pas faute d'oxygène. Ces gaz, qui sont composés en grande partie de carbures d'hydrogène, commencent à brûler dans la partie *i*; mais, comme ils n'y rencontrent pas encore assez d'oxygène pour la combustion du carbone, l'hydrogène seul y brûle, le carbone y est seulement porté à l'incandescence; c'est lui qui fournit à cette partie de la flamme l'éclat qu'elle présente. Dans l'enveloppe extérieure *e*, le carbone brûle, se transforme en anhydride carbonique, et c'est à cette transformation que sont dues la diminution d'éclat et l'augmentation de chaleur que l'on constate dans cette partie de la flamme.

106. **Lampe à huile et à double courant d'air.** — Les lampes à huile et à double courant d'air donnent des flammes dont la clarté est plus vive que celle des bougies. Ces lampes présentent une mèche annulaire en coton tressé ; cette mèche plonge dans un réservoir, où arrive constamment de l'huile poussée par l'action d'un mécanisme qui varie avec la nature de la lampe. Si l'on enflamme cette mèche, l'huile qui la baigne se décompose, fournit des gaz qui, par leur combustion, produisent une flamme annulaire, dont les surfaces interne et externe sont en contact avec l'air. La mèche est entourée d'un verre destiné à créer un courant d'air, qui active la combustion de l'huile.

Fig. 58. — Coupe de la flamme d'une lampe pour montrer que la composition de cette flamme est analogue à celle d'une bougie.

La flamme d'une lampe à huile paraît avoir une constitution différente de celle d'une bougie, et cependant elle n'en diffère pas. Elle peut être considérée comme formée par la juxtaposition, suivant le cercle formé par la mèche, d'une série de flammes identiques à celle d'une bougie, de telle sorte que, si l'on fait une coupe dans la flamme par un plan vertical passant suivant un diamètre de la mèche, on obtient la figure 58 qui présente aux deux extrémités de ce diamètre la forme d'une flamme analogue à celle de la bougie.

107. Le gaz d'éclairage donne des flammes d'une nature semblable. Si le jet de gaz s'échappe par une seule ouverture, on a une flamme dont la constitution

est la même que celle d'une bougie. Si le gaz s'échappe par une réunion d'ouvertures disposées en cercle et que le bec soit muni d'un verre, la flamme peut être comparée à celle des lampes que nous venons d'étudier.

108. Du chalumeau. — On a souvent besoin, dans l'industrie comme dans les laboratoires, d'augmenter la température des flammes. On y parvient en dirigeant un courant d'air sur la flamme à l'aide d'un instrument appelé *chalumeau*.

Il se compose (fig. 59) d'un tube *u* dont l'extrémité est placée dans la bouche, d'une partie renflée *c* qui arrête l'humidité que le courant d'air sortant de la bouche emporte avec lui, d'un ajutage *a* qu'on appelle *porte-vent*, et d'un bout *b*, qui est percé d'un trou dont le diamètre varie.

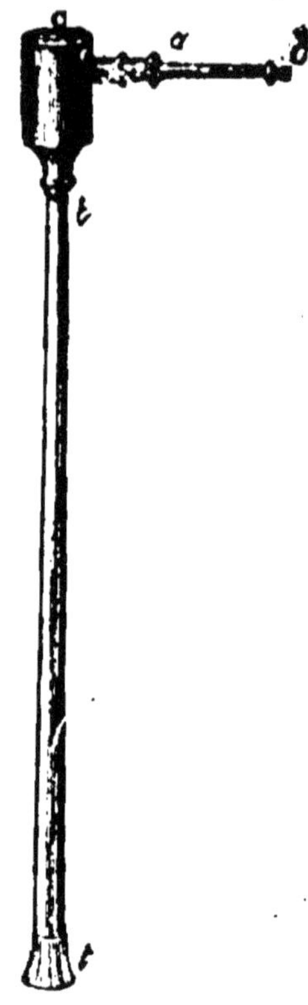

Fig. 59. — Chalumeau.

Les orfèvres, les émailleurs, les bijoutiers, les essayeurs de monnaies font usage du chalumeau toutes les fois qu'ils veulent fondre une petite quantité de métal et faire des soudures de peu d'étendue.

Il faut un peu d'habitude pour obtenir, sans se fatiguer, un courant d'air continu. On doit gonfler les joues, respirer par les fosses nasales, et, par le mouvement régulier des muscles des joues, faire sortir d'une manière continue l'air renfermé dans la bouche.

Le chalumeau porte, au milieu de la flamme, une masse d'air qui en change l'aspect. Elle s'incline et prend la disposition que représente la figure 60. Elle offre dans son centre un jet bleu *a*; l'extrémité de ce jet est le point où se développe la plus haute température; la combustion y est complète. Cette zone se trouve entourée

d'une partie brillante, dans laquelle l'oxygène fait défaut et où les particules charbonneuses incandescentes ne brûlent pas. Enfin la zone externe est pâle, l'oxygène y est en excès et la combustion com-
plète. Si l'on veut simplement faire fondre une substance, on la placera à l'extrémité de la pointe du cône bleu *a*. Si l'on veut réduire un oxyde, c'est-à-dire lui enlever son oxygène, on le placera dans la partie brillante où il rencontrera de

Fig. 60. — Action du chalu-
meau sur la flamme. La partie la plus chaude est en *a*, à l'extrémité du jet bleu produit par le courant d'air.

nombreuses parcelles de charbon avides d'oxygène. Enfin, si l'on veut produire une oxydation, on placera la substance à oxyder à l'extrémité de la flamme où il y a excès d'oxygène.

**109. Chalumeau à gaz oxygène et hydro-
gène.** — Le chalumeau que nous venons de décrire ne suffirait pas pour opérer la fusion des substances très difficiles à fondre et qu'on appelle *réfractaires*. On se sert, pour les fondre, d'un chalumeau dans lequel la

Fig. 61. — Chalumeau à gaz oxygène et hydrogène. L'oxygène arrive en *o* et l'hydrogène en *h*.

combustion de l'hydrogène est activée par un courant d'oxygène. On l'appelle *chalumeau oxhydrique*.

Le tube central (fig. 61) *t't'* communique par le robinet *o* avec un réservoir d'oxygène comprimé; il est enve-
loppé par un autre tube *abcd*, qui communique par sa partie latérale avec un réservoir d'hydrogène comprimé; par suite de cette disposition, ce dernier gaz se répand

6

dans l'espace annulaire compris entre le tube central et
le tube extérieur *abcd*. Le mélange des deux gaz ne se
fait qu'à l'extrémité du chalumeau; il n'y a pas de possi-
bilité d'explosion. Au lieu d'hydrogène, on fait souvent
arriver dans le chalumeau du gaz d'éclairage; la tempé-

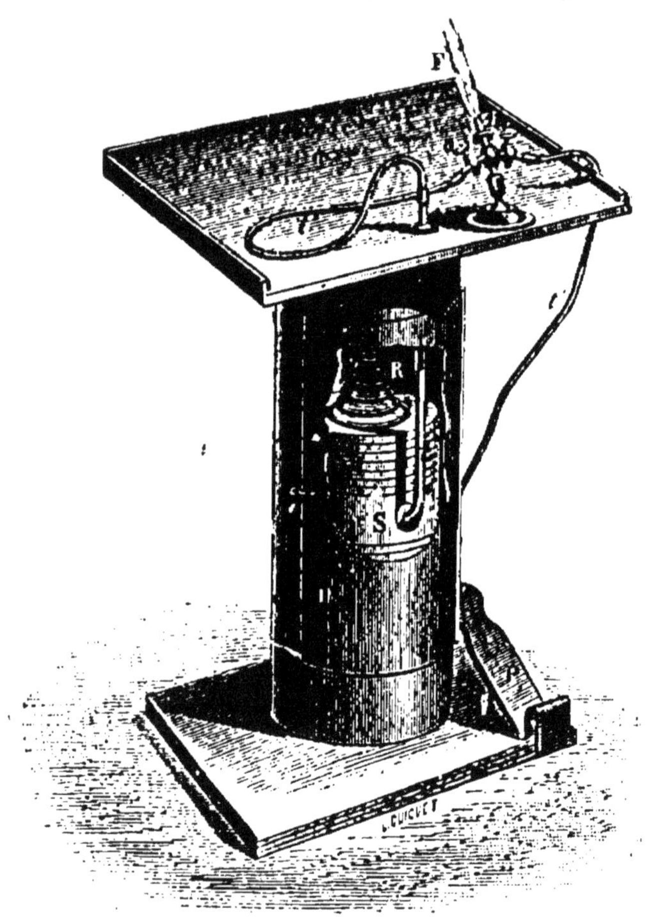

Fig. 62. — Lampe d'émailleur, S, soufflet; *t*, tube par lequel arrive l'air
dans le chalumeau; *t'*, tube par lequel arrive le gaz d'éclairage.

rature ainsi obtenue est un peu moins élevée qu'avec
l'hydrogène.

On se sert d'un chalumeau analogue pour ramollir et
souffler le verre. La figure 62 représente ce chalumeau
installé sur une table au-dessous de laquelle se trouve
un soufflet S, qui est commandé par une pédale P, mise

en mouvement par le pied du souffleur. Le courant d'air lancé par le soufflet s'échappe par le tube *t* et arrive par le tube *t″* dans la flamme que produit le gaz d'éclairage amené par le tube *t′*. Quand on n'a pas à sa disposition de gaz d'éclairage, on fait arriver le jet d'air dans la flamme d'une lampe à huile, à alcool, ou à essence de pétrole.

L'ensemble de l'appareil est appelé *lampe d'émailleur*.

110. Expériences simples. *Carbone*. Montrer des échantillons des différents charbons.

Mélanger du noir animal avec du vin rouge; agiter, puis filtrer : le vin passe incolore.

Mélanger du noir de fumée avec de l'oxyde de cuivre et chauffer dans un tube à essais : l'oxyde est réduit et le mélange devient rougeâtre par suite de la présence de cuivre métallique.

Flamme. Faire constater la différence d'éclat des flammes d'hydrogène pur et d'hydrogène mélangé de vapeur de benzine.

Montrer que la température de la flamme d'une lampe à alcool est suffisante pour ramollir le verre, couder et effiler les tubes.

Employer le chalumeau et la lampe à alcool pour fondre la pointe d'un tube de verre effilé. A défaut de chalumeau, se servir d'un tube de verre effilé, ou mieux d'un tuyau de pipe.

CHAPITRE VIII

**Anhydride carbonique et Acide carbonique. — Oxyde
de carbone. — Action sur l'économie.**

Le carbone forme avec l'oxygène deux composés
importants, l'anhydride carbonique, qui donne lieu à
l'acide carbonique, et l'oxyde de carbone.

Anhydride carbonique et Acide carbonique

111. Historique. — La composition de l'*anhydride
carbonique*, appelé encore *gaz carbonique*, a été déterminée par Lavoisier qui montra qu'il était composé de
12 parties de charbon unies à 32 parties d'oxygène.

112. Préparation de l'anhydride carbonique.
— On prépare l'anhydride carbonique en décomposant
un carbonate, comme le *carbonate de calcium*, par un
acide. L'acide ordinairement employé est l'*acide chlorhydrique*.

Le carbonate de calcium est formé de carbone,
d'oxygène et de calcium; l'acide chlorhydrique est
formé de chlore et d'hydrogène. Le chlore de l'acide
chlorhydrique se combine avec le calcium et forme du
chlorure de calcium; l'hydrogène du même acide se
combine avec $\frac{1}{3}$ de l'oxygène contenu dans le carbonate

et forme de l'eau. L'oxygène qui reste, soit les $\frac{2}{3}$, donne naissance, en se combinant avec le carbone, à de l'anhydride carbonique qui s'échappe.

La légende suivante résume la réaction :

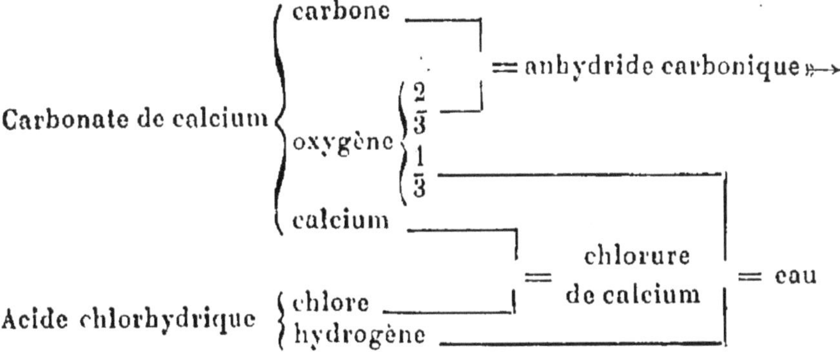

Cette préparation se fait dans un flacon à deux tubulures (fig. 63) où l'on introduit de la craie, qui est du

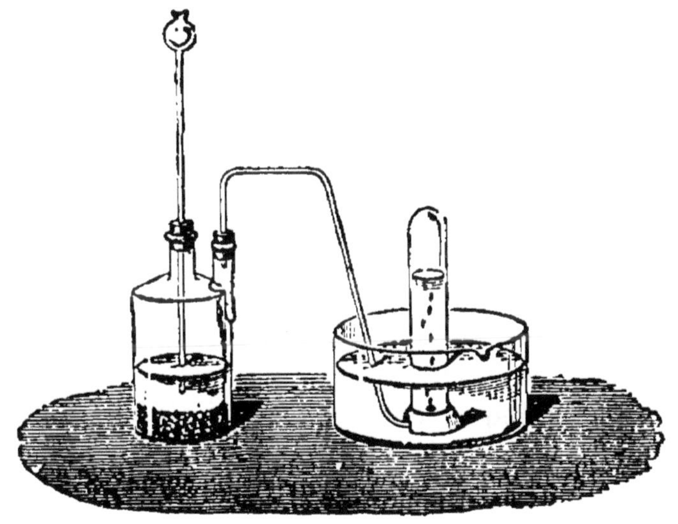

Fig. 63. — Préparation de l'anhydride carbonique par la craie et l'acide chlorhydrique.

carbonate de calcium, et de l'acide chlorhydrique étendu d'eau.

113. Propriétés physiques. — L'anhydride car-

bonique est un gaz incolore, d'odeur piquante, doué
d'une saveur sucrée et aigrelette. Il se liquéfie par la
pression. A 0°, la pression nécessaire à sa liquéfaction
est de 30 atmosphères; à 15°, elle est de 50 atmosphères.
On se sert, pour cette liquéfaction, d'un appareil inventé
par M. Cailletet.

Cet appareil se compose essentiellement d'une pompe
de compression en acier. Le cylindre CC' (fig. 64)

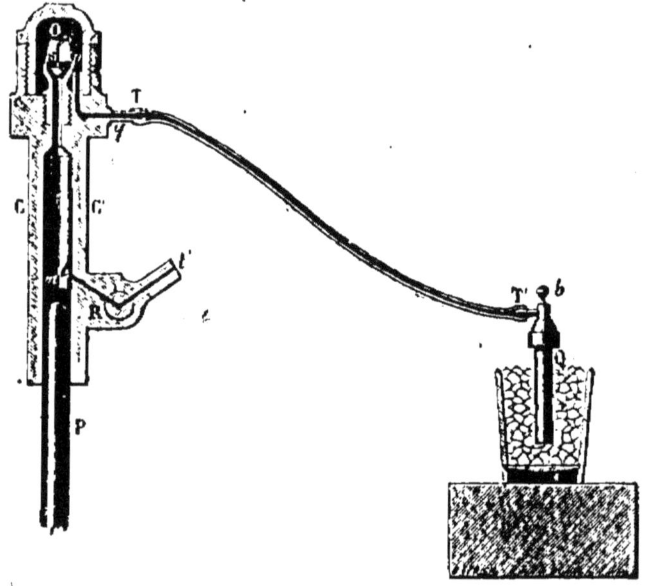

Fig. 64. — Liquéfaction de l'anhydride carbonique. Le gaz arrivant par le
tube *t'* est comprimé par le piston P qui le refoule dans le réservoir Q où
il se liquéfie.

reçoit un piston plein P, recouvert d'une couche de
mercure *m*. A la partie latérale et inférieure aboutit un
conduit *tt'*, sur lequel est disposé un robinet R percé de
deux ouvertures rectangulaires, de telle sorte que,
lorsque le robinet est dans la position représentée par
la figure, le corps de pompe communique par *tt'* avec le
réservoir où l'on doit puiser le gaz à comprimer. Le
cylindre à sa partie supérieure peut communiquer avec
une chambre à gaz O, lorsque se soulève une soupape
conique *s* : dans cette chambre aboutit un conduit *pq*
auquel est relié un tube TT' en cuivre flexible, qui la

réunit à un réservoir en fer forgé Q entouré de glace.
Le piston est mis en mouvement par l'intermédiaire
d'une bielle et d'un volant que ne représente pas la
figure. La manœuvre du robinet R se fait automatiquement à l'aide de cames, qui ouvrent et ferment au
moment convenable le canal de communication tt'. Supposons le piston au bas de sa course, comme le représente la figure; le corps de pompe est plein d'anhydride
carbonique et le conduit tt' ouvert. Soulevons le piston :
le mercure est soulevé en même temps, le canal tt' se
ferme et l'anhydride carbonique comprimé soulève la
soupape S pour se rendre dans le réservoir Q, où il se
comprime. Quand le piston descend, à un moment
donné R s'ouvre; le gaz arrive dans le corps de pompe
pour être refoulé au coup de piston suivant. La couche
de mercure, en empêchant la rentrée de l'air extérieur
par l'intervalle qui reste toujours entre le piston et le
corps de pompe, évite que l'anhydride carbonique soit
mélangé d'air.

L'anhydride carbonique liquide se vaporise très rapidement à l'air avec absorption d'une grande quantité de
chaleur. On utilise dans un appareil spécial le refroidissement ainsi produit pour solidifier une partie du gaz
liquéfié. L'anhydride carbonique solide se présente
sous forme de cristaux ayant l'aspect de la neige.

On se sert de la neige d'anhydride carbonique solide
pour produire de grands froids; seule, elle ne détermine
pas un refroidissement bien considérable, parce qu'elle
ne mouille pas les corps; mais, quand on y ajoute un
peu d'éther, le contact devient parfait; l'anhydride carbonique, en s'évaporant, prend aux corps qui sont en
contact avec lui une grande quantité de chaleur et
abaisse la température à — 70°.

Le mélange d'anhydride carbonique solide et d'éther
placé dans un récipient où l'on fait le vide abaisse la
température à 110° au-dessous du zéro.

L'anhydride carbonique gazeux est soluble dans l'eau,

qui en dissout son volume à la température de 15°. Sa densité est 1,529; un litre de ce gaz à 0° et à 760 millimètre pèse 1 gr. 97.

On peut montrer que l'anhydride carbonique est plus lourd que l'air par une expérience analogue à celle que nous avons faite pour montrer la légèreté de l'hydrogène (62). Sur une éprouvette remplie d'anhydride carbonique, et tenue l'ouverture en haut, on place une éprouvette de même diamètre contenant de l'air. On renverse le tout et, quelques minutes après, on constate, au moyen d'une allumette enflammée qui s'éteint, que le gaz carbonique est descendu dans l'éprouvette inférieure.

L'excès de densité de ce gaz sur celle de l'air permet de le siphonner comme les liquides. Plaçons sur une table un flacon contenant de l'anhydride carbonique, sur le plancher un autre flacon plein d'air, et faisons communiquer ces deux flacons par un tube de verre ou de caoutchouc formant siphon. Si l'on amorce le siphon en aspirant par le tube jusqu'à ce qu'on ressente la saveur aigrelette du gaz, l'écoulement se continue et tout le gaz passe dans le flacon inférieur, ce que l'on constate en y plongeant une allumette enflammée qui s'éteint.

114. Propriétés chimiques. — L'anhydride carbonique, en effet, n'entretient pas la combustion. Tout corps, capable de brûler dans l'air et qu'on enflamme, s'éteint aussitôt qu'on le plonge dans ce gaz. Si l'on place une bougie allumée au fond d'une éprouvette à pied A (fig. 65) et qu'on incline au-dessus d'elle une éprouvette B remplie d'anhydride carbonique, le gaz, en vertu de sa grande densité, tombe au fond de l'éprouvette A et bientôt éteint la bougie.

L'anhydride carbonique n'entretient pas non plus la respiration des animaux. Un oiseau introduit dans une cloche remplie de ce gaz y tombe bientôt asphyxié. Son action sur l'économie explique les malaises qu'on éprouve dans un appartement dont l'atmosphère est chargée d'anhydride carbonique. Cependant ce gaz n'est pas vénéneux, car il existe en dissolution dans l'eau naturelle et en plus grande proportion dans l'eau de Seltz.

L'anhydride carbonique n'est pas combustible. Il

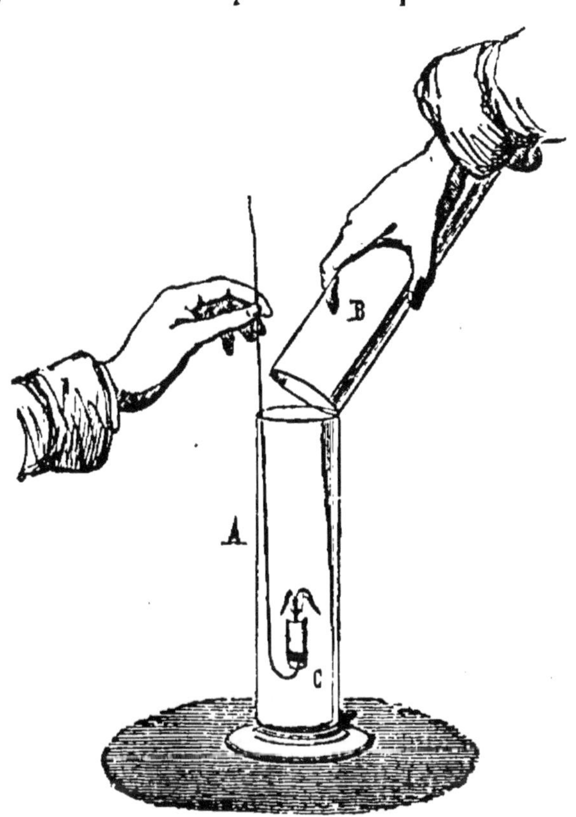

Fig. 65. — L'anhydride carbonique n'entretient pas la combustion. Le gaz carbonique contenu dans l'éprouvette B tombe dans l'éprouvette A et éteint la bougie.

trouble l'eau de chaux en y formant un précipité de carbonate neutre de calcium, qu'on peut dissoudre par un excès de gaz carbonique.

L'anhydride carbonique est décomposé par le charbon et ramené par lui à l'état d'oxyde de carbone.

On le démontre en faisant passer le gaz carbonique produit par le flacon A (fig. 66) dans un tube TT rempli de braise et traversant un fourneau F, où il est porté au rouge. A l'extrémité de l'appareil, on recueille dans une

Fig. 66. — Décomposition de l'anhydride carbonique par le charbon. Le gaz carbonique, préparé en A, passe dans le tube TT sur des charbons portés au rouge, auxquels il cède une partie de son oxygène, et il se dégage en E de l'oxyde de carbone.

éprouvette E un gaz brûlant avec une flamme bleue : c'est de l'oxyde de carbone.

115. Origine de l'anhydride carbonique contenu dans l'air atmosphérique. — La respiration des animaux, les combustions qui constituent nos moyens de chauffage et d'éclairage, la décomposition des matières organiques, les phénomènes désignés sous le nom de *fermentations*, les volcans en activité, les eaux minérales bicarbonatées sont autant de sources d'anhydride carbonique. Ce gaz se dégage d'ailleurs des fissures du sol en certains endroits, des parois de certaines grottes, de certaines cavités souterraines, puits ou caves.

Il y a, aux environs de Naples, une grotte dite *grotte du Chien* et dans laquelle un chien de moyenne grandeur meurt asphyxié, s'il y reste un temps suffisant, tandis que l'homme n'y court aucun danger. Cela tient à ce que, par les fissures du sol, se dégage de l'anhydride carbonique qui, en vertu de sa grande densité, reste à la partie inférieure de la grotte et y forme une couche où les chiens se trouvent plongés, tandis que l'homme la laisse au-dessous de lui.

Lorsqu'on prévoit qu'une cavité où l'on a besoin de pénétrer peut être remplie d'anhydride carbonique, il faut y introduire une bougie allumée : si la bougie s'éteint ou même si la flamme pâlit, il y a danger d'asphyxie.

Le moyen le plus simple d'assainir une atmosphère viciée par la présence du gaz carbonique est de créer artificiellement un courant d'air. Par exemple, s'il s'agit d'un puits, on pourra élever et abaisser plusieurs fois de suite, et le plus rapidement possible, une fascine, une botte de paille, ou même un parapluie qui se fermera en descendant et s'ouvrira en montant. Si l'espace est de faible capacité, on peut encore y introduire des bases comme la potasse, la chaux, qui forment avec l'anhydride carbonique des carbonates.

116. Malgré ces origines nombreuses, l'anhydride carbonique étant dans l'air en proportion sensiblement constante, il y a lieu de se demander quelle est la cause de cet équilibre.

L'anhydride carbonique est soluble dans l'eau, et les eaux qui coulent à la surface du globe y dissolvent du carbonate de calcium que le gaz carbonique transforme en bicarbonate soluble et qu'elles portent à la mer. Celui-ci est assimilé par les nombreux animaux inférieurs qui vivent dans les eaux marines, et sert à la formation de leurs coquilles. D'autre part, les végétaux, sous l'influence de la lumière solaire, jouissent de la propriété d'absorber, par leurs feuilles, l'anhydride carbonique de l'air et de le décomposer en carbone qui est fixé dans le végétal et en oxygène qui est rejeté. Cette fonction des feuilles est nommée *fonction chlorophyllienne*, parce que l'agent actif de décomposition du gaz est la *chlorophylle*, ou substance colorante verte des végétaux.

117. Usages et applications de l'anhydride carbonique.

— La plus importante application de l'anhydride carbonique est celle qu'on en fait à la fabrication des eaux de Seltz artificielles et des limonades gazeuses. Cette fabrication repose sur la solubilité croissante de l'anhydride carbonique avec la pression.

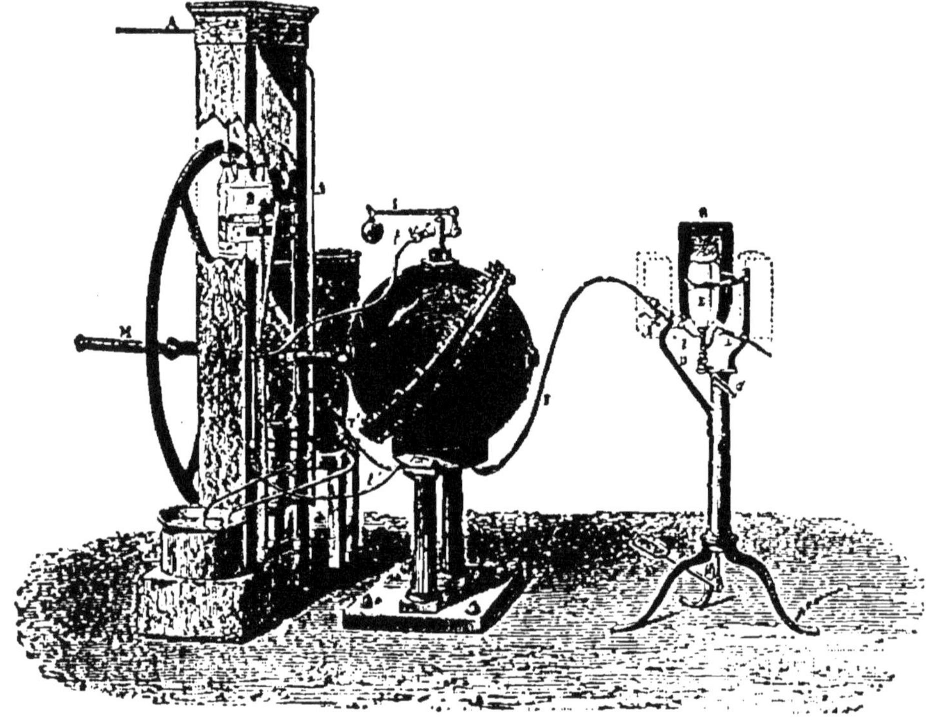

Fig. 67. — Appareil pour la préparation des eaux gazeuses. P, pompe aspirante et foulante; B, flacon laveur; R, réservoir dans lequel est refoulé le mélange de gaz et d'eau; E, siphon disposé pour le remplissage.

Dans l'industrie, les eaux gazeuses sont fabriquées avec des appareils dont la construction est assez variable. Nous décrirons sommairement celui qui est connu sous le nom d'appareil de Bramah perfectionné.

La pompe aspirante et foulante P (fig. 67) aspire le gaz dans le réservoir par le tube A. Le gaz se lave dans le flacon B, qui sert aussi de flacon témoin destiné à montrer la marche de l'opération; l'eau qu'on veut rendre gazeuse est en même temps aspirée par le tube T, qui plonge dans le réservoir V. Le mélange de gaz et d'eau se fait dans la pompe, qui le refoule dans la sphère creuse et résistante R. Cette sphère est munie d'un manomètre et d'une soupape de sûreté.

Lorsqu'elle est remplie d'eau gazeuse, on procède à l'embouteillage, qui se fait ordinairement dans des vases appelés *siphons*. Ces siphons sont en verre épais et résistant et portent, à leur partie supérieure, une tubulure à laquelle on adapte un appareil de fermeture permanente en étain. Cette garniture en étain porte un tube plongeur *t* (fig. 68) qui descend dans l'eau du siphon, et qui peut être fermé et mis en communication avec l'extérieur à l'aide d'une soupape B, que fait jouer le levier A.

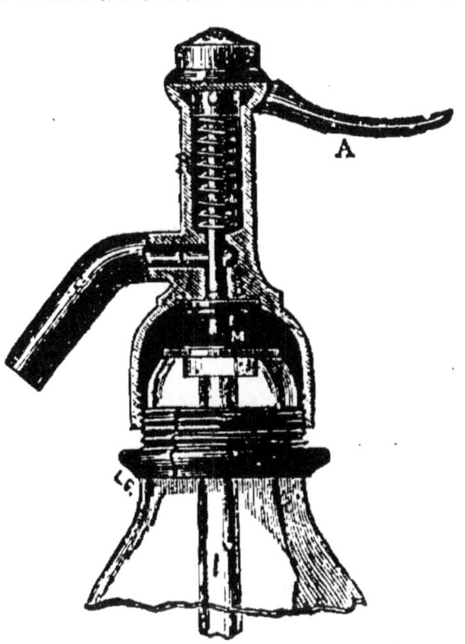

Fig. 68. — Tête de siphon à eau de Seltz. A, levier; R, ressort; B, soupape; *t*, tube de verre qui plonge jusqu'au fond du siphon.

Pour procéder à l'embouteillage, on renverse le siphon E (fig. 67) qui est vide, et l'on introduit le bec *i* dans l'ajutage qui termine le tuyau T″ communiquant avec le réservoir. Le siphon est d'ailleurs fixé sur un support et rendu fixe par le jeu d'une pédale que montre la figure. A l'aide du levier L, on soulève le levier du siphon, de manière à ouvrir celui-ci. Puis, se servant d'un robinet à deux voies I, on fait arriver l'eau gazeuze qui s'élève par le tube de verre que renferme le siphon. Quand il est rempli aux trois quarts, on ouvre dans un autre sens le robinet I, de manière à laisser échapper la plus grande partie du gaz libre qui se trouve dans le siphon, puis on achève le remplissage.

Quand on veut extraire l'eau de ce vase, on appuie (fig. 68 et 69) sur le levier A du siphon; la soupape B s'abaisse et met en communication l'espace M, où l'eau est poussée par la pression intérieure, avec le conduit C par lequel elle sort de l'appareil. Dès qu'on cesse d'appuyer sur le levier A, le ressort à boudin que montre la figure 68 ramène la soupape dans sa position primitive et le liquide cesse de jaillir. Au moment où le liquide sort, de nombreuses bulles gazeuzes se dégagent au milieu de l'eau et montent à la partie supérieure. Ce dégagement continue encore quelque temps après qu'on a cessé d'extraire de l'eau. Cela provient de ce qu'au moment où le niveau du liquide baisse dans le siphon, le gaz carbonique, qui se trouve au-dessus de lui, se répand dans un plus grand volume; sa pression diminue et devient insuffisante pour maintenir dissous tout le gaz que renferme l'eau. Mais ces bulles gazeuses s'accumulant dans la partie supérieure du siphon, la pression augmente et devient suffisante pour maintenir dissous le gaz que l'eau renferme encore. Aussi le dégagement diminue-t-il peu à peu et cesse-t-il même tout à fait, pour recommencer lorsqu'on ouvrira de nouveau le siphon.

Fig. 69. — **Siphon à eau de Seltz.** En appuyant sur le levier, l'eau s'écoule parce qu'elle est poussée par la pression qu'exerce sur le liquide le gaz qui se trouve au-dessus.

118. On emploie, dans les usages domestiques, des appareils qui permettent de préparer soi-même les eaux

gazeuses. Le plus connu de ces appareils est l'appareil **Briet**. Il se compose de deux vases A et B (fig. 70) en verre résistant, garnis d'une monture en étain qui permet de les visser l'un sur l'autre. Pour préparer la solution, on met dans le vase A de l'acide tartrique et du bicarbonate de sodium, qui, à sec, ne réagissent pas l'un sur l'autre, mais, qui en présence de l'eau, donnent un dégagement de gaz carbonique. Puis on adapte le bouchon métallique creux H, qui est percé de trous sur sa surface latérale et se termine, à sa partie supérieure, par une plaque d'argent criblée de trous. Ce bouchon laisse d'ailleurs passer un tube T, qui s'élève au-dessus de A. Le vase B, renversé sur son pied, est rempli d'eau ; on renverse A sur lui en y introduisant le tube T ; on visse et l'on remet l'appareil dans la position de la figure. L'eau du vase B s'écoule par le tube dans A, jusqu'à ce que l'ouverture supérieure du tube T soit hors du liquide. Cette petite quantité d'eau, arrivant sur le mélange des poudres, produit le dégagement d'anhydride carbonique. Le gaz monte dans la partie supérieure B et s'y dissout. Le liquide est extrait par le robinet R, qui communique avec le vase B seulement.

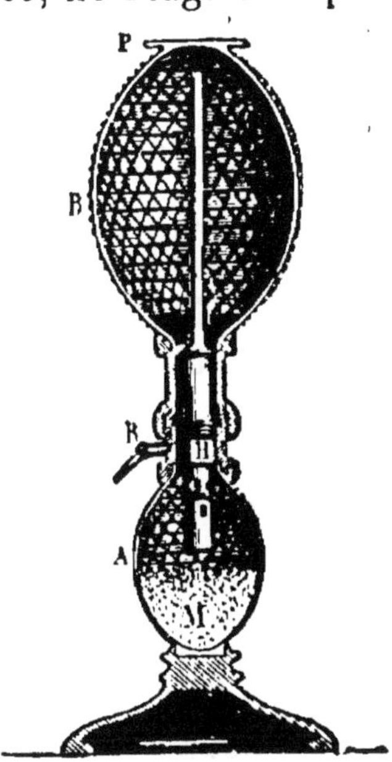

Fig. 70. — Appareil Briet. Le gaz carbonique est produit en M par l'action de l'acide tartrique sur le bicarbonate de sodium, en présence de l'eau.

Cet appareil est ordinairement entouré d'un treillage en jonc qui, en cas de rupture, s'opposerait à la projection des fragments de verre.

110. L'anhydride carbonique liquéfié est aujourd'hui l'objet d'une fabrication industrielle.

Le gaz est préparé par l'action de l'acide chlorhydrique sur la craie: il est lavé et épuré, puis repris par des pompes à gaz, ou *compresseurs*, et livré sous une pression de 60 atmosphères à un appareil appelé *condenseur*, où il se liquéfie. Ce condenseur est un grand cylindre en tôle contenant sept serpentins de grande longueur. Le gaz refoulé par les compresseurs parcourt ces serpentins en sens inverse d'un courant d'eau, qui circule extérieurement et qui est destiné à absorber la chaleur dégagée par la liquéfaction du gaz. Ces serpentins peuvent être reliés par un tube flexible à des bouteilles en fer, qui serviront à transporter l'anhydride carbonique liquéfié.

Les applications de l'anhydride carbonique liquide sont très nombreuses. Il sert dans la fabrication artificielle de la glace, comme le gaz sulfureux dans les appareils Pictet et l'ammoniaque dans les appareils Carré. M. Cailletet a inventé un appareil, appelé *cryogène*, qui rendra de grands services dans les laboratoires pour la production du froid et où il emploie l'anhydride carbonique liquide. L'industrie de la brasserie emploie aussi l'anhydride carbonique liquide pour saturer de gaz les bières d'exportation.

Jusqu'ici, dans les cafés, on se servait d'air comprimé pour faire monter la bière depuis la cave, où se trouvaient les fûts, jusqu'aux salles où un robinet les distribuait. On se sert aujourd'hui de l'anhydride carbonique liquide pour la saturation de la bière, pour sa mise en bouteilles et pour le débit des liquides. Il suffit de réunir le fût à l'un des cylindres à anhydride carbonique, au moyen d'un tube à robinet. Le liquide carbonique se volatilise et se transforme en gaz. Sous l'influence de la pression que le gaz exerce, la bière se sature d'anhydride carbonique et se trouve chassée dans un réservoir, d'où elle est distribuée dans des bouteilles ou dans les salles de consommation.

On applique aussi l'anhydride carbonique liquide à la fabrication des eaux gazeuses et à la formation d'un milieu antiseptique propre à la conservation des substances alimentaires.

120. Acide carbonique. Carbonates. — L'anhydride carbonique est capable de se combiner avec l'eau et de former avec elle un hydrate, qui est *l'acide carbonique*. Cet acide forme avec les bases des carbonates.

Les carbonates sont des sels solides : ils sont insolubles dans l'eau, à l'exception des carbonates de potassium, de sodium et d'ammoniaque. Sauf les carbonates de potassium et de sodium, ils sont tous décomposables par la chaleur et donnent lieu à un dégagement d'anhydride carbonique.

Les plus importants sont les carbonates de potassium, de sodium et de calcium. Nous reviendrons sur eux dans le cours de deuxième année.

OXYDE DE CARBONE

121. Préparation de l'oxyde de carbone. — 1° On peut préparer l'oxyde de carbone en réduisant, comme nous l'avons vu (114), l'anhydride carbonique par le charbon.

2° On peut aussi décomposer, par l'acide sulfurique, l'acide oxalique, qui peut être considéré comme un mélange d'anhydride carbonique et d'oxyde de carbone.

La réaction se fait dans un ballon B (fig. 71). Le mélange des deux gaz passe dans un flacon L, contenant une dissolution de potasse, qui arrête l'anhydride carbonique. L'oxyde de carbone se dégage seul dans l'éprouvette E.

122. Propriétés physiques. — L'oxyde de carbone est un gaz incolore, sans odeur et dépourvu de saveur. Sa densité est 0,967 : un litre de ce gaz, à 0° et à 760 millimètres, pèse 1 gr. 250. M. Cailletet l'a liquéfié en refroidissant par une détente brusque le gaz comprimé à 300 atmosphères et à la température de — 29°.

Il est peu soluble dans l'eau. 1 litre d'eau à 0° dissout 35 centimètres cubes de ce gaz.

123. Propriétés chimiques. — L'oxyde de carbone est combustible et brûle avec une flamme bleue en se transformant en anhydride carbonique.

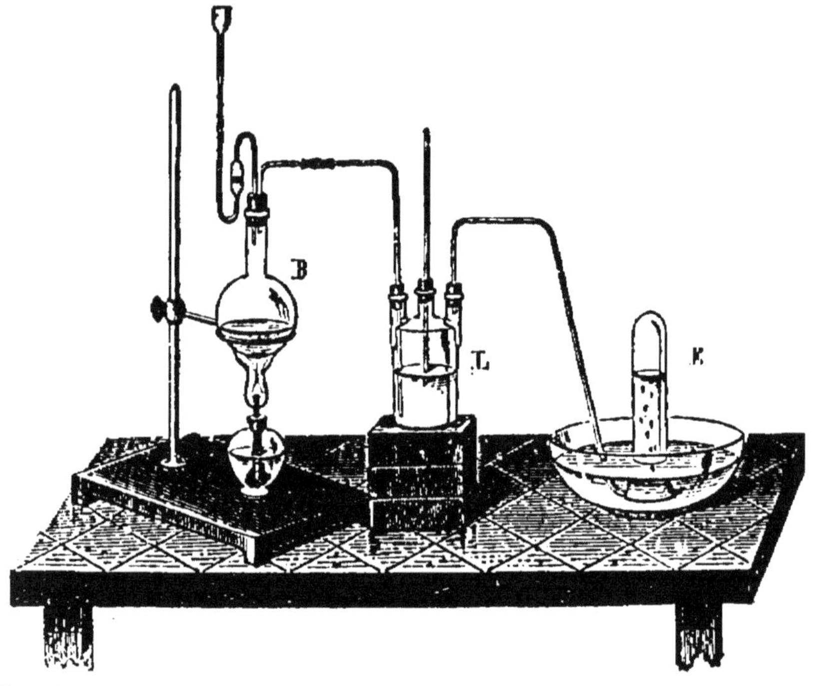

Fig. 71. — **Préparation de l'oxyde de carbone** par l'action de l'acide sulfurique sur l'acide oxalique.

Il est neutre à la teinture de tournesol et ne trouble pas l'eau de chaux. C'est un *réducteur* énergique. Aussi joue-t-il un rôle important en métallurgie, où il sert à prendre l'oxygène aux oxydes métalliques et à en séparer les métaux.

124. Action sur l'économie. — L'oxyde de carbone est un poison violent. Ses effets sont d'autant plus à craindre qu'étant inodore, ce gaz ne manifeste sa présence que par ses terribles effets sur l'économie. L'empoisonnement par l'oxyde de carbone est ordinairement précédé de violents maux de tête, de vertiges et de vomissements. L'oxyde de carbone se produit chaque fois que du charbon brûle en présence d'une quantité insuffisante d'oxygène, dans un appartement clos de toutes parts par exemple, ou lorsqu'un poêle à *combustion lente* n'envoie pas au dehors de l'appartement tous les gaz produits. C'est là l'explication qu'il faut donner des accidents nombreux qui résultent de l'emploi de ces appareils. Il en est de même des chaufferettes au charbon avec lesquelles on chauffe souvent les voitures pendant l'hiver.

Lorsque les premiers symptômes d'empoisonnement se manifestent, il faut ouvrir les portes et les fenêtres et respirer un air pur pour arrêter les effets du poison.

125. **Expériences simples**. — Préparer de l'anhydride carbonique en faisant agir de l'acide chlorhydrique sur de la craie. A défaut d'acide chlorhydrique, on peut employer du vinaigre (acide acétique).

Montrer que l'anhydride carbonique est plus lourd que l'air par l'expérience des deux éprouvettes et en le siphonnant (113).

Faire constater sa saveur en faisant aspirer par un tube le gaz contenu dans un flacon.

Montrer qu'il n'entretient pas la combustion.

Faire arriver le gaz qui se dégage dans de la teinture de tournesol qui prend la coloration rouge vineux, coloration donnée par les acides faibles, tandis que les acides forts, comme l'acide chlorhydrique, donnent la coloration rouge pelure d'oignon.

Faire dégager le gaz dans de l'eau de chaux qui d'abord se trouble, par suite de la formation de carbonate de calcium insoluble; puis redevient claire, parce que le carbonate de calcium se transforme en bicarbonate de calcium soluble.

Renouveler l'expérience déjà faite avec de l'eau de chaux, exposée à l'air dans une assiette, pour montrer l'existence du gaz carbonique dans l'atmosphère.

CHAPITRE IX

126. Silice. État naturel. — La *silice*, ou *anhydride silicique*, est une combinaison de l'oxygène avec un métalloïde appelé *silicium*. La silice est très abondante dans la nature ; on l'y rencontre sous différentes formes : 1° à l'état de *cristal de roche* ou *quartz hyalin*, constitué par de la silice pure et cristallisée ; 2° à l'état d'*améthyste*, minéral violet et transparent qui est du quartz coloré par de l'oxyde de manganèse (le manganèse est un métal) ; 3° la *calcédoine* est une variété de silice translucide ou opaque, tantôt incolore, tantôt colorée par des matières étrangères ; 4° *l'agate*, la *cornaline*, le *silex* ou *pierre à fusil*, le *jaspe* sont des variétés de silice différemment colorées par des matières étrangères ; 5° *l'opale* est un hydrate de silice ; 6° les *grès* sont des amas de grains de silice ordinairement empâtés dans un ciment calcaire ou argileux ; 7° on trouve aussi la silice à l'état de sable fin et à l'état de pierre meulière ; 8° on la rencontre encore en dissolution dans les eaux de rivière et dans les *geysers* d'Islande, sources jaillissantes d'eau chaude, qui s'élèvent parfois à une hauteur de 50 mètres.

127. Préparation de la silice dans les laboratoires. — On prépare la silice dans les laboratoires en versant de l'acide chlorhydrique ou de l'acide sulfurique dans une dissolution de silicate de potassium ou de sodium. En agitant, on voit le mélange liquide se transformer en une substance solide humide, qui est de la silice mise en liberté par l'action de l'acide.

128. Propriétés physiques et chimiques. — La silice cristallisée est incolore lorsqu'elle est pure; elle est dure et raye le verre. Sa densité est 2,6. Elle ne peut être fondue que dans la flamme du chalumeau oxhydrique. Elle résiste à l'action de la plupart des corps et forme avec l'eau plusieurs combinaisons, qui sont des hydrates.

La silice en combinaison avec l'eau est absorbée en petite quantité par les végétaux et donne de la rigidité aux tiges.

129. Acide silicique. Principaux silicates. — La silice, ou anhydride silicique, a une composition analogue à l'anhydride carbonique et, de même que l'anhydride carbonique forme, en présence de l'eau, de l'*acide carbonique*, la silice forme aussi, en présence de l'eau, de l'*acide silicique*.

L'acide silicique forme avec les métaux des silicates qui se rencontrent en abondance dans la nature. Ce sont des corps insolubles dans l'eau et dans les acides, excepté les silicates de potassium et de sodium.

On peut préparer artificiellement des silicates de potassium ou de sodium en chauffant et en fondant ensemble du sable fin avec du carbonate de potassium ou de sodium : le carbonate est décomposé, l'anhydride carbonique se dégage à l'état de gaz et la silice prend sa place.

Les silicates de potassium et de sodium sont des produits commerciaux, qui sont livrés à l'état de sirop épais. Ils sont employés à différents usages, notamment pour durcir le plâtre et la pierre calcaire qui sert aux constructions. Cette opération, qu'on désigne sous le nom de *silicatisation*, se fait en badigeonnant ou en arrosant la pierre avec une solution de silicate. A la longue, au contact du calcaire, le silicate de potassium ou de sodium se transforme en silicate de calcium, plus dur et résistant mieux que le calcaire aux actions extérieures de l'air, de la pluie et des vents. Cette opération est maintenant très souvent pratiquée sur les pierres de nos maisons. On a aussi appliqué la silicatisation aux étoffes et aux papiers peints qui, mis ainsi à l'abri du contact de l'air, conservent mieux leurs couleurs.

Le verre et le cristal, dont nous étudierons plus tard la fabrication, sont des silicates de potassium ou de sodium unis à un silicate de calcium, d'aluminium, de fer ou de plomb.

Les silicates naturels sont très abondants dans le sein de la terre ; ils forment au moins la moitié des minéraux connus. Ils servent, à l'état de *pierres précieuses* ou *gemmes*, à la confection des bijoux· la *topaze*, pierre jaune, est un fluosilicate d'aluminium ; le *grenat oriental*, pierre recherchée pour sa belle couleur rouge, est un silicate double d'aluminium et de fer ; l'*émeraude* et l'*aigue-marine*, d'une belle couleur verte, sont des silicates doubles d'aluminium et de glucinium ; la *lazulite outremer* est un silicate double d'aluminium et de sodium, dont la couleur bleue était autrefois si recherchée par les peintres qu'on payait ce corps jusqu'à 6 400 francs le kilogramme. Le *bleu d'outremer*, qu'on tire en petites quantités de la Chine et de la Perse, est préparé avec cette pierre. On le prépare aujourd'hui de toutes pièces et on l'emploie à l'azurage du linge, du papier, dans l'impression des tissus et dans la fabrication des papiers de tenture.

Indépendamment de ces silicates naturels assez rares, nous citerons un certain nombre de silicates très abondants : le *feldspath*, qui sert dans la fabrication de la porcelaine, est un silicate double d'aluminium et de potassium ; les *micas* sont des silicates de composition variée, qui se laissent diviser en lames feuilletées, transparentes, qu'on emploie dans la confection de verres de lampe, d'abat-jour, de fumivores tournants; les *argiles* employées dans la fabrication de la porcelaine et des poteries, etc., sont des silicates d'aluminium. Citons encore le *talc*, appelé aussi *craie de Briançon, savon des bottiers*, qui est un silicate de magnésium. Il est employé par les tailleurs pour tracer des lignes à la surface des étoffes; en poudre, il sert aux bottiers pour rendre plus onctueuse la surface interne de nos chaussures et permettre, lorsqu'elles sont neuves, d'y faire pénétrer plus facilement les pieds. La *magnésite* est un silicate de magnésium hydraté, qui sert à dégraisser.

Les minéraux désignés sous les noms de *serpentine*, d'*amphibole*, de *pyroxène*, sont aussi des silicates de compositions diverses.

130. **Expériences simples**. — Montrer des échantillons de silice sous diverses formes et de silicates.

Préparer de la silice en versant de l'acide chlorhydrique dans une dissolution de silicate de potassium ou de sodium.

DEUXIÈME ANNÉE

CHAPITRE PREMIER

Lois des combinaisons chimiques. — Poids atomiques. — Poids moléculaires. — Nomenclature chimique. — Symboles et formules chimiques.

131. Dans le cours de première année nous avons donné une idée des phénomènes chimiques, des circonstances principales dans lesquelles ils s'accomplissent, et nous avons appliqué ces premières notions à l'étude de quelques corps usuels : l'air, l'eau, l'hydrogène, l'oxygène, l'azote, le carbone, etc. Avant de continuer l'étude des corps dont la chimie s'occupe, il nous faut maintenant exposer les lois principales auxquelles ces phénomènes obéissent et fixer les règles du langage que les chimistes ont adopté pour désigner les corps.

LOIS DES COMBINAISONS CHIMIQUES

132. **Loi des poids.** — *Le poids d'un corps composé est égal à la somme des poids des composants.* C'est Lavoisier qui, le premier, a établi cette loi, en introduisant l'usage de la balance dans les opérations de la

chimie. Lorsque le fer se rouille à l'air humide, son poids augmente, et le poids de la rouille qui s'est formée est égal au poids du fer qu'elle contient augmenté du poids de l'oxygène dont il s'est emparé.

Lorsqu'on combine 1 gramme d'hydrogène à 8 grammes d'oxygène, on obtient 9 grammes d'eau. Quand on fait brûler du carbone dans l'oxygène pour faire de l'anhydride carbonique, 12 grammes de carbone en se combinant à 32 grammes d'oxygène produisent 44 grammes d'anhydride carbonique.

133. **Loi des proportions définies ou loi de Proust**[1]. — *Deux corps, pour former un même composé, se combinent toujours dans des proportions invariables.* Ainsi, l'eau étant composée de 8 parties en poids d'oxygène pour 1 partie d'hydrogène, toutes les fois que l'hydrogène et l'oxygène se combineront pour former de l'eau, ce sera toujours dans les proportions précédentes. Si l'on introduit dans un vase un mélange de 1 partie en poids d'hydrogène et de 10 parties d'oxygène et qu'on y fasse passer une étincelle électrique, la combinaison s'effectuera entre 1 partie d'hydrogène et 8 parties d'oxygène ; il se formera 9 parties d'eau, et 2 parties d'oxygène resteront libres.

134. **Loi des proportions multiples ou loi de Dalton**[2]. — Il arrive souvent que deux corps, en se combinant, peuvent donner lieu à plusieurs composés, qui diffèrent entre eux par les proportions relatives de leurs éléments.

Lorsque deux corps se combinent en plusieurs proportions, les poids de l'un de ces corps qui s'unissent à un même poids de l'autre, sont entre eux comme des nombres simples.

Ainsi l'azote et l'oxygène se combinent en six propor-

----

1. Proust, chimiste français, né en 1755 à Angers, mort à Paris en 1826. Il était membre de l'Académie des sciences.

2. Dalton, physicien anglais, né à Ingleshand en 1766, mort à Manchester en 1844.

tions différentes. Prenons des quantités de ces composés telles qu'elles renferment toutes 28 parties d'azote et nous trouverons que

28 part. d'azote sont combinées à 16 part. d'oxygène dans le protoxyde d'azote.
28   —   —   32 p. ou 2 fois 16   — le bioxyde d'azote.
28   —   -   48 p. ou 3 fois 16   — l'anhydride azoteux.
28   —   —   64 p. ou 4 fois 16   — le peroxyde d'azote.
28   - -   · · ·   80 p. ou 5 fois 16   — l'anhydride azotique.
28   - -   —   96 p. ou 6 fois 16   — l'anhydride perazotique.

Les poids d'oxygène qui s'unissent à un même poids d'azote sont donc entre eux comme les nombres 1, 2, 3, 4, 5, 6.

135. Lois de Gay-Lussac[1] **ou lois des volumes.** — *Quand deux gaz se combinent, les volumes des gaz qui entrent en combinaison sont toujours en rapport simple.*

Ainsi 2 volumes d'hydrogène se combinent avec 1 volume d'oxygène pour former 2 volumes de vapeur d'eau : 1 volume d'hydrogène se combine à 1 volume de chlore pour former 2 volumes d'acide chlorhydrique.

2 volumes d'azote se combinent avec 1 volume d'oxygène pour former 2 volumes de protoxyde d'azote.

1 volume d'azote se combine avec 3 volumes d'hydrogène pour former 2 volumes d'ammoniaque.

Les exemples qui précèdent nous montrent aussi qu'*il y a un rapport simple entre les nombres représentant le volume des gaz qui se combinent et celui qui représente le volume de la combinaison.*

Nous remarquons encore que :

Quand les gaz se combinent à volumes égaux, le volume du composé est égal à la somme des volumes des composants : il n'y a pas contraction. Exemple : 1 volume

---

1. Gay-Lussac, physicien et chimiste, né en 1778 à Saint-Léonard (Haute-Vienne), mort en 1850, professeur de physique à la Faculté des sciences de Paris, et membre de l'Académie des sciences.

d'hydrogène se combine avec 1 volume de chlore pour donner 2 volumes d'acide chlorhydrique.

Il y a toujours contraction quand ces volumes sont inégaux.

La contraction est égale à un tiers de la somme des volumes, quand les deux gaz se combinent dans le rapport de 2 volumes à 1 volume. Exemple : 2 volumes d'hydrogène et 1 volume d'oxygène donnent 2 volumes de vapeur d'eau.

La contraction est la moitié de la somme des volumes quand les deux gaz se combinent dans le rapport de 3 à 1. Exemple : 1 volume d'azote et 3 volumes d'hydrogène donnent 2 volumes de gaz ammoniac.

136. Molécules et atomes. — Nous avons vu dans le cours de première année (9) que les corps de la nature devaient être considérés comme formés par la réunion de particules extrêmement petites, auxquelles on a donné le nom de *molécules*, et que chacune de ces molécules représentait *la plus petite quantité de matière pouvant exister à l'état libre.*

La division de la matière ne saurait s'arrêter théoriquement à la molécule, car, si l'on considère une molécule d'un corps composé, on conçoit qu'elle renferme nécessairement des particules encore plus petites représentant les corps composants. A ces particules qui constituent la dernière division de la matière, on a donné le nom d'*atomes*.

Les corps simples sont, comme les corps composés, formés de molécules, chacune de ces molécules étant, pour tous les gaz simples et la plupart des autres corps, formée de 2 atomes. Mais, tandis que dans un corps composé les atomes qui forment la molécule sont différents, ils sont identiques dans la molécule d'un corps simple.

137. Poids atomiques. — Pour expliquer que les différents gaz se compriment et se dilatent tous en suivant à peu de chose près les mêmes lois, on admet que tous les gaz, à volume égal, renferment le même nombre de molécules; ce qui signifie, par exemple, qu'un litre d'hydrogène renferme le même nombre de molécules qu'un litre d'oxygène, pris dans les mêmes conditions de température et de pression.

Une molécule de gaz simple étant formée de 2 atomes, on peut donc dire que des volumes égaux de gaz simples renferment aussi le même nombre d'atomes.

Mais, si les différents corps simples considérés à l'état gazeux contiennent le *même* nombre d'atomes, comme l'expérience prouve que les différents gaz pris sous le *même* volume ne présentent pas le même poids, il en résulte que les atomes de deux corps différents n'ont pas le même poids. Ainsi considérons un certain volume d'hydrogène pesant 1; le même volume d'oxygène, dans les mêmes conditions de température et de pression, pèse 16 : le poids de l'atome d'oxygène est donc 16 fois plus grand que le poids de l'atome d'hydrogène. Ce nombre 16 est appelé poids atomique de l'oxygène.

Le poids de l'azote étant 14 fois plus grand que celui de l'hydrogène, le nombre 14 est le poids atomique de l'azote.

Nous appellerons donc *poids atomique* d'un corps simple le poids de l'atome de ce corps, ce poids étant pris par rapport au poids de l'atome d'hydrogène pris lui-même pour unité de poids atomique.

Nous donnons plus loin la valeur numérique des différents corps, cette valeur étant déterminée par des méthodes que nous n'avons pas à étudier ici.

138. Poids moléculaires. — On appelle *poids moléculaire* d'un corps la somme des poids des atomes qui composent une molécule de ce corps.

Les molécules des gaz simples étant formées de 2 atomes, il suffira donc, pour obtenir le poids moléculaire de chacun de ces gaz, d'en doubler le poids atomique. Ainsi le poids moléculaire de l'oxygène $= 16 \times 2$ ou 32; de l'azote, 14×2 ou 28.

S'il s'agit d'un corps composé, il est nécessaire de connaître le nombre d'atomes qui entrent dans la composition d'une molécule de ce corps.

Considérons l'eau. Nous savons qu'elle est formée de 2 volumes d'hydrogène combinés avec 1 volume d'oxygène; ce qui revient à dire que dans une molécule d'eau il entre 2 atomes d'hydrogène pour 1 atome d'oxygène. Le poids atomique de l'hydrogène étant 1 et celui de l'oxygène 16, le poids moléculaire de l'eau sera $1 \times 2 + 16 = 18$.

139. Valence atomique ou atomicité. — Certains corps se combinent à volumes égaux avec l'hydrogène, c'est-à-dire atome à atome : on dit qu'ils sont *monovalents*.

Ainsi 1 atome du corps appelé *chlore* se combine à 1 atome d'hydrogène pour donner 1 molécule ou 2 volumes d'acide chlorhydrique : le chlore est dit *monovalent*.

Il en est de même du brome et de l'iode.

Il est des corps dont 1 volume, ou 1 atome, se combine à 2 volumes ou 2 atomes d'hydrogène; on les appelle corps *divalents* ou *bivalents*. Ainsi dans l'eau 1 volume ou 1 atome d'oxygène est combiné à 2 volumes ou 2 atomes d'hydrogène. L'oxygène est un corps *divalent*. Il en est de même du soufre.

On dit qu'un corps est *trivalent* quand un atome de ce corps peut se combiner avec 3 atomes d'hydrogène. Ainsi l'azote est *trivalent* dans le gaz ammoniac.

On dit qu'un corps est *tétravalent* (*tétra* est un mot grec qui veut dire 4), quand un atome de ce corps peut se combiner à 4 atomes d'hydrogène. Tel est le carbone.

Quand un corps ne peut se combiner à l'hydrogène, on définit sa *valence*, ou, comme on dit aussi, son *atomicité* par le nombre d'atomes d'un corps monovalent, le chlore par exemple, auxquels un atome de ce corps peut se combiner. Ainsi, dans le pentachlorure de phosphore, 1 atome de phosphore est combiné avec 5 atomes de chlore : le phosphore y est *pentavalent (penta* est un mot grec qui veut dire 5).

L'hydrogène est le corps monovalent par excellence.

Quand un atome d'un corps a pris toutes les atomicités qu'il peut prendre, on dit qu'il est *saturé.* Ainsi dans l'eau, l'oxygène est saturé, parce que chaque atome d'oxygène s'est combiné à 2 atomes d'hydrogène.

Le tableau suivant donne, à titre de renseignement, la liste des principaux corps simples avec leur symbole (151) et leur poids atomique. Les noms des métalloïdes sont en lettres italiques.

Tableau des symboles et des poids atomiques des principaux corps simples.

NOMS	SYMBOLES	POIDS ATOMIQUES
Aluminium.	Al	27
Antimoine	Sb	120
Argent.	Ag	108
Arsenic	As	75
Azote	Az	14
Baryum	Ba	137
Bismuth.	Bi	210
Bore.	B	11
Brome.	Br	80
Calcium	Ca	40
Carbone	C	12
Chlore.	Cl	35,5
Chrome	Cr	52,5
Cobalt.	Co	59
Cuivre.	Cu	63
Étain	Sn	118
Fer	Fe	56
Fluor	Fl	19
Gallium	Ga	69
Glucinium.	Gl	14
Hydrogène.	H	1
Iode.	J	127

NOMS	SYMBOLES	POIDS ATOMIQUES
Iridium	Ir	197
Lithium	Li	7
Magnésium.	Mg	24
Manganèse.	Mn	55
Mercure.	Hg	200
Molybdène.	Mo	96
Nickel.	Ni	59
Or.	Au	197
Osmium.	Os	200
Oxygène.	O	16
Palladium	Pd	106
Phosphore	P	31
Platine.	Pt	198
Plomb.	Pb	206
Potassium	K	39
Sélénium.	Se	79
Silicium	Si	28
Sodium	Na	23
Soufre.	S	32
Strontium	Sr	87
Tellure.	Te	128
Uranium.	U	120
Zinc.	Zn	56

NOMENCLATURE CHIMIQUE

140. On désigne sous le nom de *nomenclature chimique* un ensemble de règles adoptées pour désigner les corps.

Dès l'origine de la science, les chimistes, rencontrant des corps différents par leurs propriétés, comprirent la nécessité de les désigner par des noms capables d'en rappeler la nature. Mais chaque nom se rapportait à des circonstances tirées de l'histoire du corps auquel il était donné, et le choix de la propriété particulière, d'où le nom devait être tiré, était très arbitraire. Il devait en résulter une confusion regrettable, et l'on en était arrivé à désigner le même corps par plusieurs noms différents : pour ne citer qu'un exemple, le sulfate de potassium était indifféremment appelé *sel polychreste de Glazer, sel de duobus, arcanum duplicatum, tartre vitriolé, vitriol de potasse.*

Guyton de Morveau[1], dès 1782, signala le premier les inconvénients d'une pareille confusion, et, en 1787, l'Académie des sciences nommait une commission composée de Lavoisier, Berthollet[2] et Fourcroy[3], qui, de concert avec Guyton de Morveau, alors à Paris, arrêta les règles de la nomenclature chimique, qui ont été depuis lors modifiées en quelques points.

Cette nomenclature n'a pas seulement l'avantage de désigner par des noms analogues les corps qui jouissent de propriétés semblables; elle a aussi celui d'indiquer, par le nom du composé, la nature des éléments qui y entrent.

NOMENCLATURE DES CORPS SIMPLES ET DES COMPOSÉS BINAIRES NON OXYGÉNÉS

141. Corps simples. — Les corps simples ont, en général, conservé les noms par lesquels ils étaient primitivement désignés; d'autres, au moment de leur découverte, ont tiré leur nom de celui que portait déjà leur composé le plus important. Tels sont le *potassium* et le *sodium*, extraits de la potasse et de la soude.

142. Composés binaires[4] non oxygénés. —

1. Guyton de Morveau, chimiste, membre de l'Académie des sciences, né à Dijon en 1737, mort en 1816.

2. Berthollet, célèbre chimiste, né en 1748 à Talloires en Savoie, mort à Arcueil en 1822. Membre de l'Académie des sciences, professeur à l'École normale et à l'École polytechnique.

3. Fourcroy (Antoine-François), chimiste, né à Paris en 1755, mort en 1809.

4. On désigne sous le nom de *composé binaire* un corps formé par la combinaison de deux corps simples.

Un composé binaire se désigne par le nom de l'un de ses éléments, qu'on fait suivre de la terminaison *ure* et qu'on unit au nom du second élément par la préposition *de*. Ainsi l'on dira : *chlorure de plomb, bromure de fer, iodure d'argent*, pour désigner les combinaisons du chlore et du plomb, du brome et du fer, de l'iode et de l'argent.

La règle que nous venons d'énoncer semble permettre de dire plombure de chlore, ferrure de brome, argenture d'iode; mais, pour fixer l'incertitude qu'elle pourrait laisser, on est convenu d'énoncer d'abord le corps qui, dans la décomposition du composé par le courant électrique, se rendrait au pôle positif de la pile. Ce corps est appelé ordinairement l'élément *électro-négatif*[1], parce qu'on suppose que, puisqu'il se rend au pôle positif, il doit être dans un état électrique négatif. L'autre élément est appelé *électro-positif*.

Dans un composé formé par l'union d'un métalloïde et d'un métal, c'est toujours le métalloïde qui est électro-négatif; ce sera donc toujours le nom du métalloïde qu'on devra énoncer le premier.

Il arrive souvent qu'un élément électro-négatif forme avec un même corps électro-positif plusieurs composés, qui diffèrent entre eux par la quantité de l'élément électro-négatif entrant dans la composition de chacun d'eux. Ainsi le soufre et le potassium forment ensemble cinq composés, dans lesquels il entre, pour une même quantité, 39 de potassium ou 1 atome :

	32	parties de soufre dans le	premier	ou 1 atome.
2 fois 32 ou 64		—	—	second	ou 2 atomes.
3	—	96	—	—	troisième	ou 3 atomes.
4	—	128	—	—	quatrième	ou 4 atomes.
5	—	160	—	—	cinquième	ou 5 atomes.

On exprime ces différences en faisant précéder les

1. Voir le *Cours de physique*, n° 306.

mots *sulfure de potassium* des préfixes *proto* pour le premier, *bi* pour le second, *tri* pour le troisième, *quadri* ou *tétra* pour le quatrième, *quinti* ou *penta* pour le cinquième. Ainsi l'on dira :

> Protosulfure de potassium.
> Bisulfure de potassium.
> Trisulfure de potassium.
> Quadrisulfure ou tétrasulfure de potassium.
> Quintisulfure ou pentasulfure de potassium.

Le chlore et le fer forment deux composés, et le composé le plus chloruré contient 1 fois et 1/2 autant de chlore que l'autre ; le plus chloruré s'appelle *sesquichlorure de fer*, et l'autre *protochlorure de fer*.

On appliquera ces règles dans tous les cas analogues.

Il arrive assez souvent que, par des considérations d'euphonie ou autres, on déroge un peu aux règles précédentes. Ainsi, on ne dit pas du *phosphorure* d'hydrogène pour désigner la combinaison du phosphore et de l'hydrogène, mais du *phosphure* d'hydrogène ; on ne dit pas du *soufrure* de fer, mais du *sulfure* de fer.

L'usage apprendra ces dérogations à la règle générale.

143. Hydracides. — Parmi les exceptions au principe de la nomenclature des composés binaires non oxygénés, nous citerons spécialement celle qui est relative aux composés acides que certains métalloïdes, comme le chlore, le brome, l'iode et le soufre, forment avec l'hydrogène. Ces composés, qu'on appelle *hydracides* d'une manière générale, se désignent par le mot *acide* suivi d'un mot formé par le nom du corps électronégatif et la terminaison *hydrique* (la particule *hydr* indiquant que l'hydrogène entre dans la composition du corps). Ainsi l'on dira :

> Acide chlorhydrique (chloro et hydrogène).
> — bromhydrique (brome et hydrogène).
> — sulfhydrique (soufre et hydrogène).

144. Alliages. — Les combinaisons des métaux entre eux ont reçu le nom d'*alliages*. On les désigne en mettant à la suite du mot *alliage* les noms des métaux qui y entrent :

> Alliage d'or et de cuivre.
> — d'or et d'argent.

Lorsque le mercure est l'un des métaux, l'alliage prend le nom d'*amalgame* :

> Amalgame d'or (alliage de mercure et d'or).
> — de cuivre (alliage de mercure et de cuivre). ¹

NOMENCLATURE DES COMPOSÉS BINAIRES OXYGÉNÉS

145. Composés oxygénés basiques ou neutres. — Les composés binaires oxygénés, basiques ou neutres, sont désignés par le mot *oxyde*, uni par la préposition *de* au nom du corps combiné à l'oxygène :

> Oxyde de zinc, oxyde d'azote.

Si l'oxygène forme avec un même corps plusieurs composés neutres ou basiques, on se sert, pour les distinguer, des préfixes *proto*, *bi*, *sesqui*, etc., comme on l'a fait pour les composés binaires non oxygénés :

> Protoxyde de manganèse,
> Sesquioxyde de manganèse,
> Bioxyde de manganèse.

On tend aujourd'hui à abandonner ces dénominations et à donner la terminaison *eux* au composé le moins oxygéné et la terminaison *ique* au composé le plus oxygéné. Le protoxyde de fer s'appelle de l'oxyde *ferreux*, et le sesquioxyde de l'oxyde *ferrique*.

Certains oxydes ont conservé des noms qui ne sont

pas conformes aux règles de la nomenclature. Ainsi les mots *potasse, soude, chaux, baryte, magnésie, alumine,...* désignent des oxydes de potassium, sodium, calcium, baryum, magnésium, aluminium.

146. Anhydrides. — On appelle *anhydrides* des oxydes qui, en s'unissant à l'eau, donnent des *acides* ou des *bases.* Pour désigner un anhydride, on prend le nom du corps simple combiné à l'oxygène et on le fait suivre de la terminaison *ique,* si ce corps ne forme qu'un anhydride. Exemple : *anhydride carbonique.* Si le corps forme deux anhydrides, on se sert de la terminaison *eux* pour le moins oxygéné et de la terminaison *ique* pour le plus oxygéné. Exemples : *anhydride azoteux, anhydride azotique.* Quand il y a plus de deux anhydrides, on emploie des préfixes destinés à indiquer le degré d'oxydation; *hypo* pour désigner le degré inférieur d'oxydation et *per* ou *hyper* pour désigner un degré supérieur. Exemples : *anhydrides sulfureux, sulfurique, persulfurique; anhydrides hypochloreux, chloreux.*

Les anhydrides sont *basiques* ou *acides,* suivant qu'en s'unissant à l'eau ils forment des bases ou des acides. L'anhydride de potassium est un composé oxygéné d'un métal appelé *potassium* qui, en se combinant à l'eau, donnera une base, la potasse.

NOMENCLATURE DES COMPOSÉS TERNAIRES

147. Nomenclature des composés ternaires. Acides oxygénés. — Un *acide oxygéné* est un corps oxygéné, jouissant de la propriété acide et renfermant de l'hydrogène.

Quand un acide ne renferme pas d'oxygène, c'est un composé binaire qu'on appelle *hydracide.* Nous avons vu (143) comment on les désignait. Quand il renferme de l'oxygène, c'est un composé ternaire acide, qu'on appelle *oxacide.*

Pour désigner ces corps, on substitue au mot *anhy-*

dride le mot *acide*. Les anhydrides azoteux, azotique, hypochloreux, sulfurique et persulfurique forment, en s'unissant à l'eau, les acides azoteux, azotique, hypochloreux, sulfurique et persulfurique.

148. Bases. — Les bases sont des composés ternaires qui résultent de l'union d'un anhydride basique avec l'eau; on les désigne sous le nom d'*hydrates métalliques*. Ainsi l'*oxyde de potassium*, en s'unissant à l'eau, donne l'*hydrate de potassium*.

149. Sels. — Un sel est le résultat de la substitution d'un métal à l'hydrogène remplaçable d'un acide.

Lorsque l'acide est un *hydracide*, par exemple l'acide chlorhydrique (chlore et hydrogène), l'hydrogène étant remplacé par un métal, soit le zinc, le résultat de la substitution est un composé binaire non oxygéné dont le nom doit être donné, conformément à la règle énoncée précédemment (142) et, dans l'exemple cité, on appellera le sel formé du *chlorure de zinc*.

Si l'acide est un *oxacide*, on désigne le sel formé en remplaçant, dans le nom de l'acide, la terminaison *ique* par *ate* et en unissant par la préposition *de* le mot ainsi formé au nom du métal. Ainsi l'on dit :

> Azotate de potassium.
> Sulfate de sodium.
> Carbonate de plomb.

Si l'acide est terminé par *eux*, on change cette terminaison en *ite*. L'acide azoteux donne ainsi des *azotites*, l'acide sulfureux des *sulfites*, tels que :

> Azotite de potassium.
> Sulfite de sodium.

Le sel est dit *neutre* si tout l'hydrogène de l'acide oxygéné a été remplacé par un métal; il est dit *acide*, quand cette substitution n'a été que partielle. Ainsi l'acide sulfurique renferme dans sa molécule 2 atomes d'hydrogène : si les *deux* atomes sont remplacés par un métal, on a un sel *neutre*; si la substitution ne s'est faite que sur *un* atome d'hydrogène, on a un sel *acide*.

150. Valence des métaux. — Certains métaux se substituent à l'hydrogène atome à atome; on les dit *monovalents*. Ce sont, parmi les métaux usuels, le *potassium*, le *sodium* et l'*argent*.

D'autres métaux se substituent à l'hydrogène de telle façon que 1 atome du métal remplace 2 atomes d'hydrogène : on les dit *divalents*. Tels sont le *fer*, le *cuivre*, le *zinc*, le *plomb*, le *calcium*, le *baryum*, l'*étain*, le *mercure*.

Il est des métaux qui se substituent à l'hydrogène, à raison de 1 atome du métal pour 3 atomes d'hydrogène. Ces métaux sont dits *trivalents*, comme l'*or* et le *bismuth*.

Lorsque 1 atome d'un métal se substitue à 4 atomes d'hydrogène, le métal est appelé *tétravalent* : c'est le cas du *platine*.

NOTATION CHIMIQUE

151. Symboles et formules chimiques. — Pour éviter des longueurs dans le langage et simplifier l'expression de nombreuses réactions que la chimie étudie et explique, les chimistes ont inventé l'écriture chimique, ou *notation chimique*, qui est aujourd'hui généralement en usage et dont nous allons exposer sommairement les principales règles.

Chaque corps est représenté par un symbole, formé ordinairement d'une ou de deux lettres de son nom. L'oxygène a pour symbole O, le chlore Cl, le fer Fe, le zinc Zn, le cuivre Cu, l'argent Ag, etc. Ces symboles ne sont pas seulement une manière abrégée d'écrire les noms des corps; ils représentent de plus les poids atomiques de ces corps. O représente 16 d'oxygène, Cl 35,5 de chlore, Zn 65 de zinc, Cu 63 de cuivre, Fe 56 de fer, Ag 108 d'argent, etc.

Les composés binaires se représentent par la juxtaposition des symboles de leurs éléments. On est convenu d'écrire le premier le symbole du corps *électro-positif;* dans la nomenclature parlée, c'est le contraire.

L'eau se compose de 2 atomes d'hydrogène et de 1 atome d'oxygène; elle a pour formule H^2O, et H^2O représente 18 d'eau.

L'hydrate de potassium, ou oxyde hydraté de potassium, se compose de 1 atome d'oxygène (*divalent*), saturé par 1 atome de potassium et 1 atome d'hydrogène; sa formule est KOH.

L'acide sulfurique hydraté a pour formule SO^4H^2, ce qui exprime que le corps SO^4, qu'on appelle le radical de l'acide, y est saturé par 2 atomes d'hydrogène.

Pour représenter un sel, on écrit à la suite l'un de l'autre le symbole du radical acide du sel et le symbole du métal. Ainsi le sulfate de zinc a pour formule SO^4Zn, ce qui montre que les 2 atomicités de SO^4, corps divalent, sont saturées par les 2 atomicités de Zn, corps divalent. Le sulfate neutre de potassium a pour formule SO^4K^2; les 2 atomicités de SO^4 sont saturées par les 2 atomicités de K^2. Le sulfate acide de potassium a pour formule SO^4KH; les 2 atomicités de K et H saturent les 2 atomicités de SO^4.

Dans l'acide azotique AzO^3H, le radical acide AzO^3 est monovalent. La formule de l'azotate neutre de potassium sera AzO^3K; dans l'azotate neutre de zinc, il faut au zinc, métal divalent, 2 atomicités du corps AzO^3 et sa formule est $(AzO^3)^2Zn$, le chiffre 2 portant sur Az et sur O^3.

152. Égalités chimiques. — A l'aide de ces symboles, on parvient à représenter d'une manière simple des réactions compliquées, et bien plus facilement qu'on ne pourrait le faire en se servant du langage ordinaire ou des légendes que nous avons données dans le cours de première année.

Quand plusieurs corps mis en présence réagissent l'un sur l'autre et donnent lieu à de nouveaux corps, on représente la réaction de la manière suivante : on écrit d'abord les symboles des corps mis en présence en les séparant par le signe $+$; on fait suivre cette énumération du signe $=$ et l'on écrit à la suite les symboles des corps nouveaux produits dans la réaction, en séparant ces symboles par le signe $+$.

Veut-on exprimer une décomposition, par exemple la décomposition de la vapeur d'eau par le fer, on écrira :

$$4H^2O \quad + \quad 3Fe \quad = \quad Fe^3O^4 \quad + \quad 8H$$

Eau.   Fer.   Oxyde magnétique   Hydrogène.
de fer.

On doit retrouver dans la seconde partie de l'égalité tout ce qui entre dans la première; c'est là une manière de vérifier si l'on ne s'est pas trompé en écrivant l'expression de la réaction.

Les égalités suivantes expriment un certain nombre de réactions précédemment décrites et que nous n'avons pu exprimer que par des légendes :

1° Préparation de l'oxygène par le bioxyde de manganèse :

$$3MnO^2 \quad = \quad Mn^3O^4 \quad + \quad 2O$$

Bioxyde   Oxyde salin   Oxygène.
de manganèse.   de manganèse,

2° Préparation de l'oxygène par le chlorate de potassium :

$$ClO^3K \quad = \quad KCl \quad + \quad 3O$$

Chlorate   Chlorure   Oxygène.
de potassium..   de potassium,

3° Préparation de l'hydrogène par le zinc et l'acide sulfurique :

$$Zn \quad + \quad SO^4H^2 \quad = \quad SO^4Zn \quad + \quad 2H$$

Zinc.   Acide   Sulfate   Hydrogène.
sulfurique.   de zinc,

4° Combustion du charbon dans l'oxygène :

$$C \quad + \quad 2O \quad = \quad CO^2$$

Charbon.   Oxygène.   Anhydride
carbonique.

5° Préparation de l'anhydride carbonique par l'acide chlorhydrique et le carbonate de calcium :

$$CO^3Ca \;+\; 2HCl \;=\; CaCl^2 \;+\; H^2O \;+\; CO^2$$

Carbonate de calcium. — Acide chlorhydrique. — Chlorure de calcium. — Eau. — Anhydride carbonique.

6° Décomposition de l'acide oxalique en oxyde de carbone et en anhydride carbonique :

$$C^2O^4H^2 \;=\; CO \;+\; CO^2 \;+\; H^2O$$

Acide oxalique. — Oxyde de carbone. — Anhydride carbonique. — Eau.

7° Préparation de la silice par le silicate de sodium et l'acide chlorhydrique :

$$SiO^3Na^2 \;+\; 2HCl \;=\; 2NaCl \;+\; H^2O \;+\; SiO^2$$

Silicate de sodium. — Acide chlorhydrique. — Chlorure de sodium. — Eau. — Silice.

153. Signification numérique des symboles et des formules chimiques. — Nous devons insister ici sur la signification numérique des symboles et des formules chimiques. Chaque symbole d'un corps simple représentant la valeur numérique de son poids atomique, quand on écrit O, par exemple, il faut toujours se rappeler que ce symbole ne représente pas seulement un atome d'oxygène, mais un poids 16 d'oxygène, 16 étant le poids atomique de l'oxygène. De même le symbole d'un corps composé représente non seulement sa molécule, mais le poids de sa molécule. H^2O représente une molécule d'eau et son poids moléculaire, qui est $(1 \times 2) + 16 = 18$. CO^2 représente la molécule de l'anhydride carbonique et, en même temps, son poids moléculaire, qui est $12 + (16 \times 2) = 12 + 32 = 44$; 12 et 16 étant les poids atomiques du carbone et de l'oxygène.

154. Évaluation numérique des égalités chimiques. — Il résulte de ce que nous venons de dire que les égalités chimiques représentent des *relations numériques entre les poids des corps considérés.*

Ainsi reprenons l'égalité chimique qui montre la préparation de l'oxygène par le chlorate de potassium et écrivons au-dessous de chaque symbole le poids atomique correspondant, en le multipliant, quand il y a lieu, par l'exposant qui joue le rôle de coefficient.

$$\underbrace{CIO^3K \qquad\qquad}_{} = \underbrace{KCl}_{} + \underbrace{3O}_{}$$
$$\underbrace{35,5 + (16 \times 3) + 39}_{122,5} = \underbrace{39 + 35,5}_{74,5} + \underbrace{16 \times 3}_{48}$$

On voit que le poids de la molécule de chlorate de potassium, qui est égal à 122,5, donne par sa décomposition 3 atomes d'oxygène dont le poids est $16 \times 3 = 48$; ce qu'on pourrait exprimer plus simplement en disant, par exemple, que 122 gr. 5 de chlorate de potassium donnent 48 grammes d'oxygène. Il suffit donc d'une règle de trois simple pour trouver quelle quantité de chlorate de potassium on devrait chauffer afin d'obtenir un poids déterminé d'oxygène, ou bien encore quelle quantité d'oxygène on obtiendrait avec un poids déterminé de chlorate de potassium.

155. Remarque. — Les égalités chimiques donnent les relations *en poids*; mais il est toujours facile de déterminer le volume d'une masse gazeuse, si l'on en connaît le poids. Il suffit, en effet, de diviser le poids total du gaz par le poids de 1 litre. Réciproquement, étant donné un certain volume de gaz, on en trouvera le poids en multipliant le poids de 1 litre par le volume exprimé en litres. Le poids du litre de gaz étant donné à 0° et à la pression de 760 mm., les volumes de gaz devront être pris dans les mêmes conditions de température et de pression.

156. Exercices numériques sur les égalités chimiques. — 1er EXERCICE. — *Quel volume d'oxygène préparera-t-on avec 1 kilogramme de chlorate de potassium?*

Puisque 122 gr. 5 de chlorate de potassium donnent

48 grammes d'oxygène (154), 1 gramme de chlorate de potassium donne $\dfrac{48}{122,5}$ et 1 000 grammes donnent

$$\dfrac{48 \times 1\,000}{122,5} = 391 \text{ gr. } 83 \text{ d'oxygène.}$$

Un litre d'oxygène pesant 1 gr. 43, le volume d'oxygène obtenu est $\dfrac{391,83}{1,43} = 274$ litres.

2ᵉ EXERCICE. — *Quel poids de chlorate de potassium devra-t-on décomposer pour obtenir 10 litres d'oxygène?*

Un litre d'oxygène pesant 1 gr. 43, 10 litres pèsent 1 gr. $43 \times 10 = 14$ gr. 3.

Puisque 48 grammes d'oxygène sont produits par 122 gr. 5 de chlorate de potassium, 1 gramme est produit par $\dfrac{122,5}{48}$ et 14 gr. 3 sont produits par $\dfrac{122,5 \times 14,3}{48}$ $= 36$ gr. 49.

Ce que nous venons de dire à propos de l'oxygène s'applique à la préparation de tous les corps ainsi qu'à toutes les réactions chimiques.

3ᵉ EXERCICE. — *Quel volume d'hydrogène préparera-t-on avec 1 kilogramme de zinc?*

Écrivons la formule de préparation de l'hydrogène et les poids atomiques correspondant aux symboles.

$$Zn + SO^4H^2 = SO^4Zn + 2H$$
$$32 + (16 \times 4) + 2 \qquad 32 + (16 \times 4) + 65$$
$$65 + \underbrace{98} = \underbrace{161} + 2$$

On voit que 65 grammes de zinc donnent 2 grammes d'hydrogène; 1 gramme de zinc donne $\dfrac{2}{65}$ et 1 000 grammes donnent $\dfrac{2 \times 1\,000}{65} = 30$ gr. 76 d'hydrogène.

Un litre d'hydrogène pesant 0 gr. 089, le volume d'hydrogène obtenu est $\dfrac{30,76}{0,089} = 345$ litres.

4ᵉ Exercice. — *Quel est le volume de gaz carbonique résultant de la combustion de 1 kilogramme de charbon?*

La formule de combustion du charbon est :

$$C \; + \; \underbrace{2O}_{} \; = \; \underbrace{CO^2}_{}$$

$$12 \; + \; \underbrace{16 \times 2}_{32} \; = \; \underbrace{12 + (16 \times 2)}_{44}$$

12 grammes de charbon produisent, en brûlant, 44 grammes de gaz carbonique; 1 gramme produit $\dfrac{44}{12}$ et 1 000 grammes produisent $\dfrac{44 \times 1\,000}{12} = 3\,666$ grammes de gaz carbonique.

Le poids du litre d'anhydride carbonique étant 1 gr. 97, les 3 666 grammes occupent un volume de $\dfrac{3\,666}{1,97} = 1\,860$ litres.

CHAPITRE II

Propriétés générales des sels. — Lois de Berthollet.

157. Nous avons souvent parlé des *sels*, dans le cours
de première année et dans le chapitre précédent; il est
nécessaire de revenir sur ce sujet et d'étudier les propriétés générales des sels, puisque nous avons, à propos
de l'étude de chaque acide, à parler des sels importants
auxquels il donne lieu.

Propriétés générales des sels

158. Tous les sels sont solides, d'une densité plus
grande que celle de l'eau; tous sont susceptibles de
cristalliser en passant peu à peu de l'état liquide à l'état
solide.

Ils se présentent à nous sous différentes couleurs; ils
sont incolores, quand la base et l'acide sont eux-mêmes
incolores. Quand la base et l'acide sont colorés, ou
quand l'un d'eux seulement l'est, le sel est coloré.

Tableau de la couleur des principaux sels colorés.

Les sels de manganèse sont. . . . roses.
— de protoxyde de fer. . . . verts.
— de sesquioxyde de fer. . . d'un jaune rougeâtre.
— de sesquioxyde de chrome, vert d'herbe.

Les sels de cobalt. . . . . roses ou d'un bleu violacé.
—   de cuivre. . . . . bleus ou verts.
—   de nickel. . . . . verts ou d'un blanc verdâtre.
—   d'or . . . . jaune d'or.
—   de platine . . . . jaune orangé.

159. Action de l'eau sur les sels. — L'eau dissout un grand nombre de sels, mais il en est qui sont complètement insolubles dans ce liquide. En général, la solubilité d'un sel augmente avec la température; quelques-uns cependant se comportent d'une manière différente. Le sulfate de calcium, ou *plâtre*, est moins soluble à 100° qu'à la température ordinaire; il présente un maximum de solubilité vers 38°; le sulfate de sodium présente un maximum à 33°.

Lorsqu'un sel déjà hydraté se dissout dans l'eau, il y a en général abaissement de température; mais, si le sel est anhydre et qu'il ait de l'affinité pour l'eau, la dissolution est accompagnée d'un dégagement de chaleur.

Lorsqu'une dissolution d'un sel saturé à chaud se refroidit lentement, le sel se dépose, en général, pendant le refroidissement, en affectant des formes géométriques régulières. On dit alors qu'il cristallise.

On peut encore obtenir la cristallisation d'un sel après dissolution en faisant évaporer lentement le liquide qui le contient.

160. Eau d'interposition. Eau d'hydratation. — Lorsqu'un sel cristallise dans l'eau, il entraîne toujours avec lui une certaine quantité du liquide. Lorsque l'eau est seulement interposée entre les différentes couches de molécules dont l'ensemble forme le cristal, on l'appelle *eau d'interposition*; c'est elle qui, en se vaporisant, fait décrépiter certains sels quand on les chauffe.

Un grand nombre de sels contiennent l'eau à un autre état qu'à l'état d'interposition; ils sont combinés avec elle et sont de véritables hydrates. Cette eau est appelée *eau d'hydratation*. C'est ainsi qu'une molécule de sulfate de cuivre cristallisé contient cinq molécules d'eau d'hydratation à la température ordinaire.

161. Eau de constitution. — L'eau d'interposition et l'eau d'hydratation peuvent, à l'aide de la chaleur, être enlevées à un sel, sans que ses propriétés chimiques soient modifiées; si on le dissout de nouveau dans l'eau et qu'on le fasse cristalliser, il reprendra en cristallisant la quantité d'eau qui lui avait été enlevée.

Mais il peut arriver que l'eau joue un rôle plus essentiel dans la composition des sels, et que, si l'on vient alors à la leur enlever, leurs propriétés soient radicalement modifiées. Elle est dite alors *eau de constitution*. Le phosphate de sodium du commerce contient de l'eau de cristallisation et de l'eau de constitution. Si on le chauffe à 200°, il perd 12 molécules d'eau et ses propriétés ne sont pas changées; mais, si on le porte au rouge, deux molécules du sel s'unissent et perdent une autre molécule d'eau; la composition du sel est alors radicalement modifiée : la dernière molécule d'eau est l'eau de constitution.

162. Sels efflorescents. Sels déliquescents. — Certains sels exposés à l'air peuvent, comme le carbonate de sodium, céder à l'atmosphère une portion de l'eau qu'ils contiennent, perdre en partie leur transparence et se transformer même en poussière. Ils sont dits alors *sels efflorescents*. D'autres, au contraire, comme le carbonate de potassium, absorbent l'humidité de l'air et s'y dissolvent peu à peu; ils sont dits *déliquescents*.

163. Action de la chaleur sur les sels. — La chaleur décompose un grand nombre de sels; mais, avant de se décomposer, ils éprouvent une véritable fusion. Lorsque le sel est hydraté, l'action de la chaleur commence par séparer de lui l'eau d'hydratation, dans laquelle il se dissout. On dit alors qu'il subit la *fusion aqueuse*. L'action de la chaleur continuant, l'eau s'évapore, le sel devenu anhydre fond de nouveau et subit ce qu'on appelle la *fusion ignée*.

164. Action de l'électricité sur les sels. — Le courant de la pile décompose tous les sels métalliques en dissolution : *le métal va au pôle négatif, le radical acide se rend au pôle positif.* C'est sur ce phénomène, étudié dans le cours de physique (n° 367), que repose la galvanoplastie.

165. Action de la lumière. — La lumière agit sur certains sels, spécialement sur les sels d'argent, pour les décomposer. Cette propriété fait la base des procédés photographiques.

166. Action des métaux. — Les dissolutions salines peuvent être décomposées par les métaux. En général, *un métal oxydable remplace toujours un métal moins oxydable.* C'est ainsi qu'une lame de fer plongée dans une dissolution de sulfate de cuivre précipitera le cuivre à l'état métallique et transformera le sulfate de cuivre en sulfate de fer.

C'est encore sur ce principe qu'est basée l'expérience connue sous le nom d'*arbre de Saturne.*

On dissout 40 grammes d'acétate de plomb dans un litre d'eau; on l'acidule par quelques gouttes d'acide acétique et l'on remplit de cette dissolution un vase à large

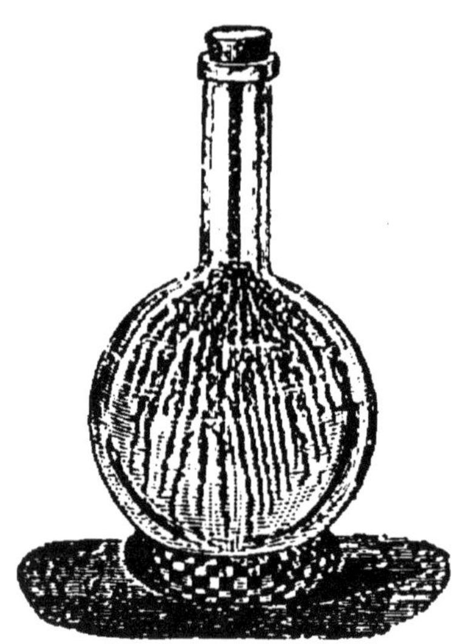

Fig. 72. — Arbre de Saturne. Des cristaux de plomb se déposent sur une lame de zinc et sur des fils de cuivre plongés dans une dissolution d'acétate de plomb.

ouverture. Au bouchon en liège de ce vase (fig. 72) on fixe un morceau de zinc, d'où partent des fils de cuivre ou de laiton, qui se dispersent dans la liqueur. Le plomb, que les alchimistes appelaient Saturne, se précipite sur le zinc, qui figure le tronc d'un arbre, puis plus faiblement sur les fils de cuivre, qui semblent en être les branches.

Lois de Berthollet

167. Quand on fait agir sur un sel soit un acide, soit une base, soit un sel, il peut y avoir décomposition du sel et formation d'un nouveau sel. Berthollet faisait intervenir dans ces phénomènes des questions d'insolubilité et de volatilité des composés qui pouvaient se former. Il les a compris dans un énoncé général, qui est le suivant :

Chaque fois qu'on fait agir sur un sel solide ou en dissolution soit un acide, soit une base, soit un sel, s'il peut se former un composé moins soluble ou plus volatil que les corps mis en présence, ce composé se formera toujours.

On fait intervenir aujourd'hui dans l'étude de ces phénomènes d'autres considérations et, en particulier, un principe dû à M. Berthelot, et qu'on énonce ainsi : *Quand on met en présence différents corps, les corps qui se forment sont toujours ceux qui donnent lieu à la plus grande somme de quantités de chaleur dégagée.*

L'énoncé général des lois de Berthollet se trouve alors transformé dans le suivant :

Si l'on fait agir un acide sur un sel, ou une base sur un sel, ou un sel sur un autre sel, le système des corps mis en présence tendra toujours vers le système de corps qui dégagent le plus de chaleur par leur formation.

Nous adopterons l'énoncé donné par Berthollet, tout en faisant intervenir les principes thermo-chimiques.

168. 1° Action des acides sur les sels. — *Chaque fois que du mélange d'un acide et d'un sel pourra résulter un composé moins soluble ou plus volatil que ceux qu'on emploie, ce composé se formera toujours.*

Si l'on verse de l'acide sulfurique sur du carbonate de calcium, l'anhydride carbonique, *corps plus volatil que l'acide sulfurique*, se dégage sous forme de gaz et il se forme du sulfate de calcium.

$$CO_3Ca \quad + \quad SO_4H_2 \quad = \quad SO_4Ca \quad + \quad H_2O \quad + \quad CO_2$$

Carbonate de calcium.   Acide sulfurique.   Sulfate de calcium.   Eau.   Anhydride carbonique.

Si l'on verse dans une dissolution de silicate de potassium de l'acide sulfurique, il se formera un précipité de silice hydratée *peu soluble* et du sulfate de potassium.

$$SiO_3K_2 \quad + \quad SO_4H_2 \quad = \quad SiO_2 \quad + \quad H_2O \quad + \quad SO_4K_2$$

Silicate de potassium.   Acide sulfurique.   Silice.   Eau.   Sulfate de potassium.

Dans les deux exemples que nous venons de citer la réaction est exothermique, c'est-à-dire que la formation des corps qui sont représentés dans les seconds membres des égalités dégage plus de chaleur que celle des corps qui sont représentés dans les premiers membres.

169. 2° Action des bases sur les sels. — *Chaque fois que du mélange d'une base et d'un sel pourra résulter un composé moins soluble ou plus volatil que ceux qu'on emploie, ce composé se formera toujours.*

Quand on verse une dissolution de potasse dans une dissolution de sulfate de fer, il se forme un précipité d'oxyde de fer hydraté ou hydrate ferreux *insoluble* et du sulfate de potassium.

$$2(KOH) \quad + \quad SO_4Fe \quad = \quad Fe(OH)_2 \quad + \quad SO_4K_2$$

Potasse.   Sulfate de fer.   Oxyde de fer hydraté.   Sulfate de potassium.

170. 3° Action des sels sur les sels. — *Quand on mélange deux sels et qu'il peut se former un sel volatil ou un sel insoluble ou moins soluble que ceux qu'on emploie, ces sels se forment toujours.*

Si l'on verse une dissolution d'azotate d'argent dans une dissolution de chlorure de sodium, il se forme du chlorure d'argent *insoluble* et de l'azotate de sodium.

$$AzO^3Ag \quad + \quad NaCl \quad = \quad AgCl \quad + \quad AzO^3Na$$

Azotate	Chlorure	Chlorure	Azotate
d'argent.	de sodium.	d'argent.	de sodium.

Nous avons utilisé cette réaction pour reconnaître la présence des chlorures dans les eaux (54).

Si l'on chauffe un mélange de sulfate d'ammoniaque et de carbonate de calcium, il se forme du carbonate d'ammoniaque, sel *volatil*, et du sulfate de calcium.

On aurait pu prévoir toutes les réactions ci-dessus, sachant que les nouveaux corps formés dégagent plus de chaleur qu'il ne s'en était dégagé dans la formation des corps employés.

171. Expériences simples. — Montrer des sels blancs et des sels diversement colorés.

Dans un ballon faire dissoudre à chaud dans de l'eau, jusqu'à saturation, de l'alun ou du sulfate de sodium. Après refroidissement, faire constater la cristallisation.

Projeter sur des charbons incandescents un peu de sel de cuisine : il décrépite par suite de l'évaporation de l'eau d'interposition.

Faire chauffer dans une coupelle ou sur une pelle à feu quelques cristaux de sulfate de cuivre, sel bleu : le sel devient blanc en perdant son eau d'hydratation ; mais il reprend sa couleur bleue, si l'on projette dessus quelques gouttes d'eau.

Abandonner à l'air un cristal de carbonate de potassium et un cristal de carbonate de sodium. Au bout de quelques jours, le premier, qui est un sel déliquescent, se sera en partie dissous dans l'eau prise à l'atmosphère, tandis que l'autre, sel efflorescent, se sera recouvert d'une fine poussière blanche : il se sera effleuri.

Plonger la lame d'un couteau dans une dissolution de sulfate de cuivre ; quand on la retire, elle est recouverte d'une couche de cuivre.

CHAPITRE III

Notions sur l'acide azotique et l'ammoniaque. Nitrification.

172. Composés oxygénés de l'azote. — L'azote forme avec l'oxygène plusieurs composés sur lesquels se vérifie la loi des proportions multiples, comme nous l'avons fait voir (134). Parmi ces composés citons le *protoxyde d'azote* Az^2O, le *bioxyde d'azote* AzO, *le peroxyde d'azote* ou oxyde perazotique AzO^4; mais le plus important est *l'acide azotique* AzO^3H, que nous allons étudier.

ACIDE AZOTIQUE

Formule : AzO^3H. — Poids moléculaire : $AzO^3H = 63$.

173. Préparation de l'acide azotique. — Pour préparer l'acide azotique, on soumet l'*azotate de potassium*, appelé encore *salpêtre* ou *nitre*, à l'action de l'acide sulfurique, aidée par une élévation de température. L'acide sulfurique décompose l'azotate de potassium, chasse l'acide azotique dont il prend la place et forme du sulfate acide de potassium. La formule de la réaction est la suivante :

$$AzO^3K \quad + \quad SO^4H^2 \quad = \quad SO^4KH \quad + \quad AzO^3H$$

Azotate de potassium.	Acide sulfurique.	Sulfate acide de potassium.	Acide azotique monohydraté.

Nous ferons remarquer ici la formation du sulfate acide de potassium par la substitution d'un seul atome de potassium, métal monovalent, à un seul des deux atomes d'hydrogène de l'acide sulfurique SO^4H^2. A haute température, comme celle qu'on emploie dans l'industrie, on aurait du sulfate neutre SO^4K^2 et la formule de la réaction définitive serait :

$$2(AzO^3K) \;+\; SO^4H^2 \;=\; SO^4K^2 \;+\; 2(AzO^3H)$$

<table>
<tr><td>Azotate
de potassium.</td><td>Acide
sulfurique.</td><td>Sulfate neutre
de potassium.</td><td>Acide azotique
monohydraté.</td></tr>
</table>

Dans les laboratoires, l'opération se fait dans une cornue en verre (fig. 73), mise en communication avec un

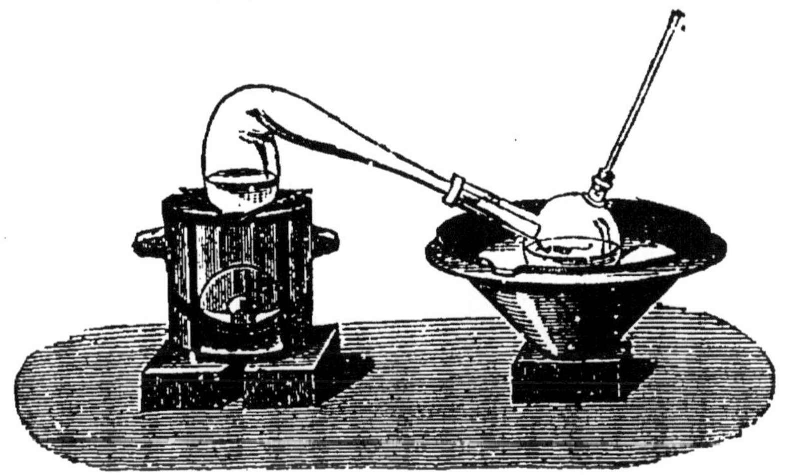

Fig. 73. — **Préparation de l'acide azotique.** On chauffe dans une cornue de l'azotate de potassium et de l'acide sulfurique : l'acide azotique se condense dans un ballon refroidi.

ballon tubulé plongeant dans l'eau ; l'acide azotique produit dans la cornue par l'action de l'acide sulfurique sur l'azotate de potassium se vaporise et va se condenser dans le ballon.

Au commencement et à la fin de l'opération apparaissent des vapeurs rouges de *peroxyde d'azote*.

Dans l'industrie on emploie, pour opérer la décomposition de l'azotate, des cylindres C (fig. 74) qui peuvent être chauffés par le combustible d'un fourneau MM,

dans lequel ils sont disposés horizontalement par séries
de six. On peut les fermer, à leur partie postérieure, à
l'aide d'un disque D, qu'on fixe au moyen de lut après

Fig. 74. Préparation industrielle de l'acide azotique. Un mélange d'azotate de
potassium ou de sodium et d'acide sulfurique est chauffé dans le cylindre C;
l'acide azotique se condense dans les bonbonnes H, H'.

avoir introduit l'azotate. Un entonnoir E sert à l'entrée
de l'acide sulfurique : il est enlevé et remplacé par un

Fig. 75. — Préparation industrielle de l'acide azotique. Le mélange d'azotate
et d'acide sulfurique est chauffé dans la chaudière C; l'acide azotique se
condense en B et B'.

bouchon luté après l'introduction de l'acide. Les vapeurs
d'acide azotique se dégagent par le tube T, et vont se
condenser dans une série de bonbonnes H, H', com-

muniquant entre elles par des tubes T' T''. Les vapeurs qui ne se sont pas condensées dans la première bonbonne passent dans la seconde, où elles se condensent en partie; l'excès se rend dans la troisième, et ainsi de suite.

Dans quelques usines on remplace les cylindres par une chaudière C (fig. 75) en fonte, communiquant avec des bonbonnes B, B', etc. : l'azotate et l'acide sont introduits en enlevant le couvercle *e*, qu'on fixe ensuite avec du lut.

Dans l'industrie, on emploie tantôt l'azotate de potassium, tantôt l'azotate de sodium : le fabricant est guidé dans son choix par le prix courant de la matière première (azotate) et celui du résidu (sulfate). Depuis quelques années, il est préférable d'employer l'azotate de sodium.

174. Propriétés physiques. — L'*acide azotique*, ou *acide nitrique*, préparé par les méthodes que nous venons de décrire est dit *monohydraté*; il renferme 14 p. 100 d'eau. Sa formule est AzO^3H ou, en doublant chacun des éléments, Az^2O^5,H^2O. L'acide azotique pur se présente sous forme d'un liquide incolore, d'une odeur désagréable, répandant des fumées blanches au contact de l'air. Il est très corrosif et par suite constitue un *poison violent*. Il colore en jaune les matières animales comme la plume, la laine, la soie. Sa densité est 1,52; il bout à 86°.

L'acide azotique peut être *quadrihydraté*, Az^2O^5, $4H^2O$. Il bout alors à 123° et a pour densité 1,42; il renferme 40 p. 100 d'eau. Cet acide est l'acide du commerce ou *eau-forte*.

175. Propriétés chimiques. — L'acide azotique est un acide très énergique, mais la chaleur et la lumière le décomposent facilement. Formé d'éléments qui sont unis par une affinité assez faible, l'acide azotique cède facilement son oxygène aux substances avec lesquelles on le met en contact. Aussi est-ce un oxydant énergique en présence de la plupart des métalloïdes et des métaux.

Il oxyde le charbon et le phosphore en donnant avec le premier du gaz carbonique, avec le second de l'acide phosphorique. La réaction avec le phosphore serait dangereuse, si l'on employait de l'acide non étendu d'eau.

L'acide azotique attaque tous les métaux, excepté l'aluminium, l'or et le platine. Il forme avec eux des azotates; cependant avec l'étain il forme du bioxyde d'étain SnO^2. L'action de l'acide azotique sur les métaux produit généralement un dégagement de bioxyde d'azote, gaz incolore, mais qui, au contact de l'oxygène de l'air, se transforme instantanément en vapeurs rougeâtres de peroxyde d'azote qu'il est malsain de respirer. L'attaque des métaux se fait plus vivement avec l'acide étendu d'eau qu'avec l'acide pur.

L'acide azotique forme avec quelques matières organiques des composés importants. Avec la benzine il forme la nitro-benzine; avec la glycérine, la nitro-glycérine employée à la fabrication de la dynamite; avec le coton, le fulmicoton ou coton-poudre employé comme explosif.

176. Usages de l'acide azotique. — L'acide azotique sert à la fabrication de l'acide sulfurique, au décapage du cuivre et de ses alliages, à la préparation de l'acide picrique employé en teinture, de l'acide oxalique, des fulminates pour amorces, de la nitro-benzine, de la nitro-glycérine. La facilité avec laquelle il désorganise les tissus le fait employer pour détruire les petites excroissances de chair comme les verrues.

On se sert encore de l'acide azotique pour graver sur cuivre ou sur acier. A cet effet, on recouvre la plaque à graver d'une couche mince de cire ou de vernis non attaquable par l'acide, en ayant soin de laisser tout autour de la plaque un léger rebord. On décalque ensuite sur la cire le dessin à graver; puis, avec une pointe fine, on suit tous les traits du dessin en enlevant la cire de façon à mettre le métal à nu. On verse ensuite sur la plaque de l'acide azotique du commerce, qui est retenu sur la plaque par le rebord qu'on a laissé tout autour. Quand on juge que le métal est suffisamment attaqué, on enlève l'acide et l'on nettoie la plaque qui présente ainsi le dessin en creux.

Ce mode de gravure est appelé *gravure à l'eau-forte*.

177. Composition des azotates. — La formule de l'acide azotique étant AzO^3H, les azotates des métaux monovalents auront pour formule générale, si nous appelons M' le métal, AzO^3M'. Tels sont :

$$L'\text{azotate de potassium } AzO^3K.$$
$$—\qquad \text{de sodium}\qquad AzO^3Na.$$
$$—\qquad \text{d'argent}\qquad AzO^3Ag.$$

Avec les métaux divalents la formule générale serait $(AzO^3)^2M''$. Les principaux azotates des métaux divalents sont :

$$L'\text{azotate de cuivre } (AzO^3)^2Cu.$$
$$—\qquad \text{de fer}\qquad (AzO^3)^2Fe.$$

A M M O N I A Q U E

Formule : AzH^3. — Poids moléculaire : $AzH^3 = 17$.

178. État naturel et circonstances de production de l'ammoniaque. — L'ammoniaque est un gaz composé d'azote et d'hydrogène qui existe dans la nature, surtout en combinaison avec les acides qui se produisent naturellement, comme les acides carbonique, sulfhydrique, azotique.

L'ammoniaque prend naissance dans un grand nombre de circonstances où la décomposition des matières organiques azotées met en présence de l'azote et de l'hydrogène. Ainsi la fermentation de l'urine est une des principales sources de production de ce corps. L'urine renferme, en effet, un principe azoté, nommé *urée*, qui, par la fermentation, a la propriété de se transformer en *carbonate d'ammoniaque*.

C'est sous cette forme que le fumier abandonné sans soins laisse échapper l'azote qu'il renferme.

Le carbonate d'ammoniaque est, en effet, *volatil*. De cette propriété résulte la nécessité de mettre le tas de fumier à l'abri des rayons du soleil, de le tasser, et, par des arrosages répétés de purin, d'en empêcher l'échauffement, car une élévation de température aurait pour effet d'activer la volatilisation **du sel**.

Le carbonate d'ammoniaque étant soluble, une grande partie de ce sel se trouve dans le purin qui doit être conservé dans des fosses spéciales, dites *fosses à purin*. On voit aussi qu'un tas de fumier qui serait lavé par les eaux de pluie ou de gouttière perdrait une grande partie de sa valeur !.

Remarquons aussi que la chaux a la propriété de chasser l'ammoniaque de ses combinaisons. Il s'en suit qu'on ne doit pas mélanger de chaux au fumier sous peine de chasser l'ammoniaque.

L'ammoniaque existe encore dans les fosses d'aisances, dans les eaux d'égout putréfiées. Ce gaz se forme aussi lorsqu'on distille la houille pour la fabrication du gaz d'éclairage, et on le retrouve dans les eaux d'épuration.

179. Préparation de l'ammoniaque. — On prépare le gaz ammoniac en introduisant dans un ballon B (fig. 76) un mélange formé de parties égales de chaux vive (oxyde de calcium) et de chlorhydrate d'ammoniaque en poudre (sel ammoniac). Le ballon communique avec une éprouvette à pied D, contenant de la chaux destinée à dessécher le gaz; le bouchon qui ferme la partie supérieure de l'éprouvette est traversé par un tube abducteur qui se rend dans la cuve à mercure C,

---

1. Voir, dans la Bibliothèque des Écoles primaires supérieures et professionnelles, le *Cours d'agriculture et d'horticulture*, par MM. Montoux et Lambert, 1re année.

l'ammoniaque ne pouvant être recueillie sur l'eau à cause
de sa grande solubilité. On chauffe le ballon et le gaz se
dégage.

Voici comment s'explique la réaction : le chlore contenu dans le chlorhydrate d'ammoniaque se porte sur le
calcium de la chaux et forme avec lui du chlorure de
calcium, l'oxygène de la chaux forme de l'eau avec une

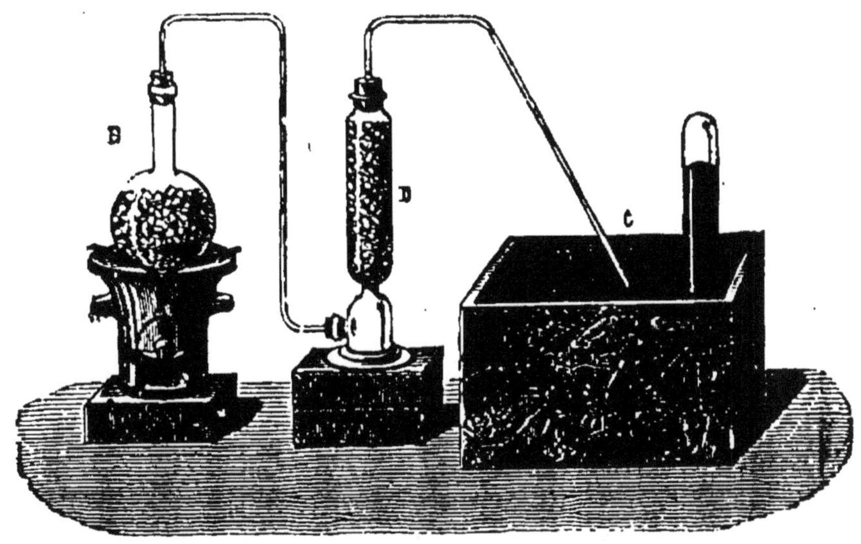

Fig. 76. — **Préparation de l'ammoniaque par la chaux et le chlorhydrate
d'ammoniaque.** Le gaz produit en B se dessèche en D sur de la chaux vive
et est recueilli sur la cuve à mercure.

partie de l'hydrogène du sel ammoniac. Quant au gaz
ammoniac resté libre, il se dégage. La formule suivante
résume cette explication :

$$2(AzH^4Cl) + CaO = 2AzH^3 + H^2O + CaCl^2$$

Chlorhydrate   Chaux.   Ammoniaque,   Eau,   Chlorure
d'ammoniaque.   de calcium

Quand on n'a pas de cuve à mercure, on peut employer
la disposition expliquée au n° 186, disposition qui
convient pour la préparation de tous les gaz solubles
dans l'eau; ou bien on fait arriver le tube à dégagement
à la partie supérieure d'une éprouvette pleine d'air tenue
l'ouverture en bas. Le gaz s'accumule dans l'éprouvette
et, en vertu de sa densité plus faible que celle de l'air,

il chasse peu à peu celui-ci par la partie inférieure
restée ouverte. On peut aussi supprimer l'éprouvette D
en remplissant la partie supérieure du ballon avec de la
chaux en morceaux, qui dessèche le gaz ammoniac produit.

**180. Préparation de l'ammoniaque en disso-
lution.** — Quand on veut avoir l'ammoniaque en dissolution, et c'est ordinairement sous cette forme qu'elle
s'emploie dans les laboratoires et dans l'industrie, on
réunit le ballon à une série de flacons communiquant
entre eux et dont l'ensemble constitue ce qu'on appelle

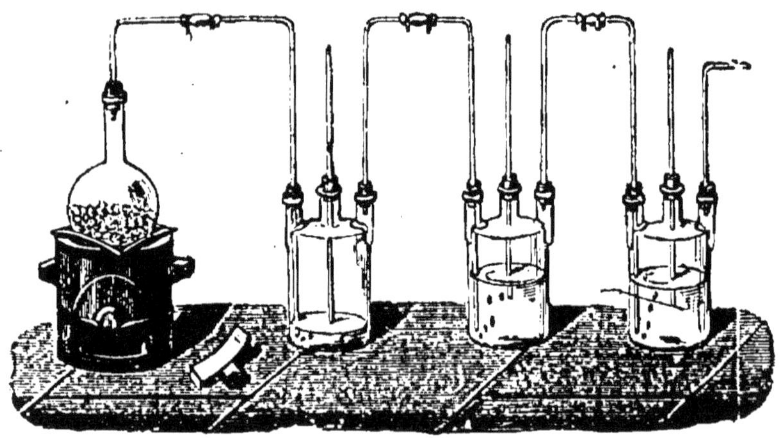

Fig. 77. — Appareil de Woolf pour la préparation de la solution
d'ammoniaque. Le gaz produit dans le ballon se dissout dans l'eau des flacons.

un *appareil de Woolf*. La figure 77 représente la disposition adoptée. Les flacons renferment de l'eau distillée;
ils sont à trois tubulures : celle de gauche laisse passer
un tube qui plonge dans le liquide, celle de droite un
tube qui ne plonge pas dans l'eau et fait communiquer
l'atmosphère du flacon avec le flacon suivant; la tubulure du milieu laisse passer un tube de sûreté par lequel
s'échapperaient le liquide et le gaz, si un excès de pression venait à se déclarer. Grâce à cette disposition, le
gaz qui se dégage barbote d'abord dans le premier flacon
et s'y dissout en partie; ce qui a échappé à l'action
dissolvante de l'eau du premier flacon passe dans le
second, et ainsi de suite.

Dans l'industrie, on prépare cette dissolution en chauffant avec de la chaux, dans des chaudières en fonte, les eaux ammoniacales qui proviennent de la fabrication du gaz d'éclairage ou les *eaux vannes* résultant de la fermentation des urines. L'ammoniaque gazeuse qui résulte de ce traitement est dirigée dans une série de bonbonnes réunies entre elles par des tubes et formant un véritable appareil de Woolf.

181. Propriétés physiques. — L'ammoniaque est un corps gazeux formé d'azote et d'hydrogène. Il est

Fig. 78.   Fig. 79.

Expériences pour prouver la solubilité de l'ammoniaque dans l'eau.

incolore, a une saveur âcre et caustique, une odeur vive et pénétrante qui provoque le larmoiement. Sa densité est représentée par le nombre 0,591. 1 litre d'ammoniaque pèse 0 gr. 765.

Le gaz ammoniac se liquéfie à 0° sous la pression de

5 atmosphères. Il est très soluble dans l'eau, qui en absorbe 1 000 fois son propre volume à 0°. La solubilité de l'ammoniaque peut être mise en évidence par les expériences suivantes.

A travers le bouchon d'un flacon A rempli de gaz ammoniac (fig. 78) passe un tube de verre *tt'*, fermé seulement à sa partie extérieure *t'*. Le flacon est renversé de manière que l'extrémité *t'* du tube plonge dans l'eau d'un vase B. Si, à l'aide d'une pince en métal, on casse la pointe du tube qui plonge dans l'eau, ce liquide se précipite dans le vase A et le remplit bientôt. Ce phénomène s'explique facilement : à mesure que le gaz se dissout, le vide se fait dans A, et l'eau s'y trouve poussée par la pression atmosphérique, qui s'exerce sur le niveau du liquide contenu dans le vase B.

On peut aussi descendre dans une terrine remplie d'eau (fig. 79) une éprouvette de gaz ammoniac reposant sur du mercure contenu dans une soucoupe. Si l'on soulève l'éprouvette, de manière que son ouverture plongée jusque-là dans le mercure se trouve en contact avec l'eau, ce liquide s'y précipite avec violence. S'il n'y a pas la moindre bulle d'air dans l'éprouvette, il peut arriver qu'elle soit brisée ; aussi doit-on prendre la précaution de la tenir avec un linge.

182. Propriétés chimiques. — Une bougie allumée plongée dans le gaz ammoniac s'y éteint sans l'enflammer. Ce gaz n'entretient pas la respiration. Comme les bases et les alcalis, il verdit le sirop de violettes et ramène au bleu le tournesol rougi ; ses propriétés basiques lui ont fait donner le nom d'*alcali volatil*.

La chaleur rouge le décompose en azote et en hydrogène. Une série d'étincelles électriques produit le même effet.

Il est combustible en présence de l'oxygène ; un mélange à parties égales d'oxygène et de gaz ammoniac s'enflamme avec détonation au contact d'une bougie allumée : il se produit de l'azotate d'ammoniaque.

L'étincelle électrique détermine la même réaction.

Si l'on fait passer un mélange de gaz ammoniac et d'oxygène sur de la mousse de platine, il se produit de l'acide azotique.

La transformation de l'ammoniaque en acide azotique, en présence de l'oxygène, peut encore se produire sous l'influence de corps poreux quelconques. Cette oxydation, représentée par la formule suivante

$$AzH^3 \quad + \quad 4O \quad = \quad AzO^3H \quad + \quad H^2O$$

Ammoniaque.   Oxygène.   Acide azotique.   Eau.

s'effectue constamment dans les étables, les écuries et l'acide azotique formé, réagissant sur les roches et les mortiers qui forment les murs, s'y retrouve à l'état d'azotates de calcium, de magnésium, de potassium. On dit souvent que les murs sont *salpêtrés*, en raison du nom de *salpêtre* donné communément à l'azotate de potassium.

183. Sels ammoniacaux. — L'ammoniaque se combine avec les acides en formant des sels nommés *sels ammoniacaux.*

Ces sels peuvent être considérés comme formés par la substitution à l'hydrogène de l'acide d'un composé (AzH^4), nommé *ammonium*, jouant le rôle d'un métal monovalent.

La combinaison de l'acide azotique avec l'ammoniaque, appelée souvent azotate d'ammoniaque, aurait donc pour formule $AzO^3(AzH^4)$ et serait de l'*azotate d'ammonium*.

L'acide sulfurique et l'ammoniaque donnent du *sulfate d'ammonium* $SO^4(AzH^4)^2$, appelé encore sulfate d'ammoniaque; l'acide chlorhydrique et l'ammoniaque du *chlorure d'ammonium* AzH^4Cl, ou chlorhydrate d'ammoniaque.

Dans l'industrie, on prépare tous ces sels en chauffant avec de la chaux les eaux vannes ou les eaux d'épuration du gaz d'éclairage et en faisant arriver l'ammoniaque qui se dégage dans des réservoirs contenant l'acide correspondant au sel qu'on veut obtenir.

184. Usages et applications de l'ammoniaque. — L'ammoniaque sert à chaque instant comme réactif dans les laboratoires. Elle est souvent employée aussi dans l'industrie. On l'utilise pour dissoudre le carmin, faire virer certains bains de teinture, modifier des teintes, telles que les cramoisis sur soie, les violets au campêche sur laine, pour dégraisser les étoffes, pour revivifier sur les tissus les couleurs rongées par les acides.

La solution ammoniacale appliquée sur la peau y détermine des ampoules et une cautérisation. Aussi les médecins l'emploient-ils soit pour remplacer les vésicatoires, soit pour cautériser les blessures faites par les animaux venimeux, vipères, guêpes, abeilles.

Respirée, elle peut ranimer les personnes tombées en syncope; cinq à six gouttes dans un verre d'eau suffisent pour faire cesser les effets de l'ivresse.

Elle sert encore à dissiper les météorisations qui se manifestent chez les bestiaux, lorsqu'ils ont mangé trop de trèfle frais. La météorisation consiste dans un gonflement ayant pour cause la production, à l'intérieur des organes digestifs, d'une quantité anormale de gaz acides. Dès qu'on fait prendre à l'animal un peu d'ammoniaque, ce corps se combine avec les gaz acides, les absorbe et fait cesser la météorisation. 30 grammes environ dans un litre d'eau suffisent pour guérir un bœuf.

185. Nitrification. — Nous avons vu (37) que l'azote était un des éléments nécessaires pour assurer le développement d'un végétal et que, seules, les plantes de la famille des légumineuses le puisaient directement dans l'atmosphère qui pénètre le sol. Les autres plantes le prennent aux substances fertilisantes azotées du sol ou des engrais.

L'azote, considéré comme engrais, se présente sous trois états : *l'azote organique*, *l'azote ammoniacal*, *l'azote nitrique*.

L'azote a la forme organique, particulièrement dans

les débris animaux ou végétaux : cuir, sang, corne, débris de plantes, etc.; il a la forme ammoniacale dans les sels ammoniacaux, par exemple dans le sulfate et le carbonate d'ammoniaque; il a la forme nitrique dans les azotates, comme dans l'azotate de sodium ou nitrate de soude.

Or, *l'azote ne peut être absorbé par les végétaux que sous la forme nitrique.* Il est donc nécessaire que, dans le sol, l'azote arrive à ce dernier état.

De la forme organique il est très probable qu'il passe d'abord à la forme ammoniacale, puis de la forme ammoniacale à la forme nitrique. C'est, d'ailleurs, cette dernière modification qui constitue la *nitrification* ou transformation de l'ammoniaque en acide azotique ou nitrique.

L'acide azotique AzO^3H diffère de l'ammoniaque AzH^3 en ce qu'il renferme de l'oxygène : la nitrification n'est donc qu'une oxydation. Nous avons déjà vu (182) que cette oxydation pouvait s'effectuer sous l'influence des corps poreux :

$$AzH^3 \ + \ 4O \ = \ AzO^3H \ + \ H^2O;$$

Ammoniaque.   Oxygène.   Acide   Eau.
                                          azotique.

mais elle peut encore se produire sous l'influence de ferments spéciaux, c'est-à-dire de corpuscules vivants, extrêmement petits, qui existent naturellement dans le sol. L'un de ces ferments, appelé *ferment nitreux*, transforme d'abord l'ammoniaque en acide azoteux qui, en présence des bases, forme des *azotites;* puis un autre ferment, appelé *ferment nitrique*, suroxyde les azotites et les transforme en azotates dont les plus importants sont les azotates de potassium, de sodium, de calcium, de magnésium.

186. Expériences simples. — *Acide azotique.* Préparer de l'acide azotique ainsi qu'il a été indiqué au n° 173.

Tremper de la laine blanche dans de l'acide azotique; on la retire teinte en jaune.

Plonger dans de l'acide azotique étendu d'eau des clous ou un petit morceau de cuivre; l'attaque est très vive : il se forme un azotate, tandis que se dégagent des vapeurs rouges de peroxyde d'azote.

Décaper des pièces de monnaie de billon en les plongeant, tenues par une pince, d'abord dans de l'acide étendu d'eau, puis dans de l'eau pure qui dissout l'azotate formé.

Graver à l'eau-forte un nom sur une lame de couteau.

L'acide azotique ne doit être manié qu'avec précaution, car c'est un corrosif violent.

Ammoniaque. Pour préparer de l'ammoniaque, monter l'appareil à préparation comme l'indique la figure 80. Un ballon B, dans lequel on chauffe un mélange de chlorure d'ammonium et de chaux, est relié à une série de flacons qui communiquent les uns avec les autres par des tubes, comme le montre la figure. Le premier flacon A ne contient que de l'air; les autres flacons sont à moitié remplis d'eau.

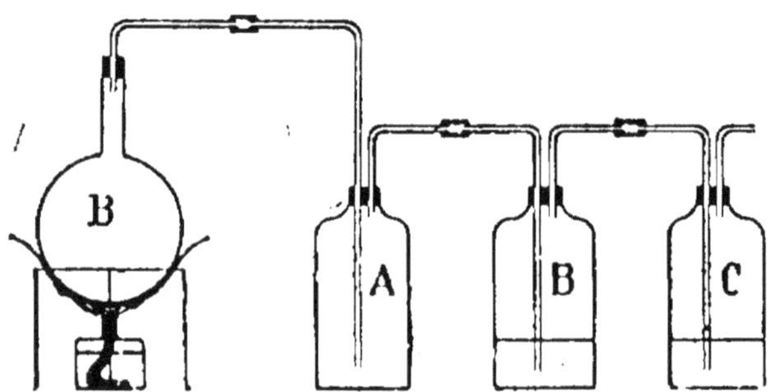

Fig. 80. — Appareil simple pour la préparation de l'ammoniaque et, en général, des gaz très solubles dans l'eau.

On comprend que le gaz, en se dégageant, chasse l'air du flacon A qui bientôt ne renferme plus que de l'ammoniaque; le gaz en passant en B et en C se dissout dans l'eau. On obtient ainsi de l'ammoniaque à l'état gazeux et en dissolution. On peut adopter cette disposition pour tous les gaz très solubles dans l'eau, comme l'acide chlorhydrique et l'anhydride sulfureux.

Pour montrer la grande solubilité de l'ammoniaque, prendre le flacon A plein de gaz; pincer le raccord de caoutchouc qui termine l'un des tubes et, tenant le flacon renversé, plonger l'autre tube dans une terrine pleine d'eau rougie avec de la teinture de tournesol acidulée. L'eau ne tarde pas à monter vivement dans le flacon par suite de la dissolution du gaz, en même temps que sa coloration passe du rouge au bleu, ce qui montre que l'ammoniaque est une base.

Montrer quelques sels ammoniacaux et faire constater, à l'odeur, que, même à froid, la chaux en chasse l'ammoniaque.

Chauffer dans un ballon une pincée de carbonate d'ammoniaque et faire constater que le sel disparaît peu à peu : il est donc volatil. Faire aussi constater sa solubilité.

CHAPITRE IV

Notions sur le phosphore. — Allumettes chimiques. —
Notions sur l'acide phosphorique. — Phosphates
employés en agriculture.

PHOSPHORE

Symbole : P. — Poids atomique : P = 31.

187. Propriétés physiques du phosphore. —
Le phosphore est un corps solide à la température ordinaire. Il fond à 44° et bout à 278°; récemment fondu, il
est flexible et peut être rayé par l'ongle. Il est incolore
ou légèrement jaune. Son odeur rappelle celle de l'ail;
sa densité est 1,83. Insoluble dans l'eau, il est soluble
dans le sulfure de carbone et dans la benzine, où il peut
cristalliser. Il a la propriété d'être *phosphorescent*, c'est-
à-dire de luire dans l'obscurité, ce qui est dû à son
oxydation. *Il est très vénéneux.*

**188. Modifications moléculaires du phos-
phore. Phosphore rouge. —** Le phosphore peut
subir des modifications moléculaires assez curieuses.

Abandonné à lui-même sous l'eau, il se recouvre d'une
couche opaque, qui n'est qu'une modification moléculaire
de la variété douée de transparence.

L'action prolongée de la lumière solaire ou de la chaleur transforme le phosphore ordinaire en *phosphore*

rouge, qui est doué de propriétés particulières. Sa densité est 2,34. Il ne peut cristalliser, est insoluble dans le sulfure de carbone, n'est pas phosphorescent et s'enflamme à 260°, tandis que le phosphore ordinaire s'enflamme à l'air à 60°. *Il n'a pas les propriétés vénéneuses du phosphore ordinaire.*

Nous étudierons sa préparation après celle du phosphore ordinaire.

Le phosphore rouge est employé, comme nous le verrons, dans la fabrication des allumettes dites *allumettes au phosphore amorphe* ou *allumettes suédoises*.

189. **Propriétés chimiques.** — Le phosphore ordinaire a une très grande affinité pour l'oxygène. Exposé humide à l'action de l'air, il y répand des fumées blanches et se transforme en acide phosphoreux. Il s'enflamme à 60°, en donnant lieu à l'anhydride phosphorique. Sa facile inflammation en rend le maniement dangereux; aussi ne doit-on le couper que sous l'eau.

Le phosphore forme avec l'oxygène, en présence de l'eau, plusieurs composés acides : l'acide hypophosphoreux, l'acide phosphoreux et les différents acides phosphoriques.

190. **Usages.** — Le phosphore est employé à la fabrication des *allumettes chimiques*. Il sert à la préparation d'un mélange de graisse et de phosphore employé, sous le nom de *mort aux rats*, à empoisonner les rats.

191. **Fabrication des allumettes.** — Les allumettes ordinaires sont généralement faites en bois de tremble ou de peuplier blanc de Hollande, les allumettes rondes en bois de pin.

On coupe le bois en bûches et on le fait sécher au four. On le débite ensuite en bûchettes cylindriques de 5 à 10 centimètres de hauteur, qu'on refend à leur tour à l'aide d'un outil spécial. Les allumettes rondes sont préparées au moyen d'un rabot mécanique qui débite le bois en longues baguettes. Cette opération se fait principalement en Autriche, en Russie et dans le Wurtemberg.

Ainsi débitées, les allumettes sont placées dans des cadres qui laissent sortir une partie de l'allumette et permettent d'en plonger un grand nombre à la fois, jusqu'à une hauteur de 0 m. 005 à 0 m. 006, dans un bain de soufre fondu. On garnit ensuite l'extrémité soufrée d'une pâte inflammable; il suffit pour cela de poser les cadres sur une table de marbre maintenue tiède et recouverte de la pâte inflammable sur une épaisseur de 0 m. 003.

La composition de la pâte peut varier. Voici deux recettes qui sont employées :

PATE A LA COLLE		PATE A LA GOMME	
Phosphore	2,5	Phosphore	2,5
Colle forte	2,0	Gomme	2,5
Eau	4,5	Eau	3,0
Sable fin	2,0	Sable fin	2,0
Ocre rouge	0,5	Ocre rouge	0,5
Vermillon	0,1	Vermillon	0,1

Les allumettes sont ensuite séchées à l'étuve.

Quand on veut les enflammer, il suffit de frotter l'extrémité garnie de pâte contre un autre corps. Le frottement dégage assez de chaleur pour enflammer le phosphore; sa combustion enflamme le soufre qui, en brûlant lui-même, détermine l'inflammation de l'allumette.

On peut éviter l'odeur désagréable d'anhydride sulfureux, que produit le soufre en brûlant, en remplaçant ce corps par l'acide stéarique ou par la paraffine. Mais, comme ces corps sont moins facilement inflammables que le soufre, on introduit dans la pâte du chlorate de potassium destiné à activer la combustion.

Allumettes au phosphore amorphe. — La facilité avec laquelle les allumettes au phosphore ordinaire s'enflamment, les propriétés toxiques du phosphore qu'elles renferment, constituent un double danger qui peut être évité par l'emploi des allumettes au phosphore rouge ou phosphore amorphe.

L'allumette est garnie d'une pâte composée de six

parties de chlorate de potassium, trois parties de sulfure d'antimoine et une partie de colle forte. Pour être enflammée, l'allumette doit être frottée sur un carton recouvert de la composition suivante :

Phosphore amorphe en poudre. 10
Sulfure d'antimoine 8
Colle 3

L'allumette ne peut s'enflammer d'elle-même, puis-qu'elle ne contient pas de phosphore. Lorsqu'on la frotte sur le carton, elle en détache des particules de phos-phore qui suffisent à l'enflammer.

L'emploi du phosphore rouge conjure le danger d'em-poisonnement.

NOTIONS SUR L'ACIDE PHOSPHORIQUE

192. Anhydride phosphorique. — L'anhydride phosphorique P^2O^5 est un corps blanc, très avide d'hu-midité, qu'on emploie dans les laboratoires pour dessé-cher les gaz.

On le prépare en faisant brûler du phosphore dans une coupelle suspendue (fig. 81) au milieu d'un ballon à trois tubulures que traverse un courant d'air sec.

193. Acide phosphorique. — Il y a trois espèces d'acide phosphorique. Nous n'étudierons que le plus important d'entre eux, l'*acide phosphorique ordinaire* ou *acide orthophosphorique*, PO^4H^3, et, à propos de ce corps, nous exposerons une idée très importante, celle de la basicité des acides.

194. Basicité des acides. — Nous avons vu (147) qu'un acide était un corps hydrogéné, qu'il fût oxygéné ou non. Ainsi l'acide azotique AzO^3H, l'acide carbo-nique CO^3H^2, l'acide sulfurique SO^4H^2, l'acide ortho-phosphorique PO^4H^3, l'acide chlorhydrique HCl sont hydrogénés.

Un acide est dit *monobasique* quand sa molécule ne

renferme qu'*un* atome d'hydrogène remplaçable par *un* atome de métal monovalent. Tel est l'acide azotique AzO^3H. Un acide monobasique ne donne donc lieu qu'à *une seule* série de sels. L'acide azotique ne donne qu'un seul sel avec le potassium; c'est l'*azotate de potassium* AzO^3K, que nous étudierons sous le nom de *salpêtre*.

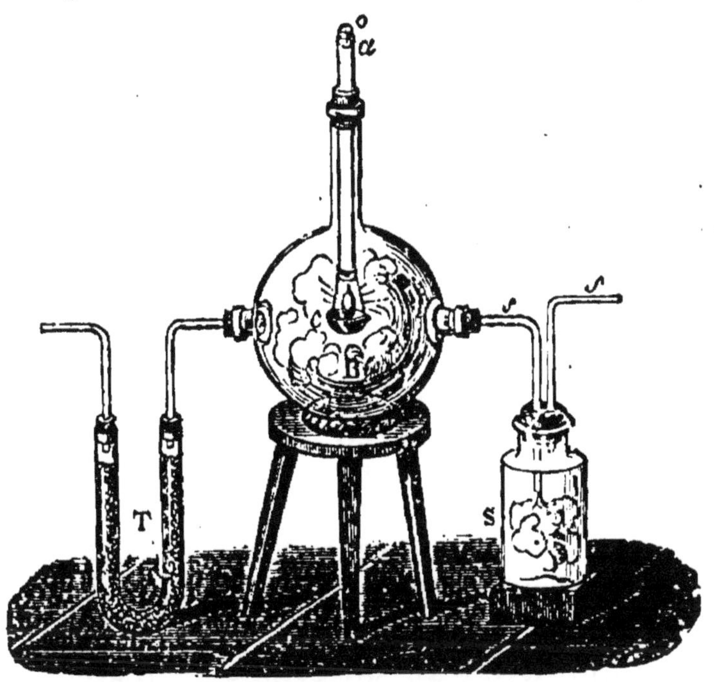

Fig. 81. — **Préparation de l'anhydride phosphorique.** Le phosphore qui brûle en C dégage des fumées blanches d'anhydride phosphorique qui sont entraînées dans le flacon S.

Un acide est dit *bibasique* quand il renferme *deux* atomes d'hydrogène remplaçables en tout ou en partie par un métal monovalent. Tels sont l'acide carbonique CO^3H^2 et l'acide sulfurique SO^4H^2. Un acide bibasique donne lieu à deux séries de sels : l'acide carbonique donne lieu : 1° au carbonate *acide* ou *bicarbonate* de potassium CO^3HK, où un seul atome d'hydrogène a été remplacé par le potassium; 2° au carbonate *neutre* de potassium CO^3K^2, où les deux atomes d'hydrogène de l'acide ont été remplacés par du potassium. Tel est aussi l'acide sulfurique, qui donne lieu au sulfate acide ou bisulfate de potassium SO^4KH et au sulfate neutre SO^4K^2.

Un acide est *tribasique* quand il renferme *trois* atomes d'hydrogène remplaçables par un métal monovalent. Il donne lieu à trois sels. Tel est l'acide orthophosphorique PO^4H^3, qui donne lieu à trois sels : l'orthophosphate ou phosphate neutre de potassium PO^4K^3 et les orthophosphates acides PO^4K^2H et PO^4KH^2.

195. Acide phosphorique ordinaire ou acide orthophosphorique PO^4H^3. — On prépare l'acide phosphorique ordinaire en chauffant dans une cornue (fig. 73), communiquant avec un ballon plongé dans l'eau, du phosphore et de l'acide azotique. L'acide se décompose et oxyde le phosphore : d'abondantes vapeurs rutilantes se dégagent et l'acide azotique non décomposé distille dans le ballon ; on l'y recueille et on le reverse dans la cornue : c'est ce qu'on appelle *cohober* le liquide. Quant à l'acide phosphorique, qui est fixe à cette température, il reste dans la cornue. Lorsque le phosphore est entièrement dissous, on évapore le liquide dans une capsule de platine jusqu'à consistance sirupeuse et l'on obtient par refroidissement des cristaux déliquescents d'acide phosphorique.

196. Phosphates de calcium. — L'acide phosphorique ordinaire PO^4H^3, étant tribasique, donne lieu à trois phosphates de calcium. Comme le calcium est un métal divalent, pour comprendre comment chaque atome de calcium remplace 2 atomes d'hydrogène, il est nécessaire de doubler la formule de l'acide phosphorique qui devient ainsi $(PO^4)^2H^6$.

Les phosphates de calcium sont :

Le phosphate neutre ou tricalcique $(PO^4)^2Ca^3$
—   bicalcique $(PO^4)^2Ca^2H^2$
—   acide ou monocalcique $(PO^4)^2CaH^4$.

Le phosphate tricalcique est insoluble dans l'eau; le phosphate bicalcique est insoluble dans l'eau, mais soluble dans les acides faibles et dans le citrate d'ammoniaque; *le phosphate monocalcique est soluble dans l'eau.*

Le phosphate tricalcique est le seul qu'on rencontre dans la nature.

197. Préparation du phosphore. — Les os des animaux sont composés d'une matière organique, l'*osséine*, et de sels minéraux, le phosphate et le carbonate de calcium. Lorsqu'on les calcine, la matière organique brûle et l'on a un résidu formé des sels que nous venons de citer. C'est le phosphate que contient ce mélange qui va nous fournir le phosphore.

Le phosphate de calcium, contenu dans les os, étant tricalcique $(PO^4)^2Ca^3$, n'est ni soluble dans l'eau, ni réductible par le charbon, et, comme la préparation du phosphore consiste à réduire le phosphate par le charbon,

Fig. 82. — **Préparation du phosphore.** Le phosphore produit dans la cornue *c* distille et se condense dans le récipient R qui contient de l'eau.

on transforme ce sel en phosphate monocalcique $(PO^4)^2CaH^4$, soluble et réductible. Pour cela, on fait agir sur les cendres d'os de l'acide sulfurique. Le phosphate neutre, qui forme la plus grande partie de ces cendres, se transforme en phosphate acide, et il se forme du sulfate de calcium :

$$(PO^4)^2Ca^3 \;+\; 2SO^4H^2 \;=\; (PO^4)^2CaH^4 \;+\; 2(SO^4Ca)$$

Phosphate neutre de calcium.	Acide sulfurique.	Phosphate acide de calcium.	Sulfate de calcium.

Quant au carbonate de calcium contenu dans les cendres, il est aussi transformé en sulfate de calcium.

On traite le mélange par l'eau, qui dissout le phosphate acide et laisse le sulfate de calcium. On évapore la dissolution à laquelle on a ajouté du charbon en poudre et l'on porte le résidu concassé à une haute température dans une cornue C (fig. 82), dont le col entre dans le bec *a* d'un récipient R contenant de l'eau à 50°. Le phosphore distille et se rassemble au fond du vase.

198. Pour transformer le phosphore ordinaire en phosphore rouge, on opère de la manière suivante. On place le phosphore dans un vase cylindrique en fonte C (fig. 83), qui se trouve plongé dans un second vase également en fonte *aa* contenant du sable. Ce vase *aa* est lui-même plongé dans un troisième contenant un alliage fusible formé de parties égales de plomb et d'étain. Le cylindre C est fermé à l'aide d'un couvercle en fonte maintenu par un étrier à vis. De ce couvercle

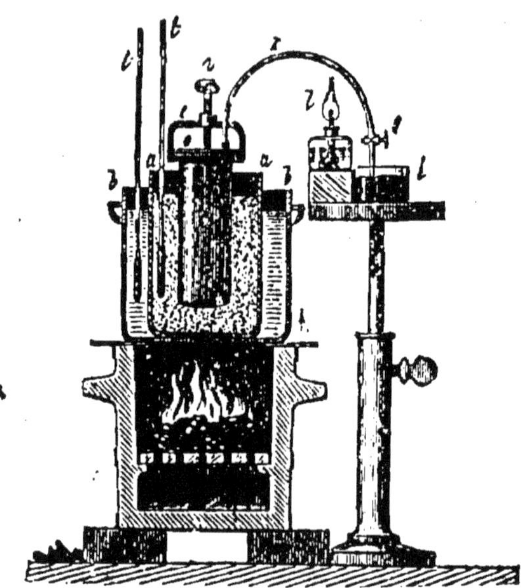

Fig. 83. — **Préparation du phosphore rouge.**
Le phosphore à transformer en phosphore rouge est renfermé dans le vase *c*, chauffé dans un bain-marie de sable.

part un tube *r*, qui se rend dans du mercure. Cet appareil n'est, en définitive, qu'un double bain-marie, à l'aide duquel on pourra chauffer au degré voulu. On chauffe d'abord graduellement, pour chasser l'air, jusqu'à ce qu'il se dégage à travers le mercure des vapeurs s'enflammant au contact de l'air. Puis on élève la température jusqu'à 270°, et on l'entretient à ce point pendant dix ou douze jours. Au bout de ce temps, la transformation est opérée; il ne reste plus qu'à enlever toute trace de phosphore ordinaire par l'action du sulfure de carbone, qui le dissout en respectant le phosphore rouge.

199. Phosphates employés en agriculture. — Avec l'azote, la potasse et la chaux, l'*acide phospho-rique* est un principe indispensable au végétal. Dans un sol de fertilité moyenne, il existe une certaine quantité d'acide phosphorique ($\frac{1}{1000}$ environ), combiné avec des bases; il en est de même dans le fumier où la proportion de phosphates est plus forte que dans le sol. Dans le cas où la quantité d'acide phosphorique du sol est trop faible, on utilise, comme engrais, le *phosphate de calcium*.

Les os des animaux en renferment une grande quantité (80 p. 100 de la matière minérale); aussi constituent-ils un excellent engrais phosphaté. Il en est de même du noir animal, qui a été étudié dans le cours de première année (82).

Le phosphate de calcium se trouve aussi dans le sol en certains endroits, tantôt en masses cristallisées auxquelles on donne le nom d'*apatites* ou *phosphorites*, tantôt en masses irrégulières de la grosseur moyenne d'une noix, nommées *nodules*, tantôt sous forme de *sable phosphaté* ou *craie phosphatée*. On exploite des gisements de phosphate de calcium dans les départements de la Meuse, des Ardennes, de la Somme, de l'Oise, du Lot, du Lot-et-Garonne, du Pas-de-Calais. Il en existe aussi en Allemagne, en Espagne, en Russie, en Amérique, en Algérie, etc.

Tous les phosphates de calcium dont il vient d'être question sont broyés avant d'être livrés à l'agriculture. Ils ont tous la composition tricalcique et sont, par conséquent, insolubles dans l'eau. Ils sont cependant absorbés par les plantes, parce qu'ils sont rendus solubles par l'action d'un acide que sécrètent les racines.

Depuis quelques années on emploie aussi, comme engrais phosphaté, les *scories de déphosphoration*. Le phosphore rendant le fer cassant, on mélange à la fonte en fusion destinée à donner du fer, du calcaire ou carbonate de calcium. Le phosphore que contient la fonte s'oxyde sous l'influence d'un courant d'air et forme, avec la chaux provenant de la décomposition du calcaire, du phosphate de calcium qui se retrouve dans les scories. Les scories de déphosphoration se présentent sous forme de fragments noirs qu'on pulvérise avant de les employer.

200. Superphosphates. — Nous avons vu (197) qu'en faisant agir de l'acide sulfurique sur le phosphate d'os, qui est tricalcique, on le transformait en phosphate monocalcique. Cette opération se fait, non seulement sur le phosphate d'os, mais encore sur les phosphates qu'on trouve dans le sol. Les phosphates ainsi obtenus sont appelés *superphosphates*. Ils sont très employés en agriculture et sont absorbés par les plantes plus rapidement que les phosphates tricalciques; cela tient surtout à leur solubilité qui leur permet de se répandre dans les moindres particules du sol [1].

201. Expériences simples. — Le phosphore ne doit être coupé que sous l'eau.

Montrer du phosphore blanc et du phosphore rouge.

Si l'on n'a pas de phosphore, montrer la facilité d'inflammation de ce corps avec des allumettes ordinaires, en faisant remarquer que la coloration de la pointe phosphorée est toute artificielle.

Dans l'obscurité faire constater la phosphorescence.

Dans une petite coupelle reposant sur une assiette bien sèche, poser un petit fragment de phosphore qu'on enflamme. Recouvrir la coupelle d'une cloche ou d'un grand verre. De l'anhydride phosphorique se dépose sous forme d'une poudre blanche.

Faire passer sous les yeux des élèves des échantillons de phosphates, de superphosphates et de scories de déphosphoration.

---

1. Voir, dans la Bibliothèque des Écoles primaires supérieures et professionnelles, le *Cours d'agriculture et d'horticulture*, par MM. Montoux et Lambert, 1re année.

CHAPITRE V

Soufre. — Anhydride sulfureux. — Application au blanchiment de la laine et de la soie, au soufrage des tonneaux, etc.

SOUFRE

202. Propriétés physiques du soufre. — Le soufre est un corps solide à la température ordinaire; sa densité est 2 environ. Il présente une belle couleur jaune citron. Il est inodore et insipide; cependant il acquiert par le frottement une odeur particulière, qui est celle de l'ozone. Il est mauvais conducteur de la chaleur et de l'électricité. Lorsqu'on tient à la main un morceau de soufre, on entend bientôt des craquements, qui sont ordinairement suivis de la rupture du morceau. Cela tient à ce que les parties extérieures recevant de la main la chaleur, qui n'arrive que difficilement aux parties intérieures, se dilatent et se séparent de ces dernières. Cette rupture n'a pas pour seule cause la mauvaise conductibilité du soufre; elle tient aussi à la structure cristalline de ce corps, dont les cristaux ont très peu d'adhérence les uns avec les autres.

Le soufre est insoluble dans l'eau; son véritable dissolvant est le sulfure de carbone.

Soumis à l'action de la chaleur, il fond à 114° et

forme un liquide très fluide de couleur jaune; si l'on élève sa température, le liquide s'épaissit vers 160° et prend une couleur brune. Vers 200°, il est tellement épais qu'on peut retourner le vase sans qu'il s'en échappe, ou, tout au moins, il a la viscosité d'un goudron très peu fluide. Au delà de 250°, il reprend sa fluidité, sans perdre sa couleur brune, et cela jusqu'à 440°, température à laquelle il entre en ébullition et distille.

Lorsqu'on coule dans l'eau froide du soufre épais, il ne redevient pas solide et jaune : il reste mou pendant un certain temps, peut s'étirer en fils; il a une élasticité comparable à celle du caoutchouc et conserve sa couleur brune. Il ne reprend la consistance et la couleur du soufre ordinaire qu'au bout d'un certain temps; cette variété est désignée sous le nom de *soufre mou*.

Lorsqu'on fond un corps et qu'on le laisse ensuite se refroidir lentement, il peut affecter, en se refroidissant, des formes géométriques régulières, qu'on appelle *cristaux*. De même une dissolution *saturée* d'un corps solide, c'est-à-dire contenant à l'état dissous tout ce qu'elle peut contenir du corps, peut, lorsqu'on la refroidit ou qu'on l'évapore lentement, laisser cristalliser le corps dissous. Les formes affectées par les cristaux sont très variées; mais l'étude qu'on en a faite a permis de les ramener à six groupes qu'on appelle les *six systèmes cristallins*.

En général, un corps cristallise toujours dans le même système, c'est-à-dire qu'il affecte une forme appartenant à ce système.

Mais il est des substances qui, suivant les circonstances, peuvent cristalliser dans deux systèmes : on dit alors qu'ils sont *dimorphes*.

Le soufre est un corps dimorphe : cristallisé par fusion, il se présente sous forme d'aiguilles transparentes prismatiques; sa dissolution dans le sulfure de carbone, abandonnée à l'évaporation, laisse déposer des cristaux octaédriques.

203. Propriétés chimiques. — Le soufre est inaltérable à l'air, à la température ordinaire; mais, chauffé à 250°, il brûle, et le produit de cette combustion est de l'anhydride sulfureux. C'est le gaz qui se forme quand on enflamme des allumettes soufrées.

Il forme avec l'oxygène plusieurs combinaisons, dont les principales sont les anhydrides et les acides sulfureux et sulfurique.

Il se combine facilement avec les métaux, et la nature nous offre un grand nombre de sulfures métalliques : aussi a-t-on appelé le soufre le *grand minéralisateur* des métaux.

204. Extraction du soufre. — Le soufre se trouve en grande abondance dans la nature à l'état natif. On le rencontre, en général, dans les terrains voisins des volcans. Certains terrains en sont tellement imprégnés qu'on leur a donné le nom de *terres de soufre, solfatares, soufrières* : telles sont les solfatares de Pouzzoles près de Naples, celles de la Sicile, de l'île de la Réunion, de la Guadeloupe.

La Sicile, qui nous fournit la plus grande partie du soufre que consomme l'industrie, paraît être un vaste gisement, où l'on rencontre le soufre natif depuis l'Etna jusqu'à Sciacca sur le versant méridional de l'île. La production annuelle des deux cents mines actuellement ouvertes en Sicile pourrait être facilement quintuplée, si l'on perfectionnait les moyens d'extraction. Les mines sont à la profondeur de 10 à 100 mètres : on y pénètre par des galeries inclinées, et c'est par cette voie qu'on extrait le minerai à dos d'enfants.

On extrait, en Sicile, le soufre que contiennent ces minerais, en le séparant des matières terreuses qui l'accompagnent, par une fusion assez grossière. Pour cela, sur le fond incliné d'excavations circulaires pratiquées dans le sol, on construit, avec de gros morceaux de minerai, une espèce de voûte ou canal qui aboutit à un trou de coulée situé à la partie la plus basse; au-dessus de cette voûte, on empile du minerai jusqu'à une certaine hauteur et l'on met le feu au tas par la partie supérieure. La chaleur se propage peu à peu de haut en bas; une partie du soufre brûle, le reste fond, se sépare des matières terreuses et se rend, par le canal dont nous avons parlé, dans le trou de coulée; on le reçoit dans de grands moules en bois humides où il se solidifie. Le soufre ainsi produit est appelé *soufre brut*. La perte en soufre brûlé pour produire la fusion est de 25 à 40 p. 100.

On peut diminuer ces pertes en se servant, pour fondre le soufre, de combustibles autres que le soufre

Fig. 84. — Distillation du soufre à Pouzzoles.

lui-même. A cet effet on emploie une espèce de four voûté, qui contient 200 tonnes de minerai qu'on chauffe avec du coke. Ce four donne des résultats très avantageux.

205. A la solfatare de Pouzzoles, près de Naples, le minerai se compose de sables qui sont imprégnés de soufre et qu'on distille. Ces sables sont introduits dans des pots en terre cuite A (fig. 84), qui sont rangés sur deux banquettes parallèles, dans des fourneaux en briques appelés *galères*. Chaque galère renferme 12 pots. Les pots A communiquent à l'extérieur avec des pots B, où vient se condenser le soufre vaporisé par l'action de la chaleur que produit la combustion du bois brûlé dans la galère.

Dans certains cas, pour la fabrication de l'acide sulfurique, par exemple, le soufre est employé à l'état brut; mais, pour un grand nombre d'industries, il a besoin d'être purifié. On le soumet alors au raffinage.

206. Raffinage du soufre brut. — Ce raffinage se fait par distillation dans un appareil qui permet d'avoir le soufre soit à l'état de masses cylindriques solides qu'on appelle *canons*, soit à l'état de soufre pulvérulent dit *soufre en fleur*. Cet appareil se compose de deux chaudières ou cornues T (fig. 85), chauffées dans un fourneau F et communiquant par un conduit courbe avec une chambre en maçonnerie. Le soufre brut est fondu dans la chaudière A par la chaleur perdue du foyer; cette chaudière communique avec les cornues par un tube à robinet *r*, qui se voit sur la gauche de la figure. Il suffit d'ouvrir

Fig. 85. — **Raffinage du soufre.** Le soufre chauffé dans la cornue T, se volatilise et sa vapeur se rend dans la chambre où elle passe à l'état solide ou à l'état liquide selon la température des parois.

le robinet pour faire couler le soufre liquide dans les cornues. Là il est vaporisé et la vapeur se rend dans la chambre. Au contact des parois d'abord froides, le soufre passe à l'état de poussière solide excessivement fine. C'est le *soufre en fleur*. Mais, peu à peu, la chaleur latente, qui se dégage au moment de la solidification, échauffe les murs de la chambre et le soufre peut y rester liquide. Il coule alors sur le sol incliné et, en enlevant une tige *t* qui ferme un trou pratiqué à la partie inférieure de la chambre, on le fait passer dans une chaudière B chauffée à part. On le puise dans cette chaudière avec une cuiller et on le verse dans des moules de bois légèrement coniques et refroidis dans des baquets d'eau froide.

Quand on ne veut obtenir que la fleur de soufre, il faut empêcher les parois de la chambre de s'échauffer assez pour atteindre la température de fusion du soufre. Il suffit pour cela d'employer une chambre très grande ou de ne faire servir qu'une seule des cornues.

207. Usages du soufre. — Le soufre sert à la fabrication de l'acide sulfurique; il entre dans la composition de la poudre noire et de la plupart des poudres d'artifice.

Sa fluidité, lorsqu'il est liquide, et sa facile solidification le font employer pour prendre des empreintes de

Fig. 86. — Soufflet pour le soufrage des vignes.

médailles. On commence par couler sur la médaille légèrement huilée du plâtre gâché en bouillie claire; on a ainsi un moule creux dans lequel on verse du soufre liquide. Ces médailles sont colorées soit en rouge par du minium, soit en noir par de la plombagine.

Il sert aussi à sceller le fer dans la pierre. Mais ce mode de scellement n'est pas sans inconvénient.

La fabrication des allumettes et la vulcanisation du

caoutchouc (454) en emploient des quantités considérables. En médecine, il sert au traitement des maladies de la peau. On en fait un grand usage dans le soufrage des vignes pour détruire l'*oïdium*, champignon parasite qui se développe sur toutes les parties de la vigne et cause la destruction des grappes.

On se sert, pour insuffler le soufre, du soufflet représenté par la figure 86.

ANHYDRIDE SULFUREUX

Formule : SO². — Poids moléculaire : SO² = 64.

208. Préparation de l'anhydride sulfureux. — Le soufre en brûlant, c'est-à-dire en se combinant avec l'oxygène de l'air, forme un gaz d'odeur piquante

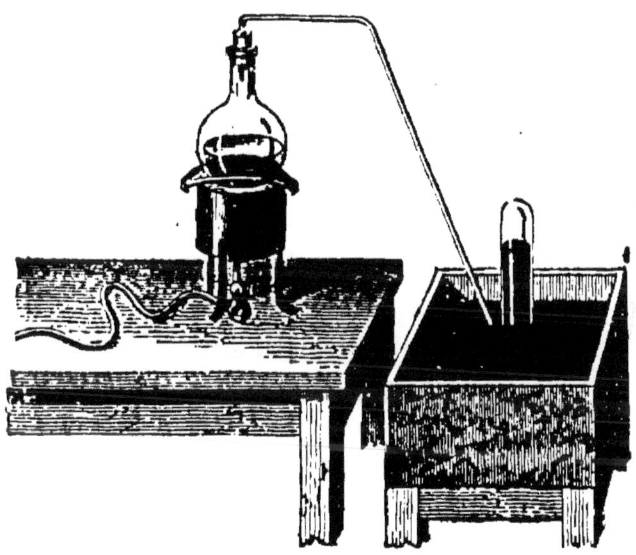

Fig. 87. — Appareil pour préparer l'anhydride sulfureux par le cuivre et l'acide sulfurique.

qui provoque la toux : ce gaz est l'*anhydride sulfureux*, encore appelé *gaz sulfureux*.

Le procédé industriel de préparation du gaz sulfureux consiste à brûler du soufre à l'air ou à griller de la *pyrite* ou bisulfure de fer, FeS^2. Le courant d'air qui active la combustion entraîne le gaz produit dans des chambres où il est utilisé.

Dans les laboratoires, on obtient le gaz sulfureux en désoxydant partiellement l'acide sulfurique par le cuivre ou par le mercure. On chauffe dans un ballon (fig. 87) de l'acide sulfurique et de la tournure de cuivre. Le cuivre, métal divalent, prend dans une partie de l'acide sulfurique la place de 2 atomes d'hydrogène et il se forme du sulfate de cuivre; quant à l'autre partie de l'acide sulfurique, elle se décompose en anhydride sulfureux et en oxygène, lequel se combine avec l'hydrogène mis en liberté par le cuivre et forme de l'eau.

$$Cu \ + \ 2SO^4H^2 \ = \ SO^4Cu \ + \ SO^2 \ + \ 2H^2O$$

Cuivre.	Acide sulfurique.	Sulfate de cuivre.	Anhydride sulfureux.	Eau.

Le gaz sulfureux étant très soluble dans l'eau, on le recueille sur la cuve à mercure. Quand on n'a pas de cuve à mercure, on profite de ce que le gaz sulfureux est plus dense que l'air et on le recueille par déplacement. A cet effet, on renverse une éprouvette, l'ouverture en haut, et l'on fait arriver au fond le tube qui amène le gaz. Celui-ci déplace peu à peu l'air de bas en haut et remplit l'éprouvette.

On peut encore disposer l'appareil à préparation comme il a été dit au n° 186, à propos de la préparation de l'ammoniaque.

209. Propriétés physiques. — L'anhydride sulfureux est un gaz incolore, doué d'une odeur piquante et provoquant la toux; c'est celle du soufre qui brûle. Sa densité est 2,234.

On le liquéfie facilement par le froid. Il suffit, pour cela, de faire arriver dans un tube CC, entouré d'un mélange réfrigérant, le gaz préparé en A, desséché par son passage dans une éprouvette B (fig. 88), remplie de chlorure de calcium. Quand on veut en préparer une certaine quantité et le conserver, on se sert d'un tube en U portant, dans la partie inférieure de sa courbure, un tube droit qui descend dans un ballon E, à col étranglé, plongeant aussi dans un mélange réfrigérant F. Pour fermer le ballon, on n'a qu'à diriger la flamme du chalumeau sur sa partie étranglée et à l'étirer pendant le ramollissement du verre. On peut alors enlever le ballon

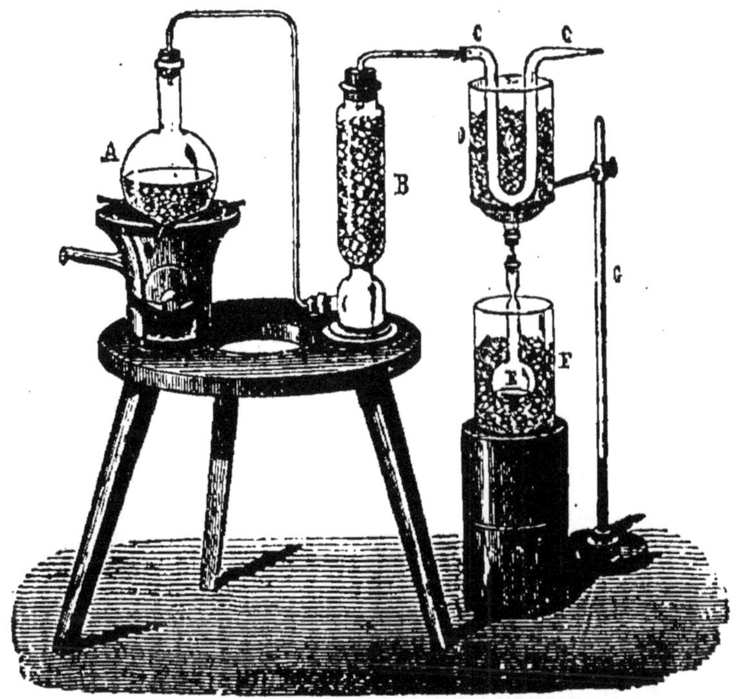

Fig. 88. — Appareil pour liquéfier l'anhydride sulfureux. Le gaz, préparé en A, desséché en B, se liquéfie dans le tube CC, qui plonge dans un mélange réfrigérant de glace et de sel.

du mélange réfrigérant; une petite quantité d'anhydride sulfureux se vaporise, et la vapeur produite exerce bientôt une pression suffisante pour maintenir le reste à l'état liquide.

L'anhydride sulfureux peut aussi être liquéfié, à la température ordinaire, sous une pression de 3 à 4 atmosphères. L'évaporation rapide de l'anhydride sulfureux produit un grand refroidissement, que M. Pictet a appliqué à la fabrication de la glace artificielle [1].

1. Voir le *Cours de physique*, n° 266.

L'anhydride sulfureux est très soluble dans l'eau, qui en dissout 50 fois son volume vers 15°. Pour faire cette dissolution, on se sert d'un appareil de Woolf (fig. 89), terminé par une éprouvette E, renfermant de la potasse destinée à absorber l'excès de gaz. On doit faire bouillir l'eau avant de la faire servir à la dissolution, afin d'en chasser l'air, dont l'oxygène transformerait le gaz sulfureux en acide sulfurique. Malgré cette précaution, si l'on ne prend le soin de maintenir la dissolution dans des

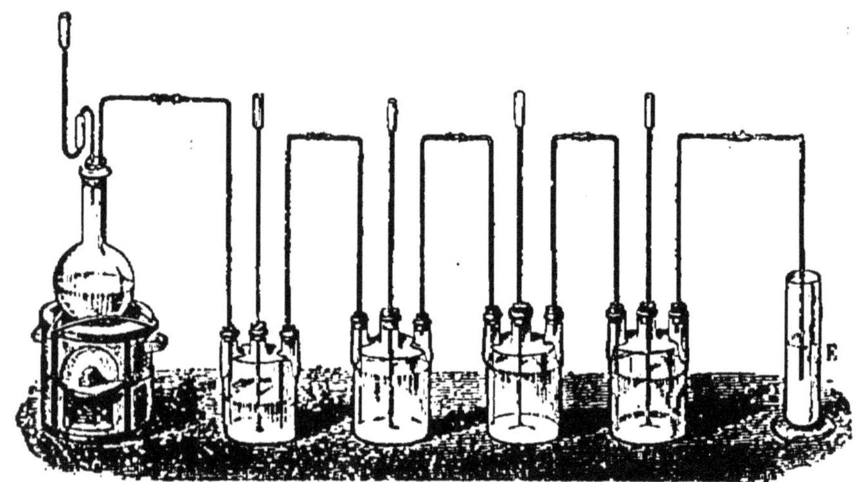

Fig. 89. — Appareil de Woolf pour préparer la solution d'anhydride sulfureux.

flacons bien pleins et à l'abri du contact de l'air, elle reprend de l'oxygène à l'air et la transformation en acide sulfurique se fait peu à peu.

210. Propriétés chimiques. — Le gaz anhydride sulfureux éteint les corps en combustion, ce qui le fait employer quelquefois pour l'extinction des feux de cheminée. A cet effet, on jette dans le foyer de la fleur de soufre qu'on enflamme, et l'on bouche la cheminée, aussi hermétiquement que possible, avec des draps mouillés. Le gaz sulfureux, qui ne tarde pas à remplir la cheminée, arrête la combustion de la suie.

L'anhydride sulfureux n'est pas respirable. Il est décomposable, à une température élevée, en soufre et en oxygène.

Lorsqu'on introduit quelques gouttes d'acide azotique dans une éprouvette remplie d'anhydride sulfureux, on voit apparaître immédiatement des vapeurs rouges de peroxyde d'azote, provenant de la décomposition de l'acide azotique, qui a cédé de l'oxygène à l'anhydride sulfureux et l'a transformé en acide sulfurique. Cette réaction est utilisée dans la fabrication en grand de ce dernier acide. L'anhydride sulfureux est un réducteur énergique.

211. Action sur les matières colorantes. — L'anhydride sulfureux, en vertu de sa tendance à se combiner avec l'oxygène, altère un grand nombre de matières colorantes dont il prend l'oxygène. Un bouquet de violettes, introduit dans une éprouvette remplie d'anhydride sulfureux, est bientôt décoloré. Cette action décolorante est utilisée dans le blanchiment de la laine, de la soie, etc. Dans certains cas, l'anhydride sulfureux ne semble pas agir par désorganisation de la matière colorante, mais paraît former avec elle un produit incolore.

212. Blanchiment de la laine et de la soie par l'anhydride sulfureux. — La laine, préalablement débarrassée de ses matières grasses par un lavage à l'eau, dit *désuintage*, est suspendue, encore humide, sur des perches disposées dans une chambre où l'on brûle du soufre. Cette chambre doit présenter, à sa partie supérieure, une ouverture qu'on peut fermer avec un registre. Au bas de la porte se trouve une autre ouverture, que peut fermer une petite planche formant chatière et permettant, lorsqu'elle est soulevée, la rentrée de l'air extérieur.

On allume du soufre dans une terrine, on ferme la chatière, en laissant ouvert le registre pour permettre la dilatation que l'air subit; lorsque la chambre est remplie d'anhydride sulfureux, on ferme le registre et l'on abandonne la laine, pendant douze heures, à l'action du gaz; il se dissout dans l'eau qui mouille les filaments, agit sur la matière colorante et la blanchit. Au bout de douze heures, on crée un tirage en ouvrant la chatière et le registre; les vapeurs sulfureuses sortent, et l'on peut alors entrer dans la chambre pour y prendre la laine qu'on porte au grand air, afin de dissiper l'odeur du gaz sulfureux.

Après le soufrage, la laine est rude au toucher; on lui rend sa douceur et sa souplesse par un très léger bain de savon.

La soie est blanchie par un procédé tout à fait semblable. Mais, avant le soufrage, elle doit être privée de la matière cireuse qu'elle renferme; on la lui enlève soit par des bains acides, soit par des bains de savon, suivant l'usage auquel elle est destinée. A la sortie de ces bains, la matière a subi déjà un commencement de blanchiment.

213. Applications diverses de l'anhydride sulfureux. — On emploie encore l'anhydride sulfureux, gazeux ou dissous, pour blanchir les plumes, la baudruche, les chapeaux de paille.

Il sert aussi pour assainir les lieux infectés par la présence de miasmes putrides, pour désinfecter les vêtements ou le linge qui ont servi à des personnes atteintes de maladies transmissibles : le gaz sulfureux joue ainsi le rôle d'*antiseptique*.

On l'employait autrefois dans le traitement des maladies de la peau, de la gale en particulier; aujourd'hui on se sert de pommades à base de soufre, qui produisent le même effet.

L'anhydride sulfureux est très employé pour détruire les moisissures, champignons en filaments très déliés, qui se développent dans les tonneaux dans lesquels on doit conserver le vin, la bière. Il suffit, pour cela, de brûler à l'intérieur du fût une mèche soufrée.

Le pouvoir décolorant du gaz sulfureux est utilisé pour enlever les taches de vin ou de fruits. On fait un petit cornet de papier, troué à son sommet, et l'on brûle à sa base quelques allumettes soufrées ou un morceau de soufre; l'anhydride sulfureux, entraîné par le tirage dans cette espèce de cheminée, sort par l'ouverture supérieure, au-dessus de laquelle on expose la partie tachée qu'on a imbibée d'eau. On doit ensuite laver le linge, sans quoi la tache reparaîtrait.

214. Expériences simples. — *Soufre.* Montrer du soufre en canons et du soufre en fleur.

Faire fondre du soufre dans un creuset ou dans une coupelle; verser une partie du soufre fondu dans de l'eau : on obtient du soufre mou. Laisser refroidir le reste jusqu'à ce qu'il se forme à la surface une croûte solide; percer cette croûte et laisser écouler le soufre encore liquide. La croûte étant enlevée, on aperçoit des cristaux prismatiques très longs, en forme d'aiguilles.

Anhydride sulfureux. Descendre au fond d'un flacon à large ouverture un godet contenant du soufre enflammé : le flacon se remplit de gaz sulfureux.

Préparer du gaz sulfureux par l'acide sulfurique et le cuivre. Employer pour cela l'appareil expliqué au n° 186; on obtient ainsi l'anhydride sulfureux à l'état de gaz et en dissolution.

Pour montrer la grande solubilité de l'anhydride sulfureux, renouveler l'expérience faite avec l'ammoniaque, c'est-à-dire prendre le flacon plein de gaz, pincer le raccord en caoutchouc qui termine un des tubes adaptés au flacon, et plonger l'autre tube dans une terrine pleine d'eau : le flacon ne tarde pas à se remplir. Si l'eau de la terrine a été colorée en bleu par de la teinture de tournesol, la coloration de cette eau passe au rouge en arrivant dans le flacon, ce qui montre que, au contact de l'eau, le gaz sulfureux devient un acide, l'acide sulfureux.

Plonger dans un flacon rempli d'anhydride sulfureux, ou dans une dissolution de ce gaz, des roses ou des violettes; ces fleurs deviennent blanches, ce qui montre le pouvoir décolorant du gaz sulfureux. Si l'action n'a pas été trop prolongée, elles reprennent leur coloration par un lavage à l'eau acidulée d'acide sulfurique.

CHAPITRE VI

Acide sulfurique. — Applications principales. — Acide sulfhydrique.

ACIDE SULFURIQUE OU HUILE DE VITRIOL

Formule : SO^4H^2. — Poids moléculaire : $SO^4H^2 = 98$.

215. Théorie de la préparation de l'acide sulfurique. — L'acide sulfurique est un liquide incolore, de consistance oléagineuse, qu'on prépare en utilisant la propriété qu'a l'acide azotique de transformer l'anhydride sulfureux en acide sulfurique, en l'oxydant :

$$SO^2 \quad + \quad 2(AzO^3H) \quad = \quad SO^4H^2 \quad + \quad 2(AzO^2)$$

Anhydride sulfureux,   Acide azotique.   Acide sulfurique.   Peroxyde d'azote.

Le corps représenté par la formule AzO^2 est du peroxyde d'azote qui jouit de la propriété, en présence de l'eau et de l'oxygène de l'air, de régénérer de l'acide azotique.

$$2AzO^2 \quad + \quad H^2O \quad + \quad O \quad = \quad 2AzO^3H$$

Peroxyde d'azote.   Eau.   Oxygène.   Acide azotique.

Il résulte de ce fait que l'acide azotique, qui vient d'oxyder l'anhydride sulfureux, reprend à l'air et à l'eau les principes qu'il a cédés et peut ainsi, en quantité limitée, transformer en acide sulfurique des quantités illimitées de gaz sulfureux.

216. Fabrication industrielle de l'acide sulfurique. — Au point de vue industriel, l'acide sulfurique est un des corps les plus importants que nous connaissions : aussi croyons-nous devoir donner quelques détails sur sa préparation industrielle. Cette fabrication diffère un peu dans la pratique, suivant qu'on veut fabriquer de l'acide marquant 60° à l'aréomètre de Baumé et directement employé dans l'usine de production ou d'autres, ou suivant qu'on veut fabriquer de l'acide à 66° ou acide normal.

217. Fabrication de l'acide à 60°. — L'anhydride sulfureux est ordinairement produit dans des fours à tablettes F, F' (fig. 90). Ces tablettes sont disposées en chicanes, comme le représente la figure. On étale des morceaux de pyrite de fer, ou sulfure de fer FeS^2, sur ces tablettes. Elles sont disposées au-dessus d'un foyer ; l'air appelé par le tirage circule en serpentant et entretient la combustion des pyrites, en produisant de l'anhydride sulfureux, qui sort du four à 300° et entre dans un appareil appelé *tour de Glover*, composé d'un cylindre de 30 mètres de haut et de 3 à 5 mètres de diamètre. Il est formé de lames de plomb, montées sur charpente et recouvertes de briques. L'intérieur est rempli de fragments de silex.

Dans la tour de Glover, pendant que l'anhydride sulfureux et l'air y arrivent en bas, coule de haut en bas, sur les briques, un mélange d'acide sulfurique à 53° Baumé, tel que le fourniront les chambres, et d'acide sulfurique à 60°, chargé de produits nitreux, et qui vient d'un cylindre placé au bout de l'appareil et appelé *condenseur de Gay-Lussac*. On y fait aussi couler l'acide azotique nécessaire à la fabrication. L'anhydride sulfureux chaud réagit sur les produits nitreux de l'acide à 60° et sur l'acide azotique introduit ; il se forme ici déjà

une quantité notable d'acide sulfurique à 60° (environ
15 p. 100 de la fabrication totale). En même temps, la
chaleur produite élève la température et concentre l'acide
à 53°, qui monte à 60°. La vapeur d'eau, produite par
cette concentration, s'en va avec les produits nitreux
dans la suite de l'appareil, et il coule au bas du Glover
de l'acide à 60°.

A la sortie du Glover, l'anhydride sulfureux, l'air, les
gaz nitreux et la vapeur d'eau, dégagés dans la tour,
entrent dans une série de chambres A, B, C, faites avec

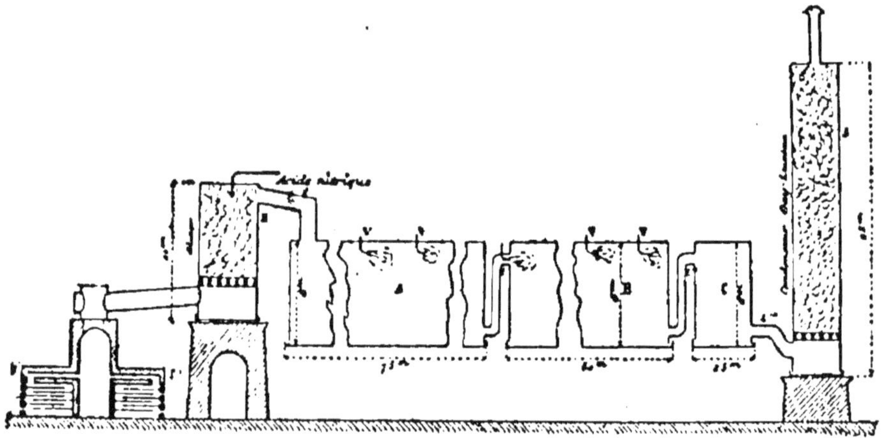

Fig. 90. — Fabrication industrielle de l'acide sulfurique.

des lames de plomb, montées sur charpente. C'est dans
ces chambres que va se faire l'acide sulfurique.

La première chambre A est la plus grande.

A la suite de la dernière chambre se trouve le cylindre
de plomb appelé *condenseur Gay-Lussac*, rempli de fragments de coke, sur lesquels coule du haut en bas de l'acide
sulfurique à 60°, chargé d'absorber les vapeurs nitreuses
qui se dégagent de la dernière chambre. Cet acide sulfurique sera envoyé à la tour de Glover. De cette manière,
on évite la perte des gaz nitreux et on les empêche de
se rendre au dehors, où ils produiraient des dommages.

C'est dans la première chambre que la réaction doit
être la plus intense et que se produit la plus grande
partie de l'acide sulfurique.

L'acide produit dans les chambres marque 53°; il est soutiré de chacune d'elles et envoyé, comme nous l'avons dit, à la tour de Glover, qui l'amène à 60°, et permet d'éviter la concentration qu'on faisait autrefois dans des appareils spéciaux. La puissance de concentration est telle que le Glover peut concentrer, en un temps donné, plus d'acide à 53° que n'en produisent les chambres. Aussi est-on quelquefois obligé d'en modérer l'action par l'introduction d'un peu d'eau. La quantité de vapeur d'eau qui s'y produit est le plus souvent suffisante à l'entretien des réactions dans les chambres. L'introduction directe de vapeur d'eau est maintenant fort minime.

L'acide à 60° donné par le procédé Glover ne peut, le plus souvent, servir à la fabrication de l'acide à 66° par la concentration, parce qu'il y a toujours une certaine quantité d'oxyde de fer entraîné mécaniquement depuis les fours jusqu'au Glover. Cet oxyde se transforme en sulfate, qui se dissout et, lors de l'évaporation, on obtiendrait des incrustations qui attaqueraient les appareils de concentration. Cet acide peut, du reste, contenir aussi de l'alumine, venant des briques du Glover. On peut diminuer ces inconvénients en faisant passer les gaz dans des chambres chaudes, où l'oxyde de fer tombe en vertu de son poids, et en choisissant convenablement les briques.

218. Fabrication de l'acide sulfurique à 66°. — Dans cette fabrication, on supprime le Glover et on le remplace par un appareil nitrificateur, où coule de l'acide azotique. L'acide produit est à 53°. On le chauffe dans des appareils d'évaporation, qui le concentrent par la volatilisation de l'eau en excès.

219. Concentration de l'acide sulfurique. — On est arrivé à pouvoir concentrer l'acide dans la porcelaine, au moyen de l'appareil suivant.

Des plaques de fonte pp, p_1p_1, p_2p_2, etc. (fig. 91), présentant chacune un renflement hémisphérique, r_1,

r_1, etc., sont disposées en escalier et peuvent être portées au rouge, à l'aide de la flamme d'un foyer. Sur chacune d'elles sont installées des capsules de porcelaine, de 30 centimètres de diamètre et de 12 centimètres de profondeur, qui ne touchent pas le bord du renflement, mais en sont isolées par un bourrelet annulaire en feutre

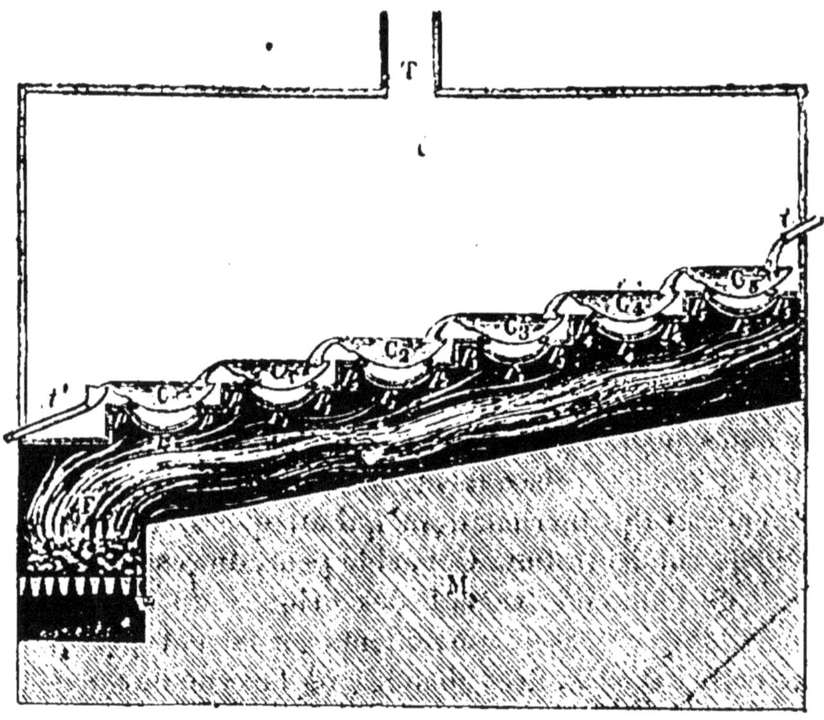

Fig. 91. — Concentration de l'acide sulfurique.

d'amiante. Les capsules sont placées de manière que le bec de chacune aboutisse au-dessus de la capsule immédiatement inférieure. On fait couler l'acide de haut en bas d'une capsule à l'autre : les plaques de fonte, portées au rouge par la flamme du foyer F, chauffent les capsules par rayonnement et l'acide se concentre. La vapeur d'eau se dégage par le tube T, en entraînant toujours un peu d'acide; elle est condensée et recueillie.

220. **Propriétés physiques.** — L'acide sulfurique est un liquide incolore et inodore, quand il est pur; sa consistance oléagineuse lui a fait donner le nom d'*huile*

de vitriol, parce qu'on l'a extrait d'abord du sulfate de
fer ou vitriol vert. Sa densité est 1,844. Il marque 66° à
l'aréomètre de Baumé; il se congèle à 34° au-dessous
de zéro, n'émet pas de vapeurs à la température ordinaire, mais entre en ébullition à 325°.

Quand on veut distiller de l'acide sulfurique dans une
cornue de verre, il faut prendre quelques précautions,
sans quoi son ébullition, à cause de la viscosité du
liquide et de son adhérence pour le verre, se fait avec

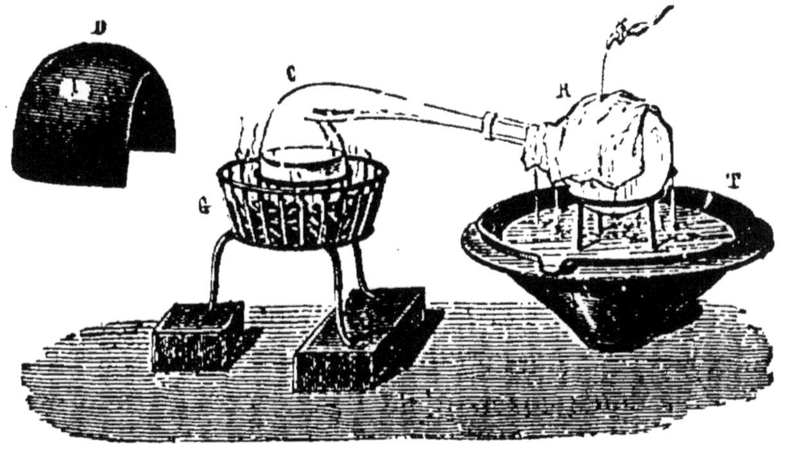

Fig. 92. — Appareil pour la distillation de 'acide sulfurique. L'acide, chauffé
en C, distille et se condense dans le ballon R, refroidi par un filet d'eau.

des soubresauts, qui peuvent amener la rupture de la
cornue. Pour éviter cet inconvénient, au lieu de chauffer
le vase par le fond, on le chauffe latéralement, à l'aide de
la grille annulaire que représente la figure 92; le dôme
D entretient, à la partie supérieure de la cornue, une
chaleur suffisante pour empêcher la condensation des
vapeurs avant leur arrivée dans le col.

221. **Propriétés chimiques.** —L'acide sulfurique
est un acide très énergique; il rougit encore le tournesol, alors même qu'il est étendu de mille fois son
poids d'eau.

L'acide sulfurique attaque, à froid, le fer et le zinc, en
dégageant de l'hydrogène; nous avons utilisé cette propriété pour préparer l'hydrogène. En présence de cer-

tains métaux, comme le cuivre et le mercure, nous avons vu (208) qu'il se désoxydait partiellement et donnait lieu à la production d'anhydride sulfureux. Il se désoxyde également en présence du charbon et du soufre.

L'acide sulfurique a une grande tendance à se combiner avec l'eau. Aussi s'en sert-on pour dessécher les gaz. Exposé à l'air humide, il peut absorber 15 fois son poids d'eau. Lorsqu'on le mélange avec l'eau, il se produit une élévation de température, qui peut aller jusqu'à 100°. On doit toujours, lorsqu'on fait ce mélange, verser l'acide sulfurique dans l'eau; si l'on versait l'eau dans l'acide sulfurique, il pourrait y avoir projection du liquide en dehors du vase.

L'acide sulfurique carbonise les matières organiques. C'est ainsi qu'une baguette de bois blanc, plongée dans de l'acide sulfurique, noircit. Cette action résulte de l'affinité de l'acide pour l'eau : la matière organique étant ordinairement formée de carbone, d'hydrogène, d'oxygène et d'azote, l'oxygène et l'hydrogène, en présence de l'acide, se combinent en formant de l'eau, qui est enlevée par l'acide sulfurique, et le carbone qui reste noircit la matière organique.

C'est en raison de cette action sur les matières organiques que l'acide sulfurique brûle les chairs; aussi ne doit-on le manier qu'avec une grande prudence. En cas de brûlure par cet acide, il faut plonger immédiatement la partie brûlée dans l'eau, qui dilue l'acide et en atténue ainsi l'action.

222. Usages de l'acide sulfurique. — Au point de vue de ses applications, l'acide sulfurique est peut-être le plus important des corps que la chimie ait à étudier. Il n'est presque pas d'industrie qui n'en fasse usage. Dumas a prétendu qu'on peut se rendre compte du développement de l'industrie générale d'une nation par la quantité d'acide sulfurique qu'elle consomme.

L'acide sulfurique sert à la fabrication d'autres acides, comme l'acide azotique et l'acide chlorhydrique, du sulfate de sodium, des aluns, des sulfates industriels, des bougies stéariques. Il est employé pour transformer les phosphates naturels en superphosphates. Souvent on mélange à l'acide azotique employé dans l'industrie, de l'acide sulfurique : son rôle paraît être, en se combinant avec l'eau de l'acide azotique, de rendre celui-ci plus énergique. L'acide sulfurique sert encore à fabriquer le sucre de fécule, à épurer les huiles et à dissoudre l'indigo, matière colorante bleue employée en teinture.

223. Composition des sulfates. — L'acide sulfurique, SO^4H^2, étant un acide bibasique, donne lieu, avec les métaux monovalents, à deux séries de sels. Ainsi il y a le

Sulfate acide de sodium SO^4NaH
Et le sulfate neutre de sodium SO^4Na^2.

Avec les métaux divalents, l'acide sulfurique ne forme que des sulfates neutres, dont les principaux sont :

Le sulfate de calcium SO^4Ca.
—   de fer SO^4Fe.
—   de cuivre SO^4Cu.
—   de zinc SO^4Zn.

Avec l'aluminium, l'acide sulfurique forme le sulfate d'aluminium, dont la formule est $(SO^4)^3 Al^2$.

ACIDE SULFHYDRIQUE OU HYDROGÈNE SULFURÉ

Formule : H^2S. — Poids moléculaire : $H^2S = 34$.

224. État naturel de l'acide sulfhydrique. — L'acide sulfhydrique, ou hydrogène sulfuré, est un gaz qui existe en dissolution dans les eaux minérales *sulfureuses* d'Aix en Savoie, de Barèges, d'Enghien, de Bagnères-de-Luchon, etc. Ces eaux sont employées dans le traitement des maladies de la peau et dans celui des affections du larynx.

Dans les régions volcaniques, notamment près du lac d'Agnano et à la solfatare de Pouzzoles, l'hydrogène sulfuré se dégage du sol et produit des fumées appelées *fumerolles*, résultant de la décomposition de l'hydrogène sulfuré et de la production, au contact de l'air humide, d'eau et de soufre divisé.

L'acide sulfhydrique est un produit de la putréfaction des matières organiques contenant du soufre; de là son dégagement permanent dans les fosses d'aisances. Il forme, avec l'ammoniaque qui s'y dégage, un sulfhydrate volatil, qui est très dangereux et peut faire périr les ouvriers employés à la vidange des fosses d'aisances.

On rend cette opération moins dangereuse en versant dans les fosses, avant d'y laisser descendre les ouvriers, une dissolution de sulfate de fer ou *vitriol vert*. Le sulfate de fer et le sulfhydrate d'ammoniaque se décomposent mutuellement, pour donner lieu à du sulfure de fer et à du sulfate d'ammoniaque.

L'hydrogène sulfuré prend aussi naissance dans les eaux qui sont soustraites au contact de l'air, et contiennent du sulfate de calcium et des matières organiques. C'est pour cela que les eaux naturelles se putréfient dans les citernes mal construites.

225. Préparation. — On prépare l'acide sulfhydrique en faisant agir de l'acide sulfurique sur du sulfure de fer.

On met dans un flacon à deux tubulures (fig. 93) du sulfure de fer et de l'eau; par le tube à entonnoir on verse de l'acide sulfurique. Le gaz se dégage aussitôt et, quand tout l'air du flacon est chassé, on recueille le gaz sur l'eau.

Le fer du sulfure remplace l'hydrogène de l'acide sulfurique et il se forme du sulfate de fer. Quant au soufre du sulfure, il forme, avec l'hydrogène de l'acide, de l'hydrogène sulfuré :

$$FeS \; + \; SO^4H^2 \; = \; SO^4Fe \; + \; H^2S$$

Sulfure de fer.	Acide sulfurique.	Sulfate de fer.	Hydrogène sulfuré.

226. Propriétés physiques. — L'hydrogène sulfuré, ou acide sulfhydrique, est un gaz incolore, doué d'une odeur fétide; c'est celle qu'exhalent les œufs pourris. Sa densité est 1,1912. Un litre de ce gaz pèse 1 gr. 540.

Il se liquéfie sous une pression de 16 atmosphères. L'eau en dissout trois fois son volume, et l'on prépare sa dissolution en le faisant passer dans un appareil de Woolf, contenant de l'eau récemment bouillie.

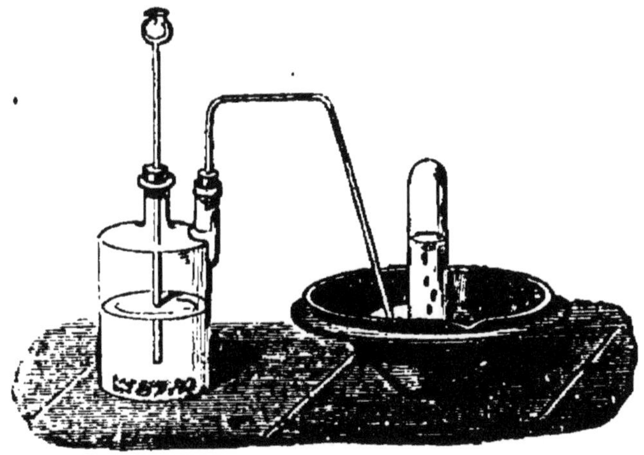

Fig. 93. — Préparation de l'acide sulfhydrique par le sulfure de fer et l'acide sulfurique.

L'hydrogène sulfuré est très délétère; un oiseau périt dans une atmosphère qui en contient $\frac{1}{1500}$. Une atmosphère qui en contiendrait $\frac{1}{500}$ serait dangereuse pour l'homme.

227. Propriétés chimiques. — L'acide sulfhydrique s'enflamme au contact d'une bougie allumée et brûle avec une flamme bleue. Les produits de sa combustion sont l'eau et l'anhydride sulfureux; quand il brûle dans une éprouvette, il se dépose un peu de soufre sur les parois de l'éprouvette, parce que, par suite du défaut d'oxygène, la combustion est incomplète.

L'oxygène sec n'a pas d'action sur lui à la température ordinaire; mais l'oxygène et l'air humides le décomposent; il se forme de l'eau et un dépôt de soufre.

En présence des corps poreux, l'action est plus complexe : le soufre se combine aussi avec l'oxygène et forme de l'acide sulfurique. C'est à la production de cet acide sulfurique qu'est due la destruction rapide des linges qui servent aux baigneurs dans les établissements de bains sulfureux.

Le chlore décompose l'acide sulfhydrique, pour former de l'acide chlorhydrique avec l'hydrogène qu'il contient. Cette propriété fait employer le chlore pour désinfecter les endroits où se dégage de l'acide sulfhydrique et combattre les empoisonnements causés par ce gaz.

228. Expériences simples. — *Acide sulfurique*. — L'acide sulfurique doit être manié avec prudence. En cas d'accident, plonger immédiatement dans l'eau la partie atteinte. Les taches rouges faites par l'acide sur les habits sont facilement enlevées au moyen d'ammoniaque.

Rappeler que l'acide sulfurique attaque le zinc, à froid, en dégageant de l'hydrogène; le cuivre, à chaud, en dégageant de l'anhydride sulfureux.

Plonger une allumette en bois blanc dans de l'acide sulfurique : on la retire noircie.

Faire un mélange de quelques gouttes d'eau et d'une goutte d'acide; avec une plume neuve, trempée dans ce mélange, écrire sur une feuille de papier blanc : les caractères sont à peu près invisibles. Passer la feuille sur la flamme d'une lampe à alcool et les caractères apparaissent en noir, par suite de la concentration de l'acide, qui a carbonisé le papier.

Acide sulfhydrique. — Préparer de l'acide sulfhydrique, au dehors de la classe.

Enflammer le gaz contenu dans une éprouvette et faire constater le dépôt de soufre.

Faire arriver le gaz qui se dégage dans une dissolution d'azotate de plomb et de sulfate de zinc : il se forme du sulfure de plomb et du sulfure de zinc. Faire constater que le premier est noir et le second blanc. Cette constatation a son application dans l'emploi, en peinture, de la céruse et du blanc de zinc (273).

CHAPITRE VII

Chlore. — Application au blanchiment du lin et du coton. Acide chlorhydrique.

CHLORE

Symbole : Cl. — Poids atomique : Cl $= 35,5$.

229. Préparation du chlore. — Le chlore, dont le nom dérive d'un mot qui signifie *vert*, est un gaz jaune verdâtre, qu'on prépare en faisant agir de l'acide chlorhydrique sur du bioxyde de manganèse. Le chlore de l'acide chlorhydrique peut être considéré comme divisé en deux parties. La première forme du chlorure de manganèse avec le manganèse du bioxyde, et la seconde se dégage. Quant à l'hydrogène de l'acide chlorhydrique et à l'oxygène du bioxyde, ils se combinent pour former de l'eau :

$$\underset{\substack{\text{Bioxyde} \\ \text{de manganèse.}}}{MnO^2} \; + \; \underset{\substack{\text{Acide} \\ \text{chlorhydrique.}}}{4HCl} \; = \; \underset{\substack{\text{Chlorure} \\ \text{de manganèse.}}}{MnCl^2} \; + \; \underset{\text{Eau.}}{2H^2O} \; + \; \underset{\text{Chlore.}}{2Cl}$$

On se sert, pour cette réaction, d'un ballon D (fig. 94), qui communique avec un flacon laveur, destiné à arrêter l'acide chlorhydrique que le gaz pourrait entraîner. Ce flacon communique avec un tube C, rempli de chlorure de calcium, qui sert à dessécher le chlore. Celui-ci ne pouvant être recueilli ni sur l'eau, dans laquelle il se dissoudrait, ni sur le mercure qu'il attaquerait, on fait plonger un tube abducteur au fond d'un flacon A. Le chlore chasse graduellement l'air, qui est plus léger que lui, et finit par remplir tout le flacon. On arrête l'opération lorsque l'atmosphère intérieure a pris la couleur du chlore.

Le chlore étant soluble dans l'eau, la dissolution se

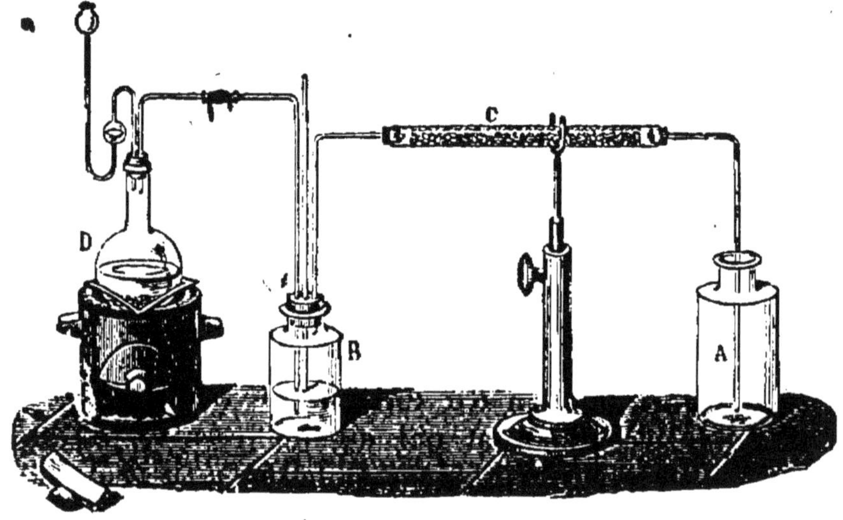

Fig. 94. — **Préparation du chlore gazeux et sec.** Le chlore, préparé en D, par l'action de l'acide chlorhydrique sur le bioxyde de manganèse, passe dans le flacon laveur B, se dessèche dans le tube C et arrive dans le flacon A d'où il chasse l'air.

prépare à l'aide d'un appareil de Woolf (fig. 95), qui se termine par une éprouvette D, remplie d'une dissolution de potasse destinée à absorber le gaz non dissous. Le premier flacon B est un flacon laveur. La dissolution de chlore porte le nom d'*eau de chlore*.

Dans l'industrie on prépare le chlore par le même procédé que celui qui est employé dans les laboratoires; mais le ballon de verre, qui contient le bioxyde de manganèse et l'acide chlorhydrique, est remplacé par des bonbonnes en grès, chauffées dans un bain-marie de sable.

230. Propriétés physiques. — Le chlore est jaune verdâtre ; son odeur est très désagréable. Il provoque la toux et exerce une action très irritante sur les organes respiratoires. Sa densité est 2,44. 1 litre de ce gaz pèse 3 gr. 15.

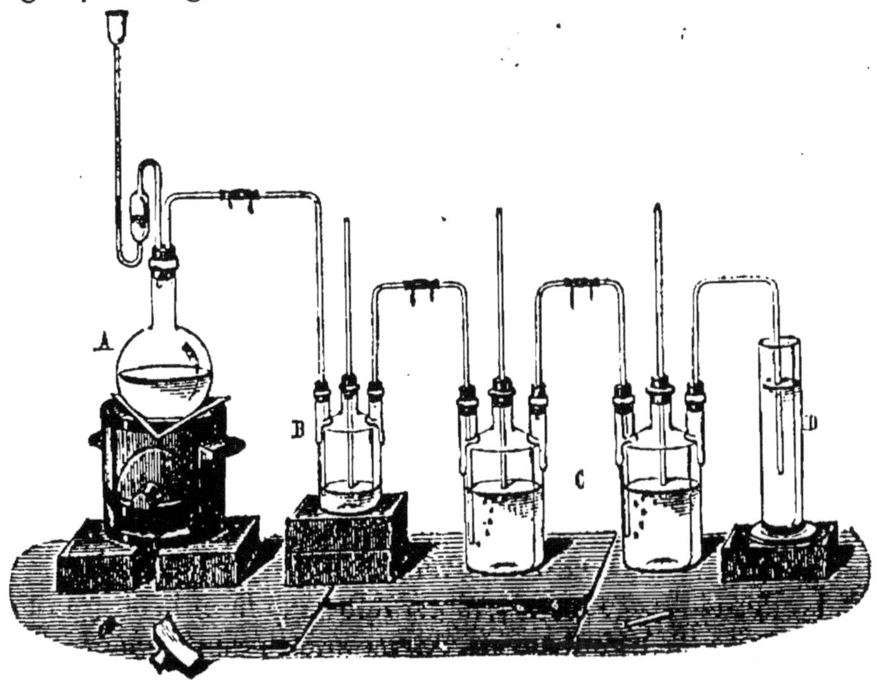

Fig. 95. — Préparation de la solution de chlore.

Il a pu être liquéfié ; il est soluble dans l'eau, avec laquelle il forme, vers zéro, un hydrate $Cl + 5H^2O$; le maximum de solubilité a lieu à 8° ; à cette température, 1 litre d'eau dissout 3¹,04 de gaz.

231. Propriétés chimiques. — Le chlore se combine avec la plupart des métalloïdes et des métaux, en produisant un grand dégagement de chaleur. Il est cependant sans action sur le charbon.

Un morceau de phosphore, placé dans une petite coupelle de terre et descendu dans le chlore, se combine avec ce gaz, se transforme en chlorure de phosphore, et la réaction est tellement énergique qu'elle se fait avec flamme.

L'antimoine, en poudre fine, projeté dans le chlore, se combine avec lui; les grains deviennent incandescents et produisent l'effet d'une pluie de feu. L'arsenic produit le même effet.

Le mercure est attaqué par le chlore à la température ordinaire. Une feuille d'or, plongée dans une dissolution de chlore, disparaît, par suite de sa transformation en chlorure d'or, soluble dans l'eau.

Mais la propriété la plus importante du chlore est la tendance qu'il a à se combiner avec l'hydrogène ou, comme on dit, l'affinité qu'il a pour l'hydrogène, avec lequel il forme un gaz composé, appelé acide chlorhydrique, HCl.

Si l'on fait un mélange, à volume égal, de chlore et d'hydrogène et qu'on l'expose à la lumière diffuse, quelques jours suffisent pour que la combinaison s'effectue. Elle est instantanée à la lumière directe du soleil et se produit avec détonation. Une bougie enflammée, une tige de fer rougie au feu, plongées dans le mélange, déterminent aussi la détonation.

L'affinité de ces deux gaz est telle que le chlore prend l'hydrogène à beaucoup de corps qui en renferment. Si l'on plonge un papier, imprégné d'essence de térébenthine, dans un flacon rempli de chlore sec, une fumée très épaisse se dégage et l'essence prend feu. L'essence de térébenthine étant formée de carbone et d'hydrogène, le chlore s'empare de l'hydrogène, en formant de l'acide chlorhydrique, le carbone s'échappe en fumée, et la chaleur dégagée par la combinaison est suffisante pour enflammer l'essence et le papier.

Une bougie allumée, plongée dans le chlore, continue à brûler, mais avec une flamme rouge très fuligineuse, parce que la combustion, autrement dit la combinaison, ne s'effectue qu'entre le chlore et l'hydrogène de l'acide stéarique, formé de carbone, d'hydrogène et d'oxygène.

C'est encore en raison de l'affinité du chlore pour l'hydrogène que, pour conserver la dissolution de chlore dans l'eau, il faut la mettre dans des flacons noirs. Quand on néglige cette précaution, l'action de la lumière fait combiner le chlore dissous avec l'hydrogène de l'eau et met l'oxygène en liberté :

$$\underset{\text{Eau.}}{H^2O} \quad + \quad \underset{\text{Chlore.}}{2Cl} \quad = \quad \underset{\substack{\text{Acide} \\ \text{chlorhydrique.}}}{2HCl} \quad + \quad \underset{\text{Oxygène.}}{O}$$

On dit quelquefois que le chlore est un *oxydant*. On voit que l'oxydation par le chlore n'est qu'un effet indirect de son action sur l'eau. Le chlore est essentiellement un *déshydrogénant*.

232. Pouvoir désinfectant du chlore. — Le pouvoir désinfectant du chlore résulte de son affinité pour l'hydrogène. En présence de l'acide sulfhydrique H^2S, il s'empare de l'hydrogène et met le soufre en liberté :

$$\underset{\substack{\text{Acide} \\ \text{sulfhydrique.}}}{H^2S} \quad + \quad \underset{\text{Chlore.}}{2Cl} \quad = \quad \underset{\substack{\text{Acide} \\ \text{chlorhydrique.}}}{2HCl} \quad + \quad \underset{\text{Soufre.}}{S}$$

Il agit de même sur les miasmes putrides d'origine organique, répandus au milieu de l'air, et les détruit en s'emparant de leur hydrogène.

233. Pouvoir décolorant du chlore. — Le chlore est un décolorant. Si l'on verse du chlore en dissolution dans une teinture végétale (tournesol, campêche, bois rouge), ou encore dans de l'encre ordinaire le liquide perd bientôt sa coloration. Nous verrons plus loin cette propriété décolorante appliquée au blanchiment du lin et du coton.

La décoloration par le chlore qui, à première vue, paraît due à une déshydrogénation de la matière colorante, est, en réalité, le résultat d'une oxydation indirecte de cette matière, par suite de l'action du chlore sur l'eau.

Le chlore sec, en effet, ne décolore pas : il désagrège les tissus. Seul le chlore humide décolore. Sous l'influence de la lumière solaire, il s'empare de l'hydrogène de l'eau et met ainsi en liberté l'oxygène, qui change la nature de la matière colorante en se combinant avec elle.

234. Usages du chlore. — Le chlore est surtout employé pour la décoloration et la désinfection. Pour ces usages, il n'est livré au commerce ni à l'état de gaz, ni en dissolution dans l'eau, mais en combinaison avec la chaux, la potasse ou la soude. Les corps qui résultent de ces combinaisons portent le nom de *chlorures décolorants*, et ont la propriété de laisser dégager facilement la grande quantité de chlore qu'ils renferment.

235. Chlorures décolorants. — Quand on fait agir du chlore sur de la chaux éteinte, il se forme un corps qu'on appelle *chlorure de chaux*, $CaOCl^2$. La formule suivante explique la réaction :

$$Ca(OH)^2 \quad + \quad 2Cl \quad = \quad CaOCl^2 \quad + \quad H^2O$$

$$\text{Chaux éteinte.} \qquad \text{Chlore.} \qquad \text{Chlorure de chaux.} \qquad \text{Eau.}$$

Dans les laboratoires, il suffit, pour obtenir du chlorure de chaux, de faire passer un courant de chlore sur de la chaux éteinte, contenue dans un tube. Ainsi, si dans l'appareil représenté par la **fig. 94**, on remplace la substance desséchante, contenue dans le tube C, par de la chaux éteinte, on obtient du chlorure de chaux.

Dans l'industrie, on étend de la chaux éteinte sur des claies, disposées dans une caisse en maçonnerie, et l'on fait passer sur ces claies un courant de chlore qui, avec la chaux, forme du chlorure de chaux.

Le chlorure de chaux se présente sous forme d'une poudre blanche, à laquelle on donne souvent le nom de *chlore*.

Les acides, même les plus faibles, en présence du chlorure de chaux, provoquent un dégagement de chlore. Si l'on verse sur du chlorure de chaux, contenu dans un verre, quelques gouttes d'acide sulfurique, chlorhydrique ou de vinaigre (acide acétique), une vive effervescence se produit et le chlore qui se dégage forme, dans le verre, une couche gazeuse de couleur verdâtre. L'anhydride carbonique jouit de la même propriété, ce qui explique l'odeur de chlore qu'a le chlorure de chaux :

$$CaOCl_2 \quad + \quad CO_2 \quad = \quad CO_3Ca \quad + \quad 2Cl$$

Chlorure de chaux.   Anhydride carbonique.   Carbonate de calcium.   Chlore.

La facilité de dégagement du chlore contenu dans le chorure de chaux explique l'emploi de ce dernier corps pour la désinfection des **urinoirs** et, en général, des endroits où se dégage de l'acide sulfhydrique.

Un litre de chlorure de chaux renferme environ 200 litres de chlore.

Le chlore peut aussi se combiner avec la potasse et la soude en formant des composés analogues au chlorure de chaux. Ce sont :

Le chlorure de potasse ou *eau de Javel* K_2OCl_2.
Le chlorure de soude ou *liqueur de Labarraque* Na_2OCl_2.

Ces deux corps, comme le chlorure de chaux, laissent, sous les mêmes influences, dégager le chlore et sont employés au blanchiment, concurremment avec le chlorure de chaux.

BLANCHIMENT DES TISSUS DE LIN, DE CHANVRE ET DE COTON

236. Le blanchiment a pour but d'enlever aux fibres textiles, ou aux tissus, les matières agglutinatives qui les colorent ou peuvent être un obstacle aux opérations de teinture. Nous avons déjà vu (212) le traitement auquel étaient soumises la laine et la soie. Pour les étoffes de lin, de chanvre et de coton, les procédés sont différents. Ils consistent à oxyder la matière colorante, pour la rendre soluble dans des lessives de carbonate de sodium.

Le procédé le plus anciennement connu, et qui est encore pratiqué dans un certain nombre de localités, surtout pour le lin et le chanvre, consiste à exposer les tissus sur un pré, à l'action de l'air et de la rosée. En alternant ces expositions sur le pré avec des passages dans des lessives étendues et bouillantes de carbonate de sodium, en arrosant de temps en temps les pièces pour les maintenir toujours humides, on arrive à les blanchir parfaitement. L'oxygène de l'air, dissous par l'eau qui mouillait les fibres du tissu, s'est combiné lentement, pendant l'exposition sur le pré, au principe colorant et l'a transformé en une substance qui s'est dissoute dans les lessives alcalines.

Ce procédé présente de graves inconvénients; il exige un temps assez long, ne peut être pratiqué que pendant la belle saison et enlève de vastes prairies à l'agricul-culture.

Vers 1785, Berthollet proposa un procédé plus rapide et n'ayant pas 'les inconvénients que nous venons de signaler. Ce procédé substitue à l'oxydation par l'air une oxydation beaucoup plus rapide, produite sous l'influence du chlore en dissolution. Aujourd'hui, on a remplacé le chlore dissous par le chlorure de chaux ou les autres chlorures décolorants, en dissolution. Sans entrer dans des détails trop techniques sur ces opérations, nous allons cependant les indiquer rapidement.

237. Blanchiment des tissus de lin et de chanvre. — Avant de procéder au blanchiment, on commence par enlever au tissu la colle, ou parement, dont on a enduit les fils de chaîne, c'est-à-dire les fils longitudinaux, pour leur donner une certaine raideur nécessaire à l'opération du tissage. Pour cela, on fait macérer les tissus dans de vieilles lessives ou dans de l'eau tiède.

238. Quant au blanchiment proprement dit, les opérations sont assez multiples et varient avec la nature de l'étoffe. Nous nous contenterons d'en indiquer la marche générale. On soumet d'abord les tissus à un bain d'eau de chaux, qui a pour effet de les gonfler,

d'en relever le grain, de tuméfier la matière colorante et de la préparer à l'oxydation. L'étoffe est ensuite passée alternativement dans des bains de chlorure de chaux, qui oxydent la matière colorante, et dans des bains de soude, qui dissolvent le produit de cette oxydation.

Pour faciliter la décomposition du chlorure de chaux, on fait sortir l'étoffe du bain et on la fait passer entre deux rouleaux R et R' (fig. 96), qui tournent en sens

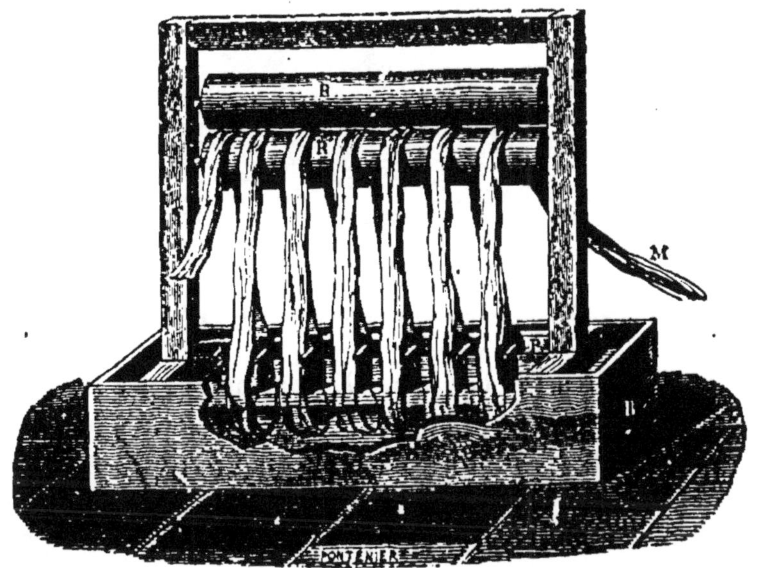

Fig. 96. — Clapot pour le blanchiment des tissus de lin.

inverse, et dont les axes reposent sur un bâti, placé au-dessus de la cuve. Cet appareil est appelé *clapot*. Les rouleaux, entraînant l'étoffe dans leur mouvement de rotation, la font sortir du bain pour l'y replonger ensuite. Pendant qu'elle est hors du liquide, le gaz carbonique de l'air décompose la dissolution de chlorure de chaux dont elle est imprégnée, et le chlore, mis à l'état naissant dans les mailles mêmes du tissu, agit d'une manière très efficace.

On ne doit pas oublier qu'avant d'entrer dans un bain, l'étoffe doit être parfaitement débarrassée du

liquide qu'elle a pris au bain précédent. Pour cela, on
la rince à l'eau et on la fait passer entre des rouleaux

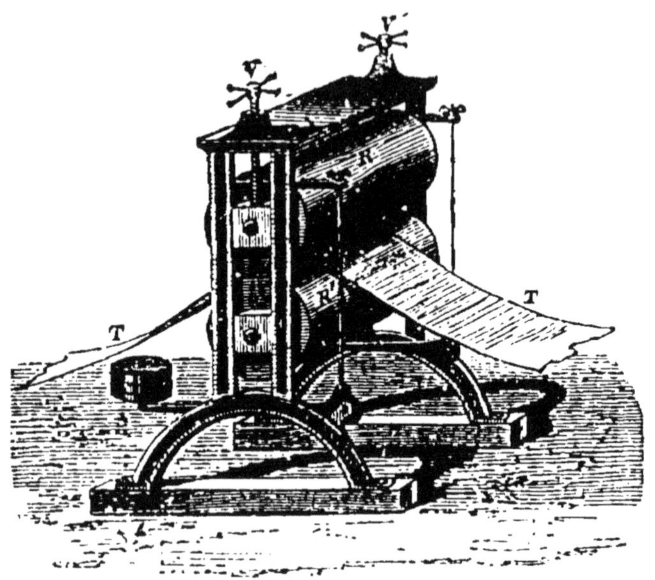

Fig. 97. — Squeezer pour exprimer l'eau des tissus.

compresseurs R, R' (fig. 97), appelés *squeezers*, qui
expriment le liquide.

239. Blanchiment des tissus de coton. — Le
procédé de blanchiment des étoffes de coton ne diffère
guère de ceux qui sont employés pour le lin et pour le
chanvre. Les pièces écrues sont d'abord passées, à
l'aide du clapot, dans un bain d'acide chlorhydrique
étendu d'eau; à ce bain succèdent un rinçage à l'eau et
un lessivage à la chaux.

Après le lessivage, les pièces sont lavées au clapot et
abandonnent toutes les matières rendues solubles ou
peu adhérentes par l'action de la chaux. Cette action
est complétée par des bains d'acide chlorhydrique et
des passages en lessive de soude. A la sortie de ces
derniers, les tissus sont prêts à recevoir l'action blan-
chissante des bains de chlorure de chaux. Quand on est
arrivé à la blancheur voulue, on passe dans l'acide
chlorhydrique et on rince avec soin.

Les tissus fins, comme la mousseline, ne sont pas rincés au clapot, mais dans une roue à laver qui fatigue moins les étoffes. Cette roue (fig. 98) présente quatre

Fig. 98. — Roue à laver les tissus fins.

ouvertures circulaires, par lesquelles on introduit les pièces ; l'eau arrive par le tube T, qui traverse l'axe autour duquel tourne la roue.

ACIDE CHLORHYDRIQUE

Formule : HCl. — Poids moléculaire : HCl = 36,5.

240. Préparation de l'acide chlorhydrique. — L'acide chlorhydrique est un gaz qu'on prépare dans les laboratoires en faisant agir de l'acide sulfurique sur du sel de cuisine, qui est du *chlorure de sodium*.

Sous l'action de l'acide, le chlorure de sodium est décomposé : le sodium, métal monovalent, prend, dans l'acide sulfurique, la place d'un atome d'hydrogène, formant ainsi du sulfate acide de sodium. L'hydrogène, mis en liberté, se combine avec le chlore du chlorure et forme de l'acide chlorhydrique :

$$NaCl + SO^4H^2 = SO^4NaH + HCl$$

Chlorure de sodium.	Acide sulfurique.	Sulfate acide de sodium.	Acide chlorhydrique.

L'opération se fait dans un appareil monté comme celui qui nous a servi à la préparation de l'ammoniaque. Le gaz acide chlorhydrique, étant très soluble dans l'eau, doit se recueillir sur la cuve à mercure. On peut encore employer la disposition expliquée au n° 186, qui permet d'obtenir le corps à l'état de gaz et en dissolution.

241. Fabrication industrielle. — Pour fabriquer, dans l'industrie, l'acide chlorhydrique, on emploie aussi le chlorure de sodium et l'acide sulfurique. La tempé-

Fig. 99. — Fours ou bastringues pour la préparation industrielle de l'acide chlorhydrique. A, foyer; E et O, compartiments où l'on place le mélange de chlorure de sodium et d'acide sulfurique.

rature étant plus élevée que dans les laboratoires, il se forme, au lieu de sulfate acide de sodium SO^4NaH, du sulfate neutre SO^4Na^2:

$$2NaCl \ + \ SO^4H^2 \ = \ SO^4Na^2 \ + \ 2HCl$$

Chlorure de sodium.   Acide sulfurique.   Sulfate neutre de sodium.   Acide chlorhydrique

La réaction s'effectue ordinairement dans des fours ou bastringues, construits en briques (fig. 99); ils se

composent de trois compartiments A, E, G. Le foyer
est en A. La flamme du combustible arrive par l'ouverture *e*
dans le deuxième compartiment E ; de là, les produits
de la combustion peuvent passer en G, si le registre R
laisse libre le canal *d* ; dans le cas contraire, ils viennent échauffer le compartiment G, en passant au-dessous
de lui et se rendent dans la cheminée de l'usine par le
conduit FF'F". La sole du compartiment G est une
cuvette en plomb ou en fonte. On voit en MM' un tuyau,
qui communique avec l'appareil condenseur, et par
lequel l'acide chlorhydrique se dégage.

Le sel marin et l'acide sulfurique (l'acide employé est
à 60°) sont chargés dans la cuvette du compartiment G ;
le registre R est fermé et l'acide chlorhydrique se
dégage par le tuyau MM' ; au bout d'un certain temps,
on ouvre le registre, et l'on amène, à l'aide de râbles,
le sulfate de sodium du compartiment G dans le compartiment E, où il est soumis à une plus haute température
et où la réaction s'achève. Dès que ce transvasement est
opéré, on referme le registre.

242. Appareils de condensation. — Les appareils de condensation sont destinés à effectuer la disso-

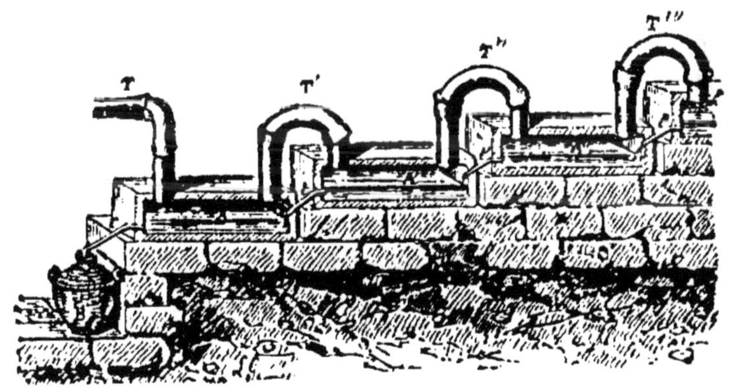

Fig. 100. — Appareil de condensation pour l'acide chlorhydrique.

lution du gaz dans l'eau. Ce sont, le plus souvent, des
séries de bonbonnes, contenant de l'eau et disposées en
forme d'appareil de Woolf.

Dans les usines des Vosges et du Midi, on remplace les bonbonnes, qui ont l'inconvénient d'être fragiles et de ne présenter qu'une surface restreinte à la condensation, par des sortes de boîtes rectangulaires A, A', A" (fig. 100), faites avec des pierres inattaquables à l'acide chlorhydrique et fournies par la région. Elles sont disposées en gradins : l'eau y circule de haut en bas par les tubes t, t', etc., et le gaz de bas en haut par les tubes T, T', etc. Quel que soit le système employé, l'appareil de condensation doit toujours, à son extrémité postérieure, communiquer avec la cheminée la plus haute de l'usine, pour que les vapeurs soient emportées au loin.

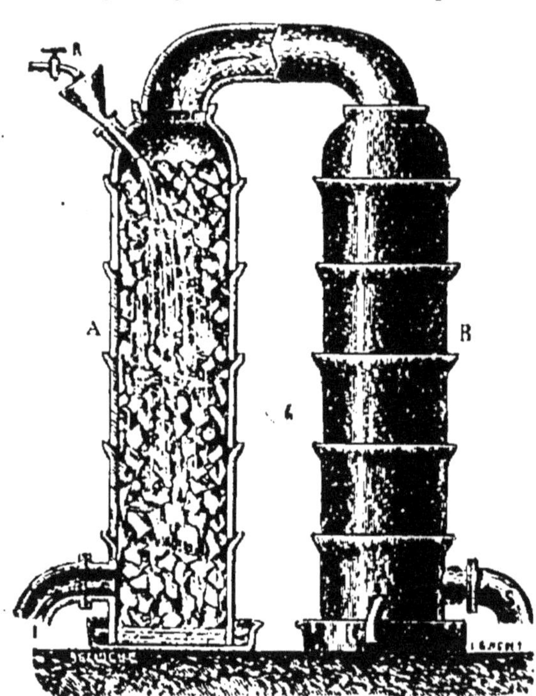

Fig. 101. — Appareil de condensation pour l'acide chlorhydrique.

Pour achever la condensation, on fait communiquer l'extrémité des séries de bonbonnes avec une colonne double AB (fig. 101), formée de tronçons cylindriques en terre cuite, évasés à leur partie supérieure et s'emboîtant l'un dans l'autre. Ils sont réunis par un lut argileux. Le dernier tronçon plonge dans une cuvette pleine d'eau, qui forme fermeture hydraulique. Les colonnes sont remplies de fragments de poteries. La colonne A est traversée, de haut en bas, par un courant d'eau, qu'amènent le robinet R et le tube à entonnoir t; de bas en haut, par le gaz chlorhydrique non encore condensé, qui arrive en I. La colonne B est aussi traversée, de haut en bas, par un courant d'eau et par le gaz chlorhydrique qui vient de A. Les gaz non condensés sortent en S et se rendent dans la cheminée de l'usine. L'eau dissout les gaz, et la dissolution, arrivant dans les cuvettes inférieures, s'échappe au dehors par des ouvertures qu'on ne voit pas sur la figure.

243. Propriétés physiques et chimiques. — L'acide chlorhydrique est un gaz incolore, d'une odeur piquante et suffocante; il rougit le tournesol et éteint les corps en combustion. Sa densité est 1,247. 1 litre de ce gaz pèse 1gr. 612. L'eau en dissout 500 fois son volume. On peut, pour prouver sa grande solubilité, répéter avec lui les expériences que nous avons faites avec le gaz ammoniac (181). Faraday l'a liquéfié en le soumettant à un froid de 50° au-dessous de zéro. Une pression de 40 atmosphères peut aussi le liquéfier, à la température ordinaire.

On s'en sert ordinairement à l'état de dissolution dans l'eau.

Le gaz acide chlorhydrique répand à l'air des fumées très denses, produites par la combinaison de l'acide et de la vapeur d'eau que contient l'air. Le corps qui résulte de cette combinaison ne peut rester à l'état de vapeur et se condense sous forme de fumées.

Lorsqu'on applique la main sur l'ouverture d'une éprouvette remplie d'acide chlorhydrique, on éprouve, dans la région en contact avec l'acide, une sensation de chaleur, occasionnée par la condensation du gaz dans la légère couche d'humidité dont la main est recouverte.

Un grand nombre de métaux, comme le fer, le zinc, l'étain, décomposent l'acide chlorhydrique et se transforment, à son contact, en chlorures; l'hydrogène se dégage.

244. Usages. — L'acide chlorhydrique est un réactif très employé dans les laboratoires. Il sert à la fabrication du chlore et, par suite, des chlorures décolorants; de l'eau régale, dont nous allons parler; de l'anhydride carbonique, destiné à la préparation des eaux gazeuzes; du sel ammoniac; d'un chlorure d'étain employé en teinture; du chlorure de zinc. Il est encore employé au décapage du fer et, dans l'extraction de la gélatine des os, à dissoudre la partie minérale du tissu osseux.

<h2 style="text-align:center">EAU RÉGALE</h2>

245. L'eau régale est un mélange d'acide chlorhydrique et d'acide azotique. Elle dissout l'or et le platine, qui sont inattaquables par chacun de ces acides séparés. Du mélange des deux acides résulte du chlore à l'état naissant, qui transforme le métal en chlorure soluble. Elle doit son nom à cette propriété de dissoudre l'or, longtemps appelé le *roi des métaux*.

246. Expériences simples. — *Chlore.* — Préparer du chlore gazeux, au dehors de la classe, et à l'abri des courants d'air. La dissolution de chlore peut être préparée à l'intérieur, avec un appareil disposé comme l'indique la figure 80. Il est bon, pour éviter les chances de rupture, de chauffer le ballon au bain-marie, c'est-à-dire de le faire plonger dans de l'eau, contenue dans un vase que l'on chauffe directement.

Laisser tomber dans un flacon plein de chlore gazeux de l'antimoine et de l'arsenic en poudre.

Dans un autre flacon descendre une bougie allumée : la combustion se continue avec une flamme rouge et très fuligineuse.

Plonger dans un flacon à large ouverture, plein de chlore gazeux, un papier trempé dans de l'essence de térébenthine; une fumée très noire s'échappe du flacon et l'essence prend feu.

Décolorer de la teinture de tournesol en y versant de l'eau de chlore.

Enlever sur les feuillets d'un livre des taches d'encre ordinaire, en les lavant avec de l'eau de chlore, de l'eau de Javel ou une dissolution de chlorure de chaux. Les caractères imprimés ne subissent aucune altération, l'encre d'imprimerie étant faite avec du noir de fumée, sur lequel le chlore n'a aucune action. Les taches jaunes, qui subsistent après l'action du chlore, sont dues à du sesquioxyde de fer et disparaissent complètement par un lavage à l'acide chlorhydrique étendu d'eau.

Chlorures décolorants. — Dans un verre mettre du chlorure de chaux; verser dessus quelques gouttes d'un acide quelconque : il y a immédiatement dégagement de chlore très visible par sa coloration verte.

Acide chlorhydrique. — Préparer de l'acide chlorhydrique, en disposant l'appareil à préparation comme il a été expliqué au n° 186 (fig. 80).

Pour montrer la grande solubilité de l'acide chlorhydrique, renouveler l'expérience faite avec l'ammoniaque (186) et l'anhydride sulfureux.

Mettre de la grenaille de zinc dans une éprouvette; y verser de l'acide chlorhydrique. La réaction est très vive : il se forme du chlorure de zinc et l'on peut, sans danger, enflammer l'hydrogène qui se dégage.

Mettre dans un verre du chlorure de sodium; verser dessus quelques gouttes d'acide sulfurique. Il se dégage immédiatement de l'acide chlorhydrique. Recouvrir le verre d'une cloche ou d'un grand verre dont on a mouillé la paroi intérieure avec de l'ammoniaque; le verre ou la cloche se remplit aussitôt d'une fumée blanche, qui est du chlorhydrate d'ammoniaque, ou chlorure d'ammonium, en poudre impalpable, résultant de la combinaison des deux gaz acide chlorhydrique et ammoniaque.

MÉTAUX ET LEURS COMPOSÉS
LES PLUS IMPORTANTS

CHAPITRE VIII

Propriétés générales et classification des métaux.

247. Nous avons vu que les métaux sont des corps possédant, quand ils sont en masse suffisante, un éclat particulier, appelé *éclat métallique*; qu'ils conduisent bien la chaleur et l'électricité. Ils ont, de plus, pour caractère essentiel de former, avec l'oxygène, au moins une base.

248. **Opacité et couleur des métaux.** — Les métaux présentent, en général, une opacité très grande, car ils ne laissent point passer de lumière, même lorsqu'ils sont réduits en feuilles d'une épaisseur extrêmement petite. Cependant l'or, à l'état de feuilles très minces, telles que celles dont se servent les doreurs, laisse passer une quantité notable de lumière, d'une belle couleur verte.

La plupart des métaux ont une couleur grise, plus ou moins foncée, lorsqu'ils sont pulvérulents; quand ils sont agrégés et polis, ils deviennent plus blancs. Quelques métaux ont une couleur prononcée : le cuivre est rouge, l'or est jaune.

249. Malléabilité des métaux. — Lorsqu'on soumet les métaux au choc du marteau, les uns s'aplatissent en lames, les autres se brisent; les premiers sont appelés *métaux malléables*; les seconds, *métaux cassants*.

On réduit les métaux en lames, soit par le battage au marteau, soit en les faisant passer au *laminoir*.

Le laminoir se compose de deux cylindres d'acier ou de fonte de fer (fig. 102), dont la surface, unie et polie, est très dure. Ils sont placés horizontalement l'un au-dessus de l'autre et marchent en sens contraire, par suite du mouvement de roues d'engrenage, mues

Fig. 102. — Laminoir.

par l'action d'un moteur. Les cylindres peuvent être placés à des distances différentes l'un de l'autre, par l'action de vis que représente la figure, et qu'on peut faire monter ou descendre à l'aide des clefs dont elles sont armées. On leur donne un écartement moindre que l'épaisseur de la lame métallique qu'on veut étirer. On amincit celle-ci sur l'un de ses bords, de manière qu'on puisse l'introduire d'une petite quantité entre les deux cylindres. Lorsqu'elle est ainsi engagée dans l'intervalle qui les sépare, elle est obligée de les suivre dans leur mouvement et de s'étendre, de manière à ne conserver que l'épaisseur égale à leur écartement. On peut ensuite la faire passer de nouveau entre les cylindres, qu'on a rapprochés davantage en serrant les vis, et l'on obtient ainsi des feuilles de plus en plus minces.

Quelques métaux peuvent être laminés à froid; d'autres ont besoin d'être portés à une température plus ou moins élevée.

Pendant son passage au laminoir, le métal éprouve souvent, dans sa structure moléculaire, un changement qui altère sa malléabilité et le rend cassant; et, si l'on voulait continuer le laminage, les feuilles se gerceraient et se déchireraient. On dit alors que le métal s'est *écroui*. On lui rend ses propriétés primitives en le *recuisant*, c'est-à-dire en le chauffant au rouge et en le laissant ensuite refroidir lentement.

Les métaux usuels peuvent être rangés, au point de vue de leur malléabilité, dans l'ordre suivant :

<table>
<tr><td>Or,</td><td>Platine,</td></tr>
<tr><td>Argent,</td><td>Plomb,</td></tr>
<tr><td>Aluminium,</td><td>Zinc,</td></tr>
<tr><td>Cuivre,</td><td>Fer,</td></tr>
<tr><td>Étain,</td><td>Nickel.</td></tr>
</table>

250. Ductilité des métaux. — La ductilité est la propriété qu'ont les métaux de pouvoir s'étirer en fils plus ou moins fins. Il n'y a de *ductiles* que les métaux malléables; mais il faut, de plus, qu'ils soient capables, de ne pas se rompre sous l'effort de la traction qu'il faut exercer sur eux pour les étirer en fils.

Pour fabriquer les fils métalliques, on se sert de la *filière*. C'est une plaque d'acier trempé, percée de trous de grandeur décroissante. En forçant un morceau de métal à passer successivement à travers ces différents trous, on en diminue de plus en plus le diamètre et l'on fait un fil qui va en s'allongeant à chaque passage. L'opération s'exécute sur un *banc à tirer* ou *table de tréfilerie*, représentée par la figure 103.

Sur une table sont fixées verticalement, de distance en distance, des filières F placées entre des montants verticaux : derrière ces filières sont disposées des bobines A, sur lesquelles est enroulé le fil à étirer, qui a été fabriqué à l'aide d'un laminoir à gorges. En avant, on voit d'autres bobines, pouvant tourner autour d'un axe vertical, qu'une machine à vapeur met en mouvement par les engrenages E, qu'on voit sous la table. L'extrémité du rouleau de fil est amincie, de manière à pouvoir passer dans un des trous de la filière, le plus gros, par exemple; on l'y engage, et elle est serrée, de l'autre côté, par une pince placée à la partie inférieure de la bobine correspondante B : dès que celle-ci est

Fig. 103. — Table de tréfilerie.

mise en mouvement, elle entraîne le fil et le force à passer dans le trou et à s'enrouler ensuite sur elle. Quand le fil a passé à travers le premier trou, on l'enroule de nouveau sur la première bobine; on le force à passer dans le second trou, et ainsi de suite.

Les métaux s'écrouissent pendant cette opération, comme pendant le laminage, et, de temps en temps, on est obligé de les recuire pour leur rendre leur ductilité primitive.

Au point de vue de la ductilité, les métaux usuels peuvent être rangés dans l'ordre suivant :

Or,	Nickel,
Argent,	Cuivre,
Platine,	Zinc,
Aluminium,	Étain,
Fer,	Plomb.

251. Ténacité des métaux. — La ténacité des métaux est la propriété qu'ils possèdent de résister à des efforts assez considérables sans se rompre. On peut représenter la ténacité d'un métal par le nombre de kilogrammes, dont il faut charger un fil de 1 millimètre carré de section pour en déterminer la rupture. On a trouvé les nombres suivants :

Nickel. . . .	80 kilogrammes.	Or.	16,5 kilogrammes.
Fer.	62,3 —	Zinc	12,4 —
Cuivre . . .	34,4 —	Étain. . . .	3,9 —
Platine . . .	31,2 —	Plomb . . .	2,4 —
Argent . . .	21,1 —		

252. Dureté des métaux. — Les métaux peuvent être considérés au point de vue de leur dureté, ou de la facilité avec laquelle ils rayent certains corps et sont rayés par eux.

Le chrome raye et coupe le verre.

Le fer, le nickel et le zinc sont rayés par le verre, mais rayent le carbonate de calcium.

Le platine, le cuivre, l'or, l'argent, l'étain sont rayés par le carbonate de calcium.

Le plomb est rayé par l'ongle.

Le potassium et le sodium peuvent être pétris entre les doigts.

Le mercure est liquide à la température ordinaire.

253. Fusibilité des métaux. — Tous les métaux sont fusibles.

Le tableau suivant indique les points de fusion des plus importants.

Mercure	— 40°	Aluminium	625°
Potassium	+ 62	Argent	950
Sodium	95	Or	1045
Étain	233	Cuivre	1050
Plomb	325	Fer forgé	1500
Zinc	433	Platine	1775

254. Volatilité. — Il n'est aucun métal qui soit absolument fixe. Tous ont pu être volatilisés.

CLASSIFICATION

255. Les métaux ont été groupés en six classes par Thénard, qui a fondé sa classification sur l'affinité de ces corps pour l'oxygène.

Cette affinité peut être appréciée par trois caractères :

1° Par la manière dont les métaux se comportent aux différentes températures, en présence de l'oxygène et de l'air. Le potassium et le sodium s'oxydent rapidement, en présence de l'air sec. L'or, le platine et l'argent résistent à l'oxydation, à toutes les températures. Les autres métaux s'oxydent, soit lentement à l'air humide, soit rapidement aux températures élevées.

2° Par la facilité plus ou moins grande avec laquelle la chaleur décompose les oxydes métalliques.

3° Par l'action que les métaux exercent, aux diverses températures, sur l'eau, soit en présence des acides, soit en présence des bases.

Depuis Thénard, les propriétés des différents métaux ont été mieux étudiées, et l'on a dû modifier la classification qu'il en avait faite. Nous adopterons celle que Debray a donnée dans son *Traité de chimie*, et nous la résumerons dans le tableau suivant, où nous ne ferons figurer que les métaux importants.

<table>
<tr>
<th colspan="5">PREMIÈRE FAMILLE
—
MÉTAUX COMMUNS</th>
<th>DEUXIÈME FAMILLE
—
MÉTAUX INTERMÉDIAIRES</th>
<th colspan="2">TROISIÈME FAMILLE
—
MÉTAUX PRÉCIEUX</th>
</tr>
<tr>
<td colspan="5">Ils s'oxydent à une température plus ou moins élevée. Leurs oxydes sont irréductibles (du moins complètement) par la chaleur seule.</td>
<td>Ils ne s'oxydent pas sensiblement à l'air ; leurs oxydes sont irréductibles par la chaleur et même par le charbon et l'hydrogène seuls.</td>
<td colspan="2">Leurs oxydes se décomposent facilement par la chaleur et le métal est régénéré.</td>
</tr>
<tr>
<th>1re SECTION</th>
<th>2e SECTION</th>
<th>3e SECTION</th>
<th>4e SECTION</th>
<th>5e SECTION</th>
<th>6e SECTION</th>
<th>7e SECTION</th>
<th>8e SECTION</th>
</tr>
<tr>
<td>Ils décomposent l'eau à la température ordinaire.</td>
<td>Ils décomposent l'eau vers 100°.</td>
<td>Ils décomposent l'eau vers le rouge et à froid en présence des acides énergiques.</td>
<td>Ils décomposent l'eau au-dessus du rouge, mais pas à froid en présence des acides énergiques. Leur tendance à former des oxydes acides fait qu'ils décomposent l'eau en présence des bases énergiques.</td>
<td>Ils ne décomposent l'eau qu'à une température très élevée et encore très faiblement. Ils ne la décomposent ni en présence des bases, ni en présence des acides énergiques.</td>
<td></td>
<td>Ils s'oxydent à une température peu élevée ; mais une températ. plus élevée réduit l'oxyde formé.</td>
<td>Ils sont inaltérables à toutes les températures.</td>
</tr>
<tr>
<td>Métaux alcalins.
POTASSIUM.
SODIUM.
Métaux alcalino-terreux.
BARYUM.
CALCIUM.</td>
<td>MAGNÉSIUM.
MANGANÈSE.</td>
<td>FER.
NICKEL.
COBALT.
CHROME.
ZINC.</td>
<td>ÉTAIN
ANTIMOINE.</td>
<td>CUIVRE.
PLOMB.
BISMUTH.</td>
<td>ALUMINIUM.</td>
<td>MERCURE.</td>
<td>ARGENT.
PLATINE.
OR.</td>
</tr>
</table>

CHAPITRE IX

Action de l'oxygène, du soufre, du chlore et des acides
sulfurique, chlorhydrique et azotique sur les métaux
usuels. — Oxydes. — Sulfures. — Chlorures et sels
importants par leurs applications.

256. Action de l'oxygène et de l'air secs. —
L'oxygène sec n'a d'action, *à froid*, que sur le potassium;
tous les autres métaux résistent à son action comme à
celle de l'air sec. Mais, à une température élevée, tous
les métaux s'oxydent, en présence de l'oxygène sec ou
de l'air sec, à l'exception toutefois de l'or, de l'argent et
du platine.

En général, l'absorption de l'oxygène est accompagnée d'un dégagement de chaleur plus ou moins considérable, qui se manifeste quelquefois par une vive
incandescence; tel est le cas du zinc qui, chauffé dans
un creuset ouvert, brûle avec flamme; de l'antimoine
qui, coulé dans l'air, rejaillit sur le sol en gouttelettes
incandescentes, brûlant avec éclat et produisant des
fumées d'oxyde d'antimoine.

Pour que la combustion soit complète, il faut qu'il y
ait toujours contact entre l'oxygène et le métal, ce qui
arrive lorsque celui-ci est volatil, comme le zinc, ou
lorsque son oxyde, facilement fusible, se détache de
lui-même et met constamment sa surface à nu. Ce der-

nier cas se présente dans la combustion vive du fer au milieu de l'oxygène.

257. Action de l'oxygène et de l'air humides. — L'oxygène humide n'exerce d'action, à la température ordinaire, que sur les métaux de la première section, qui ont la propriété de décomposer l'eau à froid pour se combiner avec son oxygène. Il n'a d'action sur les autres métaux, à l'exception de ceux de la dernière section qui sont inaltérables, qu'en présence des acides. C'est ce qui explique l'altération rapide de la lame d'un couteau avec lequel on a coupé un fruit acide.

Dans l'air, le gaz carbonique, jouant le rôle d'acide en présence de la vapeur d'eau (acide carbonique), est la cause déterminante de l'oxydation. Le fer, par exemple, qui s'oxyde si facilement dans l'air humide, ne s'oxyde pas dans l'eau privée de gaz carbonique. Il ne s'altère même pas dans l'eau ordinaire, lorsqu'elle contient une matière capable de fixer l'acide carbonique. Dans les savonneries, les instruments en fer restent parfaitement brillants, parce qu'ils sont ordinairement plongés dans des liquides contenant en dissolution des alcalis, qui se combinent à l'acide carbonique.

Les fabricants de glaces préservent les plaques de fonte, dont ils se servent dans l'étamage, en les recouvrant d'une bouillie de chaux, capable d'absorber l'acide carbonique et de détourner son action.

Pour certains métaux, l'oxydation n'est jamais profonde : tels sont, par exemple, le zinc, le plomb, le cuivre, qui se recouvrent, à l'air humide, d'une couche adhérente de carbonate hydraté de zinc, de cuivre ou de plomb. Cette couche agit alors comme un vernis protecteur et les préserve d'une oxydation plus profonde.

Pour le fer, au contraire, non seulement le sesquioxyde formé, ou *rouille*, est perméable, non adhérent et ne protège pas le métal, mais l'oxydation, d'abord lente à se produire, se propage avec rapidité dès qu'elle est commencée.

258. Moyens de préserver les métaux de l'oxydation. — L'importance et le grand nombre des applications industrielles des métaux, surtout du fer, ont fait rechercher les moyens de les préserver de l'oxydation.

On recouvre le fer et le cuivre d'une couche d'étain, métal moins oxydable et moins attaquable par les acides. Le fer recouvert d'étain est appelé *fer-blanc* ou *fer étamé*.

Il y a deux sortes d'étamages : le premier, qu'on dit brillant, pour lequel on n'emploie que de l'étain pur; le second, qui est terne, est fait avec un alliage formé de 1/4 d'étain et de 3/4 de plomb. Voici comment sont fabriquées les lames de fer-blanc livrées au commerce :

On prend des lames de fer rectangulaires, appelées *bidons*; on les chauffe à une température intermédiaire entre le blanc et le rouge cerise, et on les lamine. Après un premier laminage, les bords, qui sont *criqués*, sont régularisés à la cisaille; puis on procède au *dérochage*, qui a pour but de dissoudre l'oxyde formé à la surface des lames de tôle, par l'action de l'air et de la tempépérature à laquelle elles ont été portées. Ce dérochage se fait en les plongeant dans un bain d'eau acidulée avec un 1/4 d'acide chlorhydrique. Au bout de cinq minutes environ, on les retire pour les mettre dans des bâches métalliques, qu'on ferme hermétiquement et qu'on introduit dans un four. Après un séjour qui varie de six à trois heures, suivant le mode de chauffage, on les retire et on les polit, en les faisant passer cinq ou six fois sous des cylindres lamineurs, travaillés avec le plus grand soin. Après les avoir recuites et décapées encore une fois, on les trempe, sans les sécher, dans un bain de suif, qui détache du métal la couche d'air adhérente à sa surface. Elles sont alors plongées dans un premier bain d'étain fondu, où elles restent deux minutes environ; puis elles passent dans un second bain d'étain, moins chaud que le précédent. A la sortie de ce bain, chaque lame est déjà recouverte d'une certaine épaisseur d'alliage ; on enlève l'excès d'étain avec une brosse de laine, et l'on achève l'étamage en les plongeant, sans les y laisser séjourner, dans un bain d'étain qui n'a pas encore servi ; ensuite on les fait égoutter dans un bain de suif. Mais, dans cet égouttage, l'étain s'accumule à la partie inférieure de chaque lame et forme un bourrelet, qu'on fait disparaitre en le fondant dans un bain d'étain, profond de 7 à 8 millimètres. Enfin on enlève la couche de suif, qui reste à la surface des lames, en les passant dans des caisses remplies de son.

259. On fabrique aussi, pour les besoins de l'industrie, du fil de fer qu'on recouvre d'une couche de zinc et qu'on appelle *fer galvanisé*.

La galvanisation se fait de la manière suivante : le fil de fer se déroule d'une bobine et passe dans un bain d'acide sulfurique étendu, puis dans un bain de chlorhydrate d'ammoniaque, où il achève de se décaper. A la sortie de ces bains de décapage, il traverse un bain de zinc fondu, à la surface duquel on a mis une couche de petits morceaux de coke, pour empêcher que le métal en fusion ne s'enflamme. Le fer s'allie au zinc, et, à la sortie du bain, s'enroule sur une bobine.

Souvent aussi la tôle de fer est, dans le même but, recouverte de zinc. On l'appelle aussi *fer galvanisé*. Ce dernier est supérieur au fer-blanc, parce que, dans le fer-blanc, le fer et l'étain forment un couple voltaïque dans lequel le fer est l'élément oxydable. Aussi, lorsqu'en coupant une lame de fer-blanc on a mis quelques points du fer en contact avec l'air, ce métal s'altère rapidement. Le fer galvanisé résiste mieux, parce que, dans le couple voltaïque formé par le fer et le zinc, c'est ce dernier qui est l'élément oxydable.

C'est aussi pour les garantir de l'oxydation qu'on recouvre d'émail certains ustensiles de ménage en fer ou en fonte, qu'on recouvre de plombagine la fonte et le fer, qu'on peint le fer avec du minium.

260. Propriétés des oxydes métalliques. — Les oxydes métalliques sont tous solides à la température ordinaire, inodores, d'une couleur variable, d'une densité plus grande que celle de l'eau. Ils sont insolubles dans l'eau, à l'exception des oxydes de potassium et de sodium, qui sont très solubles, et des oxydes de calcium, de magnésium et de plomb, qui se dissolvent en petite quantité.

261. Réduction des oxydes métalliques. — L'hydrogène décompose plusieurs oxydes métalliques;

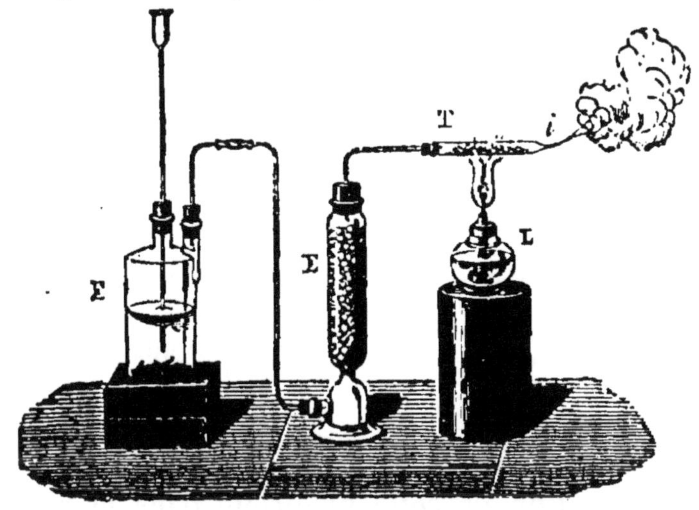

Fig. 104. — Décomposition de l'oxyde de cuivre par l'hydrogène.

il forme de l'eau avec leur oxygène et le métal est mis à nu. On dit que l'oxyde est *réduit*.

Si l'on fait arriver de l'hydrogène sec sur de l'oxyde de cuivre en poudre, contenu dans un tube à extrémité effilée (fig. 104) et, qu'après l'expulsion de l'air de l'appareil, on chauffe le tube avec une lampe à alcool, on voit aussitôt de la vapeur d'eau sortir du tube et l'oxyde de cuivre, qui était noir, prendre la couleur rouge du cuivre.

Le sesquioxyde de fer, réduit dans les mêmes circonstances, se transforme en *fer pyrophorique* qui, projeté dans l'air, s'oxyde instantanément avec incandescence.

Le charbon a, plus que l'hydrogène encore, la propriété de réduire les oxydes métalliques. Il forme, en s'emparant de leur oxygène, de l'oxyde de carbone ou de l'anhydride carbonique. Ainsi, si l'on chauffe dans un tube à essais (fig. 105) un mélange d'oxyde de cuivre et de noir de fumée, le mélange, d'abord noir, devient rougeâtre, par suite de la présence de cuivre métallique, tandis que, par le tube t, se dégage un gaz qui trouble l'eau de chaux contenue dans l'éprouvette e, ce qui montre que ce gaz est de l'anhydride carbonique.

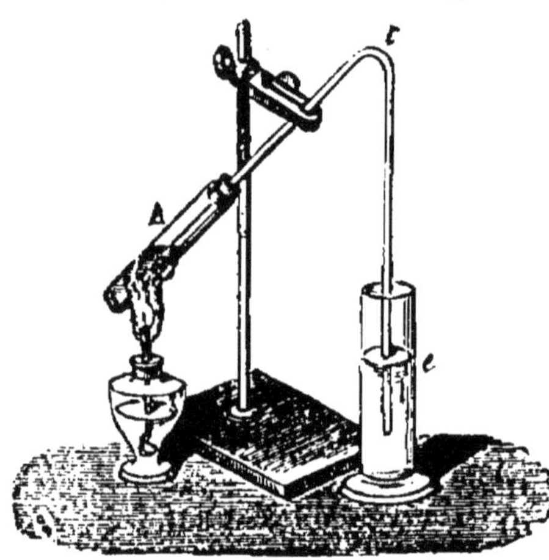

Fig. 105. — **Décomposition de l'oxyde de cuivre par le charbon.** En chauffant en A un mélange d'oxyde de cuivre et de noir de fumée, on obtient du cuivre à l'état métallique, et le gaz carbonique qui se dégage trouble l'eau de chaux contenue dans l'éprouvette e.

L'oxyde de carbone jouit aussi de la propriété de réduire les oxydes métalliques, sous l'influence d'une haute température. Nous trouverons une application de cette propriété dans la métallurgie du fer.

262. Préparation des oxydes métalliques. — Les oxydes métalliques se préparent :

1° *Par l'oxydation du métal.* — Exemples : Oxydes de zinc, de plomb ;

2° *Par la décomposition d'un sel par voie sèche.* — Exemples : La chaux se prépare en décomposant par la chaleur le carbonate de calcium ; l'oxyde de cuivre peut se préparer en décomposant son azotate ;

3° *Par la décomposition d'un sel par voie humide.* — On obtient plusieurs oxydes métalliques en les déplaçant, par une autre base, de leurs sels dissous dans l'eau. Ainsi préparés, les oxydes sont, pour la plupart, hydratés, c'est-à-dire combinés avec de l'eau. Si l'on verse de la potasse dans une dissolution de sulfate de cuivre, il se forme du sulfate de potassium, et il se précipite de l'oxyde de cuivre hydraté.

OXYDES MÉTALLIQUES IMPORTANTS AU POINT DE VUE DE LEURS APPLICATIONS

263. Potasse caustique ou hydrate de potassium KOH. — Le corps auquel on donne le nom de *potasse caustique*, pour le distinguer de la *potasse du commerce*, qui est du carbonate de potassium, est un hydrate de potassium KOH. C'est un corps solide, blanc, se présentant ordinairement sous forme de plaquettes. Il est très soluble dans l'eau et le phénomène de dissolution est accompagné d'un dégagement de chaleur, parce qu'il se forme une combinaison de potasse et d'eau.

La potasse constitue une base énergique, très caustique, capable de ronger les chairs : son affinité pour l'eau en fait un corps très déliquescent, qui se transforme rapidement à l'air en carbonate de potassium.

264. Préparation. — On prépare la potasse en traitant par la chaux une dissolution bouillante de carbonate de potassium. Le carbonate est décomposé : il se forme du carbonate de calcium insoluble, et la potasse reste dissoute. On évapore la liqueur filtrée et l'on a comme résidu la potasse dite *potasse à la chaux*. En cet état, elle contient des sels étrangers, des chlorures, des sulfates qui se trouvaient dans le carbonate employé, et un peu de carbonate, qui s'est formé pendant l'évaporation à l'air. Pour l'avoir plus pure, on la dissout dans l'alcool, qui ne dissout pas les corps étrangers, et l'évaporation de la liqueur alcoolique donne comme résidu la potasse pure, dite *potasse à l'alcool*.

265. Usages. — La potasse caustique sert en médecine, sous le nom de *pierre à cautère*. On lui donne alors la forme de baguettes, en la coulant dans un moule semblable à celui que représente la ligure 106. A l'état de dissolution obtenue par l'action de la chaux sur le carbonate de potassium, elle sert à la fabrication des savons mous.

Elle est souvent employée, dans les laboratoires, pour précipiter les oxydes métalliques.

Fig. 106. — Moule à couler la potasse.

266. Soude caustique ou hydrate de sodium NaOH. — On prépare ce corps comme l'hydrate de potassium. Ses propriétés sont à peu près les mêmes.

267. Chaux vive CaO. — Le protoxyde de calcium, ou *chaux vive*, s'obtient par la décomposition, au rouge, du carbonate de calcium. Il est peu soluble dans l'eau, avec laquelle il se combine en dégageant de la chaleur et en formant un hydrate. Nous en verrons les applications en étudiant les chaux industrielles.

268. Chaux hydratée Ca(OH)². — On obtient la chaux hydratée en délayant de la chaux vive dans l'eau : on obtient ainsi un *lait de chaux*. Une partie de la chaux se dissout et, en laissant déposer le lait de chaux, on a une liqueur limpide, qu'on appelle *eau de chaux*, qui est employée dans les laboratoires et en pharmacie.

En mélangeant, à parties égales, de l'eau de chaux et de l'huile d'olive, on peut préparer soi-même le *liniment oléo-calcaire*, très efficace contre les brûlures. Il suffit d'en recouvrir la partie brûlée et d'appliquer un tampon d'ouate.

L'eau de chaux doit être conservée en flacons bouchés, afin d'éviter l'action de l'air, dont l'anhydride carbonique agirait sur la chaux et formerait du carbonate de calcium.

La chaux hydratée perd son eau sous l'influence de la chaleur, tandis que la potasse et la soude hydratées la conservent. C'est un caractère qui distingue les métaux *alcalins* des métaux *alcalino-terreux*. Voir le *Tableau de classification des métaux* (255).

269. **Protoxyde de baryum ou baryte** BaO. — La baryte est un protoxyde de baryum, qui sert à extraire l'oxygène de l'air. Voir *Cours de 1ᵣₑ année* (31). C'est un corps solide, blanc grisâtre, qu'on obtient en chauffant au rouge de l'azotate de baryum. Il forme un hydrate $Ba(OH)^2$.

270. **Protoxyde de magnésium** ou **magnésie** MgO. — La magnésie est un corps blanc, qu'on obtient en calcinant, au-dessous du rouge, la *magnésie blanche* des pharmaciens, ou *hydrocarbonate* de magnésium. C'est un corps fusible seulement à la température de l'arc électrique. Elle est un peu soluble dans l'eau et forme un hydrate $Mg(OH)^2$.

Quand elle a été légèrement calcinée, elle sert à combattre les empoisonnements par l'acide arsénieux et les aigreurs d'estomac.

271. **Sesquioxyde d'aluminium** ou **alumine** Al^2O^3. — L'aluminium forme, avec l'oxygène, un sesquioxyde appelé *alumine*.

L'alumine pure est blanche ; elle constitue une poudre légère, qui happe à la langue. L'alumine est indécomposable par la chaleur et par le charbon seul ; un mélange d'alumine et de charbon, chauffé au rouge, se décompose par un courant de chlore et donne du chlorure d'aluminium anhydre. L'alumine est difficilement soluble dans les acides : hydratée, elle s'y dissout facilement ; avec la potasse, la soude et la baryte elle forme des aluminates solubles. Elle a une grande affinité pour les matières colorantes, avec lesquelles elle forme des composés insolubles, appelés *laques*. Pour montrer cette affinité, on peut faire bouillir une décoction de cochenille avec de l'alumine en gelée, obtenue en précipitant par l'ammoniaque un sel soluble d'aluminium, l'alun par exemple. Si l'on filtre ensuite la liqueur, qui était rouge de carmin avant l'ébullition, elle passe incolore, et l'on recueille sur le filtre une laque rouge, formée d'alumine et de carmine, matière colorante de la cochenille.

A l'état de pureté, l'alumine est assez rare dans la nature; cristallisée et incolore, elle constitue la pierre précieuse appelée *corindon*; colorée par des oxydes métalliques, elle constitue le *rubis*, qui est rouge de feu, la *topaze orientale*, qui est jaune, le *saphir oriental*, qui est bleu, l'*améthyste orientale*, qui est pourpre ou violette.

L'*émeri* n'est autre que du corindon pulvérisé.

On prépare l'alumine en précipitant l'alun (sulfate double d'aluminium et de potassium) par le carbonate d'ammoniaque. Il se dégage de l'anhydride carbonique et l'on obtient un précipité gélatineux d'hydrate d'alumine.

Les sels d'aluminium sont employés en teinture.

272. Oxydes de fer. — Les principaux oxydes de fer sont :

1° Le *protoxyde*, ou *oxyde ferreux* FeO, qu'on peut obtenir à l'état d'*hydrate ferreux* $Fe(OH)^2$, en précipitant une dissolution de sulfate ferreux par une dissolution de potasse ou de soude;

2° Le *sesquioxyde anhydre*, ou *oxyde ferrique* Fe^2O^3, appelé *fer oligiste* s'il est cristallisé, *ocre rouge* s'il est amorphe et en masses terreuses, *hématite rouge* s'il a une structure fibreuse. A l'oxyde ferrique correspond l'hydrate ferrique $Fe^2(OH)^6$, qu'on peut préparer en versant une base soluble dans la dissolution d'un sel ferrique. La *rouille* est un hydrate ferrique de même composition;

3° Le sesquioxyde hydraté, de formule $2(Fe^2O^3),3H^2O$,

qu'on trouve en masses jaunes ou brunes connues, sous les noms d'*hématite brune*, de *limonite*, de *fer oolithique*;

4° L'*oxyde magnétique* Fe^3O^4, qui forme la pierre d'aimant et l'oxyde qui se détache du fer lorsqu'on le chauffe au rouge et qu'on le martèle; on l'appelle, dans ce cas, *oxyde des battitures*.

Tous les oxydes de fer qu'on trouve à l'état naturel, c'est-à-dire le fer oligiste, l'ocre rouge, l'hématite rouge, l'hématite brune, la limonite, le fer oolithique, l'oxyde magnétique, sont employés comme minerais de fer.

273. Oxyde de zinc ZnO. — Le zinc chauffé au contact de l'air se convertit en protoxyde de zinc, qui se répand dans l'air en flocons légers. La grande combustibilité du zinc est mise à profit par les artificiers : les étoiles brillantes, projetées dans l'air par les chandelles romaines, sont dues à la combustion vive du zinc pulvérulent; cette combustion est rendue plus active par l'oxygène, que lui cède le salpêtre qui est mélangé avec lui.

L'oxydé de zinc est connu dans le commerce sous le nom de *blanc de zinc*; il est employé en peinture et remplace souvent la *céruse* ou *blanc de plomb*, qui est un mélange d'oxyde de plomb hydraté et de carbonate de plomb.

Il se fabrique par l'oxydation directe du zinc, chauffé à une température suffisante. La figure 107 représente les appareils ordinairement employés. Des cornues A sont disposées dans un fourneau : on les emplit de zinc. Le métal fond et se vaporise; la vapeur, en arrivant à l'ouverture de la cornue, y rencontre un courant d'air qui l'oxyde; une partie de l'oxyde retombe en D, mais la plus grande partie est emportée dans des chambres, qu'il traverse en serpentant, et où il se dépose; si bien que l'air qui s'échappe n'en emporte que des quantités minimes.

L'oxyde de zinc a, sur le blanc de plomb, l'avantage

de ne pas noircir à l'air, au contact de l'acide sulfhydrique; cela tient à ce que le sulfure de zinc est blanc,
tandis que le sulfure de plomb est noir : de plus il n'a
pas les propriétés vénéneuses du blanc de plomb. La

Fig. 107. — Fabrication du blanc de zinc.

peinture au blanc de zinc tend à remplacer de plus en
plus la peinture au blanc de plomb.

274. Bioxyde de manganèse MnO^2. — Le bioxyde
de manganèse est un corps noir, qu'on trouve dans la
nature. Il sert à la préparation de l'oxygène et surtout
à celle du chlore.

275. Oxydes d'étain. — Quand on chauffe de
l'étain fondu à l'air, la surface du bain liquide se
recouvre d'une poussière grise, qu'on appelle *crasse
d'étain*, et qui est un mélange de protoxyde SnO et de bioxyde SnO^2. Le bioxyde d'étain calciné est employé pour

donner de l'opalescence aux verres; il entre dans la composition des émaux et du vernis de la faïence. La *potée* d'étain, dont on se sert pour polir les objets durs, est du bioxyde d'étain, qu'on prépare en calcinant à l'air de l'étain, ou mieux un alliage d'étain et de plomb, qui est plus facile à oxyder.

276. Protoxyde de plomb PbO. — Il est connu dans le commerce sous les noms de *massicot* et de *litharge*.

Le massicot se produit quand on chauffe, au contact de l'air, le plomb liquéfié; c'est un oxyde jaune, très fusible : chauffé dans un creuset de terre, il s'unit à la silice et à l'alumine de ses parois, et forme à la surface de celles-ci un enduit vitreux très éclatant. Le creuset se perce souvent pendant cette réaction. Le massicot qui a subi la fusion et se trouve cristallisé en petites lames s'appelle *litharge*. Sa couleur est jaune rougeâtre La litharge sert à la préparation des sels de plomb. elle entre dans la composition de quelques verres; elle est la base des emplâtres pharmaceutiques. On prépare avec elle plusieurs couleurs jaunes, employées dans la peinture à l'huile.

277. Minium Pb³O⁴. — Le minium est le résultat de l'oxydation du massicot. Pour le fabriquer, on transforme d'abord le plomb en massicot, en le fondant dans un fourneau à réverbère, où il s'oxyde. Puis, après avoir séparé le métal non oxydé de l'oxyde, par un broyage entre deux meules, sous un courant d'eau, on met le massicot dans des caisses en tôle, et on le soumet à l'action de l'air, à une température inférieure à celle à laquelle le plomb s'est oxydé. Il se suroxyde et se transforme en une substance rouge, appelée *minium* : on a du minium à un, à deux, à trois, à cinq, à huit feux, suivant qu'il a été calciné un nombre de fois plus ou moins grand.

Le minium est, en raison de sa belle couleur, employé pour colorer les papiers de tenture, les cires molles et les cires à cacheter. Il sert à la fabrication du stras, du cristal, du flint-glass : on l'emploie pour le vernis des poteries communes. Avec l'huile et la céruse, il forme un mastic rouge, qui est employé pour luter les joints des machines à vapeur, des chaudières, des pompes. Nous avons vu (259) qu'on s'en sert pour préserver le fer de l'oxydation.

278. Oxyde de cuivre CuO. — C'est un corps noir, qu'on obtient en chauffant du cuivre à l'air. Il est employé en verrerie pour colorer les verres en rouge.

ACTION DU SOUFRE SUR LES MÉTAUX.
SULFURES MÉTALLIQUES

279. Le soufre sec n'agit pas sur les métaux à la température ordinaire; mais chauffé, il se combine avec eux, et souvent même il y a dégagement de chaleur, comme nous l'avons vu à propos de la combinaison du soufre et du cuivre.

En présence de l'eau, la combinaison du soufre et du métal se fait à la température ordinaire. Ainsi, deux parties de limaille de fer et une partie de fleur de soufre, mélangées avec un peu d'eau tiède, se combinent bientôt, avec dégagement de chaleur et avec vaporisation de l'eau introduite dans la pâte.

280. Propriétés. — Les sulfures métalliques sont solides et cassants. Ils sont, en général, colorés : le sulfure de fer, ou *pyrite*, est jaune; le sulfure de mercure, ou *cinabre*, est rouge; le sulfure de plomb, ou *galène*, est d'un gris noirâtre. La coloration varie selon que le sulfure est naturel ou qu'il a été préparé artificiellement; ainsi le sulfure de zinc naturel est jaune brun, tandis que celui qu'on obtient par l'action de l'acide sulfhydrique sur un sel de zinc est blanc.

Les sulfures sont insolubles dans l'eau, à l'exception des sulfures des métaux alcalins, alcalino-terreux et du sulfure de magnésium. Ils conduisent mal la chaleur et l'électricité.

281. Préparation des sulfures. — 1° On peut chauffer directement le soufre avec le métal (sulfures de fer et de cuivre).

2° On peut décomposer un sulfate par le charbon (sulfures de potassium, de sodium et de baryum).

3° On peut faire agir l'acide sulfhydrique sur les sels dissous dans l'eau (sulfures de cuivre, d'argent, de plomb, d'étain, etc.); ou bien un sulfure alcalin sur un sel (sulfures de fer, de zinc, etc.).

282. Principaux sulfures. — La nature et les laboratoires nous offrent un grand nombre de sulfures.

Le potassium forme plusieurs sulfures, qu'on trouve dans les eaux minérales sulfureuses. La substance appelée *foie de soufre*, dont on se sert pour la préparation des bains sulfureux, est un mélange de sulfure de potassium KS^5 et de sulfate neutre de potassium.

Le fer forme avec le soufre : 1° le protosulfure de fer FeS, corps noir, qu'on emploie à la préparation de l'hydrogène sulfuré; 2° le bisulfure de fer FeS^2, ou *pyrite* de fer, employé à la préparation de l'anhydride sulfureux dans la fabrication industrielle de l'acide sulfurique (217).

Le zinc forme avec le soufre un sulfure ZnS, qu'on trouve dans la nature et qu'on appelle *blende*. C'est de la blende qu'on extrait le zinc.

L'étain forme deux sulfures, le protosulfure SnS et le bisulfure d'étain SnS^2. Ce dernier a une couleur jaune d'or, il est onctueux. On l'appelle aussi *or mussif*. Il sert à bronzer le plâtre et le bois. On s'en servait autrefois pour enduire les coussins des machines électriques.

Le sulfure de plomb PbS est un corps qu'on trouve dans la nature, et auquel on a donné le nom de *galène*. Il a l'aspect métallique et une couleur grise. C'est de la galène qu'on extrait le plomb.

Le cuivre forme avec le soufre deux sulfures, le sous-sulfure Cu^2S et le sulfure de cuivre CuS. Le premier sert de minerai de cuivre, ainsi que la pyrite de cuivre, qui est un sulfure double de cuivre et de fer $Cu^2S + Fe^2S^3$.

Le sulfure de mercure HgS est un corps rouge, quand il est cristallisé. Il constitue le *cinabre*, qui est le minerai de mercure. Le *vermillon* est une variété de cinabre, qu'on emploie en peinture; on le fabrique en chauffant, dans un vase en fer, du mercure, du soufre et une dissolution de potasse.

Le sulfure d'argent Ag^2S constitue le principal minerai d'argent. Il est souvent associé dans la nature à la galène et constitue les *galènes argentifères*, dont on extrait aussi l'argent.

ACTION DU CHLORE SUR LES MÉTAUX.
CHLORURES MÉTALLIQUES

283. Tous les métaux sont attaqués par le chlore, à l'exception du platine et de quelques métaux analogues.

La combinaison se fait souvent à froid et produit un dégagemement de chaleur considérable. Si l'on introduit de l'antimoine en poudre dans un flacon, il y a combinaison instantanée avec dégagement de chaleur et de lumière.

284. Propriétés des chlorures métalliques. — La plupart des chlorures métalliques sont solides; quelques-uns, comme le bichlorure d'étain, sont liquides. Leur couleur est variable. Ils sont, en général, capables de se volatiliser sous l'influence de la chaleur. La plupart sont très solubles; le chlorure de plomb l'est peu; le chlorure d'argent et le protochlorure de mercure (calomel) sont insolubles.

285. Préparation. — Les chlorures métalliques peuvent se préparer soit par l'action du chlore, soit par celle de l'acide chlorhydrique sur le métal, sur les oxydes, les sulfures ou les carbonates.

286. Principaux chlorures. — Les principaux chlorures sont le chlorure d'ammonium, le chlorure de potassium, le chlorure de sodium, qui sera étudié plus loin, le chlorure de calcium, les chlorures d'étain, d'argent, de mercure et d'or.

Chlorure d'ammonium AzH^4Cl, ou *chlorhydrate d'ammoniaque*, ou *sel ammoniac*. — On le prépare en chauffant, avec de la chaux, soit les eaux de condensation obtenues dans la fabrication du gaz d'éclairage, soit les urines fermentées, et en faisant arriver l'ammoniaque qui se dégage dans une dissolution d'acide chlorhydrique. Il sert à décaper les surfaces métalliques oxydées et à préparer l'ammoniaque.

Son action dans le décapage s'explique ainsi. Sous l'action de la chaleur, l'oxyde métallique est réduit; il se forme un chlorure du métal, qui se volatilise, et la surface métallique se trouve mise à nu.

Chlorure de potassium KCl. — C'est un corps blanc, qui a la saveur du sel; il est plus soluble dans l'eau que ce dernier. On le trouve en abondance dans les mines de Stassfurt en Prusse. Il est employé dans la transformation de l'azotate de sodium du Pérou en azotate de potassium, dans la fabrication de l'alun. C'est un excellent engrais *potassique*, c'est-à-dire capable de donner aux plantes la potasse qui leur est nécessaire [1].

Chlorure de calcium $CaCl^2$. — Le chlorure de calcium est un corps déliquescent, très avide d'eau : aussi l'emploie-t-on pour dessécher les gaz. Il sert à la préparation de mélanges réfrigérants. On l'obtient en attaquant le carbonate de calcium par l'acide chlorhydrique.

Chlorure de zinc $ZnCl^2$. — Le chlorure de zinc, qu'on prépare en dissolvant le zinc dans l'acide chlorhydrique et en évaporant la dissolution, sert comme antiseptique. Il est employé pour désinfecter les fosses d'aisances : mélangé au sel ammoniac, il sert, dans la

---

.1. Voir, dans la Bibliothèque des Écoles primaires supérieures et professionnelles, le *Cours d'agriculture et d'horticulture*, par MM. Montoux et Lambert, 1re année.

soudure des métaux, à décaper les surfaces métalliques.

Chlorures d'étain. — Il existe deux chlorures d'étain, le protochlorure d'étain $SnCl^2$, ou *sel d'étain*, et le bichlorure d'étain $SnCl^4$. Le premier est un réducteur énergique qui sert, dans l'impression des toiles peintes, pour ronger en certains endroits le sesquioxyde de fer déposé à leur surface et obtenir des dessins blancs sur fond rouille. Il sert aussi à enlever les taches d'encre. Le bichlorure d'étain sert en teinture, à l'état de *composition d'étain*, qui est un mélange de protochlorure et de bichlorure : cette composition avive la couleur de la cochenille et la transforme en couleur écarlate.

Chlorures de mercure. — Il y a deux chlorures de mercure : le *protochlorure* $HgCl$, ou *calomel*, employé comme purgatif, et le *bichlorure* $HgCl^2$, ou *sublimé corrosif*, qui est un poison violent. Sa dissolution est employée comme antiseptique, sous le nom de *Liqueur de Van Swieten*. Il sert aussi à la conservation des pièces anatomiques et à la chloruration des métaux.

Chlorure d'argent $AgCl$. — Le chlorure d'argent se décompose et brunit sous l'influence de la lumière; de là son emploi en photographie. L'argent s'extrait de sulfures d'argent, qu'on transforme d'abord en chlorures d'argent.

Chlorure d'or $AuCl^3$. — Ce corps est le résultat de la dissolution de l'or dans l'eau régale (245). Il sert en chimie à réduire les matières organiques et, en photographie, dans le tirage des épreuves positives.

ACTION DES ACIDES SULFURIQUE, CHLORHYDRIQUE ET AZOTIQUE SUR LES MÉTAUX USUELS

287. Action de l'acide sulfurique sur les métaux usuels. — L'acide sulfurique attaque tous les métaux, excepté l'or et le platine, en formant avec eux des sulfates. A chaud, il y a dégagement d'anhydride sulfureux; à froid il se produit, avec le fer et le zinc, un dégagement d'hydrogène. La préparation de l'anhydride sulfureux et celle de l'hydrogène reposent sur ces réactions.

Nous avons vu (223) la composition des sulfates; nous allons maintenant étudier les plus importants de ces sels.

288. Sulfate ferreux $SO^4Fe + 7H^2O$. — Le sulfate ferreux, appelé aussi *vitriol vert*, ou *couperose verte*, est le plus important des sels de fer. On le prépare soit en attaquant par l'acide sulfurique étendu des fragments de fer, soit en oxydant à l'air des argiles pyriteuses. Dans ce dernier cas, lorsqu'au bout de plusieurs mois la transformation du sulfure en sulfate est accomplie, on soumet la masse à des lavages et l'on obtient le sulfate par cristallisation.

Le sulfate ferreux se présente en beaux cristaux verts, solubles dans l'eau. Il s'oxyde à l'air et se recouvre d'une couche brunâtre de sulfate ferrique. Chauffé au rouge, le sulfate de fer se décompose en sesquioxyde de fer, en anhydride sulfureux et en acide sulfurique. Cette propriété est utilisée dans l'industrie. L'acide sulfurique qui distille, et qu'on recueille, est connu sous le nom d'acide sulfurique *de Saxe* ou de *Nordhausen* et est préféré, pour dissoudre l'indigo, à l'acide provenant des chambres de plomb.

Le sesquioxyde de fer, résidu de la distillation, est employé, sous le nom de *colcothar* ou *rouge d'Angleterre*, pour la peinture et le polissage des glaces et des métaux.

Le sulfate ferreux est très employé en teinture pour la production des noirs, pour la préparation des cuves d'indigo, pour la fabrication de l'encre ordinaire. Il sert à la désinfection des fosses d'aisances. On l'emploie aussi quelquefois, mais à petite dose, pour combattre la chlorose des végétaux et, mélangé avec de la chaux, pour badigeonner, à l'hiver, les troncs d'arbres fruitiers, afin de détruire les parasites animaux et végétaux.

289. Sulfate de zinc SO^4Zn+7H^2O. — Le sulfate de zinc, ou *couperose blanche*, ou *vitriol blanc*, se présente en beaux cristaux blancs, solubles dans l'eau. On le prépare en attaquant le zinc par l'acide sulfurique. Il sert dans l'impression des tissus et en médecine.

290. Sulfate de cuivre SO^4Cu+5H^2O. — Le sulfate de cuivre, ou *vitriol bleu*, ou *couperose bleue*, est le plus important des sels de cuivre.

La plus grande partie du sulfate de cuivre livré au commerce s'obtient en grillant à l'air des sulfures de cuivre, en lessivant ensuite le résidu de ce grillage, qui a transformé le sulfure en sulfate, et en faisant cristalliser les eaux de lavage.

On prépare aussi une grande quantité de sulfate de cuivre de la manière suivante. On prend de vieilles lames de cuivre, hors d'usage; on les mouille et on les saupoudre de soufre. Ainsi préparées, elles sont chauffées au rouge : il se forme du sulfure de cuivre, qui se transforme en sulfate, sous l'influence d'un courant d'air. Chaudes encore, elles sont plongées dans l'eau, qui dissout le sulfate formé; elles sont ensuite saupoudrées de soufre et soumises à un nouveau traitement. Quant à la dissolution de sulfate, elle est mise à cristalliser.

Enfin, on peut encore fabriquer le vitriol bleu en traitant directement des planures et des rognures de cuivre par l'acide sulfurique, qui, à chaud, les transforme en sulfate.

Le sulfate de cuivre est employé en teinture, en galvanoplastie et pour le montage des piles du genre Daniell. C'est un antiseptique; aussi en injecte-t-on certains bois, comme les poteaux télégraphiques, pour en assurer la conservation. On l'utilise, en agriculture, pour détruire les parasites du blé employé comme semence; cette opération, nommée *sulfatage*, remplace avantageusement le *chaulage*, c'est-à-dire le traitement par la chaux.

On emploie aujourd'hui de grandes quantités de sulfate de cuivre pour préparer la *bouillie bordelaise*, destinée à combattre le *mildiou* de la vigne, champignon parasite, et d'autres maladies cryptogamiques de divers végétaux. Pour préparer la bouillie bordelaise, on fait dissoudre dans un vase *non métallique*, pour éviter le dépôt de cuivre (166), 2 kilogrammes de sulfate de cuivre dans 90 litres d'eau; puis à cette dissolution on ajoute, par petites quantités et en agitant, un lait de chaux formé de 1 kilogramme de chaux éteinte et de 10 litres d'eau. On répand ordinairement la bouillie bordelaise sur les végétaux au moyen d'appareils spéciaux nommés *pulvérisateurs*.

291. Aluns. — Les aluns sont des sulfates doubles très importants : ils forment une classe de corps dont la formule est : $SO^4M^2 + (SO^4)^3M'^2 + 24H^2O$, M désignant un métal monovalent et M' un métal capable, comme l'aluminium, le fer, le chrome, de former avec l'acide sulfurique un sulfate ayant pour formule $(SO^4)^3M'^2$.

Dans le commerce, on désigne spécialement sous le nom d'*alun* soit le sulfate double de potassium et d'aluminium $SO^4K^2 + (SO^4)^3Al^2 + 24H^2O$, soit le sulfate double d'ammonium et d'aluminium $SO^4(AzH^4)^2 + (SO^4)^3 Al^2 + 24H^2O$.

L'alun de potasse est un sel blanc, qui cristallise en octaèdres réguliers ou en cubes transparents. Il a une saveur astringente. A froid, il est peu soluble; à chaud, il l'est davantage. Sous l'influence de la chaleur, il fond d'abord dans son eau de cristallisation et donne, par le refroidissement, une masse vitreuse, appelée *alun de roche*; chauffé plus fortement, il perd toute son eau, se boursoufle et forme, au-dessus du creuset où se fait la fusion, une espèce de champignon. Il se présente alors sous la forme d'une matière pulvérulente anhydre, appelée *alun calciné*, que les médecins emploient comme caustique. Une plus haute température le décompose et laisse pour résidu un mélange d'alumine et de sulfate de potassium.

L'alun d'ammoniaque cristallise en octaèdres. Il est blanc et a tout à fait l'aspect de l'alun de potasse. Trituré avec de la chaux et un peu d'eau dans un mortier, il laisse dégager une odeur ammoniacale, qui permet de le distinguer de l'alun de potasse. Soumis à la calcination, il se décompose et laisse un résidu d'alumine. L'alun ammoniacal est le plus employé dans l'industrie.

292. *Usages de l'alun.* — La principale application de l'alun est celle qu'en font les teinturiers et les imprimeurs sur tissus. Il leur sert de *mordant*, c'est-à-dire de substance capable de créer entre le tissu et la matière colorante une affinité plus grande et de former avec cette dernière un composé *insoluble* et coloré, qui se fixe sur l'étoffe.

L'alun est aussi employé pour la conservation des gélatines, pour la préparation des peaux, pour l'encollage de la pâte à papier, pour l'épuration des suifs, etc.

293. **Action de l'acide chlorhydrique sur les métaux usuels.** — L'acide chlorhydrique attaque à froid le fer, le zinc, le cuivre, l'étain, et donne lieu à un chlorure et à de l'hydrogène ; à chaud, il n'attaque presque pas le plomb et l'argent. Il n'attaque ni l'or ni le platine.

Nous avons étudié les principaux chlorures, à propos de l'action du chlore sur les métaux (286).

294. **Action de l'acide azotique sur les métaux usuels.** — L'acide azotique fortement concentré n'a d'action que sur les métaux facilement oxydables, comme le potassium et le sodium ; l'acide azotique étendu d'eau attaque tous les métaux, excepté l'or et le platine ; il les transforme en azotates, avec dégagement de produits oxygénés de l'azote.

Le fer, plongé dans l'acide concentré, non seulement n'est pas attaqué par cet acide, mais devient inattaquable aussi par l'acide étendu d'eau. On dit qu'il est devenu *passif*; mais si on le touche alors avec une tige de cuivre, ou une tige de fer non plongée dans l'acide monohydraté, l'attaque se produit aussitôt très violemment.

Les azotates se décomposent par la chaleur, en donnant généralement de l'oxygène. Projetés sur des charbons incandescents, ils *fusent*, parce que la combustion du charbon se trouve activée par l'oxygène dégagé.

Les azotates les plus importants sont : les azotates de potassium et de sodium, qui seront étudiés plus tard ; l'azotate de mercure, qui sert en chapellerie au *sécrétage* des poils de lièvre et de lapin employés à la fabrication des chapeaux (le sécrétage a pour effet de provoquer dans le poil une torsion, une crispation qui le rend plus apte au travail de la chapellerie) ; l'azotate d'argent, employé en médecine sous le nom de *pierre infernale*, pour cautériser les plaies. Il est aussi employé en photographie.

295. **Expériences simples.** — Réduire du sesquioxyde de fer par l'hydrogène (fig. 104) et de l'oxyde de cuivre par le charbon (fig. 105).

Précipiter de l'oxyde de fer hydraté, en versant, dans une dissolution de sulfate de fer, quelques gouttes d'une dissolution de potasse, de soude ou d'ammoniaque. Filtrer et abandonner à l'air l'oxyde resté sur le filtre : de verdâtre qu'il était, il devient brun en se suroxydant : d'oxyde ferreux, il devient oxyde ferrique. Il en est de même de tous les composés ferreux qui tendent, par une suroxydation, à passer à l'état de composés ferriques.

Préparer de la potasse caustique, de la façon suivante : Faire chauffer avec de l'eau de la cendre de bois tamisée ; filtrer et faire ensuite bouillir le liquide obtenu avec de la chaux, jusqu'à ce que, prenant un peu de liqueur et la laissant reposer, une goutte d'acide ne fasse plus effervescence avec le liquide clair qui surnage. On doit conserver la dissolution de potasse dans des flacons bien bouchés.

Précipiter du sulfure de cuivre, en versant quelques gouttes d'une dissolution d'acide sulfhydrique dans une dissolution de sulfate de cuivre.

Verser de l'acide chlorhydrique sur de la grenaille de zinc : il se dégage de l'hydrogène et il reste en dissolution du chlorure de zinc qu'on peut obtenir par évaporation.

Faire attaquer du cuivre par de l'acide azotique.

Réaliser l'expérience du fer passif (294).

CHAPITRE X

Potasses et soudes du commerce. — Application au blanchissage. — Azotates de potassium et de sodium. — Sel marin. — Sel gemme.

296. Potasses du commerce. — Lorsqu'on fait brûler à l'air des végétaux, on obtient pour résidu de la *cendre.* Ce résidu se compose de toutes les substances minérales fixes que les végétaux avaient prises au sol. La composition de ce résidu varie suivant la nature du terrain dans lequel les plantes ont poussé; celles qui croissent à l'intérieur des terres donnent un résidu riche surtout en sels de potassium; les plantes marines fournissent des cendres plus riches en sels de sodium.

297. Dans le commerce, on désigne, sous le nom de *potasse,* le carbonate de potassium plus ou moins pur que fournissent les cendres des plantes qui ont végété dans l'intérieur des terres.

L'incinération est pratiquée dans les pays riches en bois, comme la Russie, l'Amérique, la Toscane, et même dans certaines localités de la France. Elle donne un résidu blanc grisâtre, composé de différents sels : parmi eux, les uns sont solubles, comme le carbonate de potassium et les autres insolubles ou très peu solubles, comme le carbonate de calcium.

Ces cendres sont lessivées à l'eau, dans des tonneaux

sciés par la moitié. Les liqueurs fournies par le lessivage sont évaporées à siccité et donnent un résidu coloré, désigné sous le nom de *salin*. La coloration du salin est due à la présence de matières organiques charbonneuses, dont on le débarrasse en le calcinant dans des fours que représente la figure 108. Ils se distinguent des fours ordinaires en ce que la flamme du foyer, après en avoir parcouru l'intérieur, sort en avant par la porte où s'effectue le travail de la matière, qu'un

Fig. 108. Fabrication de la potasse.

ouvrier, armé d'une spatule en fer, écrase et transforme en petits fragments, auxquels on donne le nom de *potasse perlasse*.

298. On désigne sous le nom de *cendres gravelées*, de *védasse*, une variété de carbonate, qu'on obtient en décomposant par la chaleur le bitartrate de potassium, renfermé dans les lies de vin.

299. La distillation des mélasses fermentées de betteraves donne un résidu qui contient aussi des sels de potassium, et qu'on utilise pour la fabrication d'une potasse dite *potasse de mélasse*.

300. **Usages.** — Les potasses du commerce servent dans la fabrication des verres de Bohême, dans la cristallerie, dans la confection des savons mous, dans le chamoisage des peaux, etc.

301. **Soudes du commerce.** — Dans le commerce,

on désigne sous le nom de *soudes* des carbonates de sodium plus ou moins impurs, qu'on divise en *soudes naturelles* et en *soudes artificielles*.

302. Soudes naturelles. — Dans les contrées méridionales, on rencontre sur le bord de la mer certaines plantes qui, comme les *barilles*, les *salicors*, absorbent par leurs racines le chlorure de sodium dont le sol est imprégné, élaborent ce composé pendant leur végétation et le transforment partiellement en sels organiques, à base de soude. On fait brûler ces plantes dans des fosses à moitié remplies; les cendres subissent une demi-fusion et le produit de l'opération est livré au commerce sous le nom de *soudes naturelles*. Il constitue une masse brune. L'usage des soudes naturelles, dont les plus estimées sont celles d'Alicante et de Malaga, qui contiennent 20 à 25 p. 100 de carbonate de sodium sec, est maintenant remplacé par celui des *soudes artificielles*.

303. Soudes artificielles. — *Procédé Leblanc.* — On doit à Leblanc, chimiste français, un procédé de fabrication de la soude artificielle, qu'il inventa, en 1791, à l'époque où la guerre continentale empêchait l'importation en France des soudes espagnoles.

Ce procédé consiste à chauffer, dans un four à réverbère, un mélange de sulfate de sodium, de craie, ou carbonate de calcium, et de charbon. A cette température, les deux premiers corps donnent lieu, par leur contact, à une double décomposition et à la production de carbonate de sodium et de sulfate de calcium qui, réduit lui-même par le charbon, forme du sulfure de calcium. On trouve aussi dans la masse une certaine quantité de chaux, provenant de l'action réductrice du charbon sur un excès de carbonate de calcium.

La formule théorique de cette préparation est la suivante :

$$SO^4Na^2 + CO^3Ca + 4C = CO^3Na^2 + CaS + 4CO$$

Sulfate de sodium.	Carbonate de calcium.	Charbon.	Carbonate de sodium.	Sulfure de calcium.	Oxyde de carbone.

La calcination du mélange se fait dans les fours que représente la figure 109. La flamme du foyer passe sur la matière, qui est étalée sur la sole du fourneau, et qu'un ouvrier peut brasser à l'aide de râbles introduits par les

Fig. 109. — Fabrication de la soude.

portes P, P'. Lorsque la calcination est faite, l'ouvrier sort du four la masse fondue et la fait tomber dans un petit chariot en fer C, où elle se solidifie. Cette masse brunâtre constitue la *soude brute*, qu'on utilise directe-

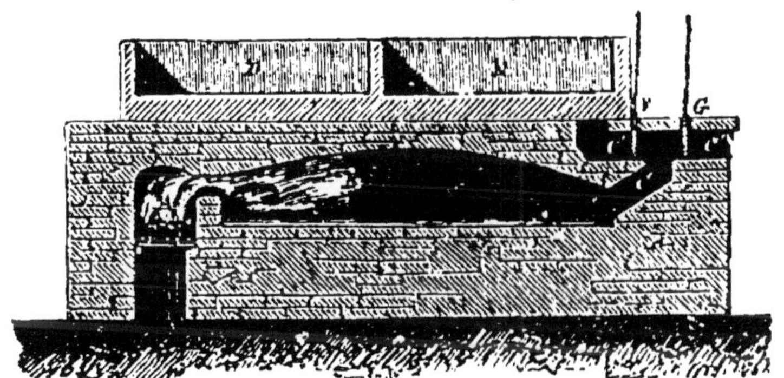

Fig. 110. — Fabrication de la soude.

ment dans certaines industries (fabrication du verre à bouteilles et des savons).

La soude brute est ensuite lessivée; l'eau dissout le carbonate de sodium et laisse comme résidu la chaux, le sulfure de calcium et le charbon. Les lessives sont évaporées, d'abord dans des cuves D et E (fig. 110), placées au-dessus du four B, puis sur la sole du four à réverbère B, où des ouvriers remuent la masse en grains.

Le produit blanc ainsi obtenu constitue ce qu'on appelle le *sel de soude*. Il contient du sulfate de sodium et du chlorure de sodium.

Quant au produit désigné sous le nom de *cristaux de soude*, et qui est beaucoup plus pur, on l'obtient en dissolvant le sel de soude et en le faisant cristalliser de nouveau.

304. *Procédé à l'ammoniaque.* — Le procédé Leblanc est presque entièrement abandonné aujourd'hui et la soude artificielle se prépare actuellement par le procédé dit *à l'ammoniaque*, qui repose sur la réaction suivante. Si l'on traite par le bicarbonate d'ammoniaque une solution de chlorure de sodium, il se forme du bicarbonate de sodium, qui se précipite, et du chlorhydrate d'ammoniaque, qui reste dissous :

$$CO^3(AzH^4)H \;+\; NaCl \;=\; CO^3NaH \;+\; AzH^4Cl$$

Bicarbonate d'ammoniaque.	Chlorure de sodium.	Bicarbonate de sodium.	Chlorhydrate d'ammoniaque.

On obtient la même réaction en faisant passer un excès d'anhydride carbonique dans une solution ammoniacale de chlorure de sodium. Le bicarbonate de sodium précipité est séparé par filtration, lavé, séché, puis porté à une température qui le transforme en carbonate neutre; l'anhydride carbonique, qui se dégage dans cette torréfaction, rentre dans la fabrication.

305. **Usages des soudes du commerce.** — Les soudes du commerce, ou sel de soude, ont de nombreux usages. A l'état brut, ce corps sert aux savonniers, qui le transforment en soude caustique, aux blanchisseurs, aux fabricants de verres à bouteilles. Raffiné, il est employé dans la fabrication des glaces, de la verrerie fine, des savons de toilette. La teinture, le blanchissage et l'impression des étoffes, etc., en font un usage considérable.

BLANCHISSAGE DU LINGE

306. Lorsqu'on met la potasse ou la soude en présence d'une matière grasse, il y a combinaison entre la base et un principe acide que fournit le corps gras. Cette combinaison est ce qu'on appelle un *savon*. L'acide gras, étant peu énergique, est insuffisant pour neutraliser la potasse ou la soude, de sorte que le savon formé conserve une réaction basique et possède la propriété de dissoudre les matières grasses, à peu près comme le ferait la base; c'est ce qui fait qu'on emploie le savon pour dégraisser les étoffes, le savon dissolvant les corps gras qui sont à leur surface. Tels sont les principes sur lesquels repose le blanchissage, qui comprend plusieurs opérations successives :

1° *Le triage;* 2° *le trempage;* 3° *l'essangeage;* 4° *le coulage;* 5° *le lavage ou savonnage;* 6° *le rinçage et l'azurage;* 7° *le séchage;* 8° *le repassage.*

1° **Triage.** — Le triage a pour but de séparer le linge à blanchir en plusieurs catégories, suivant son degré de finesse et son degré de malpropreté.

2° **Trempage.** — Le trempage, ou imbibition à l'eau froide, se fait ordinairement dans des baquets et a pour but de débarrasser le linge des matières solubles dans l'eau, qui peuvent l'imprégner.

3° **Essangeage.** — L'essangeage est destiné à enlever tout ce que l'eau de savon, aidée de frictions, peut dissoudre ou détacher. On s'aide souvent de battoirs dans cette opération, mais l'usage des battoirs nuit à la solidité du linge.

4° **Lessivage ou coulage.** — Le lessivage, ou coulage, consiste à faire passer à travers le linge une dissolution alcaline, obtenue à l'aide de la soude, de la potasse ou de la cendre. Cette opération a pour but de saponifier les corps gras qui salissent le linge, c'est-à-dire de les combiner avec l'alcali et par suite de les dissoudre, cette combinaison étant soluble dans l'eau.

Le procédé suivant est le plus employé dans les maisons particulières. On dispose le linge dans un grand cuvier, muni d'un robinet à sa partie inférieure et d'un double fond grillagé. On le recouvre ensuite d'une grosse toile, appelée *charrier*, sur laquelle on place les cendres qui doivent fournir le carbonate de potassium. On verse de l'eau chaude sur la cendre; cette eau dissout le carbonate de potassium des cendres, traverse peu à peu le linge et descend dans le double fond, d'où on l'extrait, à l'aide d'un robinet, pour la faire chauffer de nouveau et la reverser sur le charrier. On doit arriver, d'une manière progressive, à faire passer de l'eau bouillante sur le linge; si l'on employait, au début, de l'eau trop chaude, cette élévation brusque de température aurait pour effet de crisper le tissu et de coaguler à sa surface des matières animales et albumineuses, qu'on n'enlèverait plus qu'avec difficulté. C'est ce qu'expriment les ménagères en disant que l'emploi d'eau trop chaude *cuit la saleté à la surface du linge.*

Ce procédé présente de nombreux inconvénients; il exige un temps très long, quinze à vingt heures; le transvasement fréquent des lessives occasionne une perte considérable de chaleur, un dégagement de vapeurs, qui fatigue la poitrine et les yeux des laveuses; de plus, par le contact fréquent avec la lessive chaude, leurs mains sont attendries et rendues très sensibles; enfin la lessive, refroidie par le linge, n'est jamais à 100° dans les parties moyenne et inférieure du cuvier; par suite la saponification des matières grasses reste incomplète; il en résulte que beaucoup de taches subsistent et exigent, dans le lavage, l'emploi d'un excès de savon, qui augmente la dépense.

Pour rémédier à tant d'inconvénients, on a construit différents appareils. Nous allons en décrire un, très employé dans les maisons particulières.

Une chaudière A (fig. 111), en tôle ou en fonte, est

montée sur un fourneau en fonte; elle est surmontée
d'un cuvier B, en tôle galvanisée ou en bois, dont le fond
est une grille en bois C; ce cuvier est fermé par le haut
avec un couvercle. La chaudière est divisée en deux
compartiments par une cloison courbe D, placée vers le
milieu de sa hauteur; cette cloison porte en son milieu
un tube qui s'élève dans le cuvier, et va déboucher en
haut de l'appareil : ce tube est enveloppé d'un autre

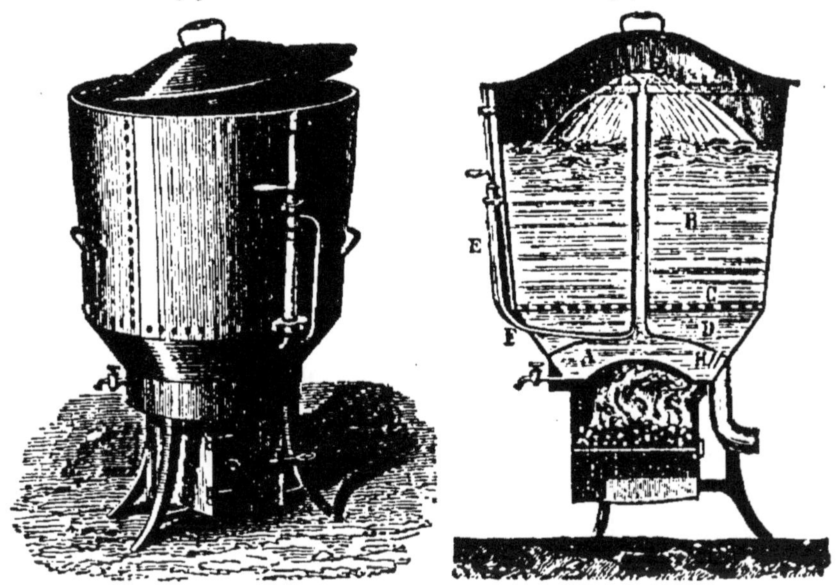

Fig. 111. — Blanchissage du linge.

tube; enfin un troisième tube H part de la cloison et
plonge au fond de la chaudière.

Voici comment fonctionne cet appareil. Le linge est
placé dans le cuvier sur le fond grillagé. La chaudière
est emplie soit d'une lessive de cendres, soit d'une dissolution de sel de soude, contenant 20 kilogrammes de
sel de soude pour 100 kilogrammes de linge (la lessive
ne doit jamais marquer plus de 3° à l'aréomètre de
Baumé). Quand le cuvier et la chaudière sont pleins, on
commence à chauffer, et, de quart d'heure en quart
d'heure, on fait jouer une pompe E disposée latéralement; cette pompe puise le liquide dans la chaudière,

et le refoule dans l'espace annulaire compris entre les deux tubes centraux. La lessive retombe sur le linge, l'arrose à des températures croissantes, et retourne dans la chaudière, par les ouvertures du grillage C. Au bout d'un certain temps, les bulles de vapeur commencent à prendre naissance, et, après avoir suivi la concavité de la cloison, s'élèvent dans le tube central, dont elles projettent le liquide à la surface du linge. Ces affusions par entraînement, d'abord rares, deviennent de plus en plus fréquentes, à mesure que la température s'élève : lorsqu'elle a atteint 100°, elles se font d'une manière continue. La vapeur qui s'élève au milieu du linge entretient la température à 100°.

Cet appareil fonctionne bien; il permet de supprimer l'essangeage et de le remplacer par un simple trempage à l'eau froide.

5° **Lavage ou savonnage.** — Il est destiné à enlever, à l'aide du savon, les dernières taches qui ont résisté au coulage.

6° **Rinçage et azurage.** — On rince ensuite le linge à l'eau froide, afin de débarrasser le tissu de l'eau de savon qui l'imprègne. Il est ensuite azuré par un passage au bleu, afin de faire disparaître la teinte jaune qu'il présente et de la remplacer par une teinte agréable à l'œil.

7° **Séchage.** — Le séchage a pour but d'évaporer l'eau qui mouille encore le linge.

Il est ordinairement précédé du *tordage*, qui doit être pratiqué avec grande précaution, si l'on ne veut nuire à la solidité du linge. Pour éviter cette altération, qui se produit toujours, quels que soient les soins employés, on se sert, dans les blanchisseries, d'appareils appelés *essoreuses*. Ils se composent d'un tambour (fig. 112), dont la surface est percée de trous et qui peut être animé d'un mouvement rapide de rotation autour de son axe. Le linge mouillé est placé dans ce tambour; pendant la rotation, une force, dite *force centrifuge*, se développe et écarte les corps du centre de rotation. Le linge ne peut aller plus loin que la paroi du tambour, mais l'eau s'échappe à travers les orifices dont celui-ci est percé, et s'écoule dans l'enveloppe qui entoure le tambour.

Le linge peut être ensuite plus rapidement séché, soit à l'air froid, soit dans les séchoirs à air chaud.

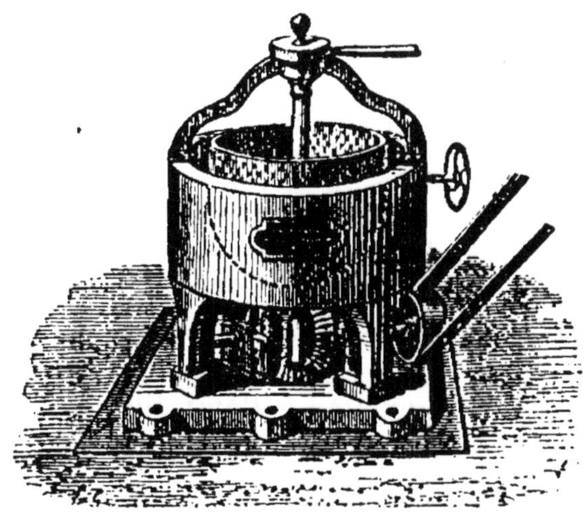

Fig. 112. — Essoreuse.

8° Repassage. — Enfin le *repassage*, précédé souvent de l'amidonnage pour les linges fins, sert à faire disparaître tous les plis et toutes les rugosités du tissu.

Azotate de potassium

307. L'azotate de potassium AzO^3K, appelé aussi *azotate de potasse, salpêtre, nitre, sel de nitre, nitrate de potasse*, est très répandu aux Indes, en Égypte, dans l'île de Ceylan, en Espagne et dans quelques localités de l'Italie et de la France méridionale. Dans l'Inde, il affleure à la surface du sol, où on le recueille avec de longs balais en houssine, d'où le nom de *salpêtre de houssage*. Souvent aussi on lave la terre salpêtrée, et les lessives évaporées rapidement donnent des cristaux de

salpêtre impur, qui, arrivés en Europe, sont soumis à un raffinage.

Le salpêtre se trouve aussi en assez grande quantité dans les plâtras provenant des démolitions des parties inférieures des vieux bâtiments. On soumet ces matériaux au lessivage. Les lessives qui en proviennent contiennent, outre le salpêtre, des azotates de calcium, de magnésium, des chlorures de potassium et de sodium, dont on les débarrasse par une série d'opérations dans le détail desquelles nous n'entrerons pas.

308. Formation naturelle du salpêtre. — Nous avons montré (185) comment l'ammoniaque se transforme en acide azotique sous l'influence des corps poreux et surtout sous l'influence de deux ferments, dont l'un, le *ferment nitreux*, transforme d'abord l'ammoniaque en *acide azoteux* ou *nitreux*, l'autre, le *ferment nitrique*, transforme l'acide nitreux en *acide azotique* ou *nitrique*. Ces acides ne peuvent exister à l'état libre, car ils se trouvent en contact soit avec des bases, soit avec des sels facilement décomposables : il se forme donc définitivement des azotates divers tels que *azotate de potassium, de sodium, de calcium, de magnésium*. La formation naturelle des azotates, par l'oxydation des matières ammoniacales, a reçu le nom de *nitrification*.

C'est par la nitrification qu'on explique la présence de l'azotate de potassium dans les vieux murs et à la surface du sol dans les pays chauds, ainsi que la formation des gisements de nitrate de sodium au Pérou.

309. Fabrication de l'azotate de potassium. — La plus grande partie du salpêtre que consomme l'Europe est obtenue au moyen de l'azotate de sodium que produit le Pérou. Cet azotate, dissous dans l'eau, est traité, à chaud, par le chlorure de potassium; la concentration, à chaud, détermine une double décomposition; il se forme du chlorure de sodium, qui cristallise à l'ébullition, et de l'azotate de potassium, que la liqueur laisse déposer par refroidissement :

$$AzO^3Na \quad + \quad KCl \quad = \quad AzO^3K \quad + \quad NaCl$$

| Azotate | Chlorure | Azotate | Chlorure |
| de sodium | de potassium | de potassium | de sodium |

310 Raffinage. — Le salpêtre ainsi obtenu, ou celui qui provient du lessivage des plâtras, est dit *brut*; il contient des chlorures qui, par leur déliquescence, le rendraient impropre à la fabrication de la poudre. On l'en débarrasse, dans le raffinage, par une nouvelle cristallisation et en versant, à froid, sur les cristaux une dissolution saturée d'azotate de potassium pur, qui déplace peu à peu les chlorures.

Le salpêtre raffiné ne doit pas contenir plus de 1 p. 100 de chlorure.

311. Propriétés. — Le salpêtre est blanc; sa saveur est fraîche.

Il est beaucoup plus soluble dans l'eau chaude que dans l'eau froide. Il fond à la température rouge et se décompose, en donnant lieu à un dégagement d'oxygène; c'est ce qui fait qu'au rouge ce corps active la combustion du charbon, du soufre, du phosphore, etc.

C'est aussi sur cette propriété qu'est fondé son emploi dans la fabrication de la poudre noire.

312. Poudre noire. — La poudre noire est un mélange de salpêtre, de soufre et de charbon. Lorsqu'on enflamme ce mélange, l'oxygène renfermé dans l'azotate de potassium oxyde le charbon et le transforme en anhydride carbonique; le soufre forme avec le potassium du sulfure de potassium. L'anhydride carbonique porté à une haute température dans un espace relativement restreint, l'âme d'un fusil ou d'un canon, par exemple, y prend une force élastique considérable, qui lance en avant le projectile que renferme l'arme. Le soufre introduit dans le mélange lui donne l'inflammabilité nécessaire; le charbon lui donne la force de projection.

Dans la combustion de la poudre, les phénomènes ne sont pas aussi simples que nous l'avons supposé; il se produit aussi de l'oxyde de carbone, de l'acide sulfhydrique, de l'hydrogène carboné, etc.; mais la réaction principale est celle que nous avons indiquée.

Le charbon et le soufre sont pulvérisés ensemble, puis mêlés au salpêtre et humectés d'une petite quantité d'eau. Le mélange est d'abord remué à la main, ensuite par des pilons, mus mécaniquement, qui le triturent dans des mortiers en chêne. La figure 113 représente un pilon et un mortier. Les pilons sont quelquefois remplacés par des meules verticales, tournant dans des auges. La matière est ensuite soumise à une pression qui la transforme en *galettes*, séchée, puis divisée sur un crible appelé *guillaume*, par l'action d'un disque lenticulaire D (fig. 114), qui, dans un mouvement de va-et-vient imprimé à l'appareil, tourne contre la circonférence du crible, et force la poudre à se diviser en grains assez petits pour

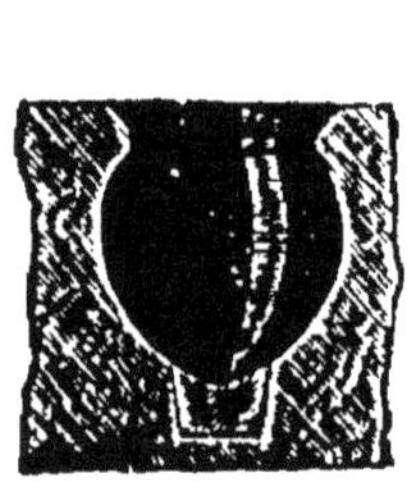

Fig. 113. — Pilon et mortier
pour la fabrication de la poudre.

Fig. 114. — Guillaume pour concasser
la poudre et la réduire en grains.

passer à travers deux tamis destinés, le premier à retenir ceux qui sont trop gros, le second à laisser passer seulement ceux qui sont trop petits.

La poudre est ensuite séchée par un courant d'air.

Avant le séchage, la poudre de chasse est soumise à une nouvelle opération, le *lissage*. Elle est remuée dans des tonneaux armés, à l'intérieur, de côtes saillantes et soumis à un mouvement de rotation. Le frottement que subissent les grains leur donne une surface polie et bril-

lante, ce qui fait que la poudre n'a plus de tendance à
s'égrener davantage et à se réduire en poussière trop
fine.

313. Azotate de sodium AzO³Na. — L'*azotate de
sodium*, appelé souvent *azotate de soude* ou *nitrate, de
soude*, est abondant dans la nature. On le trouve au
Pérou, en bancs d'une étendue considérable. C'est un
sel blanc, soluble dans l'eau. Il sert à la fabrication de
l'acide azotique et de l'azotate de potassium. On en
emploie aujourd'hui de grandes quantités en agriculture.

**314. Emploi de l'azotate de sodium en agri-
culture.** — L'azotate de sodium est un excellent
engrais azoté dont les effets sont, pour ainsi dire, immédiats, car il est très soluble, et l'azote, se trouvant dans
ce sel sous la forme nitrique, est immédiatement absorbé
par les plantes (185). Cependant son mode d'emploi est
subordonné à la propriété importante qu'a le sol de ne
point retenir les nitrates, à l'inverse de ce qui se passe
pour les autres principes fertilisants. Il s'ensuit qu'on ne
doit pas enfouir le nitrate de soude à l'automne, comme
certains autres engrais, car il serait entraîné par les
pluies d'hiver dans le sous-sol. On l'emploie *en couverture*, c'est-à-dire qn'on le répand sur des plantes déjà
levées, ou peu de temps avant les semailles ou les planta-
tions de printemps[1].

CHLORURE DE SODIUM

315. Le chlorure de sodium NaCl est un corps solide,
cristallisant en cubes. Quand la cristallisation se fait
dans une eau très tranquille, les cristaux s'accolent de
manière à former des pyramides quadrangulaires creuses,

---

1. Voir, dans la Bibliothèque des Écoles primaires supérieures
et professionnelles, le *Cours d'agriculture et d'horticulture* par
MM. Montoux et Lambert, 1ʳᵉ année.

dont chaque face est formée par des gradins; ces cristaux prennent le nom de *trémies*. Le chlorure de sodium est ordinairement anhydre. Il est soluble dans l'eau, fond au rouge sans se décomposer. Projeté sur des charbons ardents, il décrépite avec violence, par suite de la volatilisation de son eau d'interposition; à l'air, il est déliquescent.

Il est employé, dans l'économie domestique, pour assaisonner les aliments et conserver les viandes. La fabrication de l'acide chlorhydrique et du sulfate de sodium en emploie des quantités considérables.

Ce sel provient de deux sources principales : les eaux de la mer et les mines de sel gemme.

316. 1° Extraction du sel des eaux de la mer. — L'eau de mer a la composition suivante :

Chlorure de sodium	2,72
— de potassium	0,01
— de magnésium	0,61
Sulfate de magnésium	0,76
— de calcium	0,02
Carbonates de calcium et de magnésium	0,02
— de potassium	0,02
Iodures et bromures	Traces.
Eau	95,84
	100,00

C'est par l'évaporation de cette eau qu'on obtient le sel marin. En France, cette exploitation a lieu sur les côtes de la Méditerranée, où les salines s'étendent depuis Hyères jusqu'à Port-Vendres, et sur les côtes de l'Océan, où les plus importantes sont celles du Croisic, non loin de Nantes.

Dans les salines du Midi, que nous prendrons pour type, l'eau de mer est d'abord amenée dans un large bassin peu profond, où elle abandonne les matières en suspension. De là, elle passe dans une série de bassins rectangulaires, où elle abandonne du carbonate de calcium, mêlé de traces de sesquioxyde de fer. Elle marquait

3°,5 Baumé à l'entrée dans ces bassins : elle en marque 15 quand elle en sort. Elle se rend de là dans un réservoir ou *puits*, d'où elle est extraite par des pompes, qui l'envoient dans de nouveaux bassins, où elle se concentre encore. Quand elle marque 18°, le sulfate de calcium se dépose. L'évaporation continuant, elle arrive à marquer 24°; elle est prête alors à laisser déposer le chlorure de sodium. A ce moment, on l'envoie dans un nouveau puits, appelé *puits de l'eau en sel*. Des pompes l'y reprennent et l'envoient dans de très petits bassins, à surface lisse et bien battue. Ces bassins sont appelés *tables salantes*. C'est là que le sel se dépose. Quand la couche a atteint une épaisseur de 4 à 5 centimètres, on fait couler l'eau et l'on recueille le sel, qu'on met en tas et qu'on fait égoutter. On obtient ainsi le sel appelé *sel gris* ou *sel de cuisine*. Pour avoir le sel blanc, ou sel de table, on redissout dans l'eau le sel gris, et l'on fait cristalliser par évaporation à chaud.

Autrefois les eaux mères, qui avaient donné le sel, étaient renvoyées à la mer. Aujourd'hui, grâce aux procédés indiqués par Balard [1], on en extrait : 1° du sulfate de sodium, par la réaction, à basse température, du sulfate de magnésium sur le chlorure de sodium resté dans les eaux mères; 2° toute la potasse, à l'état de chlorure de potassium.

317. **2° Mines de sel gemme.** — On rencontre, dans certains pays, de véritables mines de sel; ce sel est désigné sous le nom de *sel gemme*. Les mines les plus importantes sont celles de Wieliczka et de Bochnia en Pologne, de Cordoue en Espagne. Il en existe aussi dans l'Allemagne méridionale et dans quelques localités de la France (Vic, Dieuze, etc.). Le sel est extrait à la pioche.

---

1. Balard (Antoine-Jérôme), né à Montpellier en 1802, mort à Paris en 1876. Professeur de chimie à la Sorbonne, membre de l'Académie des sciences. Il a découvert le brome.

Les mines de Cordoue sont exploitées à ciel ouvert; celles de Wieliczka sont souterraines.

Quand le sel est mélangé à des matières étrangères, comme en Souabe, en Bavière et en Wurtemberg, on pratique dans la mine un trou de sonde, dans lequel on place un tube percé d'ouvertures à sa partie inférieure. Entre ce tube et les parois du trou de sonde, on fait arriver de l'eau, qui dissout le sel. La solution descend au fond du trou, en vertu de sa densité plus grande, et pénètre dans le tube par les ouvertures inférieures. Des pompes vont l'y puiser, et elle est ensuite évaporée dans des chaudières, où elle laisse déposer du sel très pur.

318. Expériences simples. — Préparer du carbonate de potassium de la façon suivante. Faire bouillir de l'eau avec des cendres de bois tamisées; filtrer et faire bouillir le liquide clair obtenu jusqu'à évaporation complète. Le résidu est, en grande partie, formé de carbonate de potassium, *sel déliquescent*; tandis que du carbonate de sodium, qu'on pourrait préparer par un procédé identique, en traitant des cendres de plantes marines, est *efflorescent*.

Montrer qu'on peut distinguer les carbonates des autres sels par l'effervescence qu'ils produisent avec les acides.

Faire constater que les azotates de potassium et de sodium fusent quand on les projette sur des charbons incandescents.

Mélanger une pincée de salpêtre avec un volume égal de charbon de bois pulvérisé. Enflammer le mélange, qui brûle vivement. Se baser sur cette expérience pour expliquer la combustion de la poudre.

CHAPITRE XI

Chaux. — Mortiers. — Ciments.

319. Nous avons vu, à propos des oxydes métalliques (267), que la chaux était un protoxyde de calcium. Nous allons maintenant étudier sa préparation industrielle et ses applications.

320. **Préparation, cuisson de la chaux.** — On prépare la chaux vive, dans l'industrie, en décomposant par la chaleur du carbonate de calcium, ou pierre à chaux : l'anhydride carbonique se dégage et la chaux reste.

Fig. 115. Coupe d'un four à chaux dit four intermittent.

Cette opération se fait dans des fours dits *fours à chaux*. Il y en a plusieurs sortes.

Le four que représente, en coupe, la figure 115 est

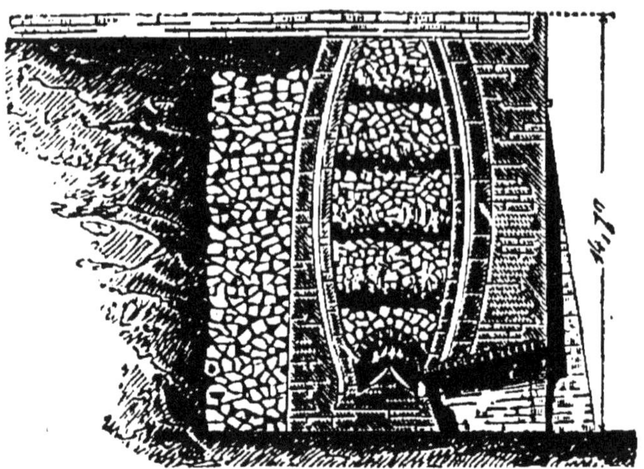

Fig. 116. — Coupe d'un four à chaux dit four coulant.

construit en briques et garni, à l'intérieur, de briques

Fig. 117. — Four à chaux dit four coulant.

réfractaires. Pour le charger, on fait, au-dessus de la
grille sur laquelle on brûle le combustible, une espèce de

voûte, avec de gros morceaux de pierre à chaux, et l'on achève de remplir le four avec des morceaux de moins en moins gros. On brûle dans le foyer des fagots, des broussailles et de la tourbe. Lorsque la cuisson est terminée, on décharge le four.

Le four que nous venons de décrire et les fours de construction analogue sont dits *intermittents*, parce qu'à chaque cuisson on est obligé d'arrêter le feu et de les décharger entièrement.

Les fours dits *coulants*, que représentent les figures 116 et 117, sont plus économiques. La pierre à chaux et le combustible y sont chargés par couches alternatives. On défourne la chaux par le bas,

Fig. 118. — Coupe d'un four à chaux à foyer latéral.

à mesure qu'elle est cuite, et par l'orifice supérieur, on ajoute de nouvelles charges de pierre à chaux et de combustible. On voit que, dans ce procédé, la cuisson est continue et qu'on n'a pas besoin d'arrêter le feu pour recharger le four.

La figure 118 représente une autre sorte de four coulant, qui offre un foyer latéral A, dans lequel on place le combustible. Un conduit B mène la flamme vers trois ouvertures pratiquées dans la circonférence du four et dans un même plan horizontal; c'est en ces points que s'effectue surtout la cuisson. La chaux, à mesure qu'elle est cuite, est extraite par l'ouverture D.

321. Chaux grasses. Chaux maigres. Chaux hydrauliques. — En raison de leurs propriétés, les chaux se divisent en *chaux aériennes*, qui comprennent les *chaux grasses* et les *chaux maigres*, et en *chaux hydrauliques*.

322. La *chaux grasse* foisonne beaucoup par l'extinction; elle est ordinairement très blanche, d'une pureté assez grande, se dissout dans l'acide chlorhydrique presque sans effervescence et sans résidu. Elle forme, avec l'eau, une bouillie liante. Lorsqu'on fait une boule avec de la chaux grasse en pâte et qu'on l'expose à l'air libre, ou mieux à un courant d'anhydride carbonique, elle se carbonate et reprend tous les caractères de la pierre calcaire. La chaux grasse provient de la calcination complète de la craie, du marbre, enfin des pierres à chaux les plus pures.

On donne le nom de *chaux maigres* à celles qui proviennent de pierres calcaires renfermant des proportions assez fortes d'argile, de carbonates de magnésium et de fer. Elles foisonnent peu, sont grises ou fauves, ne s'échauffent guère et donnent, avec l'eau, une pâte courte et peu liante. Lorsqu'on les traite par l'acide chlorhydrique, elles laissent un résidu. L'ammoniaque ajoutée à la liqueur y produit un précipité assez abondant de magnésie; les chaux grasses ne présentent pas ce précipité, ou tout au moins il y est très léger.

323. On appelle *chaux hydrauliques* celles qui se solidifient promptement sous l'eau : les unes, moyennement hydrauliques, font prise sous l'eau au bout de six à huit jours et acquièrent, après six mois, la consistance de la pierre tendre; d'autres, éminemment hydrauliques, n'exigent pas quatre jours pour la prise, et, six mois après, sont transformées en pierre faisant feu au briquet. Elles se dissolvent dans l'acide chlorhydrique sans effervescence, en laissant un résidu plus ou moins abondant. La liqueur évaporée donne une poudre qui, traitée par

l'eau, laisse un résidu insoluble d'argile. (L'argile est un silicate d'aluminium.)

Vicat, ingénieur des ponts et chaussées, a donné la théorie suivante sur la formation et la solidification des chaux hydrauliques. Elles sont produites par des calcaires contenant de 10 à 30 p. 100 d'argile. Pendant la cuisson, le carbonate de calcium se décompose et une partie de la chaux réagit sur l'argile, pour former du silicate de calcium avec une partie de la silice qu'elle contient. La chaux hydraulique cuite est donc un mélange de silicate de calcium, de silicate d'aluminium et d'un grand excès de chaux vive. Mis en présence de l'eau, ces trois corps s'hydratent et constituent une substance insoluble et excessivement dure.

On peut faire artificiellement de la chaux hydraulique, en calcinant un mélange de quatre parties de craie et d'une partie d'argile.

324. Ciments. — On appelle *ciments* des chaux tellement hydrauliques qu'elles n'ont besoin que d'être gâchées avec une quantité d'eau convenable pour se solidifier presque immédiatement. On les obtient en calcinant des calcaires qui renferment de 30 à 60 pour 100 d'argile. Les plus connus sont ceux de Vassy, de Boulogne, de Portland. On peut obtenir des ciments artificiels par la cuisson d'un mélange de carbonate de calcium et de 40 p. 100 d'argile.

325. Pouzzolanes. — On appelle *pouzzolanes* des argiles poreuses, d'origine volcanique, qui, gâchées en proportions convenables avec la chaux grasse, la rendent instantanément hydraulique. C'est avec elles que les architectes romains durcissaient leurs mortiers.

326. Mortiers. — On appelle *mortiers* des mélanges de chaux éteinte et de sable, destinés à unir les matériaux des constructions.

Les mortiers ordinaires sont faits avec des chaux aériennes. Ils acquièrent peu à peu de la dureté, parce que la chaux, en se carbonatant à l'air, adhère aux grains de sable, dont le rôle purement physique a pour effet d'atténuer le retrait considérable que subit la chaux en se solidifiant. Les mortiers ordinaires ne résistent pas à l'action de l'eau, qui les désagrège.

Les mortiers hydrauliques, destinés à la construction des canaux, des ponts, des citernes, etc., résultent du mélange de chaux hydraulique et de sable, ou du mélange de chaux grasse et de matières cuites, comme les tuiles, les poteries, les briques pilées, les pouzzolanes, etc. Leur solidification s'explique d'après ce que nous avons dit sur les chaux hydrauliques. Ils résistent à l'action de l'eau.

327. Béton. — On donne le nom de *béton* à des mélanges de mortier hydraulique et de petites pierres. Le béton est employé dans les constructions hydrauliques; il permet d'entreprendre des travaux qu'on considérait autrefois comme inexécutables et de produire, dans certains cas, un sol artificiel très résistant et propre aux constructions.

CHAPITRE XII

328. Argiles. — L'argile pure est un silicate d'aluminium. C'est une matière blanche, douce au toucher et difficilement fusible. L'argile est douée de plasticité, c'est-à-dire qu'elle peut former, avec l'eau, une pâte liante, facile à pétrir et à façonner. Lorsqu'on la soumet à l'action de la chaleur, elle subit un retrait accompagné de fendillements dans la masse. Lorsqu'elle a été calcinée, elle absorbe l'eau avec rapidité. Posée sur la langue, elle absorbe la salive qui la mouille; on dit alors qu'elle *happe* à la langue.

L'argile la plus pure est le *kaolin*, ou *terre à porcelaine*, qu'on trouve, notamment, dans les environs de Limoges et en Saxe.

La plupart des argiles n'ont pas la pureté du kaolin. En outre du silicate d'aluminium, elles contiennent de l'oxyde de fer et de la chaux, qui leur donnent une fusibilité que n'a pas l'argile pure.

L'argile entre dans la composition de la terre végétale. Par la propriété qu'elle possède de retenir l'eau, elle empêche le dessèchement trop rapide du sol.

329. On distingue :

1° Les *argiles plastiques*, qui sont onctueuses au toucher et forment avec l'eau une pâte très liante et

longue qui, sans fondre, acquiert une grande densité
par la chaleur. Telles sont les argiles de Nanterre, de
Forges-les-Eaux et de Gournay. Elles servent à la fabrication des poteries, des briques réfractaires, des creusets, etc.

2° Les argiles *smectiques*, qui, bien qu'onctueuses,
ne forment avec l'eau qu'une pâte ductile et fusible à la
température des fours à porcelaine. On les emploie pour
le dégraissage et le foulage des draps. On les connaît
sous le nom de *terres à foulon*. Les plus renommées sont
celles d'Issoudun, de Villeneuve (Isère) et de Ritteneau,
en Alsace.

3° Les argiles *figulines*, qui sont facilement fusibles
et sont douées d'un peu de plasticité. On les emploie
dans la fabrication des poteries grossières, à pâte
poreuse et rougeâtre, dans celle des vases dits de *terre
cuite*. Vanves, Arcueil et Vaugirard en fournissent de
grandes quantités.

4° Les *marnes* sont des mélanges d'argile et de calcaire, employés en agriculture pour l'amendement des
terres.

POTERIES

330. L'argile est éminemment propre à la fabrication
des poteries, tant au point de vue de sa plasticité qu'à
celui de la dureté qu'elle acquiert par la cuisson. Aussi
forme-t-elle la base de toutes les poteries; mais elle
n'est jamais employée seule, à cause du retrait qu'elle
subit à la cuisson, retrait qui déterminerait la rupture
des objets ou, tout au moins, des gerçures. On la mélange
alors avec des substances dites *dégraissantes* (telles que
le quartz, le sable, les feldspaths, la craie, la poudre
d'os, le sulfate de calcium, etc.), qui diminuent le
retrait de la matière, mais qui, en même temps, lui
enlèvent de la plasticité et la rendent plus poreuse et
plus difficile à travailler.

Les poteries sont, en général, recouvertes d'un enduit fusible, appelé *couverte* ou *glaçure*. C'est une espèce de vernis, destiné soit à les rendre imperméables aux liquides, soit à leur donner une surface polie, d'un aspect plus agréable. Les couvertes sont composées de matières fusibles et vitrifiables. Elles sont incolores et transparentes pour les poteries fines, opaques et généralement colorées pour les poteries ordinaires.

331. Nous diviserons les poteries en deux groupes.

1º *Les poteries à pâte demi-vitrifiée*, dont la pâte a subi, pendant la cuisson, un commencement de fusion qui les a rendues à peu près imperméables aux liquides; mais, comme la surface en est rugueuse, on les recouvre d'un vernis, qui assure une imperméabilité parfaite. Ce groupe comprend surtout les porcelaines et les grès.

2º *Les poteries à pâte poreuse*, telles que les faïences et les poteries communes, qu'on recouvre aussi d'un vernis pour les rendre imperméables.

Il convient de citer encore, comme produits fabriqués avec l'argile, les *terres cuites*, non recouvertes d'un vernis, comme les briques, les tuiles, les carreaux, etc.

L'art de fabriquer tous ces objets se nomme *céramique*.

Nous allons étudier sommairement la fabrication des principaux produits céramiques, particulièrement celle de la porcelaine.

POTERIES A PATE DEMI-VITRIFIÉE. PORCELAINE

332. Les matières premières employées à la fabrication de la porcelaine sont : le kaolin, qui est de l'argile pure et constitue l'élément plastique, un sable quartzeux, qui joue le rôle de substance dégraissante, et du feldspath, silicate double d'aluminium et de potassium, qui fait éprouver à la porcelaine un commencement de fusion et la rend translucide.

333. **Préparation des pâtes.** — Ces matières

sont d'abord broyées et finement pulvérisées; comme quelques-unes ont une grande dureté, le feldspath et le quartz, par exemple, on les chauffe au rouge avant de les soumettre aux appareils broyeurs, pour faire naître chez elles un grand nombre de fissures, qui les rendent plus fragmentables. L'élévation de température qu'on leur fait subir a, du reste, l'avantage de déterminer l'apparition de différentes colorations, qui rendent facile l'élimination des parties ferrugineuses, dont la présence nuirait à la blancheur de la porcelaine.

Lorsque le broyage est suffisant, on lave les matières pour séparer les graviers grossiers. Puis on mêle, à l'état humide, du kaolin, du quartz et du feldspath lavés. Le mélange doit être rendu aussi intime que possible par le malaxage. Les pâtes sont ensuite amenées à un degré de consistance convenable par une dessiccation qu'on obtiént soit en comprimant la bouillie liquide dans des sacs de toile serrée, soit en la chauffant, soit encore en l'abandonnant dans des caisses de plâtre, dont les parois poreuses absorbent l'eau et facilitent son évaporation.

Lorsque les pâtes sont arrivées au degré de consistance voulu pour être travaillées, elles doivent encore être pétries et battues, pour acquérir l'homogénéité nécessaire. Ainsi préparées, elles pourraient servir à la fabrication de la porcelaine; mais on a reconnu qu'on améliorait leur qualité en les abandonnant, pendant plusieurs années, au contact de l'air. Elles subissent alors ce qu'on appelle la *pourriture*, phénomène assez complexe, dans lequel la matière organique, que contient l'eau ou la pâte, se détruit par une combustion spontanée et modifle, d'une manière utile, la composition chimique de quelques-unes des substances employées.

Les pâtes ainsi préparées doivent être façonnées; on emploie pour cela trois procédés différents :

1° Le travail sur le tour; 2° le moulage; 3° le coulage.

334. 1° Travail sur le tour. — Le tour du potier

consiste en un axe vertical, sur la partie inférieure
duquel est planté un grand disque horizontal en bois,
que l'ouvrier peut faire tourner avec le pied (fig. 119).
Un second disque, plus petit que le premier, est fixé à la
partie supérieure de l'axe et reçoit la pâte qui doit être
façonnée. L'ouvrier est assis sur un banc; il place au
centre du disque supérieur la quantité de pâte nécessaire, met le tour en mouvement et façonne la pièce en

Fig. 119. — Fabrication de la porcelaine (ébauchage et tournassage).

lui donnant approximativement, avec la main, la forme
et la dimension qu'elle doit avoir. Cette première opération s'appelle l'*ébauchage*; elle est exécutée par l'ouvrier représenté en A sur la figure. L'objet ébauché est
abandonné, pendant quelque temps, à une dessiccation
spontanée, qui lui fait acquérir plus de consistance.
Puis on lui donne sa dernière forme et ses dimensions
en l'entamant, pendant que le tour est en mouvement,
avec un outil tranchant. C'est là un travail analogue à
celui du tourneur sur bois; il est appelé *tournassage*;
l'ouvrier placé en B sur la figure est occupé à terminer
un vase par le tournassage.

335. 2º **Moulage.** — Le moulage des pièces de por-

celaine peut s'exécuter de plusieurs manières, dans des moules en plâtre ou en terre cuite. Ils sont souvent composés de plusieurs pièces, qu'on peut séparer pour sortir l'objet fabriqué.

336. Dans le *moulage à la balle*, on fait pénétrer avec le pouce, dans toutes les cavités, aussi également que possible, de petites balles de pâte, qu'on juxtapose et que l'on comprime pour les souder ensemble.

Fig. 120. — Fabrication de la porcelaine (moulage à la croûte).

337. Le moulage sur le tour, dit à la *housse*, consiste à ébaucher grossièrement la pièce à la manière ordinaire, puis à la placer, toute fraîche encore, dans un moule généralement creux, que le tour met en mouvement; pendant la rotation, on comprime la pâte contre le moule soit à la main, soit avec une éponge humide, de manière à lui en faire prendre exactement la forme.

338. Le moulage à la *croûte* s'exécute en appliquant la pâte contre le moule, sous forme d'une feuille plus ou moins épaisse, et en l'y comprimant avec une éponge, de manière à lui faire épouser toutes les cavités et saillies de ce moule. La figure 120 représente ce travail. L'ou-

vrier A prépare les feuilles, l'ouvrier B les applique sur
le moule, l'ouvrier C les travaille à l'éponge. En D
on voit l'application des anses et le garnissage.

339. Pour la fabrication des assiettes et des plats,
voici comment on opère. Après avoir comprimé, à
l'éponge, une plaque de pâte sur un moule en plâtre, présentant en relief la forme de l'intérieur de l'assiette,
l'ouvrier place le moule sur le tour et, pendant la rotation, il applique contre lui un outil, dont le tranchant
représente le demi-profil AB de la surface extérieure
de l'assiette (fig. 121). Cet outil enlève l'excédent de

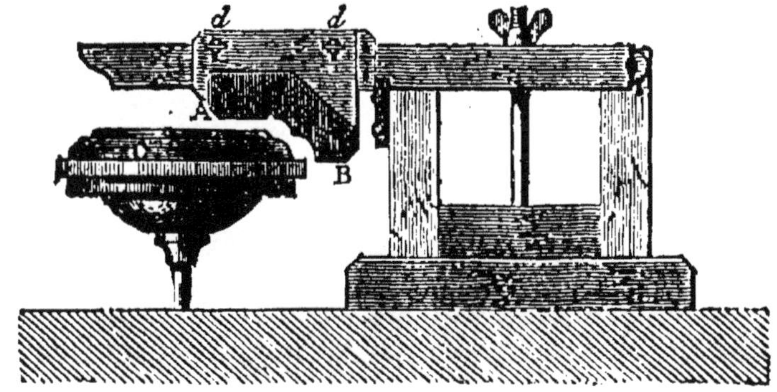

Fig. 121. — Fabrication des assiettes.

pâte et donne à l'assiette la forme voulue. Cette opération s'appelle *moulage par calibrage*.

340. 3° **Coulage.** — Le coulage s'exécute en versant dans un moule en plâtre une bouillie liquide de
pâte de porcelaine (cette bouillie s'appelle *barbotine*).
Le moule absorbe l'eau de la barbotine, et la pâte se
solidifie sur ses parois, en couches plus ou moins
épaisses, suivant que le contact a duré plus ou moins
longtemps. On renverse le moule pour faire couler
l'excès de barbotine, et l'on retire l'objet. Cette méthode
s'applique à la confection de grands vases et d'objets
très minces, tels que les tasses à café, etc. La figure 122
représente en A et B le coulage d'une tasse, en C celui
d'une jatte, en D, E, F, le démoulage d'un vase de
1 m. 80 de hauteur.

Les objets fabriqués par les méthodes précédentes doivent être soumis, avant la cuisson, à un travail nommé *rachevage*, qui a pour but d'en corriger les imperfections et de compléter leur fabrication, d'enlever les coutures formées aux points de réunion des différentes parties du moule.

Le rachevage comprend, en outre, les opérations qui consistent à coller entre elles les différentes parties

Fig. 122. — Fabrication de la porcelaine (coulage).

d'une pièce, à placer les anses et autres appendices fabriqués à part, etc. Ce collage s'effectue avec la barbotine.

341. Cuisson de la porcelaine. — Les objets fabriqués par les divers procédés que nous venons de décrire doivent ensuite être cuits, pour acquérir de la dureté. On les soumet d'abord à une première cuisson, qu'on appelle *dégourdissage*, qui les dessèche complètement et leur fait prendre de la consistance. Il faut alors les recouvrir de la *couverte*, ou glaçure, destinée à corriger la porosité des pâtes. Pour cela on les trempe (fig. 123) dans une bouillie claire de pegmatite (mélange de quartz et de feldspath). Le liquide est rapidement

absorbé et laisse à la surface une couche mince de sub·
stance facilement fusible qui, pendant la cuisson, fondra
et formera une espèce de vernis à la surface de l'objet.
En B et C on voit des femmes occupées à remettre, avec
un pinceau, de la couverte sur les parties qui n'en ont
pas pris assez, ou à gratter les parties qui en ont pris
trop.

Les pièces ainsi préparées sont placées dans des

Fig. 123. — Fabrication de la porcelaine (émaillage).

cylindres en argile réfractaire, appelés *cazettes*. On les
empile, les unes au-dessus des autres, dans des fours que
représente la figure 124. Cette opération, appelée *encas·
tage*, a pour but de protéger les objets contre la fumée
et les cendres, et de les empêcher de se souder ensemble.
La porcelaine ne se colle point contre la cazette pendant la cuisson et la fusion de la couverte, parce qu'elle
repose sur elle par une partie non vernissée. C'est
cette partie qu'on voit rugueuse à la face inférieure des
assiettes, des tasses, etc.

Le four, que représente la figure, est à plusieurs
étages. Le dégourdi se fait à l'étage supérieur et la
cuisson dans les autres.

Après la cuisson, dont la durée varie avec la nature et les dimensions des objets (seize à vingt heures pour le petit feu, dix à douze pour le grand feu), on défourne avec soin, on vérifie les pièces et on les classe d'après leur perfection et leurs défauts. Quelques-uns de ces défauts sont corrigés par des opérations spéciales.

342. Décoration de la porcelaine. — On décore souvent la porcelaine en recouvrant sa surface de couleurs mêlées à des matières fusibles. Ces matières colorantes sont, en général, des oxydes métalliques. Ces oxydes doivent satisfaire à cette condition essentielle de donner aux pâtes, à la température de leur cuisson, la couleur qu'on veut obtenir.

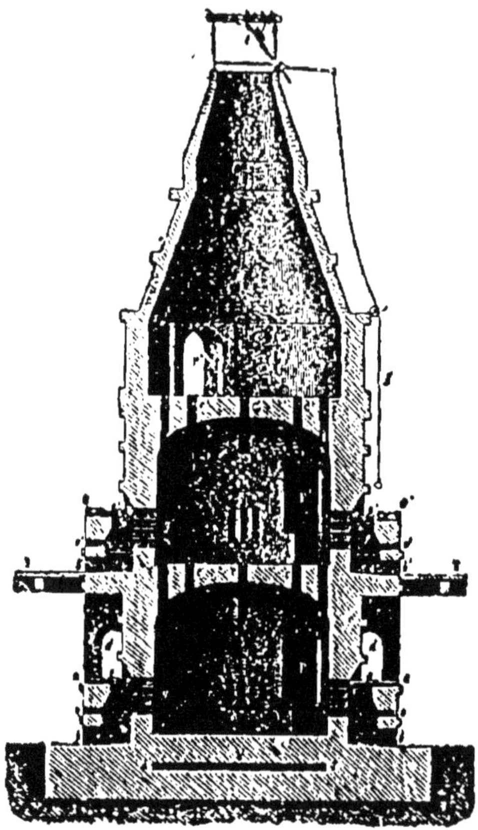

Fig. 124. — Four à porcelaine.

Tantôt les matières colorantes sont mélangées au corps de la pâte; tantôt elles sont appliquées sur la pâte, mais recouvertes par la glaçure; tantôt elles sont répandues dans la glaçure; enfin, et c'est le cas le plus fréquent, elles sont appliquées au pinceau à la surface de la glaçure.

La cuisson des porcelaines peintes est une opération des plus délicates; elle se fait au bois ou à la houille, dans des fourneaux dits *fourneaux à moufles*. (Le moufle est une cavité en fonte ou en terre cuite, chauffée par le combustible qui l'entoure.)

L'ouvrier est guidé, dans la conduite du feu, par l'examen de *montres*, ou petits morceaux de porcelaine, sur lesquels on a appliqué une des couleurs les plus susceptibles qui se trouvent sur les vases, et qu'il place dans le four, à côté des pièces à cuire. Il retire ces montres de temps en temps et dirige le feu d'après les résultats qu'elles offrent à son observation.

Les couleurs dites *de grand feu* peuvent supporter la température du four à porcelaine.

Les autres sont appelées couleurs de *moufles*.

On décore aussi les porcelaines et les faïences en imprimant d'abord, sur une feuille de papier, avec une encre grasse, les dessins à reproduire. On applique ensuite la feuille de papier sur l'objet à décorer. Dans le four le papier brûle et laisse le dessin.

Grès cérames

343. La pâte de ces grès ne diffère de celle qui est employée pour la porcelaine que parce qu'elle est colorée par du fer et travaillée avec moins de soin.

On cuit le grès à une haute température et on le vernit en projetant dans le four, quand il est bien chaud, quelques poignées de sel marin humide. Ce dernier se volatilise, et ses vapeurs, décomposées par l'argile sous l'influence de l'eau, donnent lieu à la formation d'un silicate double d'aluminium et de sodium très fusible, qui fond à la surface du grès et le vernit.

Les grès cérames diffèrent de la porcelaine en ce qu'ils ne sont pas translucides, mais ils sont comme elle demi-vitrifiés, durs et presque imperméables.

Poteries a pate poreuse

344. **Faïences.** — On emploie pour la fabrication des faïences une pâte composée d'argile et de quartz.

Quand l'argile contient un peu de chaux, la pâte constitue ce qu'on appelle la *terre de pipe*. Lorsque les argiles ne renferment pas d'oxydes métalliques colorants, tels que les oxydes de fer et de manganèse, la pâte est blanche après la cuisson; alors la couverte qu'elle reçoit est transparente et plombifère. Quand, au contraire, les argiles sont colorées, la couverte est rendue opaque par de l'oxyde d'étain.

La faïence se façonne comme la porcelaine et se cuit en deux fois : la première cuisson, faite à une haute température, sert à donner de la dureté; la seconde, faite à une température plus basse, sert à la fusion de la couverte.

La faïence va moins bien au feu que la porcelaine; la couverte se fendille, par suite du lavage à l'eau chaude.

345. Poteries communes. — Les poteries communes, employées à la cuisson des aliments, sont faites avec des argiles ferrugineuses, auxquelles on ajoute une certaine quantité de chaux à l'état de marne, et du sable quartzeux. Leur couverte est formée par un silicate double d'aluminium et de plomb. Il faut éviter de laisser séjourner, dans les poteries, du vinaigre et des corps gras, qui dissoudraient peu à peu le vernis plombifère et produiraient un sel vénéneux.

TERRES CUITES

346. On comprend sous le nom de *terres cuites* les briques, les tuiles, les pots à fleurs, etc. Ces objets sont fabriqués avec des argiles figulines, dégraissées avec du sable.

Les briques ordinaires sont faites dans des moules, et cuites à des températures très différentes. On se sert de machines diverses pour le moulage des briques. Dans quelques pays du Midi, on se contente de les sécher au soleil. Quand on les cuit au feu, on le fait quelquefois dans des fours; mais souvent on les dispose sous forme de tas facilement perméables à la flamme, et dans lesquels on ménage des espaces où l'on brûle le combustible.

Les tuiles et les carreaux de terre cuite sont fabriqués par des procédés analogues.

Les briques réfractaires sont faites avec des argiles exemptes de fer et de marne, auxquelles on ajoute du sable blanc.

Les pots à fleurs sont tournés.

VERRES

347. Propriétés. — On donne le nom de *verres* à des corps transparents, doués d'un éclat caractéristique appelé *éclat vitreux*. Ils sont formés par un mélange de silicates divers, dont les plus importants sont les silicates de calcium, de potassium, de sodium, d'aluminium, de plomb.

Le verre est dur et cassant. Il se ramollit par la chaleur et passe par tous les degrés de viscosité. Cette propriété permet de l'étirer en fils et de le travailler comme de la cire ou de l'argile. Si l'on abandonne le verre, pendant un temps plus ou moins long, à une forte chaleur, il perd sa transparence, devient très dur, moins fusible et moins cassant; en un mot, il perd toutes ses propriétés caractéristiques et se *dévitrifie*, sans changer de composition; il porte alors le nom de *porcelaine de Réaumur*.

L'oxygène et l'air sec n'ont pas d'action sur le verre. L'air humide agit à la longue sur lui; c'est là la cause de l'altération que l'on constate sur les vitraux des vieux bâtiments.

L'eau agit aussi à la longue sur le verre et lui enlève de l'alcali.

Les alcalis et les acides ne l'attaquent que lentement.

L'acide fluorhydrique l'attaque rapidement, et c'est

sur cette propriété que repose la gravure sur verre.

348. Gravure sur verre. — On imprime à l'encre grasse un dessin sur une feuille de papier mince, et l'on applique cette feuille mouillée sur le verre à graver; l'encre adhère au verre et l'on détache facilement la feuille de papier. La pièce est alors plongée, pendant quelques heures, dans un bain d'acide fluorhydrique, qui n'attaque que les parties du verre non couvertes d'encre et leur fait perdre leur transparence. On enlève ensuite l'encre, soit avec des essences ou des lessives alcalines, soit mécaniquement.

349. Nous distinguerons trois espèces principales de verres, au point de vue de leur composition :

1° Les *verres incolores ordinaires*, qui sont des silicates doubles de calcium et de potassium ou de sodium (verres à vitres, verres pour glaces, verres de Bohême, verres à gobeleterie).

2° Les *verres colorés communs* ou *verres à bouteilles*; ce sont des silicates multiples de calcium, de fer, d'aluminium, de potassium ou de sodium.

3° Le *cristal*, qui est un silicate double de potassium et de plomb.

FABRICATION DU VERRE

VERRES INCOLORES

350. Les matières employées à la fabrication des verres incolores sont la silice, qui doit être aussi incolore que possible, la potasse ou la soude et la chaux.

La potasse est moins employée que la soude : elle est prise à l'état de potasse perlasse; pour le verre de Bohême, on se sert de la potasse provenant de la cendre du bois de pays ou de la Hongrie. La soude est employée, soit à l'état de carbonate de sodium, soit à l'état de sulfate de sodium; la chaux l'est à l'état de chaux éteinte ou de carbonate calcaire.

351. Les matières premières (sable, carbonates de

potassium ou de sodium, ou sulfate de sodium, chaux
ou carbonate calcaire) sont mélangées et fondues dans
de grands creusets en argile réfractaire, chauffés dans
des *fours de fusion*. Chaque creuset se trouve en communication avec une ouverture, appelée *ouvreau*, qui est
ménagée dans la paroi du four.

La plupart des verreries emploient aujourd'hui le four
Boétius. Il est représenté par la figure 125. Les gaz

Fig. 125. — Four Boétius pour la fusion du verre; c, c, creusets.

destinés, en brûlant, à chauffer les creusets sont produits
par un fort amas de combustible, qui s'écoule peu à peu
sur une grille inclinée. L'oxyde de carbone provenant
de la combustion est dirigé dans le four; mais, avant
d'y arriver, il est mélangé en a et a' à l'air atmosphérique, surchauffé par son passage à travers la maçonnerie
chaude du four; l'entrée de l'air est réglée par des registres.

Pendant la fusion produite par la température élevée

des fours, la silice du sable décompose les carbonates de potassium ou de sodium, produit des silicates de potassium ou de sodium, qui s'unissent au silicate de calcium formé par l'action de la silice sur la chaux ou sur le carbonate calcaire. L'anhydride carbonique, qui se dégage, sert à brasser la matière et à la rendre plus homogène. Quand on a employé le sulfate de sodium, il se dégage de l'anhydride sulfureux, qui produit le même effet. A mesure que l'action de la chaleur se prolonge, la matière devient moins bulbeuse, s'éclaircit, s'affine et prend une grande fluidité. Le *fiel de verre*, qui est un mélange de sulfates et de chlorures alcalins, contenus dans les produits employés, monte à la surface de la masse fondue et on l'enlève avec des outils en fer. Quand l'affinage est suffisant, ce qui a lieu au bout d'un temps variant entre douze et vingt-quatre heures, on laisse la température s'abaisser, de manière à donner au verre la consistance pâteuse qui permet de le travailler; puis on commence le travail, que nous allons décrire pour les principales espèces de verre.

FABRICATION DU VERRE A VITRES

352. Les matières premières employées pour le verre à vitres sont ordinairement :

Sable	100 parties.
Sulfate de sodium	30 —
Carbonate de calcium.	30 —
Coke destiné à aider la réduction du sulfate de sodium.	5 —
Bioxyde de manganèse destiné à corriger la teinte verdâtre des verres à base de soude.	5 —

353. Lorsque le verre provenant de la fusion de ces matières est fondu et affiné, le travail commence. Devant chaque creuset se trouve un plancher B (fig. 126), en fonte ou en pierre, situé à 2 m. 5 du sol. Chaque

creuset est desservi par un *souffleur* et un aide appelé
gamin.

Le gamin retire une certaine quantité de verre du
creuset, en y plongeant un tube creux en fer appelé
canne (fig. 127), et terminé par une partie renflée appelée

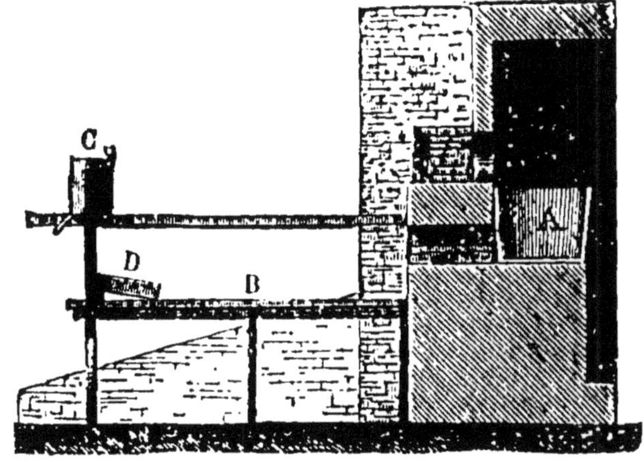

Fig. 126. — Fabrication des vitres (Four).

nez. Ce tube est entouré à sa partie supérieure d'un manchon en bois, qui permet
à l'ouvrier de le manier sans se brûler.

Le gamin, après avoir arrondi la masse
vitreuse suspendue à la canne, en la faisant tourner dans un bloc creux de bois
mouillé C (fig. 126) et l'avoir chauffée à
l'ouvreau, la passe au souffleur. Celui-ci,
en soufflant dans la canne, gonfle la masse
vitreuse qui est suspendue à son extré-
mité et en forme une poire. Il relève ensuite rapidement
la canne en l'air et souffle une boule, qui s'affaisse par le
poids du verre et ne s'étend que dans le sens horizontal. Puis, abaissant la canne en la balançant comme un
battant de cloche et soufflant dedans, il donne successivement à la masse vitreuse les formes que représente la
figure 128, et arrive à en faire un cylindre terminé par
deux parties arrondies.

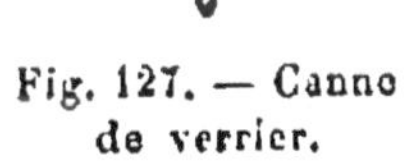

Fig. 127. — Canne
de verrier.

Pour percer ce cylindre, l'ouvrier en place l'extrémité opposée à la canne dans l'ouvreau, afin de ramollir par la chaleur la partie arrondie; en soufflant ensuite dans la canne, il produit une ouverture qu'on régularise avec des ciseaux. Après refroidissement, on pose le cylindre sur un chevalet en bois, et l'on détache la seconde partie arrondie en enroulant, suivant la circonférence, un fil de verre chaud, qui détermine une rupture nette. On le

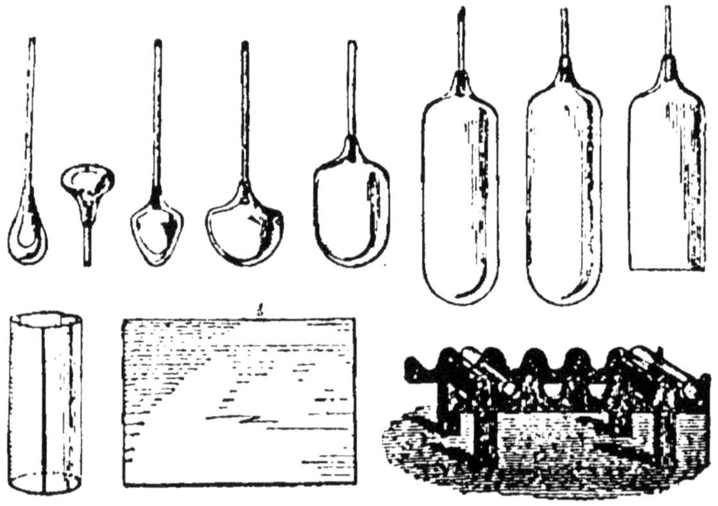

Fig. 128. — **Fabrication des vitres.** Formes diverses que prend la masse vitreuse, d'abord suspendue à la canne, puis coupée et étendue.

fend ensuite dans sa longueur en promenant dans son intérieur, le long d'une même arête, une tige de fer rougie au feu; un des points chauffés étant mouillé avec le doigt, le verre éclate suivant la ligne parcourue par le fer chaud. Souvent aussi on fait ce trait au diamant.

Il s'agit maintenant de transformer ces manchons fendus en une feuille plane de verre à vitres.

A cet effet, on les porte au four d'*étendage*, où ils subissent une température assez élevée pour les ramollir; pendant le ramollissement, l'ouvrier les amène l'un après l'autre sur une plaque plane, située au milieu du four; puis, avec une règle en bois, il affaisse les deux côtés, qui cèdent au poids de la règle. Il prend ensuite une

barre de fer, terminée par une masse du même métal,
dont l'un des côtés est très poli ; il appuie ce côté sur
le verre et le passe rapidement sur toute sa surface, de
manière à la rendre parfaitement plane. On pousse

Fig. 129. — Soufflage à l'air comprimé.

ensuite la feuille de verre dans un second compartiment
du four, où la température est moins élevée et où elle se
recuit.

354. Les verres à vitres cannelées se font de la même
manière, avec cette différence qu'au commencement du
travail, quand la masse vitreuse a la forme d'une poire,

on la souffle dans un moule en fonte ou en bois qui imprime les cannelures : celles-ci se conservent pendant la suite des opérations.

355. Les verres à vitres de couleurs sont colorés par des oxydes métalliques. Ils sont de diverses sortes : les uns présentent une coloration dans toutes leurs parties, ce sont les verres *colorés dans la masse*; les autres sont formés d'une couche de verre coloré appliquée sur le verre incolore. On les désigne sous le nom de verres *plaqués, doublés* ou *à deux couches*.

356. Le soufflage du verre est un travail pénible pour l'ouvrier, et, afin d'éviter la fatigue que produit ce soufflage, M. Léon Appert a inventé des appareils qui permettent de souffler le verre à l'aide d'air comprimé par des pompes dans des réservoirs G (fig. 129), qu'au moyen d'une pédale P l'ouvrier met en communication avec la canne C.

FABRICATION DES GLACES

357. Les glaces de Saint-Gobain sont composées de :

Silice	73 »
Chaux	15,5
Soude	11,5
	100 »

Ce sont donc des silicates doubles de sodium et de calcium.

La chaux y est introduite à l'état de calcaire exempt d'oxyde de fer, la soude à l'état de sulfate de sodium raffiné; le sable qui fournit la silice doit être blanc.

Actuellement les verres à glace sont généralement fabriqués par *coulage*.

Le verre est fondu dans des creusets placés dans le four A (fig. 130). Ces creusets portent sur leur pourtour extérieur, vers le milieu de la hauteur, une rainure creuse qui permet de les saisir fortement avec des tenailles F (fig. 131).

Fig. 130. — **Fabrication des glaces.** Le verre fondu, contenu dans le creuset E, est coulé sur la table C,

La coulée des glaces exige beaucoup d'ensemble et de promptitude.

Lorsque le verre est fondu, les ouvriers saisissent le creuset à la ceinture, avec une grande tenaille montée sur roues, et, après l'avoir placé sur un petit chariot en fer, le traînent rapidement, au pas de course, au pied d'une grue D (fig. 130). La tenaille, suspendue à l'extrémité de la chaîne de la grue, saisit le creuset E et le maintient suspendu au-dessus de la table de coulée, que l'on voit en C. Cette table est en fonte; elle est portée sur des galets. Elle est chaude, très propre et munie de tringles mobiles, qui doivent donner à la glace son épaisseur et sa largeur; sur ces tringles repose un rouleau en fonte, servant à laminer le verre.

Fig. 131.—Tenailles pour saisir le creuset.

Le creuset, suspendu à un mètre environ au-dessus de la table, reçoit un mouvement de bascule qui renverse le verre fondu. La masse vitreuse s'écoule sur la table et le rouleau est mis en jeu ; guidé par les tringles, il parcourt la table, en étendant uniformément le verre ; deux mains en cuivre le suivent dans son mouvement et empêchent les bavures de se former sur les côtés ; une glace présentant des bavures est une glace perdue, qui casse lorsqu'on la recuit.

La table de coulée est à la hauteur de la sole d'un four appelé *carcaisse*. Après la coulée, la glace, encore rouge et à peine rigide, est poussée dans ce four, au moyen d'une large pelle en équerre ; elle y reste de vingt-quatre à trente heures, pendant lesquelles elle se recuit.

Verre de Bohême

358. Le verre de Bohême est remarquable par sa transparence, par son éclat, par sa dureté. C'est un silicate double de potassium et de calcium. Il rivalise avec le cristal de roche pour le mérite de sa fabrication, et avec la gobeleterie commune pour son bon marché. Il contient une proportion considérable de silice, et par suite est difficilement fusible.

Fabrication du verre a bouteilles

359. Les matières premières employées à la fabrication du verre à bouteilles sont de natures diverses, suivant les localités. On emploie les sables du pays, en donnant la préférence à ceux qui, étant calcaires, argileux et ferrugineux, fournissent un verre facilement fusible, et, par suite, de production économique.

Le verre des bouteilles est un mélange de silicate de calcium, de sodium, d'aluminium et de fer.

360. Lorsque le verre est au degré de fusion voulu, le *gamin* en cueille, avec la canne, à plusieurs reprises, jusqu'à ce qu'il ait ramassé la quantité nécessaire pour

faire une bouteille. Il passe alors la canne au souffleur, qui, après avoir façonné le goulot sur une plaque de fer, donne à la masse vitreuse la forme d'une poire (fig. 132), en soufflant dans la canne; puis il l'introduit dans un moule, souffle de nouveau, et la bouteille prend la forme et les dimensions du moule (fig. 133).

Le fond de la bouteille est produit à l'aide d'un outil qui n'est autre qu'une petite lame rectangulaire de tôle; l'ouvrier renverse sa canne, pose son embouchure sur le sol et appuie un angle de son outil au centre de la bouteille, pendant qu'il fait tourner la canne. L'une des arêtes de l'outil

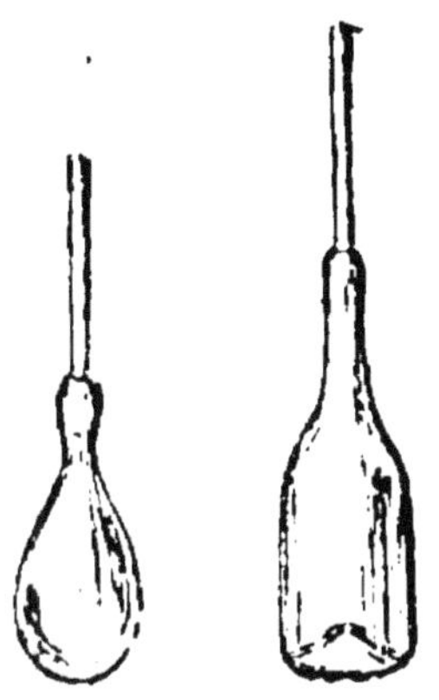

Fig. 132 et 133. — Fabrication des bouteilles.

façonne alors un cône dans le fond de la bouteille. Le collet se fabrique avec un peu de verre fondu, que l'ouvrier enroule sur le col de la pièce. La bouteille, détachée de la canne, est ensuite portée au four à recuire.

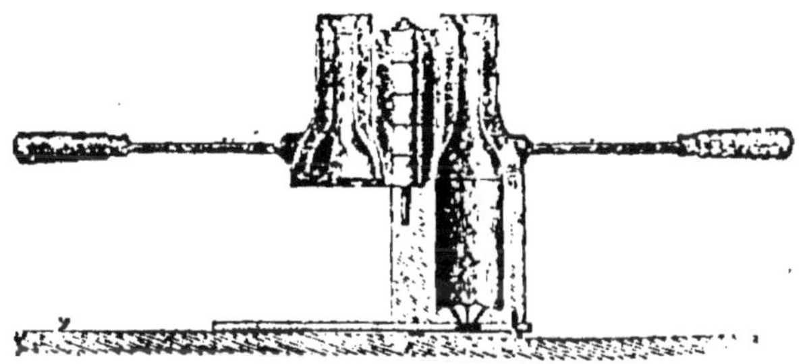

Fig. 134. — Moule pour la fabrication des bouteilles.

Les bouteilles qui doivent avoir rigoureusement une capacité déterminée sont fabriquées dans un moule métallique, qui fait aussi le fond. La figure 134 représente un moule destiné à faire des bouteilles bordelaises, à fond presque plat, d'une capacité de 70 centilitres.

CRISTAL

361. Le cristal est une espèce de verre employé pour les objets de luxe. Il doit présenter une grande transparence, une homogénéité parfaite, et être complètement incolore. C'est un silicate double de potassium et de plomb.

Le dosage le plus ordinaire pour la gobeleterie de cristal est :

300 parties de sable pur;
200   —   de minium ou oxyde de plomb;
100   —   carbonate de potassium purifié.

On opère la fusion dans des creusets fermés, comme ceux que représente la figure 135. S'ils n'étaient pas fermés, les gaz de la houille réduiraient peu à peu l'oxyde de plomb et noirciraient le cristal.

Le cristal se travaille par soufflage et par moulage.

Les objets façonnés sont, dans certains cas, taillés contre des meules verticales en pierre, en fer ou en bois, mues par le pied de l'ouvrier, ou bien par un moteur hydraulique ou à vapeur.

Fig. 135. — Creuset à cristal.

362. **Flint-glass.** — Le *flint-glass* est une espèce de cristal, plus riche en plomb que le cristal ordinaire; il sert conjointement avec le *crown-glass* à la fabrication des verres d'optique. Le crown-glass est un silicate double de potassium et de calcium, un peu moins siliceux que le verre de Bohême. La fabrication des verres d'optique exige des précautions particulières; on est obligé de brasser la masse pour extraire les moindres bulles gazeuses. On se sert, à cet effet, d'un cylindre en terre réfractaire A (fig. 136), emmanché à l'extrémité d'une tige en fer B.

363. Émail. — L'émail est du cristal rendu opaque par de l'oxyde d'étain ou du phosphate de calcium, et qu'on peut colorer par des oxydes métalliques.

364. Stras. — Le *stras* est un verre très riche en

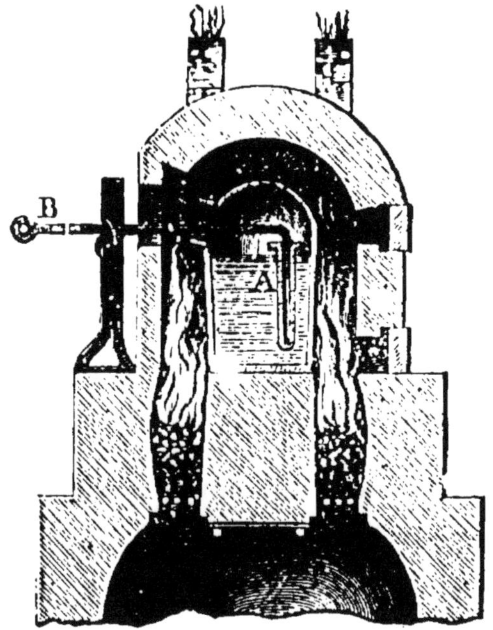

Fig. 136. — Four pour flint-glass.

plomb; il a beaucoup d'éclat et possède à un tel degré les feux du diamant qu'il est difficile de l'en distinguer. Coloré par des oxydes métalliques, il sert à imiter les pierres précieuses colorées, comme la topaze, l'émeraude, l'améthyste, le saphir, etc.[1].

1. Voir, dans la Bibliothèque des Écoles primaires supérieures et professionnelles, les *Notions de technologie*, par MM. Jacquemard et Bois, 2ᵉ partie, chap. V, § 4 et 5

CHAPITRE XIII

Carbonate de calcium. — Sulfate de calcium. — Plâtre. Applications.

365. Carbonate de calcium ou carbonate de chaux CO_3Ca. — Le carbonate de calcium est abondant dans la nature. C'est un corps *dimorphe*, comme le soufre. On le rencontre sous forme de parallélipipèdes, dont les faces sont des parallélogrammes (on l'appelle alors *spath d'Islande*), ou sous forme de prismes, qui constituent la variété connue sous le nom d'*aragonite*.

Les marbres sont des variétés de carbonate de calcium, à texture cristalline. Le marbre blanc est du carbonate de calcium presque pur. Les marbres colorés doivent leur coloration à des oxydes métalliques disséminés dans leur masse. Les marbres noirs sont colorés par des matières organiques carbonées, bitumes, goudrons, etc.

L'albâtre calcaire est une variété translucide de carbonate de calcium.

La craie est du carbonate de calcium à tissu lâche, à cassure terreuse; elle est friable, très tendre et presque blanche. C'est avec elle qu'on prépare le *blanc d'Espagne*, le *blanc de Meudon*.

La pierre lithographique est un carbonate de calcium susceptible d'un beau poli.

Le calcaire grossier, ou pierre à bâtir des environs de Paris, et le calcaire jurassique, qui est aussi une excellente pierre de construction, sont encore des variétés de carbonate de calcium.

366. Propriétés. — Le carbonate de calcium est insoluble dans l'eau, mais l'eau chargée de gaz carbonique en dissout une proportion notable. Certaines

Fig. 137. — Stalactites et stalagmites.

sources, comme celles de Saint-Allyre près de Clermont-Ferrand, de Saint-Martin dans le Puy-de-Dôme, en contiennent une quantité assez considérable. Aussi, lorsqu'on fait couler les eaux de ces sources sur des objets solides, comme des morceaux de bois, des grappes de raisin, des nids d'oiseaux, etc., elles les recouvrent d'une couche de calcaire, qui leur donne l'aspect de la pierre.

Lorsque des eaux ainsi chargées de bicarbonate de calcium s'infiltrent à travers le sol et viennent suinter à la voûte de cavités souterraines, elles laissent, par leur évaporation, les molécules de calcaire à sec; celles-ci se recouvrent de nouvelles molécules et de cette superposition continue résultent des tubes cylindro-coniques, qui pendent à la voûte des cavernes. On les appelle *stalactites*. On désigne sous le nom de *stalagmites* ceux qui s'élèvent de bas en haut, par suite de la chute du liquide sur le sol. Il arrive souvent que les stalactites et les stalagmites superposées se rejoignent et forment des espèces de colonnes rétrécies vers le milieu (fig. 137).

Rappelons le rôle que le carbonate de calcium des eaux joue dans la formation des incrustations des chaudières à vapeur (53).

367. Sulfate de calcium ou sulfate de chaux SO^4Ca. — Le sulfate de calcium est un sel blanc, très peu soluble dans l'eau, qui n'en dissout que 2 grammes à 2 gr. 5 par litre, plus soluble à froid qu'à chaud. Sa présence dans les eaux les rend indigestes, impropres à la cuisson des légumes et au savonnage (57).

368. On trouve abondamment dans les environs de Paris, à Montmartre, à Pantin, du sulfate de calcium hydraté SO^4Ca+2H^2O, auquel on donne le nom de *gypse* ou *pierre à plâtre*. Le gypse est quelquefois nettement cristallisé et constitue des cristaux ayant la forme de *fers de lance*, qui s'exfolient à la chaleur; on peut facilement, avec un canif, les diviser en lames très minces.

On en connaît une variété appelée *albâtre gypseux*.

Le gypse chauffé entre 120° et 135° perd son eau et se transforme en plâtre. Cette substance, réduite en poudre fine et mélangée avec l'eau, de manière à faire une pâte liquide, se prend bientôt en une masse solide de sulfate de calcium hydraté. Les particules, qui étaient désagrégées dans la pâte liquide, se sont agrégées en petits cristaux au moment où elles se sont combinées avec l'eau, et de leur enchevêtrement est résultée une masse solide.

Une bouillie de plâtre, versée dans un moule, se répand exactement dans toutes ses cavités, s'y solidifie, et, après quelque temps, on obtient un morceau de plâtre solide présentant en relief toutes les cavités du moule. La reproduction est très fidèle, parce que le plâtre en se solidifiant augmente de volume et épouse tous les détails du moule.

369. Cuisson du plâtre. — Le plâtre se cuit, comme la chaux, dans des fours analogues à ceux que nous avons décrits. Cependant la température ne doit pas dépasser 135°, car le plâtre cuit à une température plus élevée n'a pas la propriété de se combiner avec l'eau.

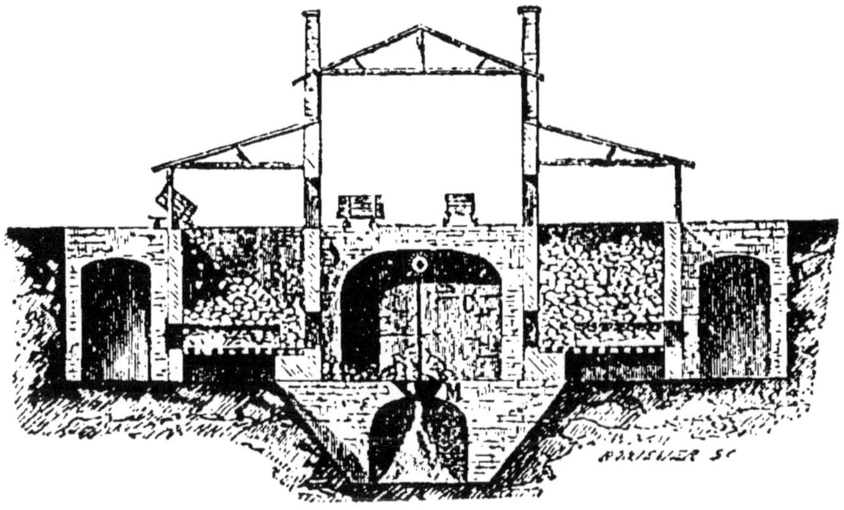

Fig. 138. — Cuisson du plâtre. Le plâtre cuit en F est broyé par le moulin M.

On trouve, aux environs de Paris, à Vaujours, des usines fort bien aménagées. Le gypse est apporté (fig. 138) par des wagons jusqu'au bord des fours; il est jeté dans les fours F, F, au fond desquels on a disposé à l'avance de gros morceaux de gypse, comme dans la cuisson de la chaux; au-dessous on allume du bois. Lorsque le feu a duré vingt-quatre heures environ, on défourne par une porte latérale les pierres cuites et on les jette dans une espèce de moulin M, qui les broie. La poudre blanche, qui en résulte, tombe dans une cavité où elle est recueillie pour être mise en sacs.

370. Usages et applications du plâtre. — La

propriété qu'a le plâtre de durcir en présence de l'eau le fait employer pour revêtir les plafonds, les murs construits en pierres irrégulières, et pour sceller le fer dans la pierre.

On l'emploie pour reproduire, par moulage, une foule d'objets : bustes, statuettes, ornements de plafonds, corniches. A cet effet, après le travail du sculpteur ou de l'ornemaniste, travail exécuté avec de l'argile plastique, on recouvre l'objet en argile, appelé *maquette*, d'une bouillie de plâtre, en ayant soin de passer un fil dans la masse pour la diviser en deux parties, qui permettront d'ouvrir le moule après solidification. On ouvre le moule en creux ainsi obtenu, on retire la maquette et l'on applique de nouveau les deux parties du moule l'une contre l'autre. On y coule du plâtre : après solidification, on ouvre le moule et l'on a une reproduction fidèle de la maquette.

Le plâtre est aussi employé à la fabrication du *stuc*, composition qui imite parfaitement le marbre et se laisse polir facilement. Pour le fabriquer, on délaye du plâtre récemment cuit et très fin dans une solution de colle de Flandre, et l'on ajoute diverses substances colorantes pour reproduire les teintes des marbres. La pâte ainsi formée s'étend, comme le plâtre, sur les surfaces qu'on veut revêtir. Elle durcit en place et peut recevoir un très beau poli.

On fait usage du plâtre en agriculture. Répandu sur les prairies artificielles, il agit comme stimulant et active la végétation des plantes fourragères.

CHAPITRE XIV

Notions sur les métaux usuels.

371. Les métaux désignés sous le nom de métaux usuels sont le fer, le zinc, le nickel, le cuivre, le plomb, l'étain, l'aluminium, le mercure, l'argent et l'or. Nous les étudierons en suivant l'ordre de la classification; nous décrirons sommairement leurs propriétés principales et les procédés d'extraction, ou *métallurgie*, en insistant plus particulièrement s r le fer.

372. **Préparation des minerais.** — Quelques métaux peuvent exister dans la nature à l'état pur; on dit alors qu'ils sont à l'état *natif* : tels sont l'or, le platine et l'argent. Le plus souvent, ils se présentent à l'état de combinaisons plus ou moins complexes, qu'on désigne sous le nom général de *minerais* et dont il faut les extraire par des opérations chimiques, dont l'ensemble constitue la métallurgie.

Avant d'être soumis au traitement qui convient à chacun d'eux, les minerais subissent un traitement préparatoire, qui consiste d'abord en un triage, dont le but est de séparer une partie des matières auxquelles le minerai se trouve associé et qu'on appelle *gangue*.

Le minerai est ensuite concassé sous des *cylindres broyeurs*, ou sous des pilons appelés *bocards*, puis séparé des matières terreuses par des lavages.

FER, FONTES, ACIERS

373. Fer. Fe $=56$. — A l'état de pureté, le fer a une couleur blanche qui se rapproche de celle de l'argent : le bon fer ordinaire en barres est blanc grisâtre ; il est plus dur que le fer pur. Le fer est ductile et malléable; il jouit d'une grande ténacité. La densité du fer fondu est 7,2, celle du fer forgé 7,8. Le fer fond à une température voisine de 1500°; il se ramollit avant de fondre et possède alors la propriété de se souder à lui-même et de prendre, sous le marteau, toutes les formes qu'on veut lui donner. Pour souder deux morceaux de fer, on chauffe au rouge les deux extrémités; on les saupoudre d'un peu de sable qui, se combinant avec l'oxyde produit à la surface du métal, forme un silicate de fer fusible; les extrémités à souder se trouvent ainsi décapées, et, lorsqu'on les martèle, elles s'unissent intimement et forment un tout homogène.

Le fer et le platine sont les seuls métaux qui puissent se souder, sans qu'on soit obligé de réunir leurs parties par un alliage plus fusible, appelé *soudure*.

Le fer fondu prend, en se solidifiant, une texture *grenue* que le martelage rend fibreuse. Par des chocs répétés la structure fibreuse se modifie, devient cristalline, et alors le métal est très cassant; c'est ce qu'on observe fréquemment dans les essieux des voitures.

La couleur et l'éclat du fer présentent une relation assez remarquable; un fer de bonne qualité, s'il a une couleur claire, doit être mat, et, par contre, le fer très brillant doit présenter une teinte gris foncé.

Les fers, dits *fers rouverins*, sont quelquefois cassants au rouge, par suite de la présence d'une petite quantité de soufre : 1/10000 suffit pour les rendre cassants, 3/10000 leur font perdre la propriété de se souder.

Le fer a la propriété d'être attiré par l'aimant; il est inaltérable dans l'air sec, mais s'oxyde facilement à l'air humide. Nous avons vu, à propos de l'action de l'oxygène sur les métaux, les détails de cette oxydation (257).

Il forme avec l'oxygène plusieurs oxydes, dont nous avons étudié les plus importants (272).

Le fer décompose la vapeur d'eau au rouge; il se laisse facilement attaquer par les acides sulfurique, chlorhydrique et azotique, dans lesquels il se dissout.

374. Usages. — Le fer est le plus important des métaux. Il sert à la construction des nombreuses machines qu'emploie l'industrie; il remplace le bois et la pierre dans la construction des maisons et des édifices, etc.

MÉTALLURGIE DU FER

375. La métallurgie du fer consiste dans la réduction par le charbon d'un des oxydes qui constituent le minerai de fer (272). Cette réduction se fait facilement, mais le fer métallique réduit se trouve intimement mélangé avec la gangue argileuse du minerai, et ses particules ne peuvent pas se réunir. Si la gangue était très fusible, il suffirait de chauffer le minerai de manière à le fondre; en battant ensuite cette sorte d'éponge, les particules métalliques s'aggloméreraient et le reste serait exprimé comme scorie. Mais la gangue du minerai de fer étant ordinairement de l'argile ou du quartz, substances presque infusibles, il faut la mettre en présence d'un oxyde avec lequel elle puisse former un silicate fusible.

Avec les minerais riches, on sacrifiait autrefois une partie du fer pour la formation de ce silicate, et il se produisait alors du silicate double d'aluminium et de fer, fusible à une température assez peu élevée pour que le fer réduit restât à l'état pur. La réduction s'opérait dans une forge chauffée au charbon de bois, nommée *forge catalane*.

Aujourd'hui, on introduit dans le mélange de charbon et de minerai une certaine quantité de carbonate de calcium, appelé *castine*, qui, en se décomposant, produit de la chaux. Cette chaux se combine avec la silice de la gangue et forme un silicate double d'aluminium et de calcium ; mais ce silicate étant moins fusible que le silicate d'aluminium et de fer, il faut élever beaucoup plus la température, et alors le fer réduit, au lieu de rester à l'état pur, se combine avec une certaine quantité de charbon et passe à l'état de *fonte*. Cette opération se fait dans des fours spéciaux, nommés *hauts fourneaux*. Pour obtenir le fer pur, il est ensuite nécessaire d'enlever à la fonte son charbon : c'est l'*affinage de la fonte*.

Quand la gangue du minerai est calcaire, on ajoute au mélange de minerai et de charbon des matières siliceuses qu'on appelle *erbue*. On donne à la castine et à l'erbue le nom de *fondants*.

Fabrication de la fonte. Hauts fourneaux

376. Un haut fourneau se compose de deux troncs de cône réunis par leur base. G (fig. 139) est le *gueulard*, ouverture par laquelle on jette le combustible et le minerai dans le fourneau. Il est surmonté par la cheminée H ; V est la *cuve*, E les *étalages*. L'espace prismatique O est l'*ouvrage* ; en t, t' débouchent les tuyères qui insufflent de l'air. La partie c, placée au-dessous de l'arrivée des tuyères, est appelée le *creuset*. L'une des parois de ce creuset est formée par une pierre prismatique d, appelée la *dame*, qui se continue par un plan incliné.

On remplit d'abord le haut fourneau de combustible ; on y met le feu et l'on fait jouer la machine soufflante, qui envoie de l'air par les tuyères. Quand la chaleur est assez forte, on ajoute, par le gueulard, des charges alternatives de minerai, de fondant et de charbon.

Le charbon se transforme dans l'ouvrage en anhydride carbonique, qui s'élève dans le fourneau où il rencontre de nouvelles masses de charbon qui le ramènent à l'état d'oxyde de carbone. Celui-ci arrive dans la cuve où

il rencontre le minerai chauffé au rouge sombre ; il le
réduit et passe à l'état d'anhydride carbonique.

Suivons la marche descendante du minerai, du fondant et du combustible. Le minerai se dessèche dans la
partie supérieure de la cuve ; il est au rouge sombre
quand il arrive à sa partie inférieure, où il est réduit
par l'oxyde de car-
bone. Dans les éta-
lages, le fer réduit se
transforme en *fonte*,
pendant que le sili-
cate double d'alumi-
nium et de calcium
se forme. Fonte et
silicate fondent en
passant dans l'ou-
vrage et tombent dans
le creuset ; le silicate,
ou *laitier*, reste au-
dessus, finit par dé-
border la dame et
s'écoule sur le plan
incliné, d'où on l'en-
lève à mesure qu'il se
solidifie. Quand le
creuset est plein de
fonte, on débouche un
trou de coulée, situé

Fig. 139. — Métallurgie du fer (haut fourneau).
G, gueulard ; V, cuve ; E, étalages ; O, ouvrage ;
c, creuset ; t, tuyère.

à sa partie inférieure, et le liquide incandescent coule et
se solidifie dans des canaux semi-cylindriques, creusés
dans le sol de l'usine ; les morceaux de fonte solidifiés
sont appelés *gueuses*.

Pendant longtemps on a laissé perdre les gaz chauds,
qui sortent par le gueulard. Il y avait là une perte considérable de chaleur et, par suite, de combustible.
Aujourd'hui on utilise la chaleur de ces gaz pour
échauffer des appareils appelés *récupérateurs*, dans

lesquels on réchauffe l'air destiné à alimenter les tuyères.

377. Récupérateurs Whitwell. — La figure 140 représente la disposition adoptée. Le haut fourneau, construit en briques, est entouré d'une enveloppe de tôle ; le gueulard peut être fermé par un couvercle, qu'on soulève au moment de l'introduction du minerai et du combustible. A sa partie inférieure, le haut fourneau est

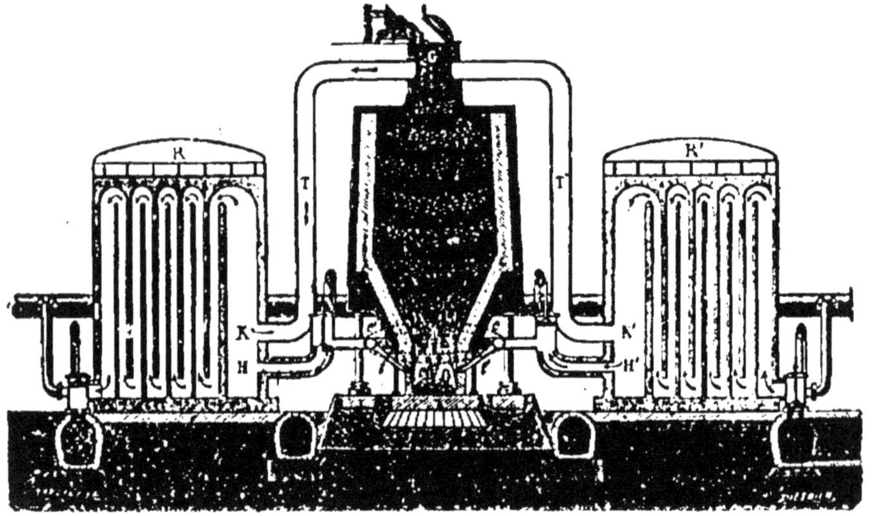

Fig. 140. — Métallurgie du fer (haut fourneau et récupérateurs Whitwell).

enveloppé par une couronne creuse $cc'c''$, présentant quatre tubulures, sur lesquelles s'ajustent les tuyères, qui porteront l'air chaud au haut fourneau. La couronne reçoit l'air lancé par des machines soufflantes. De part et d'autre du haut fourneau sont des tours R, R', appelées *récupérateurs Whitwell*. Elles sont en briques et recouvertes d'un revêtement en tôle ; leur diamètre est de 6 mètres, leur hauteur de 18 mètres. A leur intérieur sont disposées des cloisons verticales parallèles, présentant alternativement des ouvertures à leurs parties supérieure et inférieure, qui font communiquer les espaces compris entre les cloisons soit par le bas, soit par le haut, de sorte que les gaz qu'on y fera passer y cir-

culent en serpentant, comme l'indiquent les flèches, et
restent le plus longtemps possible en contact avec les
cloisons. Supposons qu'à un moment donné on mette le
récupérateur R en communication avec le gueulard d'une
part, avec une cheminée d'autre part : les gaz du haut
fourneau vont être appelés par le tirage dans le récupérateur. Si on les mélange, à l'entrée, avec une certaine
quantité d'air, ils s'enflamment, brûlent dans le récupérateur et portent les cloisons à une température élevée
(750° environ). Ajoutons que les gaz du haut fourneau
ont passé dans un laveur, où ils ont déposé une grande
partie de leurs poussières. Au bout de deux heures
environ, le récupérateur R est assez chaud : on ferme la
communication avec le haut fourneau et l'on met R en
communication avec les machines soufflantes; elles y
lancent un courant d'air froid, qui s'échauffe au contact
des cloisons, et se rend aux tuyères. Le récupérateur R'
fonctionne de la même manière : pendant que R reçoit
les gaz du gueulard, R' reçoit de l'air froid qui s'échauffe
au contact des cloisons et va dans les tuyères : c'est ce
que représente la figure. Réciproquement, pendant que
R reçoit de l'air froid, R' reçoit les gaz du gueulard. Les
deux récupérateurs fonctionnent donc alternativement
pour s'échauffer et échauffer l'air.

FONTES

378. Les fontes sont des combinaisons de fer et de
charbon, dans lesquelles le charbon entre pour une proportion de 2 à 6 p. 100. Elles contiennent des proportions variables de silicium, de phosphore, de soufre et
d'arsenic. On divise les fontes en *fonte grise*, *fonte blanche*
et *fontes intermédiaires*.

1° Dans la *fonte grise*, la proportion de charbon combiné au fer est relativement faible et une notable quantité de charbon, sous forme de paillettes de graphite,
est intercalée dans les interstices des cristaux plus

ou moins gros qui constituent la masse métallique; sa cassure varie du noir brillant, avec grandes paillettes, à un grain gris, serré et uniforme, qui représente pour la fonte le maximum de résistance. Elle peut être limée, burinée et travaillée au tour. La fonte grise, soumise à l'action d'un acide qui dissout le fer, laisse un résidu de graphite ferrugineux noir. Elle fond à 1 200°.

2° La fonte *blanche* ne renferme que peu de charbon à l'état libre; le charbon qui s'y trouve est combiné au fer ou dissous dans la masse entière. Sa cassure est blanche et sa texture dépend de la proportion de carbone qu'elle renferme : quand cette proportion est faible, la texture est massive, sans fibres ni grains apparents; quand elle est plus forte et approche de 4 à 6 p. 100, la texture devient fibreuse ou rayonnée. Traitée par un acide, la fonte blanche ne laisse pas de résidu charbonneux : le carbone combiné passe à l'état de carbures d'hydrogène, d'odeur fétide. La fonte blanche fond vers 1 100°. Elle ne peut être travaillée.

3° Les *fontes intermédiaires* sont des fontes qui sont tantôt *truitées* et présentent des taches grises sur fond blanc, ou des taches blanches sur fond gris, tantôt *rubanées*, c'est-à-dire présentant des couches grises et blanches nettement séparées.

L'obtention de ces diverses espèces de fonte dépend des circonstances dans lesquelles on opère.

La fonte grise est employée au moulage d'un grand nombre d'objets servant à l'industrie ou à l'économie domestique. La fonte blanche sert exclusivement à la fabrication du fer et de l'acier.

379. Moulage des objets en fonte. — Les objets moulés en fonte se divisent en deux classes : 1° les objets moulés de première fusion, pour lesquels la fonte est coulée dans des moules au sortir du haut fourneau. Elle est puisée dans le creuset lui-même; on ne peut avoir ainsi que de petites pièces; 2° les objets moulés de seconde fusion, qu'on fabrique avec de la fonte refondue

dans des fours, ou *cubilots*, semblables à ceux que représente la figure 141. La fonte et le combustible sont
chargés dans la cavité AB, où arrive un courant d'air
lancé par des tuyères qui débouchent en *o, o*; en M se
trouve le trou de coulée.

On peut fondre dans ces fours de grandes quantités

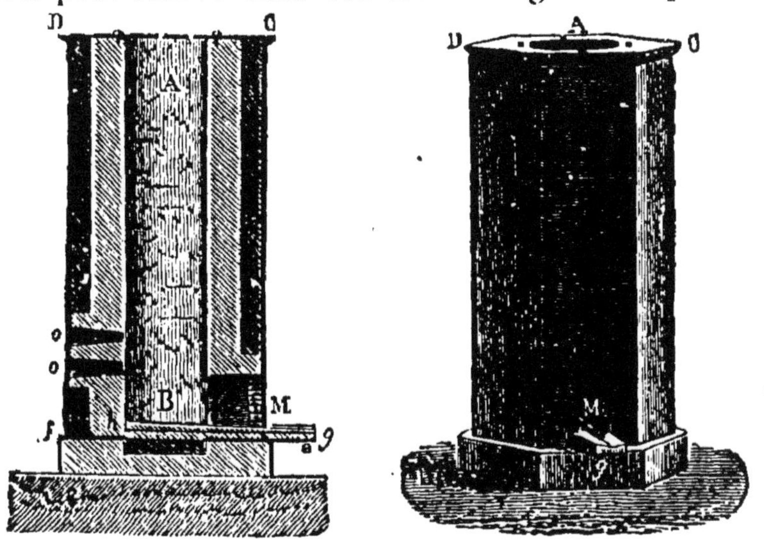

Fig. 141. — Cubilots pour la fusion de la fonte.

de fonte à la fois et donner au produit de cette fusion les
qualités que réclament les objets à mouler, en y mélangeant des fontes de natures diverses.

Les moules sont faits en sable ou en argile; les pièces
qu'on veut durcir beaucoup sont moulées *en coquille*,
c'est-à-dire dans des moules métalliques, qui refroidissent
brusquement la fonte et trempent sa surface [1].

AFFINAGE DE LA FONTE

380. Affiner la fonte, c'est la transformer en fer, c'est-
à-dire lui enlever le carbone qu'elle contient, ainsi que

1. Voir, dans la Bibliothèque des Écoles primaires supérieures
et professionnelles, les *Notions de technologie*, par MM. Jacquemard et Bois, 2ᵉ partie, chap. I.

d'autres matières étrangères, telles que le silicium et le phosphore. On fait l'affinage en soumettant la fonte, portée à une température élevée, à l'influence d'un courant d'air ou d'une substance oxydante : les matières que contient la fonte, et qui doivent disparaître, s'oxydent et se transforment soit en produits gazeux, comme l'oxyde de carbone, soit en scories (silicates divers),

Fig. 142. — Affinage de la fonte par le procédé comtois.

facilement fusibles, qu'on sépare de la masse métallique par le martelage. L'affinage de la fonte se fait par deux procédés : le premier, au charbon de bois, est dit *procédé comtois*; le second, à la houille, est nommé *procédé anglais*.

381. Affinage de la fonte par le procédé comtois. — L'affinage par le procédé comtois se fait dans des forges au charbon de bois. Le creuset A (fig. 142) reçoit le vent d'une tuyère alimentée par deux soufflets. On l'emplit d'abord de charbon qu'on allume; puis on avance dans le feu la *gueuse* C; elle fond, tombe en gouttelettes et passe sous le vent des tuyères, où elle s'affine partiellement. A mesure qu'elle perd son charbon, la fonte devient moins fusible ; elle prend plus de consistance, et l'ouvrier peut la soulever avec un ringard

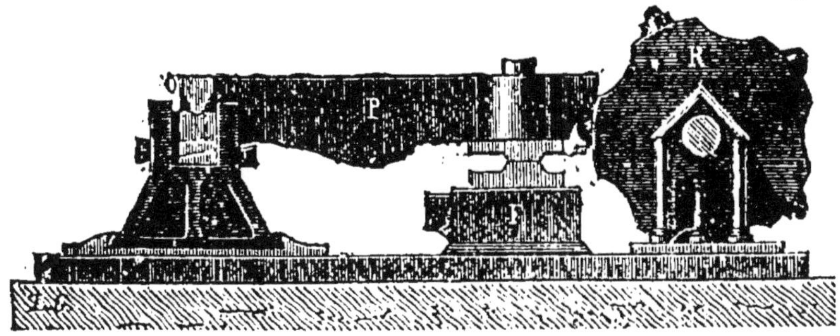

Fig. 143. — Marteau frontal.

et l'amener de nouveau sous le vent des tuyères ; l'affinage s'y achève, le métal fond et descend sur la sole.

Les particules de fer bien affinées sont agglomérées par l'ouvrier en une boule ou *loupe* ; on la sort du feu et on la porte, pour en extraire la scorie et agréger le fer, sous des appareils de cinglage ou marteaux énormes, mus mécaniquement.

On se sert tantôt du marteau frontal, tantôt du marteau-pilon. Le premier, que représente la figure 143, se compose d'un manche en fonte P, capable de tourner autour d'un axe O, solidement fixé. La pomme du marteau est en fer aciéreux ; elle repose sur une enclume F, où l'on place la loupe. Le marteau est soulevé par les

Fig. 144. — Marteau-pilon.

cames ou saillies d'une roue R mue mécaniquement, puis il retombe de tout son poids, lorsque, dans sa rotation, la came l'abandonne.

Le marteau-pilon est représenté par la figure 144. La pièce principale est un *mouton* M, pouvant peser jusqu'à 100 tonnes, et suspendu à la tige d'un piston, qui se meut dans le corps de pompe C, par l'action de la vapeur.

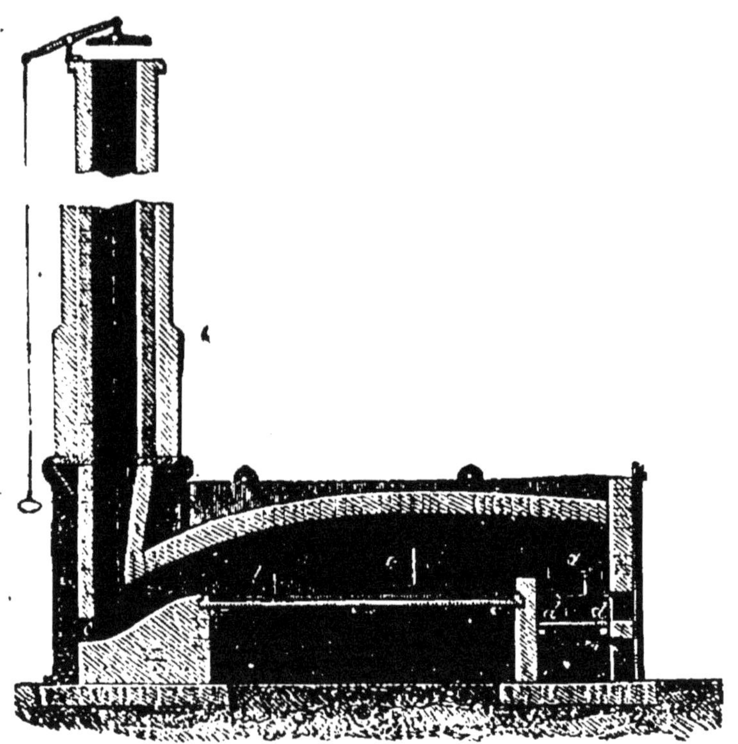

Fig. 145. — Métallurgie du fer (four à puddler).

On peut, à volonté, en faisant varier la sortie de la vapeur, graduer l'intensité du choc sur l'enclume *e*.

A la sortie des appareils de cinglage, il n'y a plus qu'à étirer le fer pour le livrer au commerce. Cet étirage se fait, à chaud, au moyen de laminoirs cannelés : les cannelures sont de grandeurs différentes et, en y faisant passer les morceaux de fer, on a des barres de diverses grosseurs.

Le procédé comtois donne d'excellent fer, mais il ·̓ t moins employé que le procédé anglais.

382. Affinage de la fonte par le procédé anglais. — L'affinage par la méthode anglaise se fait à la houille et se nomme *puddlage*.

La fonte blanche ne subit qu'une opération, qui s'effectue dans un four à réverbère nommé *four à puddler* (fig. 145). On mélange à la fonte le quart de son poids

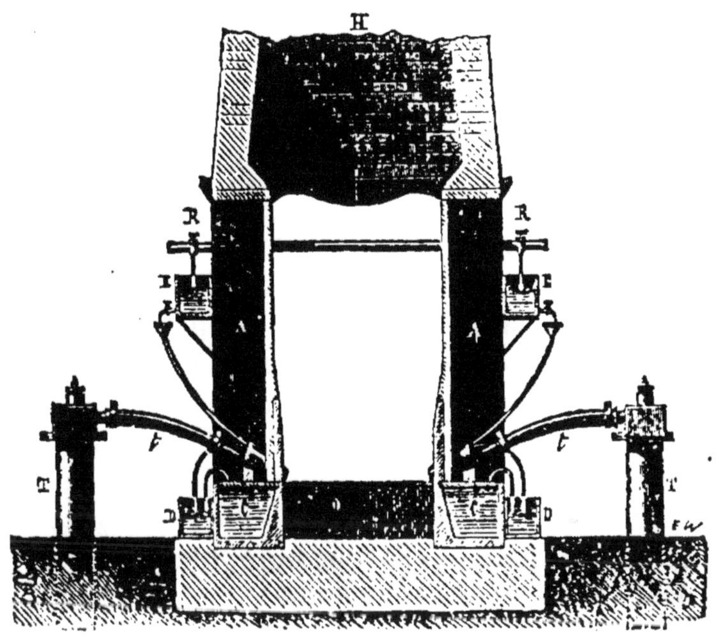

Fig. 146. — Métallurgie du fer (four de finage).

d'*oxyde des battitures* (écailles d'oxyde de fer qui se détachent du fer incandescent quand on le martèle). Le mélange, fortement chauffé par la flamme du combustible placé sur la grille *d d*, fond, et l'oxyde de fer, très riche en oxygène, cède une partie de ce gaz qui oxyde le carbone, le silicium et le phosphore de la fonte. Quand la réduction est terminée, on martèle le métal obtenu pour en extraire les scories.

La fonte grise ne peut être ainsi affinée. On commence par la tranformer en une sorte de fonte blanche, nommée *fine métal*, par une opération qu'on appelle *finage*. Le finage s'effectue dans un *four de finage* (fig. 146). La fonte est fondue dans un creuset O, où arrive le vent de deux tuyères en fonte *tt*; comme ces tuyères pourraient elles-mêmes fondre, le canal par lequel arrive le vent est entouré d'un espace annulaire dans lequel circule un courant d'eau froide. Sous l'influence du courant d'air, la fonte subit un commencement d'affinage, qui la transforme en fine métal. Le fine métal est ensuite porté dans les fours à puddler où on le traite comme la fonte blanche.

Aciers[1]

383. L'acier est un carbure de fer moins carburé que la fonte. Chauffé au rouge et plongé brusquement dans l'eau froide, l'acier acquiert des propriétés nouvelles et précieuses : il devient très élastique, très dur et très cassant : on dit alors qu'il est *trempé*. La trempe est une opération délicate : mal dirigée, elle altère la qualité de l'acier. Pendant longtemps on n'a su fabriquer que des aciers renfermant environ 2 p. 100 de carbone; mais les procédés métallurgiques ont subi, dans ces dernières années, des perfectionnements considérables, qui ont eu pour effet de diminuer la proportion de carbone et de donner un métal capable d'être fondu et coulé. On est arrivé à faire des aciers dans lesquels on fait varier, à volonté, les qualités mécaniques, en faisant varier la teneur en carbone et autres éléments. Ces métaux, susceptibles d'être fondus, sont employés maintenant à la construction des rails, des chaudières, des machines à vapeur, etc., et ont pris une très large place dans l'industrie.

1. Voir, dans la Bibliothèque des Écoles primaires supérieures et professionnelles, les *Lectures scientifiques*, par M. Baudrillart, p. 189, 194, 199.

Les moyens qu'on emploie pour fabriquer l'acier peuvent se diviser en deux groupes : 1° ceux dans lesquels on décarbure la fonte : tels sont les procédés par lesquels on obtient l'*acier de forge* ou *acier brut*, l'*acier puddlé* et le procédé *Siemens-Martin*; 2° les procédés dans lesquels on carbure le fer, qui comprennent la fabrication de l'*acier Bessemer*, qu'on obtient en décarburant totalement la fonte pour carburer ensuite le fer obtenu, et la fabrication de l'*acier de cémentation*.

384. Fabrication de l'acier de forge ou acier brut et de l'acier puddlé. — On obtient l'*acier de forge* ou *acier brut*, appelé encore quelquefois *acier naturel*, en chauffant de la fonte avec du charbon de bois dans un four analogue à celui qui sert à la fabrication du fer par le procédé comtois, mais on arrête l'opération avant que tout le carbone ait disparu par l'oxydation.

Quant à l'*acier puddlé*, il se fabrique par l'affinage partiel de la fonte dans des fours à puddler.

385. Fabrication de l'acier Siemens ou acier Martin. — Dans ce procédé, découvert presque en même temps par Martin en France et Siemens en Allemagne, on décarbure partiellement la fonte, soit par du vieux fer, ou ferraille, ou des fragments d'acier, soit en employant un mélange de fonte et de minerai de fer, dont l'oxygène brûle le carbone de la fonte.

On se sert pour cela de fours à réverbère, chauffés par la combustion de gaz fournis par des gazogènes. Ce procédé de chauffage, employé aussi dans les verreries, consiste à distiller la houille, en lui faisant subir une combustion incomplète, de manière à obtenir un mélange d'oxyde de carbone et de carbures d'hydrogène. On les mélange à l'air qui les fait brûler, et leur flamme chauffe le four. Avant d'entrer dans le four, le mélange de gaz et d'air est chauffé dans des appareils analogues aux récupérateurs Whitwell et fonctionnant de même.

Quand la décarburation est faite au degré voulu, on

coule le métal par des procédés analogues à ceux que nous allons indiquer à propos de l'acier Bessemer.

386. Fabrication de l'acier Bessemer. — La fabrication de l'acier Bessemer se pratique dans de grandes cornues, ou *convertisseurs* C, C′ (fig. 147), en tôle boulonnée et garnie intérieurement de briques réfractaires. La cornue peut pivoter autour de deux tourillons horizontaux, de manière à prendre différentes positions. Lorsque l'appareil est vertical, il présente le bec de la cornue sous une hotte en tôle, surmontée d'une cheminée. Le vent peut arriver par le tube situé en avant de la figure, à droite; il passe ensuite dans une boîte, d'où il gagne un tube latéral et recourbé, qui le mène à des tuyères intérieures. Après avoir fait brûler du coke dans le convertisseur pour l'échauffer, on y introduit de la fonte liquide, qui a été fondue dans un cubilot voisin. On donne le vent; la fonte s'affine en perdant son carbone. Quand la décarburation est complète, on arrête le vent, et l'on introduit dans le convertisseur une certaine quantité de fonte contenant du manganèse. On lance de nouveau le vent. Le charbon, contenu dans la fonte ajoutée, se répartit également dans toute la masse; quant au manganèse, il s'empare de l'oxygène de l'oxyde de fer qui s'est formé, et, laissant le fer à l'état métallique, il augmente ainsi la proportion d'acier produit. Pour procéder à la coulée, après avoir arrêté le soufflage, on fait basculer le convertisseur, et l'on reçoit l'acier fondu dans une grande poche, munie d'une soupape à sa partie inférieure. Au moyen de machines spéciales, la poche peut être amenée au-dessus des moules qui doivent recevoir l'acier; lorsqu'elle est arrivée au-dessus de chacun d'eux, on soulève la soupape et l'acier fondu s'écoule dans les moules.

Un des avantages de ce procédé, comme du procédé Siemens-Martin, consiste à pouvoir obtenir, en une fois, de grandes masses de métal fondu.

Lorsque les fontes qu'on doit traiter renferment du

Fig. 147. — Fabrication de l'acier Bessemer.

phosphore, on revêt intérieurement le convertisseur de *dolomie* (carbonate de calcium et de magnésium). Sous l'influence du courant d'air le phosphore s'oxyde et, en se combinant avec la chaux, forme du phosphate de calcium, qui se retrouve dans les scories. Ces scories, nommées *scories de déphosphora'ion*, sont aujourd'hui très employées en agriculture, comme engrais phosphaté.

Ce procédé se nomme *procédé Thomas*.

387. Acier de cémentation. — On obtient l'*acier de cémentation* en chauffant du fer de bonne qualité avec

du charbon en poudre dans des caisses CC (fig. 148), en briques réfractaires, autour desquelles on fait circuler la flamme d'un foyer. On dispose des couches alternatives de fer, en barres assez peu épaisses, et d'un mélange de charbon et de cendre, appelé *cément*.

388. Corroyage et fusion de l'acier. — Le corroyage de l'acier consiste à faire des paquets de lames d'acier

Fig. 148. — Caisses de cémentation pour la fabrication de l'acier par la carburation du fer.

assorties suivant leur densité, à soumettre ces paquets à une haute température et à les travailler ensuite au marteau-pilon, qui soude le tout en un *lopin*, qu'on étire en barres.

Acier fondu. — La fusion de l'acier donne encore un produit de qualité supérieure, parce qu'elle permet une répartition plus égale du charbon dans la masse métallique. L'acier fondu se fabrique avec des aciers puddlés ou cémentés, mais principalement avec ces derniers. La fusion s'opère dans des creusets en argile réfractaire, chauffés au moyen de coke dans des fourneaux à vent (fig. 149). L'acier fondu est coulé dans des lingotières.

389. Usages de l'acier. — Les aciers de forge ou puddlés sont employés dans la fabrication des sabres, des épées, des fleurets, des scies, des ressorts de voitures, des instruments aratoires; l'acier de cémentation est employé pour la fabrication des limes et des objets de quincaillerie. Ces aciers ne sont pas souvent employés à l'état naturel : le plus souvent ils sont améliorés par un cor-royage. L'acier fondu sert à la confection des burins, des ciseaux capables de couper la fonte, le fer et les autres aciers. Il est employé pour la coutellerie fine, la bijouterie d'acier, les ressorts de montres, les instruments de chirurgie, les coins des monnaies, les laminoirs, etc. L'acier Bessemer a maintenant de nombreuses applications; il sert à la fabrication des rails, des ressorts de voitures, etc., etc.

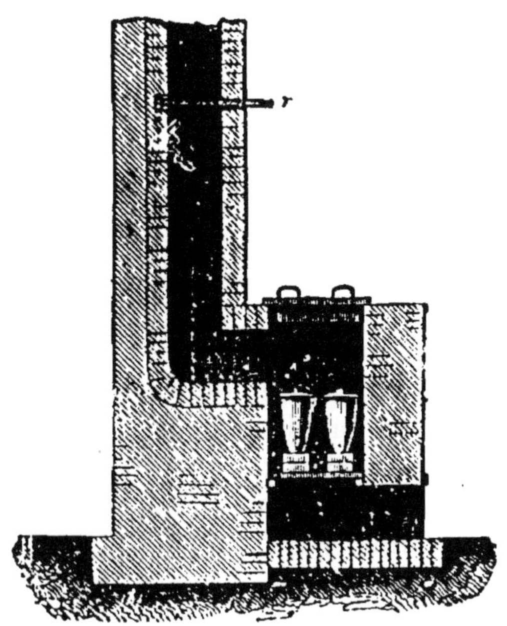

Fig. 149. — Creusets et four à coke pour la fusion de l'acier.

ZINC

Symbole : Zn. — Poids atomique : Zn = 65.

390. Propriétés physiques et chimiques du zinc. — Le zinc est un métal blanc bleuâtre, à texture

cristalline. Sa densité varie de 6,8 à 7,2; il fond à 433°
et distille à 932°. Le zinc du commerce n'est jamais parfaitement pur; il contient toujours un peu de plomb, de
fer et de carbone, quelquefois de l'arsenic.

Le zinc du commerce est mou et graisse la lime; il se
gerce, en même temps qu'il s'aplatit sous le marteau. Il
n'est malléable qu'entre 100 et 130°, ce qui constitue
une grande difficulté pour le laminer.

Le zinc se ternit dans l'air humide; il se recouvre
alors d'une couche adhérente d'hydrocarbonate de zinc,
qui préserve le reste du métal de l'oxydation. Il se dissout facilement dans les acides, même les plus faibles,
en donnant lieu à des sels incolores et vénéneux. Aussi
doit-on en proscrire l'usage, dans l'économie domestique,
pour les vases qui pourraient renfermer des acides ou
des agents capables d'attaquer le métal (vinaigre, corps
gras, sel de cuisine, jus de citron).

Chauffé au contact de l'air, il se convertit en protoxyde ZnO, qui se répand dans l'air en flocons blancs,
très légers. Nous en avons parlé et nous avons décrit sa
fabrication (273).

391. Métallurgie du zinc. — Les deux minerais
de zinc sont le sulfure de zinc ou *blende*, et le carbonate
de zinc ou *calamine*. Ces deux minerais, qui se trouvent
en Sibérie, en Belgique, en Angleterre, sont grillés à
l'air et transformés en oxyde de zinc, qu'on réduit par
le charbon, à une température élevée : le zinc distille
dans des appareils où il se condense.

392. Usages du zinc. — Le zinc sert, à l'état de
feuilles minces, pour la couverture des toits, pour la
confection des baignoires, des bassins, des gouttières.
Il sert à la fabrication du fer galvanisé dont nous avons
parlé plus haut; il entre dans la composition du laiton et
du maillechort.

NICKEL

Symbole : Ni. — Poids atomique : Ni = 59.

393. Propriétés physiques et chimiques. —
Le nickel est un métal blanc grisâtre. Après le manganèse, c'est le plus dur des métaux. Sa densité est 8,27.
Il est ductile et malléable, moins fusible que le fer. Il
est attiré par l'aimant et peut lui-même être aimanté. Il
ne s'oxyde pas, à froid, au contact de l'air; à une température élevée, il s'oxyde. Il se dissout dans les acides
sulfurique, chlorhydrique et azotique. Trempé dans
l'acide azotique monohydraté, il devient *passif* comme
le fer (294).

394. Métallurgie du nickel. — Le nickel se
trouve à l'état d'arséniures ou d'arséniosulfures. On les
transforme en oxyde par le grillage, et l'on réduit
l'oxyde par le charbon.

395. Usages du nickel. — Le nickel est employé
aujourd'hui à la fabrication de vases, qui servent dans
l'économie domestique : plats, légumiers, casseroles, etc.

On l'emploie aussi au *nickelage*, opération qui consiste à recouvrir le fer, le cuivre, etc., d'une couche
de nickel, pour les préserver de l'oxydation. On procède
par galvanoplastie, en décomposant, par le courant électrique, le sulfate double de nickel et d'ammoniaque.

ÉTAIN

Symbole : Sn. — Poids atomique : Sn = 118.

396. Propriétés physiques et chimiques. —
L'étain du commerce se présente en feuilles, en baguettes,
en tables, en pains, en saumons et en lames.

L'étain du commerce est souvent impur : il n'y a que
celui de Malacca qui jouisse d'une pureté parfaite.

L'étain est d'un blanc argentin, dont le reflet est un

peu jaunâtre. Par le frottement, il exhale une légère odeur; sa densité est 7,29. Il cristallise facilement; aussi sa texture est-elle cristalline, et, lorsqu'on plie une baguette d'étain, elle produit un cri particulier, appelé *cri de l'étain*, qui provient du frottement et du déchirement des cristaux enchevêtrés.

L'étain est mou et très malléable : c'est lui qui sert à la fabrication des feuilles avec lesquelles on enveloppe le thé et le chocolat; elles s'obtiennent par le martelage, et, pour que le choc du marteau ne les déchire pas, on les met entre des feuilles d'étain plus épaisses.

L'étain et le plomb sont les seuls métaux qui puissent être réduits en lames minces, sans qu'on soit obligé de les recuire.

L'étain fond à 233°; c'est le plus fusible de tous les métaux usuels. Lorsqu'il est fondu, on peut le couler sur une feuille de papier ou sur un linge sans les brûler.

L'étain s'altère peu à l'air, à la température ordinaire ; mais, quand on le chauffe, il s'oxyde avec facilité. Lorsqu'on maintient de l'étain en fusion à l'air, il se couvre d'une couche grise, mélange de protoxyde SnO et de bioxyde SnO^2, que les étameurs appellent *crasse*. Ces oxydes, chauffés avec du charbon, se réduisent et régénèrent l'étain. À une haute température, l'étain peut même s'enflammer.

Au bioxyde d'étain SnO^2 correspond un acide, appelé *acide stannique* SnO^3H^2, qu'on prépare en faisant agir de l'acide azotique sur de l'étain. Cet acide forme, en se combinant avec les bases, des *stannates*.

L'étain décompose l'eau au rouge; il se dissout dans les dissolutions concentrées de potasse ou de soude, à cause de l'affinité de ses oxydes pour les alcalis.

L'acide sulfurique ne l'attaque qu'avec lenteur; l'acide chlorhydrique le dissout rapidement à chaud, mais lentement à froid; l'acide azotique monohydraté n'agit pas sur lui, mais l'acide azotique du commerce l'oxyde avec énergie et le transforme en acide stannique.

397. Métallurgie de l'étain. — Le nombre des minerais d'étain est très restreint; le seul qui donne lieu à des exploitations métallurgiques est le bioxyde d'étain anhydre, ou *cassitérite*. Il est abondant en Angleterre, en Saxe et aux Indes. On en extrait l'étain en le réduisant par le charbon.

398. Usages de l'étain. — En vertu de l'innocuité de ses sels sur l'économie animale, quand ils sont pris à petite dose, de la difficulté qu'ont les acides à l'attaquer, de son inaltérabilité à l'air, l'étain est employé à la fabrication de couverts et de vases.

Sa fusibilité très grande, empêchant de l'employer pour la fabrication des vases qui doivent aller au feu, on a imaginé de recouvrir les vases de fer et de cuivre d'une mince couche d'étain, qui les préserve de l'oxydation et de l'attaque par les acides ou par les autres agents.

Étamage du cuivre. — Pour étamer le cuivre, il faut d'abord décaper la pièce avec soin. On la saupoudre, à cet effet, de chlorhydrate d'ammoniaque, ou sel ammoniac; on la chauffe et on la frotte vivement avec un tampon d'étoupe, de manière à étendre le sel sur toute la surface : lorsque le décapage l'a rendue brillante, on promène l'étain en fusion à sa surface et on l'étale sur tous les points avec de l'étoupe. On n'obtient ainsi qu'une couche superficielle très mince, qui est bientôt emportée par le frottement auquel on soumet les vases culinaires pour les récurer; aussi faut-il surveiller ces vases avec soin et les faire étamer à nouveau, dès que le cuivre commence à être mis à nu; sans quoi il pourrait, au contact des liquides, se former des sels de cuivre, qui sont vénéneux.

On emploie rarement l'étain pur pour l'étamage des vases de cuivre. Pour la plupart des usages, on se sert d'un alliage d'étain et de plomb, contenant du dixième au quart de son poids de plomb. Dans ces proportions, l'emploi de ce dernier métal n'est pas dangereux.

Étamage des vases et objets dits en fer battu. — Les cuillers de fer et les ustensiles en fer battu sont d'abord nettoyés avec du sable et essuyés ; on les trempe ensuite dans un bain d'étain et on les frotte avec des étoupes imbibées de sel ammoniac.

Étamage de la fonte. — La fonte, d'abord récurée avec du sable, est recouverte d'un alliage composé de 89 parties d'étain, 6 parties de nickel et 5 parties de fer fondues ensemble. Cet alliage a été préparé en faisant fondre les métaux précédents dans un fondant, composé de borax et de verre pilé.

Il peut aussi être employé avec avantage pour l'étamage du cuivre.

Étamage de la tôle ; fer-blanc. — Pour la préserver de l'oxydation, on fait adhérer à la surface de la tôle une couche d'étain qui la change en *fer-blanc*, et l'on peut alors l'employer à une foule d'usages auxquels le fer ordinaire ne résisterait pas. Nous avons dit (258) comment se fait cet étamage.

CUIVRE

Symbole : Cu. — Poids atomique : Cu = 63.

399. Propriétés physiques et chimiques. — Le cuivre a été connu et mis en œuvre dès l'antiquité la plus reculée ; il est, après le fer, le métal le plus employé.

Le cuivre est rouge ; lorsqu'il est frotté, il communique aux doigts une odeur désagréable. Il est très malléable et très ductile. Sa densité varie entre 8,8 et 8,9. Il fond à 1050 degrés ; à une température plus élevée, il émet des vapeurs qui brûlent à l'air avec une flamme verte.

Chauffé à l'air, le cuivre y brûle avec facilité ; il se forme de l'oxyde noir de cuivre CuO si l'oxygène est en excès, et, dans le cas contraire, du sous-oxyde rouge Cu^2O.

Exposé à l'air humide, le cuivre se recouvre d'une couche superficielle d'hydrocarbonate de cuivre vert, qui le protège contre l'oxydation ultérieure; cette substance est appelée *vert-de-gris* : c'est elle qui se forme à la surface des statues de bronze exposées à l'air humide, et qu'on désigne sous le nom de *patine*.

Le cuivre ne décompose l'eau ni à froid, ni en présence des acides, à une température élevée.

L'acide azotique est décomposé par lui; il le transforme en azotate de cuivre, avec dégagement de bioxyde d'azote; l'acide sulfurique concentré, chauffé au contact du cuivre, le transforme en sulfate de cuivre et dégage de l'anhydride sulfureux; l'acide chlorhydrique ne l'attaque que difficilement.

Les acides, même les plus faibles, et les corps gras forment avec le cuivre, en présence de l'eau et de l'air, des sels très vénéneux; aussi ne doit-on jamais conserver des aliments dans des vases en cuivre. Nous avons vu qu'on peut empêcher la formation de ces sels par l'étamage.

400. Métallurgie du cuivre. — Le cuivre se rencontre, mais rarement, dans la nature, à l'état de cuivre métallique ou natif; il existe aussi à l'état de sous-oxyde ou de carbonate, comme au Pérou, au Chili, dans les monts Ourals et à Chessy, près de Lyon. Ses minerais les plus abondants sont le sous-sulfure de cuivre Cu^2S et le sulfure double de cuivre et de fer $Cu^2S+Fe^2S^3$, ou *pyrite cuivreuse*, qu'on rencontre en Allemagne, au Mexique, au Chili.

Les minerais qui contiennent le cuivre à l'état d'oxyde ou de carbonate, sont d'un traitement très facile : on les réduit en les chauffant avec du charbon.

Quant aux pyrites cuivreuses, elles exigent un traitement plus long que nous n'étudierons pas.

401. Usages du cuivre. — Le cuivre sert à faire des alambics, des chaudières et des ustensiles de cuisine; à l'état de feuilles minces, il sert au doublage des vaisseaux. Mais, dans la plupart des cas, les arts et l'industrie l'emploient à l'état d'alliage.

402. Laiton. — Allié avec le zinc, il constitue le *laiton* ou cuivre jaune, avec lequel on fabrique un grand nombre d'objets usuels. Quand il est pur, le laiton convient à la fabrication du fil et des épingles, et supporte très bien le laminage et le choc du marteau. Il a le défaut d'empâter les outils, défaut qu'on corrige par une addition de plomb ou d'étain. Il se prête alors facilement aux travaux du tour et peut être scié et foré.

On fabrique le laiton en fondant, dans des creusets de terre réfractaire, les métaux qui doivent entrer dans sa composition.

Certains objets en laiton doivent être étamés, sans quoi ils se recouvriraient de vert-de-gris; tels sont les boutons et les épingles. Pour les étamer, après les avoir décapés, en les maintenant pendant une demi-heure dans une dissolution de crème de tartre, on les fait bouillir pendant une heure avec de l'eau, de l'étain en grenaille et un excès de crème de tartre soluble.

403. Bronze. Le *bronze* est un alliage de cuivre et d'étain. On l'employait autrefois à la fabrication des canons; mais, pour cet usage, on lui préfère aujourd'hui l'acier. Il sert à faire des statues, des cloches, des cymbales, des médailles et des monnaies.

Sous les noms de *bronze siliceux*, *bronze de silicium*, on désigne une combinaison de cuivre et de silicium. Le bronze siliceux est très bon conducteur de l'électricité; étiré en fils il est employé en téléphonie, en télégraphie, et, d'une façon générale, pour le transport à distance de l'énergie électrique.

404. Maillechort. — On emploie à la fabrication des théières, des couverts, des gobelets, etc., un alliage de cuivre, de zinc et de nickel, appelé *maillechort*, remarquable par sa densité très grande et sa faible altérabilité à l'air.

405. Bronze d'aluminium. — Le bronze d'alu-

minium est un alliage composé de 10 parties d'aluminium et de 90 parties de cuivre. Il possède une densité
supérieure à celle du bronze ordinaire; il se travaille à
chaud plus facilement que le meilleur fer doux. Il a une
couleur jaune qui le fait confondre facilement avec l'or;
il est employé maintenant, en assez grande quantité, pour
la fabrication d'un grand nombre d'objets : chaînes de
montres, boutons de manchettes, boîtes de montres,
cuillers, fourchettes, etc.

PLOMB

Symbole : Pb. — Poids atomique : = 207.

**406. Propriétés physiques et chimiques du
plomb.** — Le plomb est un métal gris bleuâtre, très
brillant quand il est récemment coupé. La densité du
plomb pur est 11,35; celle du plomb du commerce peut
s'élever jusqu'à 11,45. Le plomb n'a pas d'élasticité; il a
une ténacité très faible et peut être laminé, mais son
défaut de ténacité empêche qu'on l'étire en fils fins.

Le plomb fond à 325° et commence à émettre des
vapeurs au rouge.

Il s'oxyde et se ternit à l'air, mais l'action s'arrête à
la surface; son oxydation est très rapide quand on fait
intervenir la chaleur.

Le plomb forme avec l'oxygène quatre oxydes :

Le sous-oxyde de plomb Pb^2O ;

Le protoxyde de plomb PbO, connu dans le commerce
sous les noms de *massicot* et de *litharge*;

Le *minium* Pb^3O^4 ;

Le bioxyde de plomb PbO^2, ou anhydride plombique,
auquel correspond un acide non isolé, l'acide plombique
PbO^3H^2, capable de former des plombates.

Au contact de l'eau pure aérée, le plomb s'altère assez
rapidement. Nous voulons parler ici des eaux pluviales
ou de l'eau distillée aérée, au milieu desquelles il se

recouvre d'une couche blanche d'hydrate et de carbonate de plomb; l'eau dissout alors des quantités sensibles d'oxyde de plomb et acquiert des propriétés vénéneuses. Les eaux qui contiennent des sels en dissolution, comme les eaux du sol, n'ont pas cette propriété : c'est ce qui fait que les tuyaux en plomb peuvent être employés à la conduite des eaux de sources et de rivières, dont on se sert comme eaux potables. L'action des eaux pluviales sur le plomb est une des principales causes d'altération des toitures en plomb.

L'acide sulfurique faible n'attaque pas le plomb; concentré et bouillant, il l'attaque, en produisant de l'anhydride sulfureux et du sulfate de plomb; l'acide azotique le dissout facilement, en donnant de l'azotate de plomb et du bioxyde d'azote; l'acide chlorhydrique n'a pas d'action sensible sur lui, à l'abri du contact de l'air.

407. Métallurgie du plomb. — Le plomb existe, dans la nature, à l'état de sulfure de plomb, ou *galène*, à l'état de carbonate, de phosphate et d'arséniate.

On exploite le carbonate en le chauffant avec du charbon. Le sel se décompose, et l'oxyde est réduit par le charbon; le métal liquide se rassemble dans le creuset.

La galène, ou sulfure de plomb, est d'un traitement plus difficile. Après un bocardage et un triage qui a pour but d'enlever au minerai le plus possible de matières terreuses, elle est soumise à un traitement qui varie suivant la richesse du minerai et la nature de la gangue. Si le minerai est riche et peu siliceux, on emploie la *méthode par réaction*; s'il est impur et que sa gangue soit siliceuse, on emploie la méthode de *réduction par le fer* : car l'autre méthode entraînerait la perte d'une trop grande quantité de plomb, qui passerait à l'état de silicate de plomb.

La première méthode consiste à griller la galène à l'air; il se forme de l'oxyde de plomb et du sulfate de plomb : l'oxyde et le sulfate réagissent sur le sulfure

non encore oxydé; il se forme du plomb et de l'anhydride sulfureux qui se dégage.

La méthode de réduction par le fer consiste à chauffer
la galène avec de la vieille ferraille ou de la fonte; le fer
prend le soufre de la galène, pour former du sulfure de
fer, et laisse le plomb, qui s'écoule au dehors du four.

408. Usages du plomb. — Le plomb est employé
en feuilles minces pour la couverture des toits, pour les
gouttières, pour garnir intérieurement les réservoirs où
l'on conserve l'eau ordinaire. Il est important de ne pas
employer, pour la préparation des aliments, l'eau de
pluie conservée dans des réservoirs garnis de plomb :
tous les sels de plomb étant vénéneux, l'emploi d'une
pareille eau pourrait offrir les plus graves inconvénients.
Nous citerons aussi comme devant être abandonnées,
pour la cuisson et la conservation des matières alimentaires, ces poteries vernissées dont on fait un fréquent
usage. L'oxyde de plomb entre dans la composition du
vernis qui les recouvre : ce vernis s'attaque facilement
au contact des matières acides ou grasses que renferment les aliments, et donne lieu à la formation de sels
de plomb, dont l'action toxique produit de nombreux
accidents.

Le plomb est aussi employé à la fabrication de fils
dont se servent les jardiniers : ces fils, moins oxydables
que les fils de fer, ont une résistance suffisante pour
l'usage auquel on les destine.

Le plomb entre dans l'alliage fusible avec lequel on
fabrique les caractères d'imprimerie, dans la soudure
des plombiers, dans l'alliage des mesures d'étain; il sert
à la fabrication des balles de fusil (il est coulé pour cela
dans des moules à balles), à la fabrication du *plomb de
chasse*.

On emploie, pour ce dernier, du plomb auquel on
allie de 0,3 à 0,8 p. 100 d'arsenic. L'addition de cette
petite quantité d'arsenic donne au plomb la propriété
de former des gouttelettes parfaitement sphériques. On

se sert, pour sa fabrication, d'écumoires en tôle, percées
d'ouvertures plus ou moins grandes; on y verse, par
petites quantités, le plomb fondu qui passe à travers les
trous, sous forme de gouttes. On doit laisser tomber ces
gouttes d'une grande hauteur, afin qu'elles puissent se
solidifier pendant leur chute; elles sont recueillies dans
un réservoir d'eau. On se place, pour cette opération, en
haut d'une tour en charpente ou sur le bord d'un puits
de mine. Les grains sont ensuite triés dans des cribles
à trous ronds, et mis à tourner dans des tonneaux avec
un peu de plombagine, qui leur donne du lustre.

Le plomb est aussi employé à la fabrication des tuyaux
qui servent à la conduite des eaux et du gaz d'éclairage.
Pour cela, à l'aide d'une presse hydraulique, on comprime le métal fondu dans un moule annulaire, où il
prend les dimensions voulues, et à l'extrémité duquel il
sort, d'une manière continue, sous forme de tuyau
qu'on enroule au fur et à mesure.

ALUMINIUM

Symbole : Al. — Poids atomique : Al = 27.

409. Extraction. — L'aluminium est un métal qu'on
prépare aujourd'hui en décomposant, par un courant
électrique, des composés de l'aluminium, fondus sous
l'action de la chaleur dégagée par le passage du courant. L'aluminium se rend au pôle négatif. On parvient
ainsi à livrer ce métal au prix de 5 francs le kilogramme.

410. Propriétés. — L'aluminium est un métal blanc,
légèrement bleuâtre. Il est très peu dense; sa densité
est 2,5. Il est ductile et malléable, ne s'altère pas à
l'air. L'acide chlorhydrique le dissout; les acides azotique et sulfurique ne l'attaquent pas à froid, mais lentement à chaud. Il est dissous par les solutions alcalines;
il ne décompose pas l'eau. Avec le fer, il forme le *ferro-
aluminium*, alliage doué de propriétés utiles.

411. — Usages. — L'aluminium est employé pour tous les usages où l'on a besoin d'une grande légèreté unie à une grande ténacité (fabrication des longues-vues, lorgnettes, clefs, etc.).

MERCURE

Symbole : Hg. — Poids atomique : Hg = 200.

412. Propriétés physiques et chimiques. — Le mercure est le seul métal liquide à la température ordinaire : il ne se congèle qu'à une température de 40° au-dessous de zéro. Il bout à 350°. Il est blanc et sa densité est 13,596.

A la température ordinaire, il s'altère peu à l'air; mais à la longue cependant il se recouvre d'une pellicule grisâtre de protoxyde, qui se dissout en partie dans le métal; à la température de son ébullition, il s'oxyde facilement et se transforme en bioxyde rouge. Les acides étendus sont sans action sur lui; l'acide chlorhydrique concentré ne l'attaque pas, même à chaud; mais l'acide sulfurique et l'acide azotique l'attaquent; le premier le transforme en sulfate, le second en azotate.

Le mercure forme des amalgames avec presque tous les métaux; aussi doit-on surtout préserver de son action les objets d'or et d'argent (montres, bagues, etc.). Le fer, le platine et l'aluminium ne s'allient pas au mercure, et résistent à son action.

Les vapeurs mercurielles ont une action lente, mais fort délétère, sur l'économie animale, et donnent lieu à des tremblements et à des salivations abondantes chez les hommes qui manient souvent ce métal.

413. Métallurgie du mercure. — Le règne minéral renferme un certain nombre de combinaisons mercurielles : le mercure s'y trouve à l'état métallique, à l'état de chlorure, d'iodure, etc.; mais le seul minerai exploité est le sulfure de mercure ou *cinabre*. Ce minerai est composé, en proportions variables, de mercure métallique, ou *mercure coulant*, et de mercure sulfuré. Les mines les plus célèbres sont celles d'Almaden, en Espagne; celles d'Idria, en Illyrie, et du duché des Deux-Ponts, en Bavière.

L'extraction se fait par le grillage du sulfure : le soufre s'oxyde sur la sole du four et se dégage à l'état d'anhydride sulfureux; le mercure distille et on le recueille, à l'état liquide, dans des appareils où se condense sa vapeur.

414. Usages du mercure. — Le mercure est employé, en physique, à la construction des baromètres, des thermomètres, des manomètres; en chimie, on l'emploie à remplir des cuves, sur lesquelles on recueille les gaz solubles dans l'eau. La plus grande partie du mercure retiré du cinabre sert à l'extraction de l'or et de l'argent. Il est aussi employé, allié avec l'étain, à l'étamage des glaces, opération qui est généralement remplacée aujourd'hui par l'argenture.

ARGENT

Symbole : Ag. — Poids atomique : Ag = 108.

415. Propriétés physiques et chimiques. — L'argent est un métal connu de toute antiquité. Lorsqu'il est pur, il est le plus blanc de tous les métaux : il est susceptible de prendre un beau poli, et, sous ce rapport, il ne le cède guère qu'à l'acier. Après l'or, c'est le métal le plus malléable et le plus ductile; avec un poids de 5 centigrammes d'argent, on a pu faire des fils de 130 mètres de longueur. Il est assez tenace. Sa densité est 10,5. Il fond à 950° et, à une température très élevée, il émet des vapeurs vertes.

Lorsqu'il est fondu, il a la propriété de dissoudre 22 fois son volume d'oxygène; il laisse dégager ce gaz par le refroidissement.

L'argent a peu d'affinité pour l'oxygène. Il ne s'oxyde pas à l'air humide; il ne peut s'oxyder qu'à la température élevée que produit la flamme du chalumeau à hydrogène et oxygène.

L'acide azotique dissout l'argent; l'acide sulfurique ne le dissout que s'il est concentré et bouillant; l'acide chlorhydrique l'attaque à peine. L'acide sulfhydrique le noircit rapidement, en produisant à sa surface du sulfure d'argent. C'est par la présence de l'acide sulfhydrique dans l'air qu'on doit expliquer que les objets en argent s'y noircissent à la longue. On leur rend facilement leur couleur et leur brillant en les frottant avec une toile fine, légèrement imbibée d'une dissolution concentrée d'ammoniaque.

L'argent se ternit lorsqu'on le laisse en contact avec des chlorures alcalins, comme le sel marin, parce qu'il se forme à sa surface une pellicule de chlorure d'argent. C'est pour cela qu'on doit laver l'intérieur des salières d'argent.

416. Métallurgie de l'argent. — L'argent métallique est assez rare dans la nature; on le rencontre cependant en Amérique, au lac Supérieur. Il se trouve ordinairement à l'état de sulfure double d'argent et d'arsenic, ou de sulfure double d'argent et d'antimoine, et aussi à l'état de chlorure, de bromure et d'iodure.

Il y a deux méthodes pour traiter les minerais d'argent : elles consistent toutes deux à faire passer l'argent à l'état de chlorure, qu'on dissout dans le chlorure de sodium, et à précipiter ensuite l'argent de cette dissolution, à l'aide d'un métal plus chlorurable. On met ensuite la matière en contact avec le mercure qui s'allie à l'argent, et l'on obtient celui-ci comme résidu par distillation de l'amalgame.

Les deux méthodes, dont nous venons d'exposer le principe, diffèrent par les moyens employés.

417. Usages de l'argent. — L'argent, à l'état de pureté, est trop mou pour pouvoir être employé dans l'industrie; mais, allié avec le cuivre, il a une dureté qui permet de le faire servir à la fabrication des monnaies, des bijoux, des fourchettes et cuillers de table, de la vaisselle plate, etc.

On sait que le titre d'un alliage est le rapport qui existe entre le poids de métal précieux que contiennent 1000 parties d'alliage et 1000.

Voici les titres des principaux alliages d'argent :

Bijoux . . . . $\frac{800}{1000}$ (argent 800, cuivre 200).

Monnaies d'argent de France, sauf les pièces de 5 francs. . . . . . $\frac{835}{1000}$ (— 835, — 165).

Pièces de 5 francs en argent. . . $\frac{900}{1000}$ (— 900, — 100).

Médailles, vaisselle et argenterie. $\frac{950}{1000}$ (— 950. — 50).

Comme il serait difficile d'obtenir rigoureusement ces titres, la loi accorde une *tolérance* au-dessous et au-dessus du titre légal. La tolérance est de $\frac{2}{1000}$ au-dessus et au-dessous pour la monnaie et les médailles, de 5 au-dessous pour la bijouterie, la vaisselle et l'argenterie.

Les objets d'argent doivent tous porter un *contrôle*, posé par l'administration, après qu'elle a fait vérifier le titre. Lorsqu'une pièce fabriquée par un orfèvre est au-dessous du titre légal, on la brise pour empêcher qu'elle soit mise en circulation.

Or

Symbole : Au. — Poids atomique : Au = 197.

418. Propriétés physiques et chimiques de l'or. — L'or a une belle couleur jaune et peut prendre par le polissage un éclat remarquable; c'est le plus ductile et le plus malléable de tous les métaux. Sa densité est égale à 19,5; il fond à 1045°. Il est avec le platine le plus inaltérable des métaux usuels, et ne se ternit à l'air dans aucune circonstance : le chlore et le brome sont les seuls métalloïdes capables de l'attaquer à froid; aucun acide ne l'attaque, l'eau régale seule le dissout et le transforme en chlorure.

419. Métallurgie de l'or. — L'or est de tous les métaux celui qui, après le fer, est disséminé à la surface du globe de la manière la plus générale; mais, dans tous ses gisements, il se rencontre toujours en très petite quantité. Il se présente constamment à l'état métallique.

Les mines d'or les plus abondantes se trouvent en Amérique; l'Europe en possède d'assez riches, notamment dans l'Oural et l'Altaï (Russie). On en trouve dans le sud de l'Afrique.

L'or se rencontre ordinairement dans des sables quartzeux désagrégés, qui forment des alluvions très étendues, ou dans des filons quartzifères. Dans ce dernier cas, avant d'être soumis au traitement de lavage dont nous allons parler, le minerai doit être broyé.

Le lavage des minerais a pour but de séparer l'or des matières auxquelles il se trouve mélangé : il se fait de deux manières, soit à la main, soit mécaniquement.

Amalgamation. — L'or extrait par ces lavages est soumis à l'amalgamation. Cette opération se fait quelquefois à la main, par une simple malaxation de

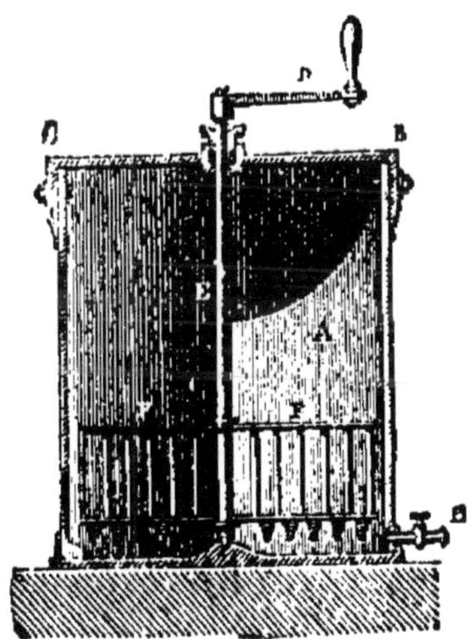

Fig. 150. — Appareil pour l'amalgamation de l'or.

la poudre d'or dans une terrine avec une quantité convenable de mercure. Dans les exploitations un peu importantes, l'amalgamation se fait dans un cylindre de fonte

A (fig. 150), à la partie inférieure duquel se trouve une couche de mercure; on jette la poudre d'or dans ce minerai et l'on malaxe le tout avec des palettes F, F, qui sont fixées à un axe E, mis en rotation par la manivelle D. Quand l'amalgamation est faite, on soutire l'amalgame par le robinet H.

L'or est ensuite séparé de l'amalgame par une distillation.

Certains minerais pyriteux et pauvres en or sont aujourd'hui traités par une dissolution de *cyanure de potassium*, qui dissout l'or. On précipite ensuite l'or, soit par le zinc, soit au moyen d'un courant électrique.

420. **Usages.** — L'or sert à la fabrication des monnaies et des bijoux d'or, dans lesquels il est allié avec le cuivre. L'or des monnaies contient $\frac{900}{1000}$ d'or, celui des médailles $\frac{916}{1000}$. Pour les bijoux, il y a trois titres : $\frac{920}{1000}$, $\frac{840}{1000}$ et $\frac{750}{1000}$.

PLATINE

Symbole : Pt. — Poids atomique : Pt = 198.

421. **Propriétés physiques et chimiques.** — Le platine est un métal d'un blanc grisâtre, ductile, très malléable et très tenace quand il est pur. Sa densité est 21,15. Il ne fond qu'à 1775°.

Le platine, même obtenu par fusion, devient incandescent au contact du mélange d'oxygène et d'hydrogène qu'il enflamme; ce phénomène se produit plus facilement avec la mousse de platine.

Il n'est oxydable directement à aucune température; aucun acide ne l'attaque; il ne se dissout que dans l'eau régale et, à chaud, dans les alcalis.

422. **Métallurgie du platine.** — Le platine n'a été introduit en Europe que vers la moitié du XVIIIe siècle.

Les mineurs d'Amérique le connaissaient depuis longtemps sous le nom de petit argent (*platina*).

On trouve le platine à l'état métallique dans des sables
qui ont beaucoup d'analogie avec les sables aurifères.
Il est sous la forme de petits grains associés avec beaucoup d'autres mé-
taux, parmi les-
quels se trouve
l'or.

Le minerai,
bien débarrassé
du sable par des
lavages, est
traité par le mer-
cure, qui en sé-
pare l'or; puis
on le traite par
l'eau régale con-
centrée, qui dis-
sout presque tout
le platine avec
une petite quan-
tité des autres
métaux qui l'ac-
compagnent. La
dissolution est
traitée par le
chlorhydrate

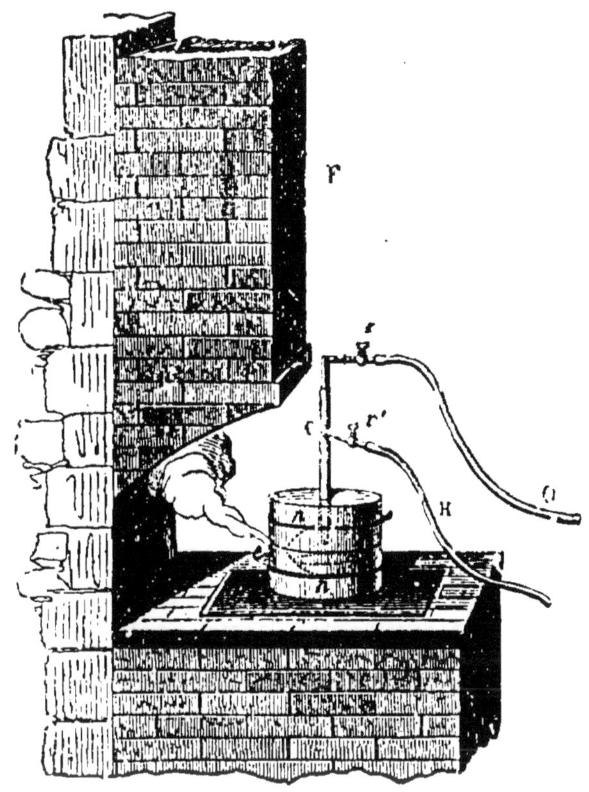

Fig. 151. — Four chauffé au chalumeau oxhydrique
pour la fusion du platine.

d'ammoniaque, qui y forme un précipité jaune de chlorure double de platine et d'ammonium. Ce précipité, lavé
et calciné au rouge, se décompose, laisse dégager le
chlore et l'ammoniaque qu'il contient, et donne pour
résidu la *mousse* ou *éponge* de platine, masse spongieuse
d'un gris tendre.

Avant les travaux de Henri Sainte-Claire Deville et
Debray, on ne connaissait d'autre moyen de donner de
la consistance à cette éponge qu'en la comprimant for-

tement dans un cylindre creux en fer, puis en la chauffant au rouge blanc et la martelant.

Ce procédé est maintenant remplacé par la fusion du platine, qui s'effectue dans l'appareil très simple qu'ont imaginé Sainte-Claire Deville et Debray.

Il se compose d'un petit four en chaux vive, formé par la superposition de deux cylindres (fig. 151) en chaux, présentant chacun une cavité hémisphérique : le cylindre supérieur est percé d'un trou, qui laisse arriver au milieu de la cavité sphérique le bec du chalumeau à gaz oxygène et hydrogène. Le platine est introduit par une rigole latérale c. Grâce à la température développée par le chalumeau à gaz, on peut fondre avec une grande rapidité, dans ce fourneau, lui-même infusible, des quantités assez considérables de platine. La chaux, dans cette opération, joue aussi un rôle chimique : elle sert à l'affinage du métal fondu.

423. Usages. — Les usages du platine sont assez limités par suite de son prix élevé : il sert à la fabrication des appareils à concentrer l'acide sulfurique; à cause de son inaltérabilité et de la température élevée qu'il peut supporter sans se fondre, on l'emploie dans les laboratoires pour faire des creusets, capsules, tubes, cornues, etc.

TROISIÈME ANNÉE

CHAPITRE PREMIER

Matières organiques. — Leur composition.

424. Les êtres vivants, végétaux ou animaux, en outre
des principes minéraux qu'ils renferment (phosphate et
carbonate de calcium des os, carbonates alcalins, silice
des graminées, etc.), contiennent un certain nombre de
principes dits *immédiats*, dans la constitution desquels
n'entrent, en général, que quatre corps simples au plus :
le carbone, l'hydrogène, l'oxygène et l'azote. L'azote se
rencontre surtout dans les matières d'origine animale,
mais le carbone est l'élément essentiel de tous ces principes immédiats. Pour bien préciser les idées, nous
allons prendre quelques exemples.

Le fruit connu sous le nom de *citron* renferme : une
partie solide, qui en forme en quelque sorte la charpente, c'est la *cellulose*, composée de carbone, d'hydrogène et d'oxygène ; un acide qu'on désigne sous le nom
d'*acide citrique* et qui donne à ce fruit sa saveur acide ;
du *sucre*, un principe odorant, etc. La cellulose, l'acide
citrique, le sucre, etc., sont des principes immédiats.

Le lait des animaux est aussi une substance complexe,

qui renferme un certain nombre de principes immédiats.
100 parties de lait de vache renferment environ, outre
88 parties d'eau et 0,7 de sels, 3 parties d'un principe
immédiat appelé *caséine*, 1 partie d'*albumine*, 3 parties
d'une matière grasse qui forme le *beurre*, 4 parties de
lactose ou *sucre de lait*. La caséine et l'albumine renferment de l'azote; le beurre et la lactose n'en contiennent
pas. Ces quatre corps sont des principes immédiats.

425. **Analyse immédiate.** — Lorsque l'attention
des chimistes se porta, au commencement du siècle, sur
les matières dites *organiques*, ils s'efforcèrent de trouver
les moyens propres à extraire les principes immédiats,
que les différentes fonctions vitales avaient produits
chez les végétaux et les animaux. Séparer les principes
immédiats les uns des autres et les obtenir à l'état de
pureté, tel est le but de l'*analyse immédiate*.

Cette analyse est très délicate et comporte l'emploi de
procédés assez variés. Tantôt on peut opérer par triage
mécanique, par écrasement; c'est ainsi qu'on extrait les
huiles contenues dans les graines oléagineuses. Tantôt
on peut, par une application ménagée de la chaleur,
séparer l'une de l'autre des substances inégalement fusibles, ou inégalement volatiles. On peut par des distillations
répétées séparer l'éther de l'alcool, ou l'alcool de l'eau.

Dans d'autres cas, on se servira de dissolvants neutres, tels que l'eau, l'éther, le sulfure de carbone, etc.
En traitant, par exemple, la noix de galle par l'éther,
on en extrait un acide qu'on appelle *tannin* ou acide
tannique.

Enfin on pourra employer des acides étendus pour
extraire les composés basiques, ou des bases étendues
pour séparer les composés acides.

426. **Analyse élémentaire.** — L'analyse élémentaire a pour but de déterminer les proportions relatives
selon lesquelles les *corps simples* ou *éléments*, carbone,
hydrogène, oxygène et azote entrent dans la composition
des principes immédiats.

Nous ne pouvons entrer ici dans la description détaillée des procédés employés pour faire l'analyse élémentaire; nous nous contenterons d'en expliquer le principe.

Lorsqu'à l'air libre, on porte à une température élevée une matière organique, elle brûle complètement, tous les corps simples qui entrent dans sa composition disparaissant dans de nouvelles combinaisons chimiques, à l'état de gaz ou de vapeur d'eau. Si la matière ne renferme pas d'azote, les seuls produits de la combustion sont de l'anhydride carbonique et de la vapeur d'eau, résultant de la combinaison du carbone et de l'hydrogène de la matière avec l'oxygène de l'air et celui de la matière elle-même. Si la matière est azotée, il se forme, en outre des produits désignés ci-dessus, soit de l'ammoniaque, résultant de la combinaison de l'azote avec une partie de l'hydrogène de la matière, soit des produits nitreux, formés par la combinaison de l'azote avec l'oxygène. L'azote se dégage toujours à l'état d'ammoniaque si l'on chauffe la matière organique en présence d'un alcali.

Si l'on opère la combustion d'une matière organique non azotée en vase clos, *en présence d'une substance oxydante*, le carbone et l'hydrogène forment, comme dans la combustion à l'air libre, de l'anhydride carbonique et de la vapeur d'eau. Dans ces conditions, il suffira donc, étant donné un poids déterminé de matière à analyser, de doser l'anhydride carbonique et la vapeur d'eau qui se dégagent, et, connaissant la composition chimique de chacun de ces corps, d'en déduire les poids de carbone et d'hydrogène qui les forment. La différence entre le poids total de ces corps simples et le poids de la matière analysée donnera le poids de l'oxygène.

Pour effectuer l'analyse, on chauffe dans un long tube de verre quelques décigrammes de la matière à analyser, mélangée avec de l'oxyde de cuivre (substance oxydante). Les produits de la combustion passent dans une série de tubes contenant, les uns de la potasse caustique, pour arrêter l'anhydride carbonique ; les autres une substance desséchante, comme de la pierre ponce imbibée d'acide sulfurique, pour arrêter la vapeur d'eau. La différence entre les poids de ces tubes, avant et après l'expérience, donne les poids de gaz carbonique et de vapeur d'eau.

Si la matière est azotée, on dose l'azote à part, en chauffant la matière avec un alcali et en faisant passer l'ammoniaque qui se dégage dans un liquide acide titré, avec lequel elle se combine. De la comparaison des titres de l'acide avant et après l'opération, on déduit la quantité d'ammoniaque et, par suite, la proportion d'azote. Par une seconde analyse, semblable à celle des matières non azotées, on détermine les proportions d'anhydride carbonique et de vapeur d'eau.

427. Classification des matières organiques au point de vue de leur fonction chimique. — Les progrès de la chimie organique ont montré que les matières si nombreuses et si variées qu'elle a à étudier ne jouent qu'un nombre assez restreint de rôles, désignés sous le nom de *fonctions chimiques*. En se plaçant à ce point de vue, on a pu classer les matières organiques en sept groupes qui les contiennent presque toutes.

1° Les *carbures d'hydrogène*, composés seulement de carbone et d'hydrogène. Ex : le *formène* CH^4, l'*éthylène* C^2H^4, la *benzine* C^6H^6.

2° Les *alcools*, qu'on peut considérer comme résultant de l'action de l'eau sur les carbures d'hydrogène. Ex : l'*alcool éthylique* ou *alcool de vin* $C^2H^5(OH)$, la *glycérine* $C^3H^5(OH)^3$.

3° Les *éthers*, qui résultent de l'action des acides sur les alcools. Ex : l'*éther ordinaire* $C^4H^{10}O$, qu'on obtient en faisant agir de l'acide sulfurique sur de l'alcool de vin.

4° Les *acides organiques*, qui dérivent des alcools par

oxydation. Ex : l'*acide acétique* $C^2H^4O^4$, qui résulte de l'oxydation de l'alcool de vin.

5° Les *hydrates de carbone*, qui sont des composés de carbone, d'hydrogène et d'oxygène, et qu'on peut considérer comme formés par la combinaison de l'eau avec le carbone. Ex : les *sucres*, l'*amidon*, la *cellulose*.

6° Les *alcalis organiques*, qui peuvent se combiner avec les acides et jouent ainsi le rôle de bases, comme les alcalis minéraux. Ex : la *morphine*, la *quinine*.

7° Les *matières albuminoïdes*, qui renferment toutes de l'azote et se trouvent surtout dans les tissus animaux. Ex : l'*albumine*, la *fibrine*, la *caséine*.

428. Synthèse des matières organiques. — La chimie organique, après avoir étudié les différentes matières organiques que lui offraient les végétaux et les animaux, s'est proposé de transformer ces matières et d'arriver à les créer de toutes pièces. Elle y est parvenue dans beaucoup de cas, et les travaux de M. Berthelot sur la synthèse des matières organiques ont enrichi la science de faits considérables.

429. Expériences simples. — Malaxer dans un linge, sous un filet d'eau, de la pomme de terre râpée; l'eau passe d'abord toute trouble, puis de plus en plus claire. Si l'on a soin de la recueillir dans un vase et de la laisser reposer, la fécule entraînée se dépose en une couche blanche au fond du vase, et on peut l'obtenir par décantation. Ce qui reste sur le linge est de la cellulose, c'est-à-dire l'enveloppe des cellules qui contenaient la fécule. On a ainsi séparé les deux principes immédiats les plus importants qui composent la pomme de terre.

Chauffer de l'amidon dans un tube à essais : il se dégage de l'anhydride carbonique et de la vapeur d'eau. Il reste dans le tube un dépôt de charbon qui, suffisamment chauffé à l'air, disparaîtrait à la longue en formant de l'anhydride carbonique.

Chauffer dans un tube à essais un peu de pain, en présence d'un petit fragment de potasse. Du papier de tournesol rougi, placé à l'ouverture du tube, devient bleu, par suite du dégagement d'ammoniaque, ce qui montre que le pain renferme de l'azote. Si, à la place de pain, on chauffe de la fécule, de l'amidon ou du sucre, le papier de tournesol reste rouge, ce qui montre que la fécule, l'amidon et le sucre ne renferment pas d'azote.

CHAPITRE II

**Notions sommaires sur les principaux carbures
d'hydrogène. — Gaz d'éclairage.**

**430. Composition et propriétés générales
des carbures d'hydrogène.** — Les carbures
d'hydrogène sont des corps neutres, composés seulement de carbone et d'hydrogène.

A la température ordinaire, il en est qui sont gazeux,
comme l'acétylène; d'autres liquides, comme la benzine;
d'autres solides, comme le caoutchouc.

Les deux corps simples qui entrent dans leur composition étant combustibles, tous les carbures d'hydrogène brûlent à l'air, en dégageant de l'anhydride carbonique et de la vapeur d'eau.

Il existe un grand nombre de carbures d'hydrogène.
Nous n'étudierons que les plus importants : le *formène*,
l'*éthylène* et l'*acétylène*, qui sont gazeux; la *benzine* et
l'*essence de térébenthine*, qui sont liquides; le *caoutchouc*
et la *gutta-percha*, qui sont solides.

FORMÈNE, OU MÉTHANE, OU HYDROGÈNE
PROTOCARBONÉ

Formule : CH^4. — Poids moléculaire : $CH^4 = 16$.

431. État naturel du formène. — Le formène,
appelé encore méthane ou hydrogène protocarboné, est

un gaz qui prend naissance dans la décomposition des détritus végétaux; on le trouve dans la vase des marais, d'où le nom de *gaz des marais* qu'on lui donne quelquefois. Il en sort des fissures du sol dans le département de l'Isère et dans quelques endroits en Italie. Il se dégage quelquefois de la houille et forme avec l'air, dans certaines mines, un mélange détonant, appelé *grisou*, qui produit, lorsqu'il se trouve enflammé, de véritables catastrophes.

432. Préparation. — Lorsqu'on fait passer des vapeurs d'acide acétique sur de la mousse de platine, elles se dédoublent en formène et en anhydride carbonique :

$$C^2H^4O^2 \quad = \quad CH^4 \quad + \quad CO^2$$

Acide   Formène.   Anhydride
acétique.   carbonique.

Mais il est préférable de faire cette décomposition sous l'influence des alcalis.

En chauffant dans une cornue (fig. 152) un mélange

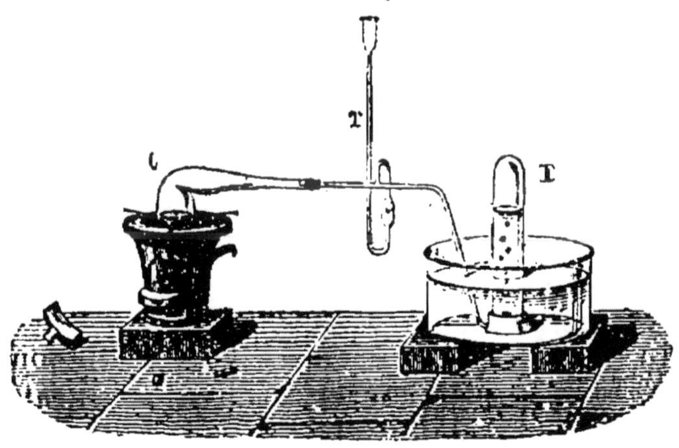

Fig. 152. — Préparation du formène. On chauffe dans une cornue un mélange d'acétate de sodium, de soude et de chaux.

d'acétate de sodium cristallisé, de soude hydratée et de chaux, il se dégage du formène et il se forme du carbonate de sodium. La chaux n'intervient pas chimiquement; elle n'a d'autre rôle que de rendre la soude moins fusible et de l'empêcher d'attaquer le verre. Nous n'en tiendrons pas compte dans la formule :

$$C^2H^3NaO^2 \quad + \quad NaOH \quad = \quad CH^4 \quad + \quad CO^3Na^2$$

| Acétate | Soude | Formène. | Carbonate |
| de sodium. | hydratée. | | de sodium. |

433. Propriétés physiques et chimiques. — Le formène est incolore, sans odeur ni saveur. Sa densité est 0,559, ce qui donne 0 gr. 727 pour le poids d'un litre. Il est peu soluble dans l'eau et a été liquéfié par M. Cailletet.

Il brûle avec une flamme jaunâtre, bordée de bleu; les produits de sa combustion sont la vapeur d'eau et de l'anhydride carbonique.

Il constitue, avec l'oxygène, un mélange explosif. Un mélange de 1 volume de ce gaz et de 2 volumes d'oxygène détone avec une violence extrême à l'approche d'une bougie allumée, en produisant de l'anhydride carbonique et de l'eau :

$$CH^4 \quad + \quad 4O \quad = \quad CO^2 \quad + \quad 2H^2O$$

| Formène. | Oxygène. | Anhydride carbonique. | Eau. |

Il se produit aussi une forte détonation si, au lieu d'oxygène, on mélange au gaz 7 à 8 fois son volume d'air.

Le formène est un carbure saturé, c'est-à-dire que le carbone a reçu les 4 atomicités d'hydrogène qu'il est susceptible de recevoir (139). En présence d'un autre corps monovalent comme le chlore, il ne se produira donc que des composés de substitution, dans lesquels le chlore remplacera l'hydrogène atome à atome. C'est ainsi que le formène et le chlore peuvent donner les produits suivants :

$$CH^3Cl$$
$$CH^2Cl^2$$
$$CHCl^3 \text{ (chloroforme)}$$
$$CCl^4$$

434. Lampe de sûreté de Davy. — Pour éviter les affreux accidents que produit dans les mines l'explosion du feu grisou, Davy a inventé la lampe de sûreté qui porte son nom. Elle consiste en une lampe entourée (fig. 153) d'un cylindre en toile métallique.

Fig. 153. — Lampe de Davy. La flamme est entourée complètement d'une toile métallique.

Fig. 154. — Lampe de Davy modifiée. La flamme est entourée d'un cylindre de cristal, surmonté d'une cheminée en toile métallique.

Lorsque l'inflammation du mélange aura lieu, ce sera au contact de la flamme, à l'intérieur de la lampe; mais la propriété qu'ont les toiles métalliques de couper les flammes empêchera l'explosion de se propager au dehors.

La lampe de Davy a l'inconvénient de donner peu de lumière, sa flamme étant enveloppée d'un cylindre en toile métallique. On a proposé différentes modifications.

Aujourd'hui on donne généralement à la lampe la disposition que présente la figure 154.

La flamme est entourée d'un cylindre en cristal *c*, surmonté d'une cheminée cylindrique en toile métallique. Celle-ci enveloppe un tube cylindrique en cuivre, destiné à activer le tirage. A la partie inférieure se trouvent deux ouvertures, munies de toiles métalliques et qui permettent à l'air de pénétrer dans la lampe. Enfin une spirale de platine est ordinairement suspendue au-dessus de la mèche; elle s'échauffe, devient rouge et augmente l'éclat de la flamme.

ÉTHYLÈNE OU HYDROGÈNE BICARBONÉ OU GAZ OLÉFIANT

Formule : C^2H^4. — Poids moléculaire : $C^2H^4 = 28$.

435. Préparation de l'éthylène. — L'éthylène, appelé encore hydrogène bicarboné, ou gaz oléfiant, se prépare en chauffant un mélange d'alcool et d'acide sulfurique. Sous l'influence de ce dernier, l'alcool se dédouble en éthylène et en eau.

$$C^2H^6O \;=\; C^2H^4 \;+\; H^2O$$
Alcool.   Éthylène.   Eau.

Il se produit aussi de l'éther, de l'anhydride sulfureux et de l'anhydride carbonique. On condense l'éther dans un flacon laveur C (fig. 155), renfermant de l'acide sulfurique; les gaz sulfureux et carbonique se combinent avec la potasse dissoute dans un second flacon D.

436. Propriétés physiques et chimiques. — L'éthylène est incolore, insipide, doué d'une odeur légèrement empyreumatique. Sa densité est 0,97. 1 litre pèse 1 gr. 254. L'eau en dissout un sixième de son volume à la température ordinaire. Faraday a pu le liquéfier, sous l'influence simultanée d'une forte pression et du froid produit par un mélange d'anhydride carbonique solide et d'éther.

La chaleur le décompose, au rouge vif, en carbone et
en hydrogène.

Il est inflammable et brûle avec une flamme brillante,
en produisant de l'anhydride carbonique et de la vapeur

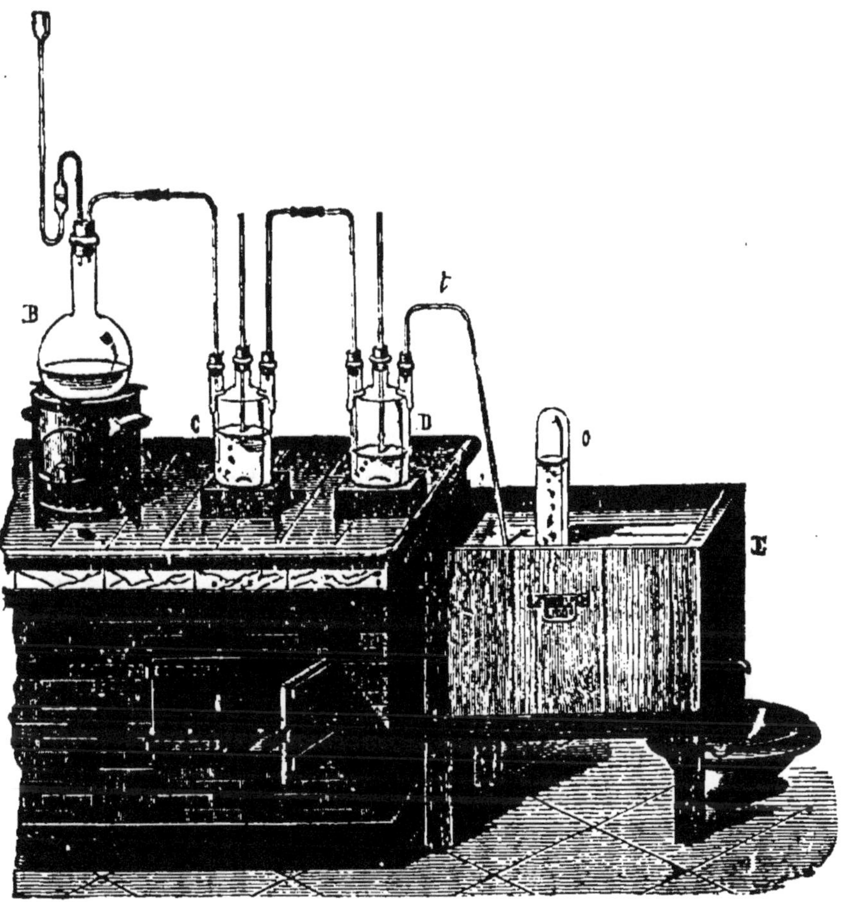

Fig. 155. — **Préparation de l'éthylène.** On chauffe dans un ballon de l'alcool
et de l'acide sulfurique. C et D sont des flacons laveurs.

d'eau. Lorsque le gaz est enflammé dans une éprouvette
étroite, la combustion est incomplète, par suite d'insuf-
fisance d'air et l'on constate un dépôt de charbon.

Mélangé avec trois fois son volume d'oxygène, il
détone violemment, lorsqu'on approche une bougie
enflammée de l'ouverture du flacon qui le renferme;

il se produit de l'eau et de l'anhydride carbonique,

$$C^2H^4 \quad + \quad 6O \quad = \quad 2CO^2 \quad + \quad 2H^2O$$
Éthylène.　　　　Oxygène.　　　Anhydride　　　　Eau.
　　　　　　　　　　　　　　carbonique.

A la température ordinaire, le chlore et l'éthylène se combinent à volumes égaux et donnent un liquide huileux, d'une saveur sucrée et d'une odeur éthérée, connu sous le nom d'*huile des Hollandais* ou de *chlorure d'éthylène*.

$$C^2H^4 \quad + \quad 2Cl \quad = \quad C^2H^4Cl^2$$
Éthylène.　　　　Chlore.　　　　Liqueur
　　　　　　　　　　　　　　des Hollandais.

L'expérience se fait dans une cloche, où l'on introduit les gaz sous l'eau, et qu'on pose ensuite sur une assiette. On ajoute de l'eau dans l'assiette, à mesure que la combustion des deux gaz fait diminuer la pression dans l'intérieur de la cloche. On voit alors les gouttes huileuses se produire sur les parois de la cloche et descendre sur l'eau, où l'on peut ensuite recueillir le produit oléagineux.

Cette expérience montre que l'éthylène n'est pas un carbure *saturé*.

Si l'on mélange dans une éprouvette à pied, renversée sur la cuve à eau, 1 volume d'éthylène et 2 volumes de chlore, qu'après avoir retourné l'éprouvette on approche de l'ouverture une bougie, le mélange s'enflamme : une flamme rouge descend dans l'éprouvette, en même temps qu'il se produit un nuage épais de charbon pulvérulent.

ACÉTYLÈNE

Formule C^2H^2. — Poids moléculaire : $C^2H^2 = 26$.

437. Préparation de l'acétylène. — L'acétylène est le seul carbure d'hydrogène capable de se

former directement par l'action du carbone et de l'hydrogène. M. Berthelot en a effectué la synthèse, en faisant
passer l'arc voltaïque dans un ballon de verre rempli
d'hydrogène. Le carbone des électrodes s'est combiné à
l'hydrogène en produisant de l'acétylène.

On prépare aujourd'hui l'acétylène en décomposant
à froid, par l'eau, le carbure de calcium CaC^2.

$$CaC^2 \quad + \quad 2H^2O \quad = \quad C^2H^2 \quad + \quad Ca(OH)^2$$

Carbure   Eau.   Acétylène.   Chaux
de calcium.   hydratée.

Le carbure de calcium est un corps solide, de couleur grise, qu'on prépare dans l'industrie en chauffant
dans un four électrique, capable de donner une température de 3500°, du charbon et de la chaux.

Dans les laboratoires, pour préparer de l'acétylène,
on met dans un flacon, disposé comme pour la préparation de l'hydrogène (fig. 29), des morceaux de carbure
de calcium et l'on verse, par le tube à entonnoir, de l'eau
en petite quantité. (Il est bon, pour éviter le dégagement de gaz par le tube à entonnoir, de mettre dans le
flacon, avec le carbure de calcium, de l'huile de
pétrole, de façon que l'extrémité du tube à entonnoir
plonge dans le liquide). Le gaz obtenu peut être
recueilli sur l'eau, dans des éprouvettes, ou enflammé à
l'extrémité d'un tube effilé (fig. 37); mais comme,
mélangé avec l'air, il détone violemment, on ne doit
l'enflammer que lorsque tout l'air est chassé du
flacon.

438. Propriétés physiques et chimiques. —
L'acétylène est incolore, d'une odeur désagréable et
caractéristique. Sa densité est 0,92 : il a été liquéfié par
M. Cailletet, sous l'influence du froid et de la pression.
Sous l'action de la chaleur, dans une cloche courbe, il
se transforme en produits divers, où domine la benzine
C^6H^6.

Il brûle à l'air avec une flamme très éclairante,

en produisant de l'anhydride carbonique et de l'eau.

$$C^2H^2 + 5O = 2CO^2 + H^2O$$

Acétylène.   Oxygène.   Anhydride   Eau.
carbonique.

439. Emploi de l'acétylène pour l'éclairage.
— L'éclat de la flamme de l'acétylène, la facilité de
préparation de ce gaz et la modicité de son prix
de revient le font employer aujourd'hui à l'éclairage.

Dans les appareils destinés à produire l'acétylène, du
carbure de calcium est mis en contact avec de l'eau, et le
gaz formé se rend dans un réservoir, qui est le plus
souvent une cloche métallique reposant sur une cuve à
eau. Du réservoir, le gaz est amené, par des tuyaux analogues à ceux qu'on emploie pour le gaz d'éclairage, à
des becs doubles, construits de façon que les deux jets
frappent l'un contre l'autre, ce qui donne à la flamme
une forme aplatie et un éclat très vif, par suite d'une
augmentation de la surface de contact avec l'air.

Un kilogramme de carbure de calcium produit environ 300 litres de gaz.

L'acétylène ayant la propriété de détoner violemment lorsqu'il est mélangé à l'air en quantité suffisante,
on doit prendre avec ce gaz les mêmes précautions
qu'avec le gaz d'éclairage, c'est-à-dire que dans le cas
où du gaz acétylène se serait répandu dans un appartement, ce qui se reconnaît facilement à une forte odeur
qui rappelle celle de l'ail, on doit aérer l'appartement
avant d'y pénétrer avec une bougie ou une lampe
allumée.

GAZ D'ÉCLAIRAGE

440. Historique. — C'est à la fin du siècle dernier
que remonte l'invention de l'éclairage au gaz. Les pre-

miers essais furent faits vers 1785 par Lebon[1], ingénieur français; mais ce mode d'éclairage ne fut appliqué en France, à Paris, qu'en 1816. Depuis cette époque l'éclairage au gaz s'est développé et d'importantes compagnies se sont fondées pour exploiter cette industrie.

441. Matières premières employées pour la fabrication du gaz. — Les substances organiques qui peuvent, par leur distillation, fournir un gaz propre à l'éclairage sont assez nombreuses; mais la houille est certainement la plus avantageuse, car elle donne non seulement du gaz, mais encore du coke, dont la valeur est à peu près égale à la moitié de la sienne, du goudron et des sels ammoniacaux que l'industrie utilise.

Distillée en vase clos, la houille donne un volume considérable de gaz formé de gaz divers dont le formène et l'hydrogène constituent la plus grande partie, environ 80 p. 100. Le reste, 20 p. 100, est formé par de l'oxyde de carbone, de l'éthylène, de l'acétylène, de l'azote, de l'ammoniaque, des vapeurs de benzine et de sulfure de carbone et une très faible quantité d'anhydride carbonique et d'acide sulfhydrique. On s'expliquera la production de ces divers corps en remarquant que la houille contient, outre son carbone, de l'oxygène, de l'hydrogène, une faible proportion d'azote et du soufre provenant des pyrites qu'elle renferme

Les houilles à longue flamme sont les plus propres à la fabrication du gaz d'éclairage : 100 kilogrammes de houille peuvent donner 23 mètres cubes de gaz; les houilles anglaises peuvent en fournir 27 mètres.

442. Fabrication du gaz d'éclairage. — Cette fabrication comprend trois phases distinctes : 1° la distillation de la houille; 2° l'épuration physique du gaz; 3° l'épuration chimique.

---

1. Voir, dans la Bibliothèque des Écoles primaires supérieures et professionnelles, les *Lectures scientifiques*, par M. Baudrillart, p. 185.

443. Distillation de la houille. — La houille est chargée dans des cornues en terre C (fig. 156), qu'on dispose par batteries dans des fours adossés deux à deux. Elles peuvent être fermées à l'aide d'un obturateur, et de leur tête part un tube abducteur. Ces cornues sont portées au rouge vif au moment où l'ouvrier les emplit; les premières portions de charbon qu'on y

Fig. 156. — Fabrication du gaz d'éclairage. C, cornue; B, barillet.

projette distillent immédiatement et les remplissent de gaz, de sorte que, lorsque l'ouvrier pose l'obturateur, l'air est chassé. Au sortir des cornues, tous les produits de la distillation se rendent, par les tubes abducteurs T, dans un cylindre B, appelé *barillet*, qui court le long des fours et qui est à moitié rempli d'eau. Chaque tube T plonge dans l'eau, de sorte que chaque cornue est séparée par cette eau du reste de l'appareil; et, si l'une d'elles venait à se briser, le gaz, contenu au delà du barillet, ne pourrait ni s'enflammer ni se mélanger à l'air. Le barillet a de plus l'avantage de condenser déjà une certaine quantité d'eau, de goudron, etc.

444. Épuration physique. — A la sortie du
barillet, le gaz se rend dans un appareil réfrigérant,
composé d'une série de tubes en U renversés D
(fig. 157), qui viennent aboutir sur une caisse V, que le
gaz traverse pour se rendre de l'un à l'autre. C'est dans
ces tubes que le gaz dépose son eau, ses goudrons, ses
sels ammoniacaux, qui tombent de là dans l'eau de la

Fig. 157. — **Fabrication du gaz d'éclairage.** C, cornue; B, barillet; D, tubes
en U pour l'épuration physique; E, tour à coke; FF', épurateur chimique;
GG, tube par où le gaz arrive dans le gazomètre; HH, tube par où le gaz est
envoyé aux conduites de distribution.

caisse V. L'épuration physique s'achève dans une
colonne E, remplie de coke et divisée en deux compartiments. Le gaz traverse le premier compartiment de
haut en bas et le second de bas en haut.

445. Épuration chimique. — Le gaz, dépouillé
d'eau et de goudron, contient encore de l'anhydride
carbonique, de l'acide sulfhydrique, du carbonate d'ammoniaque et du sulfhydrate d'ammoniaque. L'épuration
chimique le débarrasse de ces corps. Pour cela on lui
fait traverser des caisse FF', garnies de claies superposées, sur lesquelles on a étendu un mélange de sesquioxyde de fer et de sulfate de calcium, divisé par de la
sciure de bois. Pour obtenir ce mélange, on précipite,

au moyen de la chaux éteinte, une dissolution concentrée de sulfate de fer; il se forme du sulfate de calcium et du protoxyde de fer insolubles. L'exposition à l'air, pendant un certain temps, fait passer le protoxyde à l'état de sesquioxyde.

Le gaz carbonique se combine avec la chaux restée libre, en formant du carbonate de calcium ; l'acide sulfhydrique forme avec le sesquioxyde de fer du sulfure de fer. Quant aux sels ammoniacaux, il se transforment, au contact du sulfate de calcium, en sels de calcium, en même temps qu'il se forme du sulfate d'ammoniaque.

De temps en temps, on lessive les matières épurantes pour dissoudre le sulfate d'ammoniaque, et on les expose ensuite au contact de l'air, en y ajoutant un peu de chaux. L'action combinée de l'air et de la chaux revivifie le mélange, qui peut servir de nouveau.

A la sortie des caisses d'épuration, le gaz arrive, par le tube GG, dans une grande cloche renversée sur l'eau et appelée *gazomètre*. Cette cloche est soutenue par des chaînes passant sur des poulies et soutenant des contre-poids. Elle se soulève, à mesure que le gaz arrive. Quand on veut lancer celui-ci par le tuyau HH dans les conduites de distribution, on retire une partie des contre-poids, la cloche descend par l'effet de son poids et chasse le gaz.

446. Becs. — Le gaz est brûlé dans des becs de systèmes différents :

1° Le bec-bougie, qui s'emploie dans l'éclairage d'ornement, dans les lustres ou candélabres; le gaz en sort par un trou circulaire unique. La combustion est incomplète et ce bec est peu économique;

2° Le bec *papillon-éventail*, ou bec *chauve-souris*, dans lequel la combustion se fait dans de meilleures conditions, grâce à la forme aplatie de la flamme, qui offre ainsi une plus grande surface de contact avec l'air. L'orifice de sortie du gaz est une fente pratiquée dans la tête du bec (fig. 158). Ce bec est employé pour l'éclairage public, pour l'intérieur des habitations.

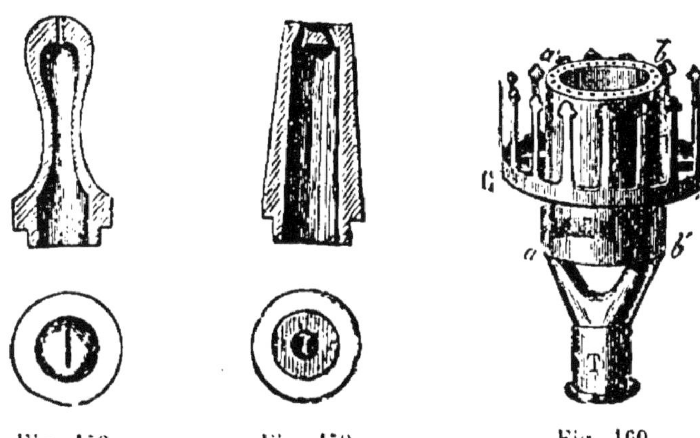

Fig. 158.
Bec papillon.

Fig. 159.
Bec Manchester.

Fig. 160.
Bec d'Argand.

3° Le bec *Manchester*, qui a la forme d'un cône tronqué; le gaz arrive dans un conduit central (fig. 159) jusqu'à une petite distance du sommet; là, il se divise pour suivre deux trous qui se recourbent l'un vers l'autre, de sorte que les deux jets se rencontrent à la sortie. De ce choc résulte un aplatissement de la flamme, qui s'étale dans un plan perpendiculaire à l'orifice de sortie, et un ralentissement dans l'écoulement du gaz.

4° Les becs à double courant d'air, dits *becs d'Argand*, qui sont circulaires. L'extrémité du tube conducteur T (fig. 160) se bifurque et amène le gaz dans une enveloppe annulaire $aa'bb'$, dont la base supérieure forme une couronne percée de trous circulaires en nombre variable. C'est par ces trous que le gaz sort. L'air a de nom-

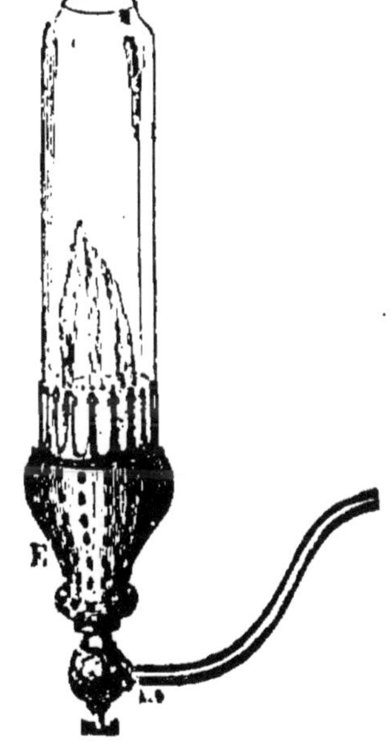

Fig. 161. — Bec à gaz
perfectionné.

breux points de contact avec la flamme, puisqu'il arrive à l'extérieur et à l'intérieur de l'enveloppe métallique. Ce bec porte ordinairement une galerie GG', sur laquelle on pose une cheminée en verre, destinée à activer le tirage et à rendre la flamme moins vacillante.

On a imaginé aussi, pour donner à la flamme plus de fixité, d'entourer (fig. 161) la partie inférieure des becs d'une enveloppe E, en toile métallique ou en porcelaine percée de trous.

447. On a inventé, dans ces derniers temps, un nouveau système de becs, produisant un éclairage dit *par incandescence*, dont voici le principe. Le bec est à double enveloppe, et l'enveloppe extérieure est ajourée à sa partie inférieure, de sorte que, lorsque le gaz, arrivant par le tube intérieur, brûle à l'extrémité du bec, un vif appel d'air se produit de bas en haut entre les deux enveloppes. La température de la flamme est ainsi augmentée, tandis que son éclat devient presque nul, toutes les particules charbonneuses du gaz se trouvant brûlées. Sur cette flamme très chaude, et qui ne peut produire de dépôt charbonneux, est posé une sorte de capuchon, en forme de doigt de gant, composé de substances qui, portées à l'incandescence, projettent un éclat très vif.

Ce système, tout en augmentant le pouvoir éclairant, diminue la consommation du gaz. Le plus connu et le plus employé des becs de ce genre est le bec Auer.

448. Utilisation des goudrons de houille. — Les goudrons résultant de l'épuration physique du gaz d'éclairage sont la source de nombreux produits, qu'on retire par distillation et que l'industrie utilise.

La distillation des goudrons se fait dans des cornues cylindriques en tôle, analogues par leur forme aux cornues à gaz. Les cornues ne sont pas chauffées à feu nu, mais sont séparées du foyer par une voûte, de sorte qu'elles sont portées à une température voulue par une circulation d'air chaud.

Si l'on arrête la distillation lorsque le goudron a perdu environ 25 p. 100 de son poids, le produit distillé forme ce qu'on appelle les *huiles légères*, dont le point d'ébullition atteint à peine 200°. Ce qui reste dans la chaudière est appelé le *brai gras*.

Si l'on poursuit la distillation de ce résidu, il passe dans le réfrigérant des *huiles lourdes*, et il reste dans les cornues ce qu'on appelle le *brai sec*.

Le brai gras, mélangé avec du poussier de houille, est employé dans la fabrication des *agglomérés*[1], qui servent au chauffage des locomotives. Le brai sec est aussi employé pour la fabrication des agglomérés; il entre dans la composition de l'asphalte, qui n'est autre que du sable et des pierres concassées, englobées au moyen de la chaleur dans du brai sec.

Des huiles légères on retire un grand nombre de produits, parmi lesquels nous citerons la *benzine*, étudiée plus loin, l'*aniline* et le *phénol* plus connu sous le nom d'*acide phénique*, corps solide employé en dissolution comme désinfectant et antiseptique.

Des huiles lourdes on retire la *naphtaline*, substance blanche, cristallisée en lamelles nacrées, et qui est employée pour éloigner les insectes des pelleteries.

BENZINE

Formule C^6H^6. — Poids moléculaire : $C^6H^6 = 78$.

449. Préparation de la benzine. — La benzine est un liquide qu'on extrait des huiles légères de goudrons de houille, en les distillant et en recueillant ce qui passe aux environs de 80°, température d'ébullition de la benzine.

450. Propriétés et usages. — La benzine pure

---

1. Voir, dans la Bibliothèque des Écoles primaires supérieures et professionnelles, les *Notions de technologie*, par MM. Jacquemard et Bois, 1re partie, chap. vi, § 4.

est incolore, d'une odeur particulière et éthérée, qui ne rappelle en rien celle des produits commerciaux vendus sous le nom de benzine. Elle bout à 80° et se solidifie à 0°. Sa densité à 0° est 0,89. L'eau ne la dissout pas; elle est soluble dans l'alcool et dans l'éther. Elle dissout le soufre, le phosphore blanc, l'iode, les résines et les corps gras. C'est cette dernière propriété qu'on utilise pour détacher les étoffes.

Elle brûle avec une flamme fuligineuse. Traitée par l'acide azotique fumant, la benzine donne lieu à la *nitrobenzine* :

$$C^6H^6 \quad + \quad AzO^3H \quad = \quad C^6H^5(AzO^2) \quad + \quad H^2O$$

Benzine.   Acide azotique.   Nitrobenzine.   Eau.

La nitrobenzine est employée à la fabrication de l'*aniline*, substance liquide, d'où l'on retire un grand nombre de matières colorantes employées en teinture sous le nom de *couleurs d'aniline*, et qui ont remplacé généralement les matières colorantes naturelles.

ESSENCE DE TÉRÉBENTHINE

Formule : $C^{10}H^{16}$. — Poids moléculaire : $C^{10}H^{16} = 136$.

451. Préparation. — Lorsqu'on fait des incisions à certains conifères (pins ou sapins), il s'en écoule un liquide visqueux, qui se solidifie rapidement à l'air, et qui est un mélange d'une résine et d'essence de térébenthine. C'est de ce produit qu'on retire l'essence de térébenthine, en le distillant au moyen d'un courant de vapeur d'eau surchauffée à une température de 180° environ.

La résine qui forme le résidu de la distillation se nomme *colophane* ou *arcanson*.

452. Propriétés. — L'essence de térébenthine est incolore, d'une saveur âcre et brûlante. Sa densité à 0° est de 0,864. Elle bout à 156°. Elle s'enflamme difficilement et brûle à l'air avec une flamme fuligineuse. A la température ordinaire, elle s'oxyde à l'air et se transforme en résine. L'acide azotique monohydraté l'enflamme; l'acide azotique étendu et bouillant, en agissant sur elle, donne lieu à divers acides.

Elle sert à la confection des vernis dits à l'essence et dans la peinture à l'huile. Elle a, par suite de sa transformation en résine, la propriété de rendre les peintures siccatives.

PÉTROLE

453. Le pétrole est connu de toute antiquité. L'Italie, la Perse, l'Inde, les bords de la Caspienne, Java et l'Amérique du Nord sont les principaux centres de production. Les sources qu'on y rencontre ne sont guère exploitées que depuis 1859.

Le pétrole brut est une huile de couleur foncée qui, par réflexion, paraît verdâtre. Sa densité varie de 0,78 à 0,92.

On distille ce produit naturel dans des cornues en fer, chauffées à la vapeur. On opère d'abord entre 45 et 70 degrés, pour ne mettre en liberté que des produits très légers, très inflammables, d'un emploi dangereux et qu'on désigne sous le nom d'*éther de pétrole* ou de *gazoline*, de densité 0,65 environ. Le produit employé dans les moteurs à pétrole a pour densité 0,68.

Entre 75 et 110°, passent à la distillation des produits de composition variable, qu'on désigne sous les noms de *naphte*, d'*essence de pétrole*, d'*essence minérale*, employés dans les lampes à éponge, et pour dissoudre les corps gras; leur densité varie de 0,702 à 0,740. On élève ensuite, par la vapeur surchauffée, la température à 150° et progressivement à 280°. Dans ces limites on recueille l'*huile d'éclairage*, qui devra être raffinée; sa densité varie de 0,780 à 0,810.

Enfin on élève progressivement la température jusqu'à 400° et l'on recueille des *huiles lourdes*, généralement employées pour lubréfier les machines, et qui peuvent être utilisées pour le chauffage. Leur densité varie de 0,830 à 0,900. C'est pendant cette période que distille la *paraffine*, hydrocarbure solide, qui fond de 45 à 65°, suivant son origine, et peut cristalliser. Ses vapeurs s'enflamment facilement à l'air. On l'extrait aussi du goudron de houille et du goudron de bois. On en a fait des bougies.

La distillation du pétrole laisse un coke plus dense que le coke de houille et qui brûle bien sur les grilles.

Le raffinage des huiles d'éclairage consiste à les traiter par l'acide sulfurique, à leur faire subir un lavage à l'eau, puis à les traiter par la soude caustique, qui neutralise l'acide en excès. Dans ce traitement, le mélange est constament agité par des palettes mues par une machine à vapeur.

L'huile d'éclairage ne doit pas contenir de matières trop volatiles, qui en rendraient l'emploi dangereux. Pour vérifier si l'huile satisfait à cette condition, on lui fait subir l'*épreuve du feu*, en en chauffant une petite quantité dans une capsule. Quand la température est de 35°, on approche la flamme d'une allumette, qui ne doit pas enflammer l'huile.

Caoutchouc et Gutta-Percha

454. Le *caoutchouc* provient de la solidification d'un suc laiteux qui s'écoule d'incisions faites à certains arbres des pays chauds.

Le caoutchouc à l'état pur est blanc, mais il se colore en brun sous l'action de la lumière. Sa densité varie de 0,92 à 0,94; il peut se souder à lui-même par pression. Il est insoluble dans l'eau, mais soluble dans le sulfure de carbone.

Le caoutchouc n'est parfaitement élastique qu'entre 10° et 35°; il devient dur au-dessous de 8° et visqueux aux environs de 100°. Pour lui conserver son élasticité on le *vulcanise*, c'est-à-dire qu'on le combine avec du soufre, en le plongeant dans un bain de soufre fondu, à 120°. Si la proportion de soufre qui se combine avec le caoutchouc est élevée, on obtient l'*ébonite*, substance noire et dure, très mauvaise conductrice de l'électricité. Le caoutchouc est employé principalement pour la fabrication de tubes, ainsi que de vêtements et de chaussures imperméables.

La *gutta-percha* provient aussi de la solidification d'un suc laiteux qui s'écoule d'arbres d'espèces différentes de celles qui produisent le caoutchouc.

La gutta-percha est, comme le caoutchouc, insoluble dans l'eau et soluble dans le sulfure de carbone; sa densité est 0,98. Elle est dure à la température ordinaire, mais se ramollit vers 50°. On en obtient facilement le ramollissement en la plongeant dans de l'eau chaude; on peut alors prendre avec elle des empreintes qui servent de moules pour la galvanoplastie. On emploie encore la gutta-percha pour faire des vases, des cuvettes et, en raison de sa mauvaise conductibilité électrique, pour isoler les fils conducteurs des câbles télégraphiques et les fils de cuivre utilisés dans l'installation des sonneries électriques.

455. Expériences simples. — Préparer de l'acétylène comme il a été expliqué au n° 437.

Pour montrer que certaines matières organiques, chauffées en vase clos, laissent dégager un gaz inflammable, mettre dans un tube à essais des morceaux de liège et fermer le tube par un bouchon traversé par un tube effilé. Si l'on chauffe le tube avec une lampe à alcool, on peut enflammer, à l'extrémité du tube, le gaz qui se dégage.

Si l'on dispose d'une cornue en grès, on peut préparer du gaz d'éclairage par la distillation de la houille. On dispose l'appareil à préparation comme l'indique la fig. 162. F est un fourneau, qu'on peut construire avec un pot à fleurs, en pratiquant une ouverture O à sa partie inférieure et en disposant en *a b* une grille faite en fil de fer fort. Une cornue en grès C, contenant de la houille, repose sur le fourneau, et communique avec un flacon laveur B, portant un tube effilé *t* et un tube de sûreté T. On chauffe

la cornue avec du charbon de bois; le gaz qui s'échappe abandonne en B ses goudrons et ses sels ammoniacaux, et l'on peut
l'enflammer à l'extrémité du tube *t*. N'enflammer le jet de gaz

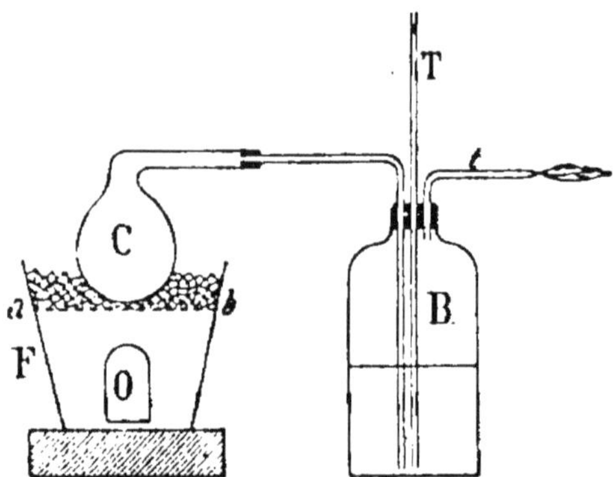

Fig. 162. -- **Appareil simple pour la préparation du gaz d'éclairage dans
les laboratoires. C, cornue en grès; F, fourneau; B, flacon laveur; T, tube
à l'extrémité duquel on enflamme le gaz.**

que lorsque tout l'air est chassé de l'appareil, pour éviter une
explosion.

Montrer que l'huile de pétrole ne prend pas feu si l'on en
approche une allumette enflammée, tandis que l'essence de pétrole
s'enflamme, même à distance. En déduire les précautions à
prendre dans l'emploi des lampes à essence.

CHAPITRE III

Alcools. — Alcool ordinaire.

456. Alcools en général. — On appelle *alcools* des principes neutres, composés de carbone, d'hydrogène et d'oxygène, capables de s'unir directement avec les acides et de les neutraliser, en formant des *éthers*. Cette union se fait avec élimination des éléments de l'eau. Nous considérerons les alcools comme formés par l'union d'un carbure d'hydrogène avec un corps hypothétique, appelé *oxhydrile*, qui joue un grand rôle en chimie et qui a pour formule OH. On l'appelle aussi *résidu d'eau*, parce que c'est de l'eau H^2O moins H. Il est monovalent.

L'alcool ordinaire, ou alcool éthylique, C^4H^6O est considéré comme formé par l'union de l'*éthyle* C^2H^5, corps hypothétique et non isolable, avec l'oxhydrile OH :

$$C^4H^6O = C^2H^5(OH).$$

Par son union soit avec l'acide acétique, soit avec l'acide chlorhydrique, il donne lieu soit à l'éther éthylacétique, soit à l'éther éthylchlorhydrique :

$$C^2H^5(OH) \ + \ C^2H^4O^2 \ = \ C^2H^3O^2,C^2H^5 \ + \ H^2O$$

C²H⁵(OII)	C²H⁴O²	C²H³O²,C²H⁵	H²O
Alcool ordinaire ou éthylique.	Acide acétique.	Éther éthylacétique.	Eau.

$$C^2H^5(OH) \ + \ HCl \ = \ C^2H^5Cl \ + \ H^2O$$

C²H⁵(OH)	HCl	C²H⁵Cl	H²O
Alcool ordinaire ou éthylique.	Acide chlorhydrique.	Éther éthylchlorhydrique.	Eau.

Les alcools sont très nombreux. Les plus importants sont les alcools primaires, comme l'alcool méthylique ou esprit de bois $CH^4O = CH^3(OH)$, l'alcool ordinaire ou éthylique $C^2H^6O = C^2H^5(OH)$, l'alcool propylique $C^3H^8O = C^3H^7(OH)$, etc. Les alcools sont *monoatomiques* s'ils ne contiennent qu'une fois OH. Ceux qui contiennent plusieurs fois OH sont appelés *polyatomiques*. Tels sont : le glycol, $C^2H^6O^2 = C^2H^4(OH)^2$, qui est *diatomique*; la glycérine, $C^3H^8O^3 = C^3H^5(OH)^3$, qui est *triatomique*.

ALCOOL ORDINAIRE OU ALCOOL ÉTHYLIQUE

Formule : C^2H^6O. — Poids moléculaire : $C^2H^6O = 46$.

457. On désigne sous le nom d'*alcool ordinaire*, ou *alcool éthylique*, le corps dont nous avons parlé, dont la formule est C^2H^6O et qui prend naissance dans la fermentation du jus de raisin, par la transformation du sucre qu'il renferme en alcool et en anhydride carbonique.

Quand il n'est pas mélangé à l'eau, l'alcool est appelé *alcool absolu*.

458. **Préparation de l'alcool absolu.** — L'alcool le plus concentré qu'on obtienne dans l'industrie contient de 90 à 92 p. 100 d'alcool pur. Pour le priver d'eau et l'obtenir à l'état anhydre, on laisse digérer pendant vingt-quatre heures, sur de la chaux vive, une certaine quantité d'alcool à 90° de l'alcoomètre de Gay-Lussac; puis on distille au bain-marie, à l'aide de l'appareil que représente la figure 163. B est la cucurbite de l'alambic, plongeant dans un bain-marie qui repose sur un fourneau A; C est le chapiteau qui communique, par le tube D, avec le serpentin S. La distillation doit être répétée deux à trois fois sur l'alcool obtenu.

459. **Propriétés de l'alcool.** — L'alcool pur est un liquide transparent, très fluide, incolore, ayant une saveur brûlante et une odeur aromatique; sa densité à

15° est de 0,79 ; il bout à 78°. Il est très avide d'eau, et, lorsqu'on le mélange avec elle, la température s'élève et le volume diminue. C'est le dissolvant par excellence des substances très hydrogénées, comme les résines, les essences, les corps gras, les matières colorantes, etc. Il est inflammable et brûle avec une flamme bleue ; sa vapeur, mélangée à l'oxygène, détone avec violence sous

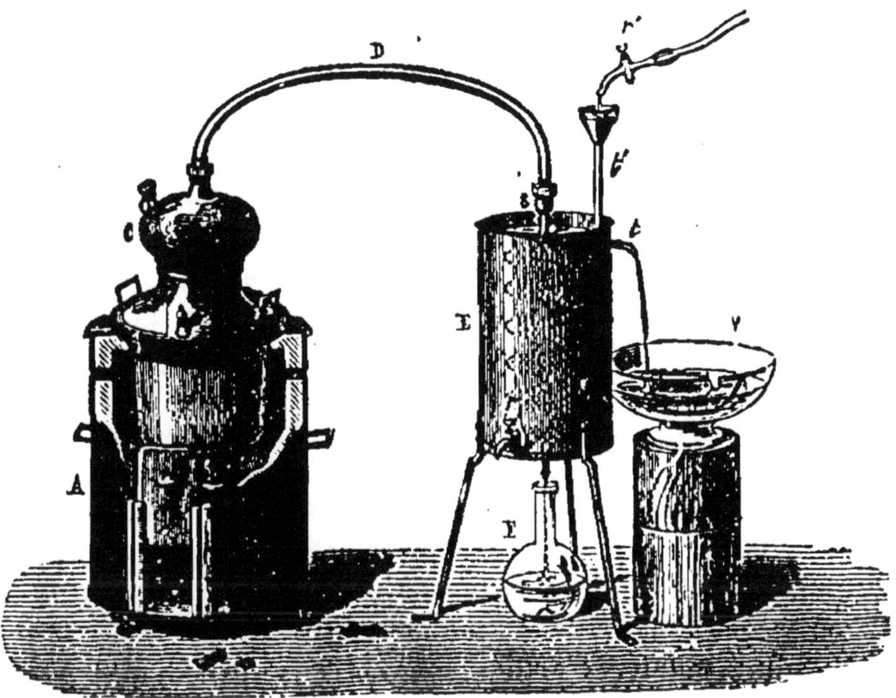

Fig. 163. — Distillation de l'alcool.

l'influence de la chaleur ou de l'étincelle électrique. Il se produit alors de l'eau et de l'anhydride car-bonique :

$$C^2H^6O \quad + \quad 6O \quad = \quad 2CO^2 \quad + \quad 3H^2O$$

Alcool.   Oxygène.   Anhydride carbonique.   Eau.

L'alcool n'est pas attaqué par l'oxygène à la température ordinaire ; il s'oxyde cependant lorsqu'il contient des principes azotés. Nous verrons bientôt, en étudiant la fabrication du vinaigre, que l'oxydation de l'alcool, ou sa transformation en acide acétique, se fait surtout sous l'influence des ferments.

Les deux produits de l'oxydation de l'alcool sont *l'aldéhyde* et *l'acide acétique*. L'aldéhyde est le premier degré d'oxydation. Les deux formules suivantes expriment les deux degrés de cette oxydation.

$$C^2H^6O \ + \ O \ = \ C^2H^4O \ + \ H^2O$$

Alcool. — Oxygène. — Aldéhyde. — Eau.

$$C^2H^6O \ + \ 2O \ = \ C^2H^4O^2 \ + \ H^2O$$

Alcool. — Oxygène. — Acide acétique. — Eau.

L'alcool peut, sous l'influence du chlore, donner lieu au *chloroforme*, $CHCl^3$. Il suffit pour cela de chauffer un mélange d'alcool, de chaux et de chlorure de chaux. On obtient, à la distillation, un liquide incolore, mobile, d'une odeur agréable, qui est le chloroforme. On l'emploie comme anesthésique dans les opérations chirurgicales.

460. Usages. — L'alcool existe dans les boissons fermentées (vin, cidre, bière) et, en plus grande proportion, dans les boissons distillées, telles que eaux-de-vie et liqueurs. On utilise sa grande chaleur de combustion dans les lampes à alcool. On l'emploie, en parfumerie, pour dissoudre des essences et, en pharmacie, pour préparer des dissolutions qui portent le nom de *teintures* (teinture d'iode, d'arnica, etc.). La propriété que possède sa vapeur, mélangée à l'air, de détoner lorsqu'on l'enflamme le fait employer aujourd'hui dans des moteurs, dits *moteurs à alcool*, analogues aux moteurs à pétrole. Pour cet usage, on mélange ordinairement à l'alcool un peu de benzine et le mélange porte le nom d'*alcool carburé*.

CHAPITRE IV

**Fermentation alcoolique. — Fabrication du vin,
de la bière, du cidre et des alcools.**

FERMENTATION ALCOOLIQUE

461. Si l'on écrase des grains de raisin et qu'on abandonne le jus à l'air, il ne tarde pas à devenir le siège
de phénomènes assez complexes : on voit se produire
de nombreuses bulles de gaz carbonique; en même
temps la saveur sucrée diminue, puis disparaît, et par
distillation du liquide on peut isoler le corps que nous
venons d'étudier sous le nom d'*alcool ordinaire*. On dit
que le jus sucré a *fermenté*. On peut reproduire ce phénomène dans un laboratoire de la manière suivante : On
met dans un flacon à hydrogène une dissolution de glucose ou de sucre et l'on y ajoute un peu de levure de bière.
On abandonne le flacon à une température de 20 à 25° :
on voit bientôt l'effervescence se produire, le liquide
mousser et l'on peut recueillir l'anhydride carbonique,
qui se dégage, par le tube abducteur; le liquide distillé
fournirait de l'alcool.

462. Le phénomène que nous venons de décrire est
connu de toute antiquité et, depuis la fin du siècle dernier, de nombreux travaux ont été faits pour l'expliquer.
C'est à Pasteur qu'on doit d'avoir élucidé cette importante question et d'avoir établi ce qu'on appelle la *théorie*

physiologique de la levure de bière. Il a montré que la levure est un être vivant qui se reproduit au milieu du liquide fermenscible.

Pasteur fit dissoudre 10 grammes de sucre candi pur dans 100 grammes d'eau distillée; il y ajouta 15 grammes de cendres de levure, 0 gr., 1 de tartrate d'ammoniaque. Il sema dans ce liquide une trace de levure de bière humide (la grosseur d'une tête d'épingle). La liqueur fut abandonnée à une température de 15 à 20° : la fermentation s'établit, le sucre se dédoubla en alcool et en anhydride carbonique, et Pasteur constata que, pendant la fermentation, la levure de bière se reproduisait par bourgeonnement, que la liqueur, à la fin de l'opération, contenait plus de levure qu'il n'en avait semé. La levure ne se détruit donc pas; elle vit, se reproduit : l'accomplissement de ses fonctions vitales détermine la séparation du sucre en alcool et en anhydride carbonique.

$$C^6H^{12}O^6 \quad = \quad 2C^2H^6O \quad + \quad 2CO^2$$

Sucre.   Alcool.   Anhydride carbonique.

463. Voici comment il faut interpréter cette action : la levure a besoin, pour vivre et se reproduire, de matériaux qui concourent à son alimentation; elle trouve ces matériaux dans la substance fermentescible et les transforme. Mais, tandis que les animaux supérieurs prennent à l'air l'oxygène nécessaire à la combustion des aliments, tandis qu'ils prennent à ceux-ci les substances destinées à la formation de leurs tissus, de leurs os, des produits de sécrétion et d'excrétion, la levure prend cet oxygène, ces matériaux, au sucre lui-même. Mais le sucre ne peut abandonner une partie de lui-même qu'à condition de se décomposer en alcool et en anhydride carbonique. Il résulte de ces considérations que la quantité de matière sucrée qui subit le phénomène de la fermentation doit être considérée comme divisée en deux parties, l'une qui

se transforme *intégralement* en alcool et en anhydride carbonique, l'autre qui cède à la levure du carbone, de l'oxygène, etc., pour la nourrir et lui permettre de se reproduire. De cette seconde partie, tout n'est pas cédé à la levure, mais une partie sert à faire d'autres produits, dont Pasteur a démontré l'existence dans la liqueur fermentée. Nous citerons la glycérine, l'acide succinique, la cellulose et des matières grasses. Ajoutons que la levure prend aussi une partie des substances qui lui sont nécessaires aux corps que Pasteur a introduits dans le liquide sucré, l'azote au sel ammoniacal et d'autres principes minéraux (phosphore, etc.), à la cendre de levure ; car, si l'on vient à supprimer ces substances et à semer la levure dans un liquide ne contenant que du sucre, elle ne se développe pas, ne se reproduit pas et la fermentation n'a pas lieu.

464. Pasteur a fait voir que dans les autres fermentations, dans celle du lait, du beurre, etc., fermentations dans lesquelles, avant lui, on n'avait vu ni levure, ni d'autre ferment actif, il y en a toujours un, se multipliant comme la levure, pendant que la fermentation s'accomplit. De plus, à chaque fermentation correspond un ferment spécial, distinct des autres, non seulement par sa forme, mais aussi par les aliments qu'il consomme et par les transformations qu'il opère.

Nous ne pouvons entrer ici dans l'exposé des travaux de Pasteur, dans l'énumération de ces êtres infiniment petits, dont il a étudié la nature, les habitudes et les transformations. Nous dirons seulement qu'il les divise en deux catégories : les uns, qu'il appelle *aérobies*, peuvent vivre au contact de l'oxygène de l'air : tel est le végétal qui se développe sur le pain mouillé de vinaigre, sur le citron ; les autres, nommés *anaérobies*, sont tués par l'oxygène de l'air. La levure de bière est à la fois aérobie et anaérobie : elle peut vivre, se reproduire au contact de l'air ; mais pour qu'elle agisse comme ferment, pour qu'elle décompose le sucre en alcool et en anhydride carbonique, il faut qu'elle soit à l'abri du contact de l'air.

Il est d'autres ferments dont la nature est plus accusée; nous citerons le ferment de la fermentation butyrique. Ici nous avons affaire non plus à un végétal, mais à un animal. C'est un vibrion, qui se meut et se reproduit à la façon des vibrions; mais, tandis que les vibrions ordinaires vivent en absorbant de l'oxygène et en dégageant de l'anhydride carbonique, les vibrions butyriques se passent d'oxygène, et l'on peut dire que l'oxygène les tue. En effet, si l'on fait passer dans la liqueur où ils se multiplient un courant d'anhydride carbonique pur, leur vie et leur reproduction n'en sont nullement affectées. Si l'on fait passer un courant d'oxygène ou d'air, la fermentation s'arrête, parce que le ferment périt.

Le ferment *acétique* est un mycoderme, dont nous verrons l'action en étudiant la fabrication du vinaigre.

465. Ajoutons que le sucre fermentescible n'est pas le sucre ordinaire de canne ou de betterave, mais l'espèce de sucre que nous étudierons plus tard sous le nom de *glucose*. Pour que le sucre ordinaire puisse fermenter, il faut qu'il soit d'abord transformé en glucose : cette transformation est opérée par une matière soluble dans l'eau, sorte de liquide digestif que secrète de levure (551).

466. Puisque la fermentation alcoolique se produit naturellement, sans qu'on soit obligé de semer la levure dans le jus de raisin, puisque les autres fermentations s'établissent avec la même spontanéité, où la matière fermentescible trouve-t-elle le ferment nécessaire à sa transformation ? Les ferments, dont Pasteur a constaté la puissance, peuvent-ils prendre naissance spontanément au milieu de la matière morte fermentescible, ou bien proviennent-ils d'êtres semblables à eux ? La première hypothèse a été défendue par les partisans de la doctrine des générations spontanées. Pasteur en a démon-

tré l'inanité et a prouvé, par de nombreuses expériences, que les ferments provenaient de germes contenus dans l'air. Nous citerons les deux suivantes :

Les liquides facilement fermentescibles en présence de l'air ordinaire ne fermentent plus, dès qu'on les met en contact, ou bien avec de l'air qui a passé à travers un tube chauffé au rouge, où les germes qu'il contenait ont été détruits, ou bien avec de l'air qui a traversé un tube rempli de coton, au milieu duquel il a laissé ses germes. La fermentation se produit, au contraire, dès qu'on introduit dans le liquide un peu du coton imprégné de ces corpuscules.

Cela est si vrai qu'il faut, pour que les grains de raisin fermentent, que leur pellicule soit brisée. Si cette pellicule reste intacte, l'intérieur du grain est fermé aux germes atmosphériques, et la fermentation ne s'établit pas. Le grain se dessèche, l'oxygène y pénètre, en oxydant certains principes et y provoque des changements de goût : le raisin devient *raisin sec*, mais il ne périt pas. Si la pellicule est brisée, les germes prennent possession du liquide sucré, s'y développent et la fermentation transforme le sucre en alcool et en gaz carbonique. Enfin si le raisin reste sur le pied, largement exposé à l'air, il est envahi par des végétations cryptogamiques, qui brûlent le sucre, en le transformant en eau et en anhydride carbonique.

467. Nous allons maintenant décrire un certain nombre d'opérations industrielles, fondées sur la fermentation alcoolique et qui ont pour but de préparer des boissons, les unes, dites *fermentées*, qui sont consommées après la fermentation alcoolique, les autres, dites *distillées*, qui, après la fermentation alcoolique, ont subi une distillation destinée à concentrer l'alcool.

BOISSONS FERMENTÉES

VIN

468. Le vin est la liqueur obtenue par la fermentation du jus de raisin. Le raisin contient du sucre, des matières albuminoïdes, des principes colorants, du tannin, des sels et, en particulier, du tartrate de potassium. La nature de la vigne, celle du sol sur lequel elle a été cultivée, le mode de culture et le climat sont autant de causes qui influent sur la qualité du vin.

469. **Fabrication du vin rouge.** — La fabrication du vin rouge comprend quatre opérations distinctes :

1° Récolte de la matière première ou vendange ;
2° Foulage ou expression du jus ;
3° Fermentation du moût ;
4° Décuvage, pressurage.

La vendange se fait ordinairement à la fin du mois de septembre, et, au plus tard, dans la première quinzaine d'octobre. On doit, autant que possible, choisir pour cette opération un temps sec, s'assurer de la maturité des raisins, et éviter de les meurtrir en les cueillant ou en les transportant de la vigne à l'atelier de fabrication.

La récolte étant achevée, il faut extraire le jus du raisin pour le faire fermenter. Pour cela, on procède au *foulage*, souvent précédé de l'*égrappage*, qui a pour but de séparer les grains de raisin de la rafle. La présence de la rafle au milieu du jus peut donner de l'amertume au vin. L'égrappage se fait au moyen de procédés différents : on emploie souvent une fourche à trois dents, qu'on agite dans un cuvier contenant les grappes ; la séparation étant faite, on enlève les rafles à la main.

Le foulage se fait soit mécaniquement, au moyen d'appareils spéciaux, soit par des hommes qui, les jambes et les pieds nus, piétinent le raisin sur un sol légèrement incliné et entouré d'un rebord en maçonnerie. À mesure que le jus sort du grain, il s'écoule dans un baquet en bois. On l'y puise et on le porte aux cuves de fermentation, qui sont ordinairement en chêne, et ont une capacité de 40 à 50 hectolitres.

Le raisin foulé et encuvé ne tarde pas à entrer en fermentation, si la température n'est pas inférieure à 20 degrés. Il y a deux méthodes pour opérer la fermentation : d'après l'une, la plus ancienne, on fait fermenter au libre contact de l'air atmosphérique, tandis que dans la seconde, on interdit plus ou moins le contact de l'air.

470. Dans la première méthode, au deuxième jour d'encuvage, la fermentation commence, la température s'élève, et le sucre se transforme en alcool et en anhydride carbonique. Les matières solides, soulevées par le dégagement de gaz carbonique, s'accumulent à la surface et forment une croûte d'écume, le *chapeau*. Au bout de quelques jours, la fermentation devient moins tumultueuse, puis s'arrête. On brasse alors le mélange de manière à immerger le chapeau et à remettre en contact le jus sucré et les matières solides : la fermentation recommence moins tumultueuse que la première fois et finit par s'arrêter. On procède alors au *décuvage*.

Il est important, lorsque la fermentation a lieu à l'air libre, de bien saisir le moment où doit se faire le décuvage; si l'on décuve trop tôt, le sucre de raisin n'est pas complètement transformé en alcool et en anhydride carbonique et, si l'on attend trop tard, le vin peut s'aigrir, ou tout au moins s'appauvrir, par l'évaporation de son alcool.

471. Pour éviter ces inconvénients, il est préférable de faire fermenter le jus à l'abri du contact de l'air. Pour cela, dès que la fermentation commence, on lute un couvercle sur la cuve, au moyen d'une pâte adhésive; ce couvercle porte un tube, qui mène le gaz carbonique au dehors du cellier.

L'emploi des cuves couvertes a plusieurs avantages : 1° le couvercle empêche le refroidissement, qui retarderait le développement de la fermentation; 2° il s'oppose à l'évaporation de l'esprit et du bouquet du vin; 3° il permet au gaz carbonique d'occuper entièrement le vide de la cuve, et d'intercepter tout contact avec l'air : on évite ainsi les inconvénients que nous signalions et qui résultent de l'action de l'air.

472. Quel que soit le mode de fermentation employé, il faut procéder au décuvage. Pour cela on enfonce dans la cuve un panier en osier, le liquide y afflue, et on l'y puise pour le verser dans des tonneaux munis d'un large entonnoir. Mais ce procédé est mauvais; il expose trop le vin à l'action acidifiante de l'air; il est préférable d'adapter une grosse cannelle près du fond de la cuve, et, à l'aide d'un tuyau, de diriger dans les tonneaux le liquire soutiré.

Lorsqu'on a soutiré tout le vin qui peut s'écouler spontanément, on procède au *pressurage*. Cette opération consiste à presser le marc, à l'aide d'un pressoir, de manière à en extraire le jus que retiennent encore les rafles.

473. **Fabrication du vin blanc.** — Les vins blancs se fabriquent aussi bien avec des raisins rouges qu'avec des raisins blancs; mais, quand on veut faire du vin blanc, on doit pratiquer le pressurage avant que la fermentation s'établisse. Voici pourquoi : la matière colorante du raisin se trouve dans la pellicule du grain et ne peut se dissoudre qu'à la faveur de l'alcool produit dans la fermentation. Si donc, avant la fermentation, on sépare, par le pressurage, la pellicule et le jus, il ne pourra y avoir de coloration, puisque la matière colorante sera restée dans la pellicule.

474. **Vinage.** — Les vins rouges français contiennent environ 9 à 10 p. 100 d'alcool en volume : en d'autres termes, 100 litres de vin donnent à la distillation de 9 à 10 litres d'alcool absolu. Or certains vins n'ont parfois, surtout dans les mauvaises années, qu'un titre alcoolique de 7 et même 4 p. 100. Dans ces conditions, un vin ne se conserve pas longtemps sans s'altérer

et il ne pourrait se transporter à une grande distance.

L'expérience a démontré, depuis longtemps, qu'on remédie à ce double inconvénient en ajoutant au vin une certaine quantité d'eau-de-vie. C'est en cela que consiste l'opération du *vinage*, qui n'aurait que des avantages, si l'eau-de-vie ajoutée était de l'eau-de-vie de vin, mais qui peut présenter des inconvénients, au point de vue de l'hygiène, si cette eau-de-vie est d'une autre provenance.

475. Plâtrage. — Il est une autre opération, pratiquée sur les vins rouges, très en usage dans le Midi, et qui consiste à ajouter dans la cuve une certaine quantité de plâtre, avant que la fermentation ait commencé : on met, en général, 1 kilogramme de plâtre pour 3 ou 4 hectolitres de vendange. Voici l'effet de cette opération, qu'on désigne sous le nom de *plâtrage*.

Le moût, qui n'a pas encore fermenté, dissout le plâtre et s'en sature ; quand la fermentation se produit, le plâtre se précipite sous l'influence de l'alcool, dans lequel il n'est pas soluble ; il entraîne avec lui un certain nombre de matières albuminoïdes, qui pourraient entrer plus tard en fermentation et nuire à la conservation du vin. De plus, le plâtre, agissant sur le bitartrate de potassium qui se trouve dans le vin, donne lieu à la formation de tartrate de calcium, de sulfate de potassium et d'acide tartrique. Cette seconde réaction se reproduit d'elle-même plusieurs fois avant la fermentation : car il y a toujours dans le moût une proportion considérable de bitartrate de potassium et un excès de plâtre, prêt à se dissoudre pour reproduire la réaction précédente. Les effets du plâtrage sont donc les suivants : 1° précipitation des matières demeurées en suspension dans le vin ; 2° substitution d'acide tartrique libre au bitartrate de potassium, cet acide tartrique étant, vu la répétition de la réaction, en quantité supérieure à celle que contient naturellement le vin ; 3° formation de sulfate de potassium.

Les deux premiers effets du plâtrage sont excellents,

puisqu'ils hâtent la clarification du vin, rendent sa couleur plus vive et sa conservation plus certaine. Malheureusement la formation du sulfate de potassium peut avoir des inconvénients pour la santé, si le vin a été trop plâtré. Aussi la loi du 1er avril 1891 interdit-elle de faire circuler, sur le territoire français, les vins renfermant, pour chaque litre de liquide, une proportion d'acide sulfurique supérieure à celle qui se trouve dans *deux grammes de sulfate neutre de potassium.*

Aujourd'hui on remplace souvent le plâtrage par le *phosphatage,* c'est-à-dire qu'au lieu de plâtre, on ajoute au vin du *phosphate de calcium.* Cette opération présente les avantages du plâtrage, sans en avoir les inconvénients.

476. Mouillage des vins. — Le mouillage des vins est une fraude qui consiste à additionner d'eau les vins livrés au public. Pour dissimuler sa fraude, le falsificateur ajoute au vin *mouillé* de l'alcool, afin de lui rendre son titre alcoolique, mais le vin n'en est pas moins falsifié, puisque chaque litre de vin ne renferme plus la proportion de principes utiles qu'il doit contenir.

477. Collage des vins. — Le vin séparé du marc par le décuvage et le pressurage continue à fermenter lentement et à dégager du gaz carbonique; en même temps il s'éclaircit et les matières en suspension déposent et forment la *lie.* On le soutire plusieurs fois et, au printemps suivant, on procède au *collage.*

Cette opération a pour but de rendre le vin limpide et de lui enlever les principes albuminoïdes qu'il tient en suspension. On élimine ainsi la cause d'une fermentation qui tend à se développer à l'époque où la température s'élève dans les celliers. Le collage se fait en versant dans le vin du blanc d'œuf, du sang ou de la gélatine. Ces substances s'unissent au principe astringent du vin, le tannin, et forment avec lui un composé insoluble qui, se déposant sous la forme de flocons, entraîne avec lui un peu de matière colorante et, en même temps,

tout ce qui trouble le vin. La colle de poisson est pré-
férée pour coller le vin blanc. Pour prévenir l'acidité
du vin, on ajoute souvent un peu de sel marin aux substances clarifiantes.

478. Chauffage des vins. — Les vins sont sujets
à contracter certaines maladies, sous l'influence des ferments qui peuvent exister dans le liquide. Pasteur a
montré qu'on pouvait prévenir ces maladies et les
arrêter, lorsqu'elles n'ont pas encore produit d'effets
trop considérables, en chauffant le vin, pendant quelques minutes, à 60° environ. Au début, cette opération
ne modifie pas sensiblement le goût du vin; mais, après
quatre à six ans, les vins chauffés ont été reconnus
supérieurs aux vins non chauffés. Cette découverte de
Pasteur rend chaque jour de grands services à l'industrie vinicole.

BIÈRE

479. La bière est une boisson légèrement alcoolique,
provenant de la fermentation du sucre d'amidon et aro-
matisée avec des fleurs de houblon.

La bière se fabrique ordinairement avec l'orge, qu'on
soumet aux opérations suivantes : 1° le *maltage*; 2° la
saccharification du malt; 3° le *houblonnage*; 4° la *fermentation alcoolique*.

480. 1° Maltage. — Le maltage a pour but de développer dans l'orge un ferment végétal, appelé *diastase*,
qui, agissant sur la matière amylacée qu'elle renferme,
la transformera en sucre d'amidon.

L'orge est introduite dans de grandes cuves en maçonnerie, avec un volume d'eau quadruple du sien; on l'agite
pour en détacher l'air adhérent, les grains vides ou
avariés nagent à la surface de l'eau et sont enlevés, les
grains sains vont au fond du liquide, et au bout de vingt-
quatre heures en été et de trente-six en hiver, sont assez
gonflés pour être portés au *germoir*.

Le *germoir* est un cellier dallé et maintenu dans un parfait état de propreté. La germination s'y effectue par le concours de l'humidité de l'air et d'une température de 13 à 17°. C'est au printemps que l'opération marche le mieux; aussi la *bière de mars* est-elle regardée comme supéreure à celle qu'on fabrique à une autre époque. Pendant la germination, la diastase se développe, et, lorsque le germe commence à apparaître, l'épaisseur de la couche d'orge, qui était de 0 m. 5 environ, est successivement réduite à 0 m. 1.

Pendant la saison chaude, la germination dure environ dix à douze jours; à la fin de l'automne, sa durée peut aller jusqu'à vingt jours.

L'orge germée est rapidement desséchée, d'abord dans un grenier à air, puis dans une étuve à courant d'air, appelée *touraille*, afin d'arrêter les progrès de la germination, qui entraîneraient une perte notable de matière amylacée. L'orge desséchée est remuée de manière que les radicelles, devenues cassantes, se détachent facilement du grain; elles en sont ensuite séparées par une espèce de tamisage. Les grains concassés et déchirés constituent le *malt*, qui est emmagasiné.

481. 2° Saccharification du malt ou brassage. — La saccharification consiste dans la transformation de l'amidon de l'orge en dextrine, puis en glucose. Cette transformation s'opère sous l'influence de la diastase, qui s'est développée pendant le maltage

Pour cela, le malt est porté dans de grandes cuves, à double fond. Le faux fond, sur lequel repose l'orge, est percé de trous. Dans l'intervalle des deux fonds se trouvent le robinet de vidange et un tube qui amène l'eau chaude. Le brassage peut s'effectuer par deux méthodes distinctes : l'une, appelée *méthode par infusion*, se pratique en Angleterre et dans les pays du Nord; l'autre, nommée *méthode par décoction*, est appliquée pour les bières semblables à celles d'Alsace et d'Allemagne. La première donne des bières plus alcooliques, moins moelleuses et moins nutritives.

Dans la *méthode par infusion*, on opère de la manière suivante : on verse de l'eau à 40° dans la cuve et l'on y ajoute la quantité de malt nécessaire, de manière à former une pâte assez épaisse. On brasse le mélange, pendant un quart d'heure, avec des fourches; on laisse reposer pendant une demi-heure, pour que le grain se trempe bien. Puis on ajoute de l'eau chaude, de manière à porter la température à 60° ou 65° : on brasse fortement et on laisse reposer pendant une heure pour que la transformation de l'amidon en sucre s'effectue. La cuve doit être couverte avec soin. On ouvre alors le robinet de vidange, et le liquide appelé *moût* est conduit dans la chaudière à cuire. On répète deux fois l'opération, en élevant la température à 75° à la seconde trempe, à 80° et plus à la troisième trempe.

Dans la *méthode par décoction*, on empâte à froid, puis par l'arrivée d'eau chaude on élève la température à 38°; on brasse et on laisse reposer pendant une heure, après avoir couvert la cuve. On extrait alors le tiers environ de la matière pâteuse, qu'on envoie dans une chaudière à cuire, où on la fait bouillir pendant trois quarts d'heure, puis on la ramène sur le malt et on monte à 46°. On fait une seconde et une troisième opération analogue et l'on arrive, après le quatrième mélange, à la température de 75°. Le caractère distinctif de cette méthode est l'ébullition du malt avec l'eau : cette ébullition détermine la transformation des matières albuminoïdes, qui deviennent brunes et, ainsi transformées, rendent la bière plus moelleuse et plus nutritive. Mais la saccharification étant moins complète, la bière sera moins alcoolique.

482. 3° Houblonnage et cuisson. — Le moût est ensuite mis à bouillir, avec des fleurs de houblon, dans des chaudières, où il est constamment remué par un agitateur mécanique. Pendant cette ébullition, les fleurs de houblon cèdent au liquide un principe amer et un principe aromatique : le premier communique à la bière un goût particulier, le second l'aromatise et en facilite la conservation.

483. 4° Refroidissement du moût. — Lorsque la cuisson du moût est terminée, on le dirige, au moyen de tuyaux en cuivre, dans de grands bacs peu profonds, appelés *refroidissoirs*, et placés dans des greniers bien aérés. Il s'y refroidit rapidement et laisse déposer diverses substances qu'il tenait en suspension ou en

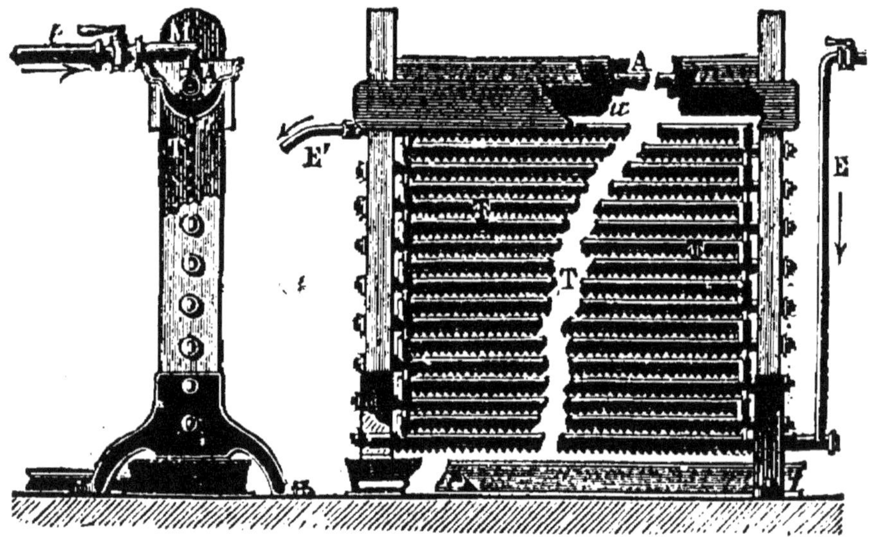

Fig. 164 et 165. — Réfrigérant Baudelot.

dissolution. On se sert aussi, pour refroidir le moût, d'appareils réfrigérants. Dans celui de M. Baudelot (fig. 164, vue de côté; fig. 165, vue de face), le liquide coule de haut en bas et en pluie sur des tuyaux, parcourus de bas en haut par un courant d'eau glacée arrivant en E et sortant en E' (fig. 165). Le moût arrive en *t* (fig. 164), tombe sur deux gouttières métalliques, A, *a*, percées de trous : il laisse sur ces gouttières les corps étrangers solides qu'il peut contenir, et de là tombe sur les tuyaux T.

484. Fermentation. — Après refroidissement, le liquide est envoyé dans de vastes cuves, appelées *guil-*

loires. On y ajoute de la levure de bière, provenant d'une opération précédente : elle s'y reproduit et y provoque, la fermentation, qui transforme le sucre en alcool et en gaz carbonique. La fermentation peut se faire de deux manières : *par dépôt* ou *superficiellement.* Cela dépend de la méthode de brassage, de la nature de la levure et de la température.

Fermentation par dépôt. Dans la fermentation par dépôt, la levure va au fond de la cuve et s'y dépose. On l'obtient à une température qui varie de 4° à 15°, et avec des moûts brassés *par décoction.* Elle se fait lentement, avec calme, et dure dix à vingt jours. C'est ainsi qu'on opère pour les bières de Bavière et d'Alsace. Après la fermentation, on soutire le liquide en séparant la levure qui doit être lavée, séchée et conservée pour la vente ou pour une fermentation ultérieure,

La bière ainsi produite peut être mise en tonneaux et vendue en cet état, à condition d'être bientôt consommée : car elle ne pourrait se conserver au delà de quelques mois.

Quand on veut faire de la *bière de conserve*, on dirige le produit de la première fermentation dans de grandes cuves, disposées dans des caves, qui sont entourées d'une glacière constamment remplie et où règne, par conséquent, une température fixe et glaciale. La bière y est abandonnée, en moyenne, pendant cinq à six mois, durant lesquels se produit une fermentation lente, qui a pour effet de faire déposer les substances nuisibles à la conservation du liquide.

Fermentation superficielle. — Dans la fermentation superficielle, qui se pratique dans les villes du Nord, la levure monte à la surface du liquide et l'on emploie des moûts brassés par infusion et à une température qui varie entre 13° et 30° : elle est tumultueuse et dure de quatre à dix jours. On la fait commencer dans des guilloires et on l'achève dans des tonneaux, où l'on transvase le liquide : la levure produite s'écoule par la bonde restée ouverte.

485. Procédé Pasteur. — La bière est un liquide éminemment altérable. Pendant les chaleurs de l'été, elle ne résiste pas au delà de cinq à six semaines aux causes de détérioration, et le moût qui sert à la fabriquer est d'une altérabilité plus grande. C'est encore Pasteur qui, interprétant ses découvertes sur les fermentations, a trouvé les causes des altérations et des maladies que cette boisson peut subir. Il a montré que la bière, qui peut devenir *aigre*, *putride*, *filante*, *tournée*, *lactique*, n'est sujette à ces altérations que par suite de l'action sur elle d'organismes, ou ferments étrangers, qu'elle a reçus soit de l'air, soit des appareils de fabrication, soit enfin des levures elles-mêmes, qu'on a introduites dans le moût pour le faire fermenter. Il a fait voir qu'une bière, qui ne contiendrait pas en elle-même les germes de ces ferments, pourrait être exposée aux températures les plus hautes de l'atmosphère, faire le tour du monde et séjourner dans les pays les plus chauds, *sans subir la moindre altération*. Elle ne pourrait éprouver, dans ces conditions, que la fermentation alcoolique.

D'où viennent ces germes? toujours de l'atmosphère. Mais la fermentation ne peut se produire sans l'intervention de l'oxygène de l'air; car si l'on enferme de la levure avec du moût non aéré, la reproduction et le développement des grains de levure se font difficilement et la fermentation alcoolique, qui est la conséquence de ce développement, ne s'établit que d'une manière lente. Mais si l'on fait arriver au contact de cette levure une quantité limitée d'air, le phénomène de développement se produit: la fermentation commence et se continue avec activité, sans qu'on soit obligé de renouveler l'air.

Tout revient donc à avoir du moût et de la levure dépourvus de germes et à ne faire agir la levure qu'en présence d'une petite quantité d'air qui, vu son volume peu considérable, aura pu être débarrassé facilement de ses germes naturels, avant son entrée dans les cuves, soit par une élévation de température, soit par une filtration à travers un tampon d'ouate. D'ailleurs, le moût, à sa sortie des cuves, où il a été produit, ne contient pas de germes actifs, puisque la température à laquelle on l'a porté les a tués et rendus inactifs. Il s'agit donc de le refroidir et de l'envoyer dans les cuves à fermentation, sans qu'il subisse le contact de l'air.

A cet effet, la chaudière où se trouve le moût chaud, est mise en communication avec le serpentin d'un réfrigérant Baudelot ou autre. Ce serpentin et le tube, qui le relie à la chaudière, ont été débarrassés de tout germe par une injection de vapeur, et par suite stérilisés, au point de vue de la reproduction de ces germes. Le moût circule de bas en haut dans le serpentin, tandis que de l'eau froide circule extérieurement de haut en bas. En quittant le réfrigérant, il tombe dans un tube stérilisé, où il aspire une petite quantité d'air qui vient du dehors, mais qui a passé sur une surface chauffée au rouge pour y brûler ses germes. Cet air arrive pur dans le moût, auquel il donne la quantité d'oxygène nécessaire au développement de la levure. De là le moût se rend dans la cuve à fermentation. Cette cuve est fermée et a été stérilisée, au préalable, par une injection de vapeur.

Le levain pur est fourni à la cuve, non pas sous forme solide comme dans les procédés ordinaires, mais à l'état de moût en fermentation, emprunté à une cuve voisine. On obtient le premier levain pur en cultivant, dans des ballons de verre stérilisés, de la levure ordinaire de brasserie, mise préalablement en contact avec des agents antiseptiques, qui tuent les ferments de maladie, sans empêcher la levure de se reproduire.

Avec ces levains purs, *de premier jet*, on peut préparer de la levure pure, qui sert dans les brasseries, où l'on opère par les procédés ordinaires. Pour cela, on met du moût dans des bidons cylindriques (fig. 166); on le porte à l'ébullition, qui tue les germes, et on le laisse refroidir lentement : l'air rentre peu à peu par un tube métallique *t*, dont une partie est chauffée au rouge pour tuer les germes de l'air au passage; puis on fait tomber dans le bidon, par une tubulure spéciale, des grains de levure de premier jet, qui passent des ballons dans les bidons sans rencontrer l'air extérieur. La levure se reproduit alors.

C'est le contenu de ces bidons qu'on verse dans les

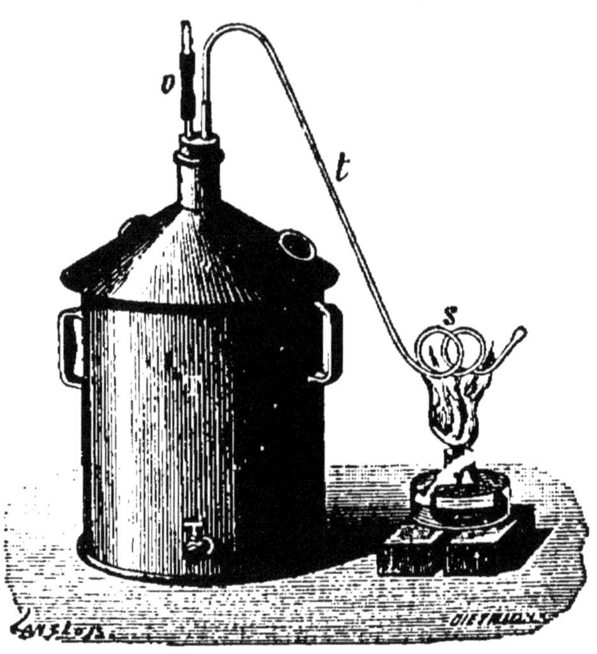

Fig. 166. — Fabrication de la levure pure par le procédé Pasteur.

cuves à fermentation. Au bout de 36 heures, le moût de la cuve ne tarde pas à fermenter; au bout de douze jours, il est transformé en bière, qu'on soutire à l'aide de tubes stérilisés en caoutchouc.

Les procédés de Pasteur fournissent une bière ayant toutes les qualités de celles qu'on fabrique par les méthodes ordinaires et qui est inaltérable. Ils ont de plus l'avantage d'affranchir les brasseurs de l'emploi de la glace.

CIDRE ET POIRÉ

486. Fabrication du cidre. — Le cidre est une boisson alcoolique, provenant de la fermentation du jus de pommes. Le procédé de fabrication est très simple. On écrase les pommes sous une meule verticale, ou en les faisant passer, à deux reprises, entre deux cylindres cannelés, qui peuvent se rapprocher à volonté. Une fois écrasées, les pommes sont mises en tas et abandonnées à elles-mêmes pendant vingt-quatre heures; il s'y développe alors la couleur jaune que présente le cidre. La pulpe ainsi préparée est soumise au pressoir, qui en extrait environ 300 litres de jus par 500 kilogrammes de pommes.

Le liquide ainsi obtenu est mis ensuite à fermenter dans des cuves, et une partie du sucre se transforme en alcool et en gaz carbonique. La fermentation tumultueuse étant achevée, on soutire le liquide, et, si l'on veut en faire une boisson d'agrément, sucrée et mousseuse, on le met en bouteilles. Mais dans les pays où on le boit pendant les repas, on laisse la fermentation s'achever dans de grandes tonnes, ce qui donne au cidre une saveur légèrement aigre et amère.

487. Fabrication du poiré. — Le poiré se fabrique par le même procédé que le cidre; on substitue seulement les poires au pommes.

BOISSONS DISTILLÉES

488. Eaux-de-vie. — Toutes les boissons fermentées que nous avons étudiées (vin, bière, cidre et poiré), soumises à la distillation, donnent un liquide plus ou moins riche en alcool et qu'on appelle *eau-de-vie*. L'eau-de-vie qu'on obtient par une première distillation est toujours très faible; ce n'est que par une rectification nouvelle qu'on l'amène à une plus grande richesse alcoolique.

Les appareils de distillation sont variables, quant à leur forme.

Nous n'entrerons pas dans la description détaillée de ces différents appareils, dont le but commun est

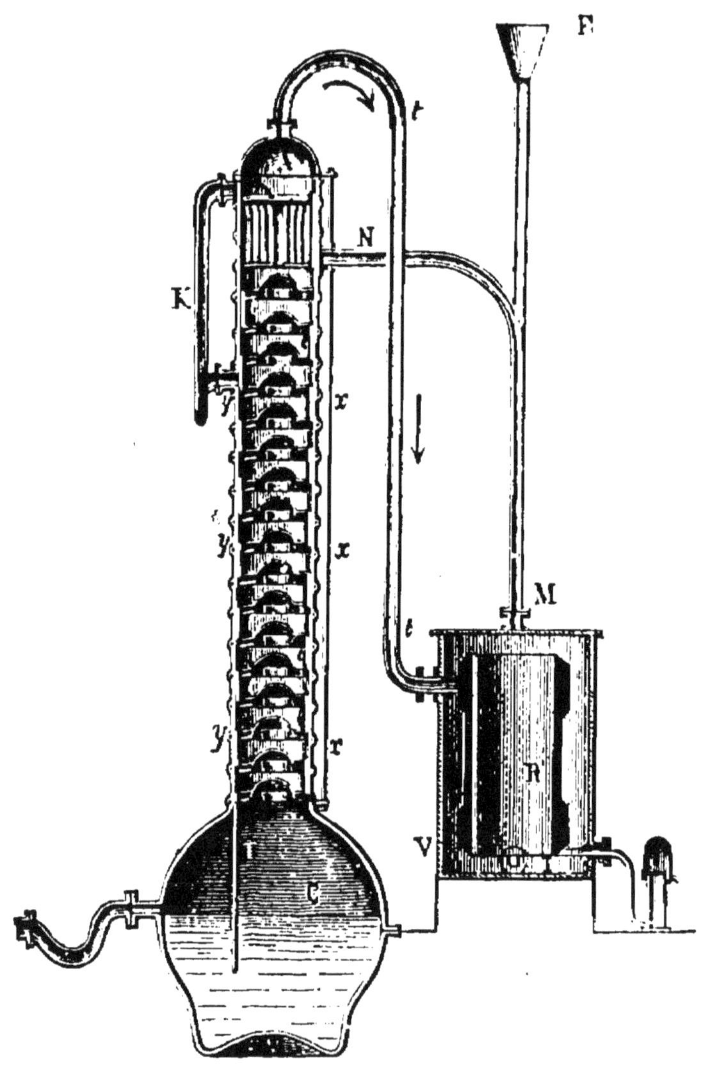

Fig. 167. — Appareil Champonnois.

l'économie du combustible. Nous décrirons seulement celui de Champonnois.

L'*appareil Champonnois* se compose d'une chaudière C (fig. 167), où se trouve le liquide à distiller ; au-dessus

est placée une colonne rectificatrice, composée de dix-
sept tronçons cylindriques, emboîtés les uns dans les
autres. Ils portent chacun une cloison horizontale, percée
à son centre d'un trou à rebords saillants et recouverts
d'une calotte hémisphérique, dentelée sur sa circonférence de base. Les dix-sept étages de la colonne communiquent l'un avec l'autre par des
tubes verticaux, qu'on voit sur la
figure, alternant de droite à gauche.
En haut de la colonne est un appareil, appelé *analyseur*, formé d'une
lame métallique (fig. 168), con-
tournée en spirale, et qui communique par un tube *tt* (fig. 167) avec
le réfrigérant R ; ce réfrigérant
plonge dans un récipient V rempli,
ainsi que le tube qui le surmonte,
de liquide froid amené par un entonnoir E.

Voici comment fonctionne cet
appareil : le liquide à distiller arrive froid dans le fond du vase
V ; il passe par le tube MN dans la
colonne rectificatrice, tombe sur la
première tablette, et s'écoule par
le premier tube vertical, situé à
gauche, sur la seconde tablette ;

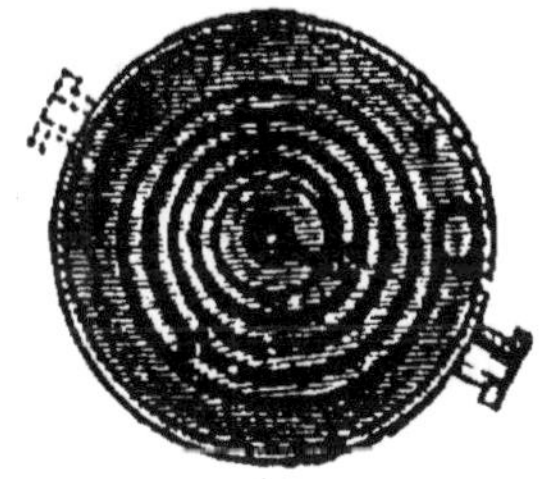

Fig. 168. — Analyseur.

de proche en proche, il arrive dans la chaudière, où il est
amené par le tube T. La vapeur suit une marche inverse :
s'élevant de la chaudière, elle passe dans le trou central
de la tablette inférieure ; de là dans la première calotte
hémisphérique, d'où elle s'échappe en barbotant à travers le vin situé sur cette première tablette ; elle y laisse
un peu de vapeur d'eau et échauffe le vin ; de tablette
en tablette, elle gagne l'analyseur A, circule entre
les spires de la lame qui le forme, y laisse condenser de la vapeur d'eau et passe par le tube *tt* dans

le réfrigérant R, où a lieu la condensation définitive.

On voit qu'ici, comme dans tous les appareils analogues, on utilise la chaleur de la vapeur et que le vin arrive chaud dans la chaudière; la vapeur d'alcool perd l'eau qu'elle contient, à mesure qu'elle progresse dans le rectificateur.

489. L'eau-de-vie doit être bien claire, très blanche lorsqu'elle est nouvelle, un peu ambrée à trois ou quatre ans, très jaune si elle est vieille. Les eaux-de-vie les plus estimées sont celles des Charentes, qui figurent dans le commerce sous le nom d'*eaux-de-vie de Cognac*; on les divise en *fine champagne* et en *eau-de-vie des bois*. La fine champagne est la plus estimée.

La supériorité que les eaux-de-vie de Cognac ont sur les autres, tient à ce qu'on les fabrique avec des vins blancs, qui, ayant fermenté sans la peau du raisin, n'ont pu se charger du principe âcre qu'elle renferme.

Les eaux-de-vie des Charentes marquent 49° à 50° à l'alcoomètre de Gay-Lussac.

Parmi les eaux-de-vie communes, celles d'Armagnac tiennent le premier rang; elles sont expédiées à 50°; celles de Montpellier sont les plus communes; elles marquent de 50 à 60°.

490. **Eaux-de-vie de cidre, de poiré, de bière, de marc.** — Les eaux-de-vie de cidre, de poiré, de bière, se distinguent de l'eau-de-vie de vin par leur goût et leur odeur. Il en est de même de l'eau-de-vie de marc, qu'on obtient en faisant fermenter le marc de raisin avec de l'eau tiède et en distillant le liquide alcoolique ainsi obtenu.

491. **Rhum et tafia.** — Le rhum et le tafia sont des liquides alcooliques, obtenus par la distillation d'une liqueur préparée avec la mélasse de la canne à sucre. Le rhum est supérieur au tafia : cette supériorité vient des soins apportés à sa fabrication. Il nous vient d'Amérique, principalement des Antilles, de la Jamaïque et de la Guadeloupe. Sa force alcoolique est de 51° à 53°.

492. Kirsch. — Le kirsch (par abréviation du mot allemand *kirschenwasser*, eau de cerises) est le produit de la distillation d'une liqueur fermentée, faite avec des cerises sauvages. Cette fabrication se fait en grand dans la Forêt-Noire, en Allemagne, en Suisse, et dans une partie des départements de la Haute-Saône, des Vosges et du Doubs.

493. Alcools d'industrie. — Les eaux-de-vie qu'on obtient par la distillation des boissons fermentées sont d'un prix assez élevé : aussi prépare-t-on la plus grande partie des eaux-de-vie consommées avec des alcools fabriqués industriellement, et connus sous le nom d'*alcools d'industrie*. Ces alcools sont ordinairement vendus sous le nom de *trois-six*, et marquent de 85° à 92°. Pour en faire de l'eau-de-vie, on coupe le trois-six avec de l'eau, de façon à le ramener à 50° et l'on colore le mélange avec du caramel, du sucre de réglisse ou du cachou.

Pour les usages industriels, ce sont aussi ces alcools qu'on emploie.

On retire les alcools d'industrie de la *betterave*, des *grains* et de la *pomme de terre*.

Pour fabriquer l'*alcool de betterave*, on presse les betteraves râpées et l'on ajoute au jus sucré une petite quantité d'acide sulfurique, qui a pour but de transformer le sucre ordinaire, non fermentescible, en glucose. On ajoute ensuite de la levure de bière, qui transforme la glucose en alcool et en anhydride carbonique. On retire l'alcool par distillation.

On obtient l'*alcool de grains* en faisant un mélange de seigle concassé et d'orge germée, auquel on ajoute de l'eau à 55°. La germination de l'orge a pour effet de développer de la *diastase*, ferment capable, comme nous l'avons vu (480), de transformer l'amidon en glucose ou sucre d'amidon. Cette transformation s'opère en quelques heures et l'eau dissout la glucose formée. Au liquide sucré on ajoute de la levure de bière et, deux jours après, toute la glucose ayant subi la fermentation alcoolique, il suffit de distiller le liquide fermenté pour recueillir l'alcool.

La fécule de pomme de terre a la même composition chimique que l'amidon et a aussi la propriété de se transformer en glucose, sous l'influence de la diatase. On fait un mélange de pommes de terre râpées avec de l'orge germée et, lorsque la transformation de la fécule en glucose est opérée, on provoque la fermentation alcoolique par l'adjonction de levure de bière. Par distillation on obtient l'*alcool de pomme de terre*.

Pour effectuer la transformation de l'amidon des grains, ou de la fécule de pomme de terre, en glucose, on remplace quelquefois l'action de la diastase par celle de l'acide sulfurique étendu d'eau.

494. Alcools divers qui accompagnent l'alcool éthylique dans les alcools d'industrie. — La fermentation alcoolique du jus de betterave, de l'amidon des grains et de la fécule de pomme de terre développe, outre l'alcool éthylique, d'autres alcools, tous vénéneux, qui se retrouvent en quantité plus ou moins grande dans les eaux-de-vie à bon marché. Les plus importants de ces alcools sont les alcools *propylique, butylique, amylique* et *caproïque.*

Les eaux-de-vie de marc contiennent aussi une certaine quantité de ces alcools.

495. Alcoolisme [1]. — Les boissons fermentées, vin, cidre, bière, sont encore appelées *boissons hygiéniques*; ce qui indique que leur usage, *à condition d'être modéré*, n'est point nuisible. Dans ces boissons, la proportion d'alcool ne dépasse guère 10 p. 100.

Dans les boissons distillées, la proportion d'alcool est de 40 à 60 p. 100. Ces boissons doivent être proscrites, ainsi que les boissons aromatisées, telles que absinthe, vermouth, amers, etc.

1. Voir, dans la Bibliothèque des Écoles primaires supérieures et professionnelles, le *Cours d'hygiène*, par M. le Dʳ Thoinot, nᵒˢ 41 et suivants.

L'abus des boissons fermentées et l'usage régulier des boissons distillées et aromatisées amène dans l'organisme, même sans l'ivresse, des troubles de toutes sortes, qu'on désigne sous le nom général d'*alcoolisme*.

496. Expériences simples. — Montrer par l'expérience suivante, faite en été, afin d'avoir une température convenable, la transformation de la glucose en alcool et en anhydride carbonique. Mettre dans un flacon A (fig. 169), de l'eau et de la glucose (10 p. 100 de glucose environ) et ajouter au mélange quelques grammes de levure de bière. Le liquide se trouble et le gaz qui se dégage se rend, par un tube, sous une éprouvette E, pleine d'eau. Faire voir que ce gaz est de l'anhydride carbonique, en plongeant dans l'éprouvette une allumette enflammée qui s'éteint, et en y versant un peu d'eau de chaux qui se trouble. Faire

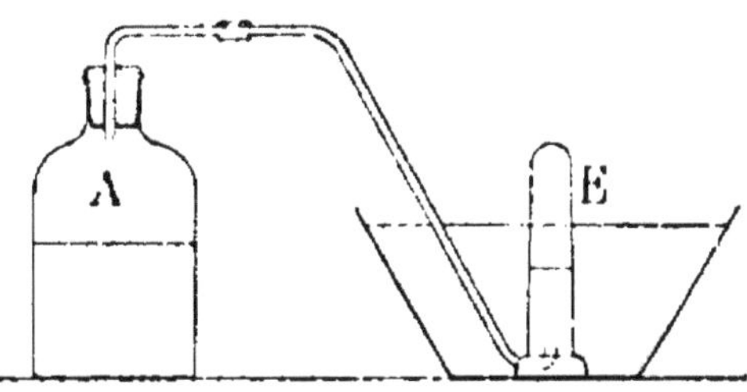

Fig. 169. — **Fermentation alcoolique de la glucose.** Dans le flacon A on met une dissolution de glucose et un peu de levure de bière. La glucose se décompose en alcool, qui reste dans l'eau du flacon, et en anhydride carbonique, qui se rend dans l'éprouvette E.

constater que le liquide de A a pris une odeur vineuse, qui décèle la présence de l'alcool.

On peut faire comprendre le principe des appareils à distillation employés dans l'industrie, au moyen de l'appareil représenté

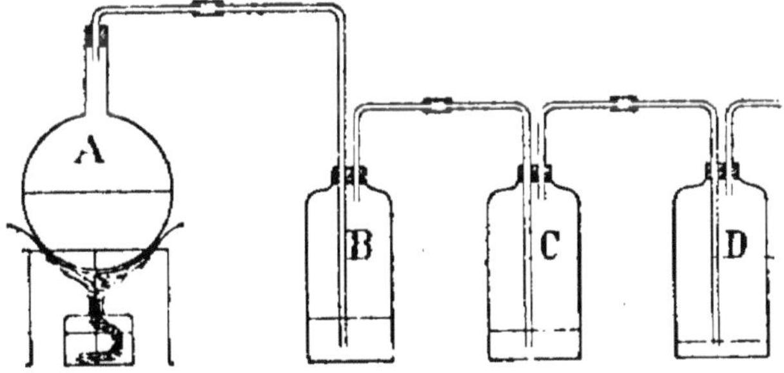

Fig. 170. — Appareil simple pour expliquer le principe des appareils employés dans l'industrie pour la distillation de l'alcool.

senté par la figure 170. Un ballon A, contenant du vin ou le liquide qui résulte de l'expérience précédente, est chauffé avec une lampe à alcool; ce ballon est relié par des tubes, disposés

comme l'indique la figure, avec une série de flacons vides B, C, D.
On comprend qu'après avoir fait bouillir, pendant un certain
temps, le liquide du ballon A, les quantités de liquide distillé
seront, en allant de B vers D, de moins en moins grandes, tandis
que, le point d'ébullition de l'alcool étant inférieur à celui de
l'eau, la proportion d'alcool sera de plus en plus grande; ce
qu'on pourra constater à l'odeur, ou mieux avec un alcoomètre.

CHAPITRE V

Éthers. — Éther ordinaire.

497. Éthers en général. — Nous avons vu (456) que les alcools ont la propriété de se combiner avec les acides pour donner lieu à des composés appelés *éthers*. Les éthers tirent leur nom de l'acide et de l'alcool qui ont servi à les former : ainsi l'acide acétique et l'alcool éthylique forment l'éther éthylacétique; l'acide chlorhydrique et l'alcool méthylique forment l'éther méthylchlorhydrique.

L'eau décompose les éthers et régénère l'acide et l'alcool. Il en est de même des bases :

$$C^2H^3O^2,C^2H^5 \quad + \quad H^2O \quad = \quad C^2H^6O \quad + \quad C^2H^4O^2$$

Éther éthylacétique.   Eau.   Alcool éthylique.   Acide acétique.

Le plus important des éthers est l'*éther ordinaire*, encore appelé *éther sulfurique*, parce qu'il résulte de l'action de l'acide sulfurique sur l'alcool ordinaire.

498. Éther ordinaire ou éther sulfurique $C^4H^{10}O$. **Préparation.** — On peut considérer une molécule d'éther ordinaire comme formée par deux molécules d'alcool qui auraient perdu une molécule d'eau :

$$2C^2H^6O \quad = \quad C^4H^{10}O \quad + \quad H^2O$$

Alcool éthylique.   Éther.   Eau.

Pour enlever l'eau à l'alcool, on emploie l'acide sulfurique, corps très avide d'eau; mais il est nécessaire d'opérer à une température inférieure à 150°, car à une température supérieure, la réaction donnerait naissance à de l'éthylène (435).

Dans l'industrie, on prépare l'éther sulfurique de la manière suivante :

Des vases en plomb E, ayant la forme d'une poire

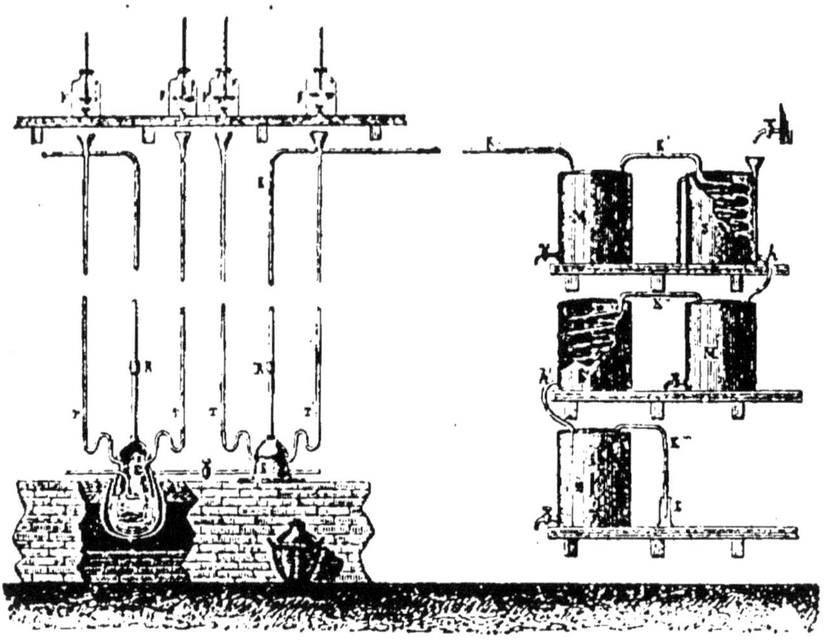

Fig. 171. — Fabrication de l'éther ordinaire.

(fig. 171), sont placés dans des chaudières en fonte, disposées dans un massif de maçonnerie; ces vases contiennent le mélange qui sert à la fabrication de l'éther. Ils sont alimentés d'alcool par les tubes en plomb T,T', qui reçoivent ce liquide des flacons F. Les tubes RK emportent les vapeurs dans une série de serpentins M, S, M', S', M''. Le liquide est chauffé par de la vapeur surchauffée qui circule dans les chaudières.

L'éther ainsi fabriqué contient de l'alcool et de l'eau, dont on le débarrasse par une rectification.

499. Propriétés de l'éther. — L'éther ordinaire est un liquide incolore, très fluide, d'une odeur forte et caractéristique, d'une saveur âcre et brûlante. Sa densité est 0,73 à la température de 0°. Il se solidifie à — 31° en lamelles cristallines, et bout à 34°,5. Il se mêle difficilement à l'eau, à la surface de laquelle il surnage. L'éther dissout le soufre, le phosphore et les substances riches en carbone, comme les huiles et les graisses.

Il brûle à l'air avec une flamme blanche et donne de l'anhydride carbonique et de l'eau.

$$C^4H^{10}O \quad + \quad 12O \quad = \quad 4CO^2 \quad -- \quad 5H^2O$$

Éther.	Oxygène.	Anhydride carbonique.	Eau.

Soumis à une oxydation lente, l'éther donne de l'aldéhyde, comme l'alcool.

500. Usages. — L'éther est un dissolvant employé dans les laboratoires. Respiré avec l'air, il provoque le sommeil et l'anesthésie. Il sert en médecine.

CHAPITRE VI

**Acide acétique. — Acide oxalique. — Acide tartrique.
Acide tannique ou tannin; application au tannage.**

501. Acides organiques en général. — On rencontre un grand nombre de corps organiques ayant la *fonction acide*, c'est-à-dire capables de donner naissance à des sels, par la substitution d'un métal à tout ou partie de leur hydrogène. Les sels des acides organiques jouissent des mêmes propriétés que les sels de la chimie minérale et leur sont comparables en tous points.

Les acides organiques peuvent être considérés comme provenant des alcools, dans lesquels une molécule d'oxygène O^2 aurait remplacé une molécule d'eau H^2O :

$$C^2H^5(OH) \;+\; O^2 \;=\; C^2H^4O^2 \;+\; H^2O$$

Alcool éthylique.　　　Oxygène.　　　Acide acétique.　　　Eau.

Quand l'alcool est polyatomique (456), c'est-à-dire quand il contient plusieurs fois OH, on peut y remplacer H^2O par O^2, autant de fois que OH figure dans la formule de l'alcool.

ACIDE ACÉTIQUE

Formule : $C^2H^4O^2$. — Poids moléculaire : $C^2H^4O^2 = 60$

502. Préparation industrielle de l'acide acétique. — Dans l'industrie, on prépare l'acide acétique par la distillation du bois. Le bois est chargé dans un cylindre en fonte A (fig. 172), placé dans un fourneau à grille. L'appareil communique avec un serpentin *g, g, g,* entouré de manchons *m, m, m,* communiquant entre eux par des tubes *o*; dans ces manchons circule, de bas en haut, de l'eau froide venant d'un réservoir K et s'échappant en *t*. Les produits de la distillation du bois, condensés dans le serpentin, s'écoulent dans le réservoir *r*.

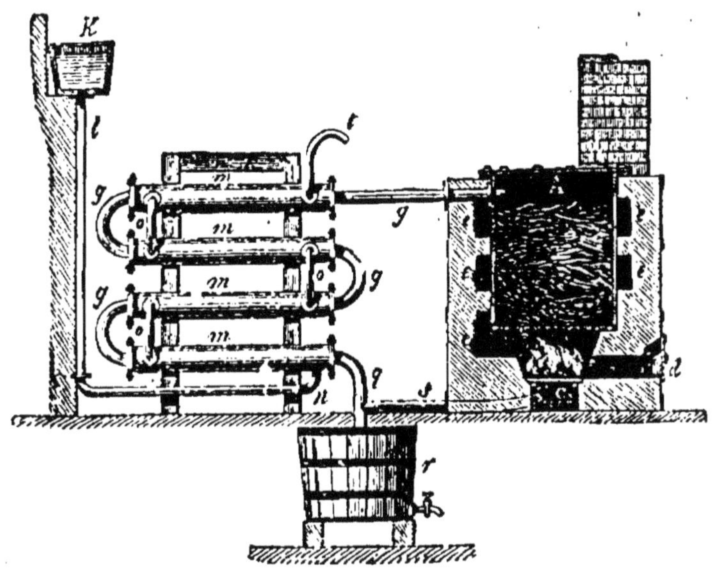

Fig. 172. — Distillation du bois.

Les gaz combustibles se rendent par l'embranchement *s* sous la grille C, y brûlent, et leur combustion concourt à entretenir la distillation.

Le produit obtenu est désigné sous le nom d'*acide pyroligneux* brut. Il renferme de l'esprit de bois, ou alcool méthylique, qu'on sépare, par distillation, de l'acide acétique et des goudrons. On transforme l'acide en acétate de sodium, qu'on purifie par des cristallisations répétées; l'acétate de sodium ainsi purifié est traité par l'acide sulfurique, qui le décompose, forme du sulfate de sodium et met en liberté l'acide acétique, qu'on isole par distillation.

503. Propriétés de l'acide acétique. — L'acide acétique chimiquement pur est solide au-dessous de 16°.

C'est ce qu'on appelle l'*acide acétique cristallisable*. Au-dessus de 16° il est liquide, incolore : son odeur est pénétrante, sa saveur très acide. Mis en contact avec la peau, il produit des ampoules. Sa densité à 0° est 1,08. Sa formule est $C^4H^4O^2$. Il peut être obtenu par l'oxydation de l'alcool éthylique (459).

L'acide acétique forme avec les métaux des acétates. La formule des acétates à métal monovalent, M', est $C^2H^3O^2M'$; celle des acétates à métal divalent, M'', est $(C^2H^3O^2)^2M''$.

Le vinaigre est constitué par un mélange d'acide acétique et d'eau (7 à 8 p. 100 d'acide acétique). On le prépare en oxydant l'alcool.

PRÉPARATION INDUSTRIELLE DU VINAIGRE

504. 1° Par la méthode d'Orléans ou du vin. — Cette méthode consiste à oxyder, à l'air, l'alcool que contient le vin. Les vins destinés à l'acétification peuvent être blancs ou rouges, mais ils doivent être parfaitement clairs; aussi prend-on la précaution de les filtrer, lorsqu'ils présentent le plus léger trouble.

Les appareils destinés à l'acétification du vin sont des tonneaux, placés dans des celliers, où les vinaigriers entretiennent une température de 30 degrés environ; cette température ne doit pas être dépassée. On introduit, dans un tonneau de 230 litres, 100 litres de vinaigre de bonne qualité, puis un dixième, en volume, de vin ordinaire. Après six semaines ou deux mois, on retire, de huit jours en huit jours, 10 litres de vinaigre et l'on ajoute 10 litres de vin. Ce procédé est lent et ne donne, une fois en train, que 10 litres de vinaigre tous les huit jours.

Pasteur a proposé d'heureuses modifications à ce procédé.

Il découvrit qu'à la surface du vinaigre se développe un ferment, qu'il appela *mycoderma aceti*; que le développement de ce ferment est nécessaire à l'acétification, et que, si l'on vient à le submerger dans le liquide, de manière à le soustraire au contact de l'air, l'oxydation de l'alcool s'arrête. Il remarqua de plus que les animalcules, dits *anguillules du vinaigre*, qui se développent dans ce liquide, se trouvant privés de l'oxygène de l'air nécessaire à leur respiration, par la présence du mycoderme, qui s'étale comme un voile à la surface du liquide, réunissent leurs efforts pour le submerger, l'entraîner au fond du liquide et lui faire perdre ainsi la propriété qu'il a d'opérer l'acétification de l'alcool. De là résulte la lenteur avec laquelle se fabrique le vinaigre, puisque, pendant l'opération, le mycoderme, agent nécessaire de l'acétification, se trouve submergé et qu'il faut qu'il s'en développe une nouvelle quantité à la surface du liquide, pour que la transformation recommence.

Pasteur a indiqué les moyens d'éviter ces inconvénients. On sème le *mycoderma aceti* à la surface d'une eau contenant 20 p. 100 de son volume d'alcool et 1/10 d'acide acétique; on active son développement en ajoutant à la liqueur des phosphates, qui sont la nourriture minérale de la plante. De cette manière, le mycoderme se développe avec rapidité : les anguillules n'ont pas le temps d'apparaître et d'exercer leur action nuisible. A mesure que l'acétification s'opère, on ajoute de nouvelles quantités de vin.

Par ce procédé, une cuve d'un mètre carré de surface, contenant 50 à 100 litres, fournit par jour 5 à 6 litres de vinaigre. On opère à une basse température, ce qui permet la conservation des principes qui donnent du montant au vinaigre.

Dans les ménages, on peut utiliser, à l'état de vinaigre, les vins qui ont commencé à aigrir, en les mettant dans un baril, dont on a agrandi la bonde, afin de faciliter la circulation de l'air nécessaire à l'acétification.

505. 2° Par la méthode allemande. — Ce procédé, plus rapide que le procédé d'Orléans, donne un vinaigre de qualité inférieure. L'appareil employé est fort simple. À la partie supérieure d'un tonneau, de 2 mètres de haut et de 1 mètre de diamètre, se trouve un double fond *ii* (fig. 173), percé de trous, à travers lesquels passent des bouts de ficelle, qui les bouchent partiellement ; le tonneau est rempli de copeaux de hêtre et présente des trous *a* sur sa surface latérale. Le liquide alcoolique, composé d'une partie d'alcool, de cinq parties d'eau et d'un millième de levure de bière, est versé par le tube *d* qui traverse le couvercle, s'écoule lentement le long des ficelles, traverse les copeaux, sur lesquels il s'étale, et présente une large surface à l'oxydation. L'air entre par les trous, circule à travers le tonneau, en sens inverse, transforme l'alcool en vinaigre et s'échappe par le tube *t*.

Fig. 173. — Fabrication du vinaigre par la méthode allemande.

506. Usages de l'acide acétique et des acétates. — Le vinaigre est surtout employé pour l'assaisonnement des mets et la conservation des condiments ; il est peu utilisé dans l'industrie. L'acide acétique cristallisable est employé en photographie. L'acide pyroligneux, soit brut, soit rectifié, est rarement employé à l'état libre ; il sert pour la conservation de quelques substances, mais son importance lui vient de l'emploi qu'on en fait dans la fabrication des acétates.

Les acétates d'aluminium et de fer sont d'une grande utilité dans la teinture et dans l'impression des tissus ; l'acétate de plomb sert à la fabrication de la céruse ; l'acétate de cuivre, ou *vert-de-gris*, est employé pour la peinture et pour la fabrication des papiers peints.

Acide oxalique

Formule : C²H²O⁴. — Poids moléculaire : $C^2H^2O^4 = 90$.

507. État naturel. — L'acide oxalique est très répandu dans le règne végétal, notamment à l'état de bioxalate de potassium. C'est sous cette forme qu'il existe, en forte proportion, dans la grande oseille, d'où on le retirait autrefois.

508. Préparation. — On prépare aujourd'hui l'acide oxalique en oxydant l'amidon par l'acide azotique. La liqueur, concentrée par évaporation, donne de beaux cristaux d'acide oxalique.

On le prépare encore en faisant agir des alcalis hydratés sur de la cellulose. On se sert de la sciure de bois et de la potasse.

509. Propriétés. — L'acide oxalique se présente sous la forme de cristaux blancs. Il est soluble dans l'eau.

Les cristaux d'acide oxalique ont une composition qui correspond à la formule $C^2H^2O^4 + 2H^2O$. C'est un acide *bibasique*. La formule des oxalates neutres, à métal monovalent M', est $C^2O^4M'^2$; celle des oxalates acides est $C^2O^4M'H$. La formule des oxalates à métal divalent M" est C^2O^4M''.

L'acide sulfurique, sous l'influence de la chaleur, le décompose en anhydride carbonique, en oxyde de carbone et en eau. Nous avons utilisé cette réaction pour préparer l'oxyde de carbone (121). C'est un réducteur énergique.

Il forme dans la dissolution d'un sel de calcium un précipité d'oxalate de calcium.

510. Usages. — L'acide oxalique est employé en teinture; les imprimeurs sur tissus s'en servent pour dissoudre, en certains points, les oxydes dont les étoffes sont imprégnées; aux points rongés le tissu devient blanc, tandis qu'à côté il conserve la couleur de l'oxyde métallique. On s'en sert aussi pour récurer les ustensiles en cuivre (sa dissolution porte alors le nom d'*eau de cuivre*), et pour effacer sur le linge les taches de rouille et d'encre. Ces dernières applications reposent sur la propriété qu'a l'acide oxalique de former des sels solubles avec les oxydes de cuivre et de fer.

ACIDE TARTRIQUE

Formule : $C^4H^6O^6$. — Poids moléculaire : $C^4H^6O^6 = 150$.

511. État naturel. — L'acide tartrique se trouve dans le jus de raisin; lorsque la fermentation est terminée, les vins laissent déposer, contre les parois des futailles, des lamelles cristallines blanches et rouges, qu'on appelle *tartre*, et qui sont principalement formées de bitartrate de potassium.

En dissolvant le tartre brut par l'eau chaude et en précipitant la matière colorante par l'argile, on obtient, par cristallisation, la *crème de tartre* ou *bitartrate de potassium*.

512. Préparation. — Pour préparer l'acide tartrique, on dissout le tartre pur dans l'eau bouillante et l'on y ajoute peu à peu de la craie en poudre. La chaux, que contient la craie, s'empare de l'excès d'acide tartrique du bitartrate et il se forme du tartrate neutre de potassium soluble et du tartrate de calcium insoluble : en versant dans la liqueur du chlorure de calcium, on précipite le reste de l'acide tartrique à l'état de tartrate de calcium. Ce tartrate, réuni au premier, est mis en digestion avec de l'acide sulfurique étendu d'eau. Il se forme du sulfate de calcium insoluble, qu'on sépare par filtration; l'acide tartrique dissous, que contient la liqueur, cristallise par l'évaporation.

513. Propriétés. — L'acide tartrique est un corps solide, qui se présente sous forme de cristaux transparents, d'une saveur acide. Il est soluble dans l'eau.

Calciné au contact de l'air, l'acide tartrique se boursoufle, s'enflamme et répand une odeur de pain grillé.

Il est bibasique et forme, avec un métal monovalent M', des tartrates neutres dont la formule est $C^4H^4O^6M'^2$ et des tartrates acides dont la formule est $C^4H^4O^6M'H$. Le bitartrate de potassium est le plus important de ces sels : il est très employé dans la teinture des laines. L'émétique, employé en médecine comme vomitif, est un tartrate double de potassium et d'antimoine.

Les tartrates alcalins sont les seuls solubles.

514. Usages. — L'acide tartrique est employé, dans les laboratoires, comme réactif des sels de potassium, dans lesquels il donne un précipité blanc cristallin.

On fait servir l'acide tartrique à la préparation des boissons rafraîchissantes. Avec 2 grammes d'acide tartrique, 100 grammes de sucre et quelques gouttes d'esprit de citron, pour un litre d'eau, on produit une limonade agréable à boire.

On l'emploie encore, mélangé avec le bicarbonate de sodium, pour fabriquer l'eau de Seltz, dans l'appareil Briet (118).

ACIDE TANNIQUE OU TANNIN

Formule : $C^{14}H^{10}O^9$. — Poids moléculaire : $C^{14}H^{10}O^9 = 322$.

515. État naturel. — Le tannin se trouve dans les arbres du genre chêne, notamment dans l'écorce, et dans la noix de galle. La noix de galle est une excroissance qui se développe sur les rameaux et les feuilles des chênes, par suite de la piqûre de petits insectes.

516. Préparation. — On fait passer de l'éther étendu d'eau sur de la noix de galle concassée, maintenue au moyen d'un tampon de coton dans une allonge qui s'engage dans le col d'une carafe, et qu'on ferme avec un bouchon (fig. 174). L'eau de l'éther dissout le tannin et cette dissolution tombe goutte à goutte dans le fond de la carafe, sans se mélanger à l'éther qui surnage. La dissolution de tannin, évaporée doucement, donne un résidu spongieux, très brillant, qui est le tannin pur.

517. Propriétés. — Le tannin est un acide monobasique, solide, se présentant sous la forme d'une masse spongieuse, amorphe, rarement incolore et plus souvent jaunâtre. Il est très soluble dans l'eau; sa dissolution a une réaction faiblement acide.

Sous l'influence de l'eau, il se transforme en acide gallique, et, sous l'influence de la chaleur, en acide pyrogallique, avec dégagement d'anhydride carbonique.

L'acide tannique précipite la plupart des dissolutions métalliques; il précipite en noir bleuâtre les sels ferriques. C'est ce précipité, tenu en suspension dans une eau gommeuse, qui constitue la matière colorante de l'encre ordinaire, qu'on

Fig. 174. — **Préparation du tannin.** Dans l'allonge on met de la noix de galle concassée, sur laquelle on verse un mélange d'eau et d'éther.

prépare en faisant bouillir de la noix de galle avec de l'eau, filtrant et ajoutant du sulfate ferreux et de la gomme arabique, pour donner de la consistance à l'encre. Le tannin ne précipite pas d'abord les sels ferreux, mais, à la longue, et sous l'influence de l'air, le sel ferreux se suroxyde, devient sel ferrique et le précipité apparaît. C'est ce qui explique pourquoi l'encre ordinaire, faite avec du tannin et du sulfate ferreux, dissous dans une eau gommeuse, donne des caractères d'abord blanchâtres, mais qui noircissent avec le temps.

TANNAGE DES PEAUX

518. Les peaux, dont on se sert pour la confection des chaussures, des harnais, etc., doivent, avant d'être employées, subir un traitement qui les rende imputrescibles et les empêche de s'imprégner facilement d'humidité. Ce traitement est désigné sous le nom de *tannage*, parce qu'il consiste à utiliser la propriété qu'a le tannin de se combiner avec la peau des animaux et de former avec elle une combinaison imputrescible, insoluble et capable de supporter les alternatives de sécheresse et d'humidité, sans absorber l'eau. Le tannin est emprunté pour cela à l'écorce des chênes réduite en poussière, et spécialement à celle du *chêne à crochets*. Cette poussière porte le nom de *tan*.

Les peaux destinées au tannage se divisent en trois catégories : les *peaux fraîches*, les *peaux salées* et les *peaux desséchées*. C'est dans ces deux derniers états que nous arrivent les peaux d'Amérique. Les peaux de buffles servent à la fabrication des cuirs forts; celles de vaches, de veaux, de chevaux, à la fabrication des cuirs mous; celles de moutons, de chèvres, d'agneaux, de chevreaux, à la fabrication des cuirs minces et souples pour gants et maroquins.

519. On amène les peaux sèches au même état que les peaux fraîches, en les immergeant dans l'eau pendant plusieurs jours, et en les étirant ou en les piétinant. Les peaux fraîches doivent être macérées, pendant deux ou trois jours, pour perdre leurs principes solubles, et notamment le sang dont elles sont imprégnées.

Celles qui sont destinées à donner des cuirs mous subissent quatre opérations consécutives. La première est celle du *pelanage*, qui a pour but de rendre les poils et les lambeaux de chair prêts à abandonner facilement la peau. Elle consiste à faire passer successivement les peaux dans quatre ou cinq cuves (*pelain*) contenant un lait de chaux. Le pelanage dure de trois à quatre semaines.

Le pelanage terminé, on procède au *débourrage* ou *épilage*, qui consiste : 1° à enlever le poil, en raclant la peau, de haut en bas, avec un couteau émoussé, dit *couteau rond*; 2° à frotter la peau avec une pierre en grès bien unie, de manière à faire disparaître les aspérités du côté des poils; 3° à nettoyer avec le couteau les deux côtés de la peau, jusqu'à ce qu'elle soit bien blanche.

L'épilage se fait plus facilement quand on s'est servi de la soude caustique dans le pelanage.

Les peaux ne sont pas encore suffisamment gonflées pour être soumises au tannage proprement dit. On produit ce gonflement en les plongeant, pendant quinze jours, dans des cuves contenant une infusion de *tannée* (tan épuisé et altéré par un long séjour à l'air). Cette dissolution, qui est acide et faible, est appelée *jusée*. Pendant cette opération, les peaux subissent un commencement de *tannage*.

Le tannage proprement dit est la dernière opération. Il a lieu dans des fosses en maçonnerie, où l'on dispose, par couches alternatives, les peaux et le tan. Toute la masse est ensuite humectée avec de l'eau déjà chargée de tan. Les fosses remplies renferment, en général, sept à huit cents peaux, et sont abandonnées à elles-mêmes pendant quatre à huit mois; pendant cet intervalle, on ne relève les peaux qu'une seule fois, pour mettre celles de dessus en dessous et réciproquement, et pour renouveler le tan.

Au sortir des fosses, les cuirs forts ont une consistance spongieuse. On leur donne de la compacité en les martelant.

Le tannage des peaux destinées à la confection des cuirs forts est, en général, le même que pour les cuirs mous. Cependant on substitue au pelanage l'*échauffe*, qui consiste à faire subir une légère fermentation putride aux peaux entassées dans une chambre chauffée à 25° environ.

Toutes les peaux ne sont pas tannées par l'écorce de chêne; celles qui sont destinées à la confection des maro-quins sont tannées par le *sumac*; les cuirs de Russie le sont par l'*écorce de bouleau*.

Les opérations du tannage sont fort longues; on a proposé plusieurs modifications destinées à les rendre plus rapides, mais jusqu'ici il n'en est pas dont le succès ait été consacré par l'expérience.

On peut rendre les peaux imputrescibles sans avoir recours au tannage : le mégissier et le chamoiseur emploient des peaux rendues imputrescibles par d'autres procédés.

520. Expériences simples. — Mettre du vin dans un flacon à large goulot et non bouché; au bout de quelques jours on constatera que le vin est devenu acide; l'acétification sera plus rapide si l'on ajoute au vin une *mère de vinaigre*.

Nettoyer du laiton ou du cuivre, et enlever des taches d'encre sur le linge, au moyen d'acide oxalique en dissolution dans de l'eau. Faire remarquer que la dissolution d'acide oxalique est un liquide très vénéneux.

Préparer de l'encre ordinaire de la façon suivante. Faire dis-soudre dans de l'eau du sulfate de fer; d'autre part faire bouillir de la noix de galle avec de l'eau. Mélanger les deux liquides filtrés et agiter à l'air : l'encre, d'abord pâle, noircit par l'oxy-dation.

CHAPITRE VII

Corps gras. — Saponification. — Bougies stéariques.

521. Composition des corps gras. — On rencontre dans les êtres organisés des substances qu'on désigne sous le nom de *corps gras neutres*, qui sont des mélanges de divers principes immédiats, dont les plus importants sont : la *stéarine*, la *margarine* et l'*oléine*.

La *stéarine* est solide, cristallisée; elle est abondante dans le suif de mouton, d'où on peut l'extraire en le traitant par l'éther, à chaud.

La *margarine* est également solide, d'aspect nacré. Elle existe dans presque tous les corps gras et forme la majeure partie de l'huile de palme, d'où le nom de *palmitine* qu'on lui donne quelquefois. C'est elle qui se présente sous forme de masse blanchâtre dans l'huile d'olive, lorsque la température s'abaisse aux environs de 0°.

L'*oléine* est liquide; elle existe en forte proportion dans les huiles. On la retire de l'huile d'olive en refroidissant celle-ci à 0°, et en séparant la margarine devenue solide.

La stéarine, la margarine et l'oléine sont des éthers de la glycérine, $C^3H^5(OII)^3$, qui est un alcool triatomique. Chacun de ces éthers est formé par la substitution de 3 molécules d'acide à 3 fois OII.

La stéarine est un composé d'*acide stéarique* et de *glycérine*.

La margarine est un composé d'*acide margarique* et de *glycérine*.

L'oléine est un composé d'*acide oléique* et de *glycérine*.

En présence des bases, la stéarine, la margarine et l'oléine se décomposent : les acides stéarique, margarique et oléique abandonnent la glycérine et, en se combinant avec la base, forment des stéarate, margarate et oléate qui constituent un savon. On dit alors que les corps gras se *saponifient*.

GLYCÉRINE

Formule : $C^3H^8O^3 = C^3H^5(OH)^3$. — Poids moléculaire : $C^3H^8O^3 = 92$.

522. Préparation de la glycérine. — La glycérine se prépare à l'aide de la glycérine impure, obtenue dans la fabrication des bougies. On traite ce produit par l'alcool concentré qui la dissout; on filtre et l'on distille pour séparer l'alcool. La glycérine est ensuite redissoute dans l'eau, puis mise à digérer avec de la litharge. On filtre de nouveau et l'on précipite, par l'hydrogène sulfuré, le plomb dissous. On décolore la liqueur par le charbon animal et l'on évapore d'abord au bain-marie, puis dans le vide.

523. Propriétés et usages de la glycérine. — La glycérine est un liquide incolore, de saveur sucrée, de consistance sirupeuse. Sa densité à 15° est 1,264. Elle se dissout dans l'eau par l'agitation. Elle se solidifie au-dessous de 0° et distille vers 280°.

La glycérine est employée pour le pansement des plaies, des dartres, des excoriations. Mélangée à l'argile à modeler, elle lui conserve sa plasticité; elle rend les cuirs souples. Elle est encore employée à la fabrication de la nitroglycérine.

524. Nitroglycérine et dynamite. — L'acide azotique, en agissant sur la glycérine, peut donner lieu à la *nitroglycérine* $C^3H^5(AzO^3)^3$, corps liquide, détonant, qui se décompose par la chaleur, ou par le choc, en anhydride carbonique, en azote, en oxygène et en vapeur d'eau.

La nitroglycérine mélangée à du sable constitue la *dynamite*, moins dangereuse à manier et qui ne détone que par l'explosion d'une capsule au fulminate de mercure.

PRINCIPAUX CORPS GRAS NATURELS

525. Les corps gras naturels sont, en général, formés par le mélange des corps que nous venons d'étudier : stéarine, margarine, oléine, associés avec quelques autres analogues.

On divise les corps gras en *corps gras liquides* et en *corps gras solides.*

1° Les *corps gras liquides* comprennent les *huiles*, qui peuvent être d'*origine animale*, comme l'*huile de baleine* et l'*huile de foie de morue*, dans lesquelles dominent la margarine et la stéarine, ou d'*origine végétale*, comme les huiles d'*olive*, d'*œillette*, de *noix*, d'*arachide*, qui sont comestibles; les huiles de *colza*, de *navette*, de *chènevis*, utilisées pour l'éclairage; les huiles de *palme*, de *coco*, avec lesquelles on fabrique des savons et des bougies; l'huile de *lin*, employée pour la fabrication des vernis gras et des couleurs à l'huile; les huiles de *croton*, de *ricin* et d'*amandes douces*, utilisées en médecine. Toutes les huiles végétales sont composées principalement d'oléine.

2° Parmi les *corps gras solides* on peut citer :

Les *beurres*, qui sont mous à 18° et fondent à 36°, formés surtout de margarine et d'oléine, associées à un peu de *butyrine*, substance analogue à la stéarine;

Les *graisses*, qui proviennent des animaux et sont très fusibles;

Les *suifs*, corps gras de même origine que les graisses, mais plus solides et ne fondant qu'à 30°.

Les graisses et les suifs sont essentiellement formés de stéarine, de margarine et d'oléine. La consistance de ces corps gras est en raison directe de la quantité de substance solide (stéarine et margarine) qu'ils renferment.

Les *cires*, qui sont dures et cassantes, ne se ramollissent qu'à partir de 35° et ne fondent qu'à partir de 60°. Les cires sont difficilement saponifiables.

526. Propriétés des corps gras. — Les corps gras, quelle qu'en soit l'origine, présentent de grandes analogies dans leurs propriétés.

Ils ont tous une densité inférieure à celle de l'eau, une saveur et une odeur peu prononcées; ils sont incolores quand ils sont purs. Ils ne sont pas volatils, bouillent à des températures élevées, mais différentes pour chacun d'eux. Ainsi l'huile d'olive bout à 320° et l'huile de ricin à 263°. Chauffés au contact de l'air à une température supérieure à leur point d'ébullition, ils se décomposent en anhydride carbonique, en gaz inflammable et en *acroléine*; puis ils s'épaississent, se colorent et s'enflamment.

Les huiles et les graisses, à l'abri de l'air, se conservent fort longtemps; mais, à son contact, elles acquièrent une saveur âcre et désagréable, deviennent acides et rances. En même temps qu'elles subissent ces phénomènes d'oxydation, plusieurs huiles végétales perdent leur liquidité et finissent même par se solidifier. Les huiles qui éprouvent cette transformation sont appelées *huiles siccatives* : telles sont les huiles de lin, de noix, d'œillette, etc.

La siccativité des huiles peut être augmentée par l'ébullition, en présence de 7 à 8 p. 100 de litharge en poudre fine; c'est ce qu'on fait avec l'huile de lin employée dans la confection des peintures et des vernis gras.

Les huiles *non siccatives* perdent aussi de leur fluidité au contact de l'air et deviennent moins combustibles.

C'est à l'absorption de l'oxygène par les huiles, au dégagement de chaleur dont elle est accompagnée, qu'on doit attribuer les combustions spontanées et les incendies qui se produisent dans les magasins d'huiles et dans les endroits où l'on accumule des chiffons ou des déchets imbibés d'huile.

527. Extraction des corps gras. — L'industrie extrait les corps gras par des procédés qui varient suivant leur nature et leur provenance. Ainsi les corps gras d'origine animale sont enfermés dans une multitude de petites cellules, enveloppées de membranes plus ou moins résistantes; l'extraction de ce genre de corps gras suppose donc la séparation de la matière grasse et du tissu membraneux. Cette séparation s'effectue par plusieurs moyens, qu'on pratique dans la fabrication des chandelles : 1º la *fonte aux cretons*, qui consiste à fondre dans des chaudières le *suif en branches*, venant des abattoirs; on opère ainsi la séparation des matières grasses et des membranes; 2º la *fonte à l'acide* ou à *l'alcali*, dans laquelle cette séparation est obtenue, à chaud, dans des chaudières fermées, soit en faisant agir l'acide sulfurique sur le suif, soit en faisant agir le sel de soude. La fabrication des huiles va nous fournir l'occasion d'indiquer comment les corps gras d'origine végétale sont extraits, par expression, des graines ou des fruits qui les renferment.

EXTRACTION DES HUILES VÉGÉTALES

528. Les huiles végétales s'obtiennent en soumettant à l'action de presses les graines ou les fruits des plantes oléagineuses. L'expression se fait à froid pour les huiles très fluides, employées comme aliments (huile d'olive, d'œillette), ou comme médicaments (huile de ricin, de croton). Pour celles qui sont concrètes, on fait l'expres-

sion à chaud, en pressant les graines entre des plaques
métalliques chaudes. On peut aussi faire bouillir les
graines dans l'eau, après les avoir écrasées. L'huile se
rassemble à la surface et s'y fige; c'est ainsi qu'on
extrait le beurre de cacao, l'huile de laurier, le beurre
de muscade, l'huile de palme, etc. Les huiles destinées
à l'éclairage et aux autres besoins des arts s'obtiennent
aussi par expression des graines.

529. Extraction de l'huile d'olive. — Les olives
sont écrasées sous des moulins à meules verticales

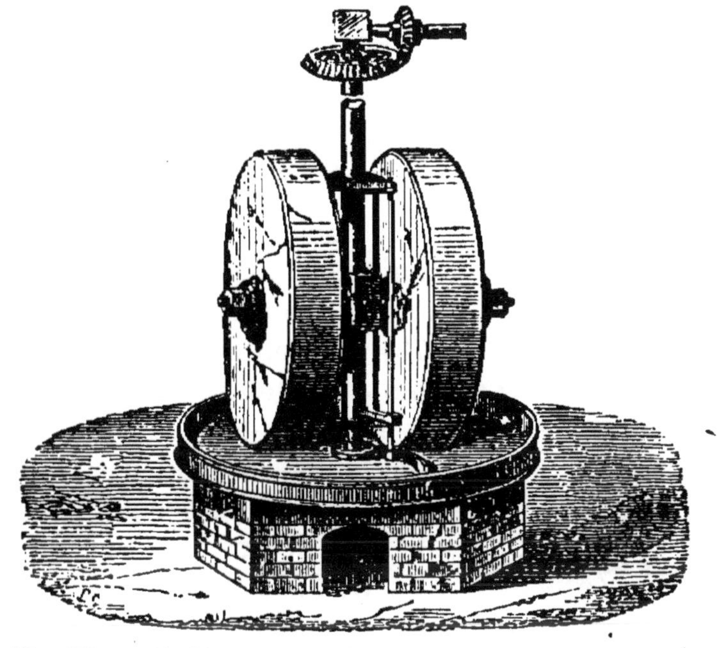

Fig. 175. — Machine à écraser les graines et fruits oléagineux.

(fig. 175), et réduites en une pulpe, qu'on renferme dans
des cabas, ou *scouffins*, soumis à l'action de presses
hydrauliques horizontales.

On appelle huile d'olive *vierge* celle qui est fabriquée
avec des olives récoltées à la cueillette et non à la gaule,
soigneusement triées et portées sous une presse, aussitôt
après leur réduction en pulpe. L'huile vierge est verdâtre et, malgré son goût de fruit, elle est très recherchée pour les aliments.

On obtient l'huile *ordinaire* de table en délayant dans l'eau bouillante la pulpe des olives qui ont fourni l'huile vierge, et en la soumettant à la pression. Elle est d'une belle couleur jaune, moins agréable au goût que la précédente, et se rancit plus facilement. On l'emploie aussi pour graisser les laines et les machines.

Enfin, l'huile dite *huile de recense*, ou *huile lampante*, qui n'est utilisée que dans les savonneries, s'obtient en pressant à nouveau les tourteaux, ou *grignons*, non entièrement épurés par les deux pressions précédentes, en les broyant, puis en les faisant chauffer avec de l'eau et les exprimant de nouveau.

530. Extraction des huiles dites huiles de graines. — Cette extraction se pratique, dans le département du Nord, sur une très grande échelle.

Dans les grandes exploitations, le broyage se pratique au moyen de deux machines distinctes : la première est un laminoir, ou concasseur, en fonte (fig. 176), alimenté par une trémie en bois *a*, au fond de laquelle tourne un petit cylindre cannelé, dont la vitesse de rotation est réglée de manière à ne laisser passer qu'une quantité de graines proportionnée à l'action des cylindres *b*, qui tournent très lentement. Les graines ainsi concassées sont portées sous des meules verticales, et la pulpe est soumise à une pression énergique. La graine d'œillette, pressée à froid, donne une *huile vierge*, qui peut servir à l'alimentation. Quand on veut sacrifier les qualités culinaires au rendement, il faut soumettre la pulpe à une température de 60 à 80°, dans des chauffoirs à vapeur.

Fig. 176. — Concasseur de graines oléagineuses.

Les tourteaux, broyés et pressés de nouveau, donnent une huile de qualité inférieure, appelée *huile de rebat*.

531. Depuis longtemps on a utilisé, pour l'extraction des huiles, l'action dissolvante que le sulfure de carbone exerce sur elles. Après avoir extrait des graines tout ce qu'elles peuvent donner d'huile, par action mécanique, on soumet les tourteaux à l'action du sulfure de carbone, qui dissout les corps qu'ils contiennent encore. Puis on distille le mélange ; le sulfure de carbone, vu sa grande volatilité, s'évapore complètement et laisse l'huile comme résidu.

532. **Épuration des huiles.** — L'emploi de la chaleur a l'inconvénient de fournir des huiles un peu

Fig. 177. — Épuration des huiles.

altérées, susceptibles de rancir facilement, et contenant un mucilage, une matière albuminoïde, dont la présence est nuisible à leur emploi dans l'éclairage, parce qu'elle fait charbonner les mèches.

Pour remédier à cet inconvénient, Thénard a indiqué un excellent moyen d'épuration. On bat l'huile, en présence de 1 1/2 à 3 centièmes d'acide sulfurique. L'acide carbonise le mucilage et le précipite. Le battage se fait dans des tonneaux ou, plus avantageusement, dans un bac allongé (fig. 177), où la matière est constamment brassée par un agitateur hélicoïdal. L'huile devient d'abord verte ; sa nuance tourne ensuite au brun, et, au bout de vingt-quatre heures, les parties albumineuses et le mucilage carbonisé se déposent. On ajoute, par hectolitre, 20 à 30 litres d'eau à 35 ou 40°, ou bien on fait passer un courant de vapeur, ce qui vaut mieux. On bat pendant dix minutes, puis on fait écouler le mélange et on l'abandonne au repos pendant trois ou quatre jours. Les eaux acides vont au fond du réservoir; au-dessus se trouve une couche d'huile, troublée par un dépôt noir; enfin à la partie supérieure est une couche d'huile épurée et très limpide. On enlève celle-ci, et l'on soumet la seconde couche à un filtrage à travers du coton serré ou une toile métallique; on en extrait ainsi une nouvelle quantité d'huile claire. Les eaux acides sont employées au décapage des métaux ou à la fabrication des couperoses.

FABRICATION DES BOUGIES STÉARIQUES

533. L'emploi des chandelles de suif a été presque exclusivement remplacé par celui des bougies stéariques, dont l'invention est due à Gay-Lussac et à Chevreul (1825), et qu'on fabrique avec les acides extraits des corps gras neutres. Ces acides ont un point de fusion supérieur à celui des matières d'où ils proviennent, et, à ce titre, sont d'un emploi plus avantageux pour l'éclairage. Les bonnes bougies stéariques fondent à 55°,5 et donnent une lumière plus belle que celle des chandelles; leur mèche se consume d'elle-même, sans qu'on soit obligé de la couper, comme cela arrive pour les chandelles; enfin, elles ne répandent pas d'odeur en brûlant.

Les trois principes suivants servent de base aux procédés employés pour extraire des corps gras neutres les acides gras, qui servent à la fabrication des bougies stéariques : 1° on peut saponifier le suif avec de la chaux, c'est-à-dire combiner les acides gras avec la chaux, qui élimine la glycérine; puis décomposer le savon calcaire par l'acide sulfurique, qui précipite la chaux à l'état de sulfate et met les acides gras en liberté;

2° l'acide sulfurique chauffé avec les corps gras en isole
la glycérine, avec laquelle il produit de l'acide sulfoglycérique, et forme avec les acides gras des combinaisons appelées acides *sulfogras* (acide sulfoléique,
sulfomargarique, sulfostéarique), que l'eau bouillante
décompose ensuite, et dont elle isole les acides gras,
qu'on volatilise dans un courant de vapeur d'eau;
3° enfin la vapeur d'eau surchauffée exerce sur les corps
gras neutres la même action séparatrice que les alcalis
et les acides, et les dédouble en glycérine et en acides
gras.

Ces trois principes ont donné lieu à cinq procédés
différents pour l'extraction des acides gras. Nous ne
décrirons que les plus employés : 1° le procédé par
saponification calcaire; 2° le procédé par saponification
sulfurique et distillation.

534. Saponification calcaire. — Le procédé par
saponification calcaire consiste à chauffer les corps gras,
sous pression de vapeur, avec de l'eau et de la chaux.
L'opération se fait dans des chaudières autoclaves, que
représente la figure 178. Le corps gras fondu (suif, graisse
ou huile de palme), l'eau et le lait de chaux arrivent par
le tuyau de charge E, la vapeur d'eau par le tuyau C.
On opère sous une pression de 8 kilogrammes et avec
une quantité de chaux très faible, 4 à 5 pour 100 environ. La chaux se combine d'abord avec une certaine quantité d'acides gras, et fait un savon calcaire, en éliminant
la glycérine : puis l'eau et la vapeur décomposent ce
savon, mettent son acide gras en liberté et régénèrent
la chaux, qui reproduit la réaction sur une nouvelle
quantité de corps gras, et ainsi de suite. Au bout de
huit heures, on laisse tomber la température à 130 degrés,
et l'on obtient le dernier savon calcaire formé, qui est
disséminé dans les acides gras produits dans le cours de
l'opération. L'eau et la glycérine vont, à l'état liquide,
au fond de la chaudière, où arrive un tube muni d'un
robinet R. Dès qu'on ouvre le robinet R, la pression de

la vapeur chasse au dehors le liquide, qui est recueilli à
part; après lui sortent le savon et les acides gras, sous
forme de masse pâteuse, qu'on envoie dans des réservoirs, où on la mélange avec une petite quantité d'acide
sulfurique. Celui-ci s'empare de la chaux du savon calcaire, pour former du sulfate de calcium insoluble, qui

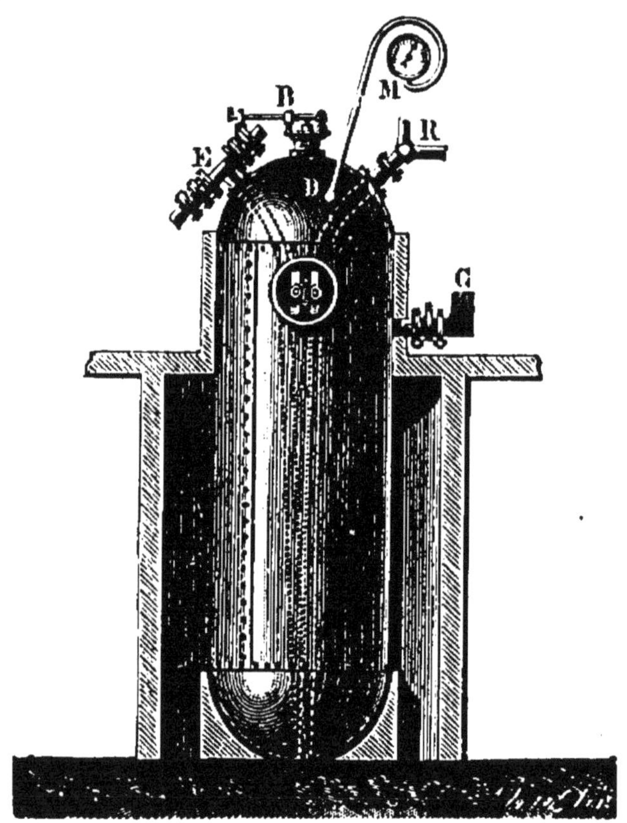

Fig. 178. — Chaudière autoclave pour la saponification calcaire des corps gras.

laisse au fond des réservoirs un dépôt solide, au-dessus
duquel surnagent les acides gras, qu'on purifiera par
distillation.

535. Saponification sulfurique. — Le procédé
par *saponification sulfurique* permet d'utiliser des produits plus fusibles que le suif des herbivores, de moindre
valeur, et auxquels la saponification calcaire pourrait
être appliquée difficilement : les plus importants de ces

produits sont les huiles de palme et de coco, les suifs
d'os, provenant du traitement à l'eau bouillante que
les fabricants de noir animal font subir aux os avant la
calcination, les graisses vertes que produisent les étaux
des bouchers, des tripiers, les résidus de cuisine, le grais-

Fig. 179. — Saponification sulfurique des corps gras.

sage des cylindres, etc., enfin les produits gras provenant
de la décomposition, par l'acide sulfurique, des eaux
savonneuses employées au lavage des laines.

La meilleure méthode de saponification sulfurique est
celle dans laquelle on opère la saponification, presque
instantanément, par l'emploi d'un excès d'acide.

Deux réservoirs S et P (fig. 179), traversés chacun
par un serpentin de vapeur, contiennent, le premier de
l'acide sulfurique concentré, le second les huiles ou les
graisses à travailler; les deux réservoirs sont portés à
la température de 90°. A la partie supérieure de la cuve

à décomposer, qu'on voit au-dessous du réservoir S, se trouve une caisse oblongue doublée de plomb C, dans laquelle un ouvrier, placé sur un banc B, laisse couler 50 kilogrammes de corps gras; il y ajoute 15 kilogrammes d'acide sulfurique. Au bout d'une minute de contact, la réaction de l'acide sur le corps gras est accomplie, et l'ouvrier, faisant basculer la caisse C, renverse le tout dans l'eau bouillante de la cuve à

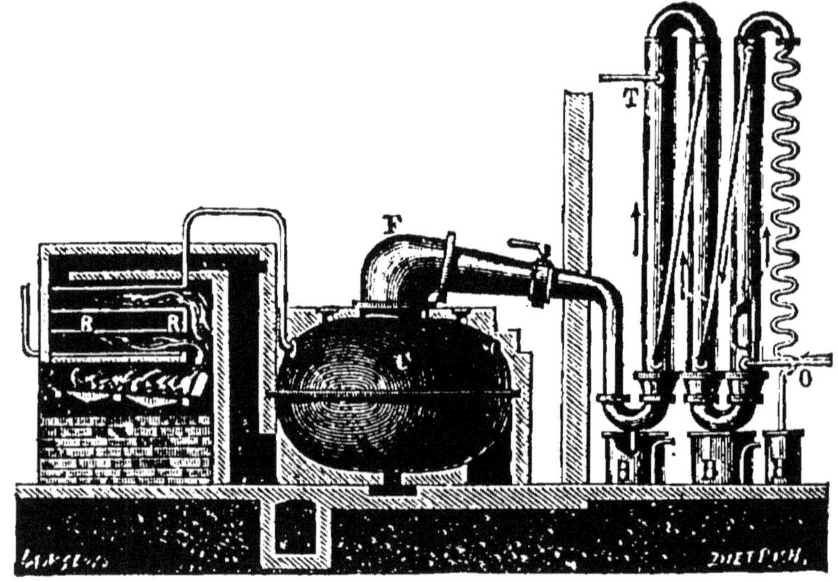

Fig. 150. — Distillation des acides gras.

décomposition : les acides sulfoléique, sulfomargarique et sulfostéarique se décomposent bientôt au contact de l'eau bouillante et l'acide sulfoglycérique se dissout. Quand l'opération est finie, il s'est formé trois couches distinctes dans la cuve : la couche supérieure L″ renferme les acides gras; la couche L′ vient en dessous et contient l'eau, l'acide sulfurique et la glycérine; la couche inférieure L est formée des mêmes substances, salies par des matières charbonneuses.

Les acides gras ainsi obtenus sont, comme ceux que fournit la saponification calcaire, soumis à deux lavages, puis portés à l'appareil distillatoire.

536. Distillation des acides gras. — La distil·
lation des acides gras a pour but de les purifier. A cet
effet, ils sont envoyés dans des chaudières C (fig. 180),
où ils sont soumis à l'action d'un courant de vapeur
d'eau, qui a été surchauffée dans un foyer séparé, où circule un serpentin RR, parcouru par la vapeur qu'amène
un tube, représenté sur la gauche de la figure. Les acides
gras distillent et vont se condenser dans un système de
tubes en U. Ces tubes sont entourés d'autres tubes concentriques au premier. Dans l'intervalle annulaire laissé
entre les deux systèmes de tubes, circule de l'eau, qui
arrive froide en O et sort chaude en T. Sous son
influence, les acides gras se condensent et s'écoulent
dans les réservoirs B. Les flèches, qu'on voit sur la
figure, indiquent la double circulation des acides gras
et de l'eau.

537. Pressurage des acides gras. — Les
acides gras, obtenus par l'une des méthodes précédentes,
sont coulés dans des moules en fer-blanc, disposés
comme le représente la figure 181, de sorte que l'excès
de liquide qui arrive dans chacun d'eux puisse se
déverser dans le moule inférieur. On abandonne la
matière dans ces moules, où elle se solidifie. La
matière solide ainsi obtenue se compose d'acides margarique et stéarique solides et d'acide oléique liquide, qui
est disséminé au milieu des précédents. On sépare ce
dernier par deux pressurages, faits le premier à froid,
le second à chaud.

Le pressurage à froid s'exécute par des presses hydrauliques verticales (fig. 182). Chaque pain est enfermé
dans un sac de laine. Les sacs sont empilés les uns
au-dessus des autres et séparés par des plaques métalliques, destinées à régulariser la pression et munies sur
leurs bords de rigoles, qui recueillent l'acide oléique
et le conduisent dans des tuyaux verticaux.

Lorsqu'au bout de cinq à six heures la presse verticale
a épuisé son action, les sacs sont vidés et les pains sont

mis dans d'autres sacs en crin, et soumis au pressurage
à chaud. On se sert pour cela d'une presse hydraulique
horizontale : l'eau arrive en R (fig. 183), dans le cylindre
C et agit sur la tige T, qui presse les sacs disposés

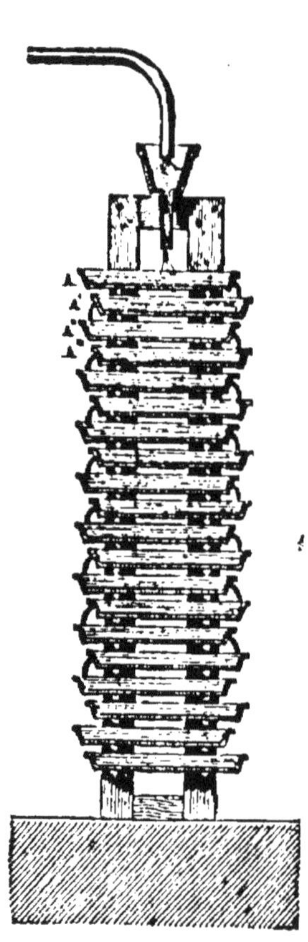

Fig. 181. — Moules
à couler les acides
gras.

Fig. 182. — Presse hydraulique verticale pour
acides gras. Le piston P, en se soulevant, presse
les acides gras enfermés dans des sacs,

entre des plaques creuses P; ces plaques sont portées
à une température qui ne doit pas dépasser 35°, par la
vapeur qu'amènent des tuyaux en caoutchouc H, H.
L'acide oléique s'écoule, entraînant une certaine quantité d'acide stéarique; après l'opération, on trouve dans
chaque sac un pain sec et dur d'acides gras. L'acide
oléique, au sortir de la presse à chaud, se rend dans

de vastes réservoirs souterrains, où il laisse déposer, par le refroidissement, les acides solides qu'il a entraînés, et qu'on soumet à un autre pressurage.

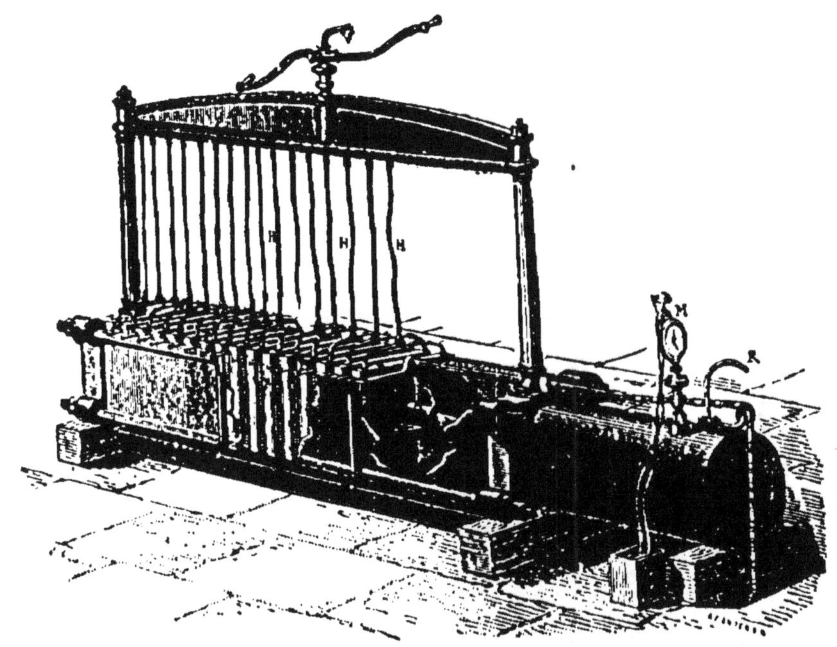

Fig. 183. — **Presse hydraulique horizontale pour acides gras.** Les sacs, placés entre les plaques P, sont comprimés par la tige T qui s'avance de droite à gauche.

On emploie maintenant, pour le refroidissement, les appareils à anhydride sulfureux liquide de M. Pictet.

538. Moulage des bougies. — L'admirable découverte de Chevreul et de Gay-Lussac fut entravée, dans la pratique, par les inconvénients que présentait la mèche de coton ordinaire, qui absorbait une trop grande quantité de matière grasse. On eut d'abord l'idée d'y substituer une mèche faite de trois fils de coton nattés; mais sa combustion laissait un résidu charbonneux qui contrariait l'ascension des corps gras, ou qui, en tombant dans le godet formé par la fusion à la partie supérieure de la bougie, liquéfiait trop rapidement la matière et la faisait couler. Pour remédier à cet inconvénient, on imprègne la mèche d'acide borique. Celui-ci vitrifie les cendres de la mèche; il en résulte une petite perle vitreuse et lourde, qui, courbant la mèche en dehors de la flamme, lui permet de brûler complètement et rend inutile l'opération du mouchage.

Dans les grandes usines, le moulage des bougies se fait à la machine.

Les moules sont disposés par groupes de seize dans

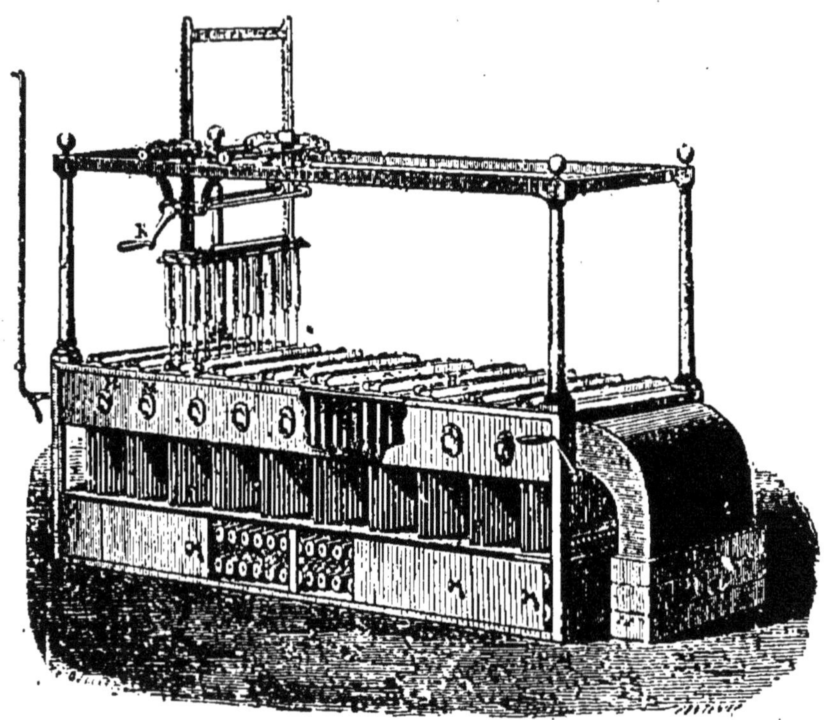

Fig. 184. — Moulage des bougies.

une caisse de tôle, qu'on peut chauffer et refroidir successivement à l'aide du tuyau V' (fig. 184), qui amène de la vapeur, ou d'un autre tuyau, qui amène un courant d'air froid, lancé par une machine soufflante.

Au-dessous de cette caisse s'en trouve une autre, où les mèches sont enroulées sur des bobines B; à chaque moule correspond une bobine. Les mèches, sortant de la caisse inférieure, se rendent dans la caisse supérieure, et chacune d'elles, après avoir traversé un moule suivant

son axe, est pincée à sa partie supérieure par une plaque,
que peut soulever une crémaillère K. La caisse supérieure étant chauffée à l'aide de la vapeur V', on coule
dans un groupe les acides gras fondus à part ; un courant
d'air froid refroidit ensuite les moules, les acides se solidifient, et l'on détache à la fois les seize bougies d'un
groupe. Pour cela on amène au-dessus de lui la crémaillère K, à l'aide de laquelle on soulève les plaques qui

Fig. 185. — Machine à polir les bougies.

pincent les seize mèches ; les bougies sortent des moules
et s'élèvent : la mèche, se déroulant de chaque bobine,
les suit dans leur ascension et se trouve disposée pour
une opération suivante dans l'axe du moule. On coupe
alors la mèche et l'on enlève les bougies ; il ne reste
plus qu'à les laver, les rogner et les polir. Le lavage
s'effectue dans le baquet U (fig. 185), qui renferme de
l'eau de savon ou une solution de carbonate de sodium.
Les bougies sont ensuite posées sur des roues cannelées R, qui les présentent à un petit rouleau circulaire,
chargé de les couper à la longueur voulue. Elles tombent sur une table, où sont disposés des rouleaux en

bois, sur lesquels elles subissent l'action d'une brosse B, animée d'un mouvement de va-et-vient et qui les polit. Elles cheminent sur cette table, sous l'action de la brosse, et arrivent à l'extrémité, prêtes à être livrées à la consommation [1].

SAVONS

539. Les savons sont des combinaisons des acides des corps gras avec les bases. Nous avons vu (521) que la stéarine, la margarine et l'oléine étaient des éthers de la glycérine; nous avons dit (497) que les éthers, en présence de l'eau ou d'une base, se décomposaient, donnaient un sel formé par la combinaison de la base avec l'acide de l'éther, et que l'alcool de l'éther était régénéré. Sur ces principes repose la fabrication des savons : si l'on met les corps gras en présence d'une base, la glycérine se régénère et il se forme un sel, par la combinaison de la base avec les acides du corps gras. Ce sel est un savon.

Les savons à base de potasse et de soude sont solubles dans l'eau, dans l'alcool et dans l'éther; les autres sont insolubles dans l'eau, et le plus souvent aussi dans l'alcool et dans l'éther. L'économie domestique n'emploie que des savons solubles. Les savons à base de soude sont plus durs que les savons de potasse, parce que les stéarate, margarate et oléate de sodium sont plus consistants et moins attaquables par l'eau que les mêmes genres de sels à base de potasse.

Les stéarates et les margarates de potassium et de sodium étant plus durs et moins solubles que les oléates des mêmes bases, un savon de potasse ou de soude sera d'autant plus dur qu'il renfermera plus de stéarate ou de

---

1. Voir, dans la Bibliothèque des Écoles primaires supérieures et professionnelles, les *Notions de technologie*, par MM. Jacquemard et Bois, 2ᵉ partie, chap. VII, § 3.

margarate, et moins d'oléate. On voit que les qualités du savon dépendent, non seulement du choix de la base, mais aussi de celui du corps gras.

Les savons durs sont obtenus avec la soude et les huiles d'olive, d'amandes, d'arachide, de coco, le suif. En France, en Italie et en Espagne, on se sert principalement d'huile d'olive de qualité inférieure; dans les pays du Nord, qui n'ont pas d'huile d'olive, on la remplace par le suif ou la graisse.

Les savons mous sont préparés avec la potasse et les graisses ou les huiles de graines.

540. Savons durs. — On obtient les savons durs de Marseille en saponifiant, par la soude, des huiles, qu'on désigne sous le nom de *recenses*.

La soude employée est la soude brute artificielle, caustifiée par la chaux. Pour produire cette caustification, on mélange la soude brute, réduite en poudre grossière, avec le tiers de son poids de chaux éteinte. Le mélange est placé dans des bassins en maçonnerie, percés, près de leur fond, d'une ouverture, qui permettra aux lessives de couler dans de vastes citernes. On amène dans ces bassins l'eau pure et une lessive faible, provenant d'un lavage précédent. La dissolution de la soude s'opère peu à peu, la chaux lui enlève son acide carbonique et forme avec lui du carbonate de calcium insoluble. Au bout de deux heures, on soutire cette première lessive, très concentrée, et qui marque de 18° à 25° à l'aréomètre. Par deux autres lessivages, on obtient des lessives moins concentrées, l'une qui marque de 15 à 18°, l'autre de 4 à 8°. Par un mélange de ces lessives, on obtient celle qui doit servir dans la fabrication du savon.

La lessive étant préparée, on procède à la saponification de l'huile, qui comprend trois phases principales : l'*empâtage*, le *relargage* et la *coction*.

L'huile, ne se mêlant pas facilement à l'eau, doit être divisée pour arriver au contact de l'alcali : tel est le but de l'*empâtage*, qui a pour effet de mettre l'huile, à l'état de division extrême, en suspension dans l'alcali. Pour cela, on introduit dans une grande chaudière, à fond hémisphérique, en tôle, 31 hectolitres 1/2 de lessive; on porte à l'ébullition, et l'on y verse en plusieurs fois 6000 kilogrammes d'huile; celle-ci perd bientôt sa transparence et forme avec l'alcali une espèce d'émulsion blanche, qui acquiert peu à peu de la consistance et de l'homogénéité.

Lorsque l'*empâtage* est complet, on procède au *relargage*, afin d'enlever à l'huile empâtée l'eau que la soude y a portée. Cette opération consiste à mettre la masse d'huile empâtée en contact avec une dissolution de soude chargée de sel marin. On brasse continuellement le mélange, et l'émulsion savonneuse avec excès d'huile, ne pouvant se dissoudre dans l'eau salée, lui cède la plus grande partie de son eau, et se rassemble à la surface, sous forme d'une pâte consistante et colorée. On laisse tomber le feu, et, au bout de quelque temps, on ouvre un robinet, situé à la partie inférieure de la cuve; on laisse écouler trois fois plus de liquide qu'on n'en a introduit pour le *relargage*, et l'on pratique la *coction*.

Cette opération achève la saponification : elle consiste à faire bouillir le savon, qui contient encore un excès d'huile, avec de nouvelles lessives douces et concentrées. La saponification est terminée lorsque le savon se dissout dans l'eau chaude sans laisser d'yeux à la surface, et lorsque, comprimé entre le pouce et l'index, il prend une consistance très dure. On met le savon à sec en l'exprimant de nouveau et l'on obtient un produit noirâtre, qui durcit par le refroidissement. Sa couleur est due au sulfure de fer, mêlé à un savon alumino-ferrugineux provenant de la soude brute.

On convertit ce savon en savon blanc ou en savon marbré.

541. Savon blanc. — Pour faire le savon blanc, on

délaye le savon noir dans une lessive faible; le savon alumino-ferrugineux se dépose lentement; on enlève le savon blanc qui surnage et on le coule dans des moules, où il se solidifie; on découpe ensuite la masse solide en pains rectangulaires.

542. Savon marbré. — Le savon marbré s'obtient en délayant le savon noir dans une quantité moindre de lessive, de sorte que le savon alumino-ferrugineux, coloré par le sulfure de fer, au lieu de se déposer au fond de la chaudière, reste en suspension dans la masse, au milieu de laquelle il forme des veines bleuâtres. Le savon marbré est plus estimé que le savon blanc, parce qu'on ne peut l'obtenir qu'avec 30 p. 100 d'eau au plus, tandis que le savon blanc peut en contenir 40 et 50 p. 100.

543. Savons unicolores. — On prépare des savons unicolores avec les huiles de coco, de palme, de sésame, d'arachide, l'acide oléique, les suifs d'os, etc. On peut les préparer, soit par le procédé précédent, soit par un procédé qui en diffère peu et que nous ne décrirons pas.

Ces savons, dits *économiques*, ne méritent pas toujours cette désignation, car il en est qui renferment jusqu'à 75 p. 100 d'eau.

544. Savons mous. — Les savons mous, dit *savons noirs* ou *savons verts*, sont toujours à base de potasse, et sont fabriqués avec les huiles le smoins chères, huile de chènevis, d'œillette, de colza. Leur préparation est des plus simples. Il suffit de faire bouillir les huiles avec des lessives caustiques de potasse, de concentrer le mélange pour chasser l'excès d'eau, puis de le couler dans des tonneaux, lorsqu'il est arrivé à la consistance voulue.

Ces savons sont verts, quand on les fait avec des huiles jaunes et qu'on y ajoute, à la fin de la cuisson, un peu d'indigo. Ils sont noirs, quand on les a colorés par du sulfate de fer, du tannin et du bois de campêche.

545. Savons de toilette. — Les savons de toilette

se préparent avec des matières très pures. Ils doivent être, autant que possible, débarrassés d'alcali.

Le savon transparent s'obtient en traitant des raclures de savon de suif par l'alcool chaud, qui ne dissout que le savon et laisse les impuretés. La dissolution, refroidie et éclaircie par le repos, est versée dans des moules où elle se solidifie ; le savon ne devient transparent qu'au bout de plusieurs semaines.

546. Usages des savons[1]. — Le savon blanc est employé pour le blanchissage du linge, de la soie, de la laine, pour les besoins de la toilette : il agit alors à la manière des alcalis faibles et dissout les corps gras. Le savon marbré, qui est plus alcalin et plus mordant, est employé pour les tissus forts. Enfin les savons mous, qui sont très alcalins, sont employés pour le blanchissage du linge commun et pour le dégraissage de la laine.

547. Expériences simples. — En hiver, exposer à une basse température de l'huile d'olive, et faire constater la solidification de la margarine, tandis que l'oléine reste liquide.

Préparer un savon de la façon suivante : Faire dissoudre un peu de carbonate de sodium dans de l'eau ; ajouter à la dissolution de la chaux et chauffer jusqu'à ce qu'un peu de liquide clair ne fasse plus effervescence avec un acide : le carbonate de sodium est alors complètement transformé en soude caustique. Décanter et chauffer le liquide clair avec une petite quantité d'huile ; au bout d'une demi-heure d'ébullition, ajouter du sel de cuisine ; faire bouillir encore pendant un quart d'heure et verser le tout dans un verre. Le savon formé se rassemble à la partie supérieure du liquide.

1. Voir, dans la Bibliothèque des Écoles primaires supérieures et professionnelles, les *Lectures scientifiques*, par M. Baudrillard, p. 177.

CHAPITRE VIII

Principes sucrés. — Sucre de canne et de betterave.

548. Les principes qui constituent la masse principale des végétaux peuvent être représentés par du carbone uni à l'hydrogène et à l'oxygène dans les proportions de l'eau : de là le nom d'*hydrates de carbone*, qui leur est souvent attribué. Tels sont les *sucres*, l'*amidon*, la *fécule*, la *dextrine*, la *cellulose*.

549. **Principes sucrés.** — Sous le nom de *principes sucrés*, on désigne un certain nombre de corps qui se trouvent dans les végétaux et dans les animaux. Ces corps sont très solubles dans l'eau et ont une saveur sucrée.

Les plus importants sont :

1. Les *glucoses*, dont la formule est $C^6H^{12}O^6$. On rencontre dans ce groupe :

1º La *glucose ordinaire* ou *sucre de raisin*, qu'on trouve dans le jus du raisin et qu'on peut produire artificiellement par l'action de l'acide sulfurique sur la fécule ou sur l'amidon. Sous l'influence de l'acide, ces deux corps se transforment en *glucose*, corps solide, soluble, d'une saveur beaucoup moins sucrée que le sucre ordinaire, capable de se transformer, par la fermentation, en alcool et en anhydride carbonique. La glucose est employée dans la fabrication de la bière et de l'alcool (alcool de grains, alcool de pommes de terre); elle remplace souvent le miel dans la fabrication du pain d'épice.

2° La *lévulose*, ou *sucre de fruits*, ou *sucre incristallisable*, matière sucrée, liquide, qui existe dans les sucs acides des végétaux et notamment dans les fruits (groseilles, cerises, fraises, etc.).

Le sucre de fruits se transforme en glucose : c'est ce qui arrive lorsqu'on abandonne des raisins ou des pruneaux secs à l'air. La glucose, produit de cette transformation, vient à la surface, où elle forme une poussière blanche : il en est de même de la cristallisation qu'on trouve sur les confitures.

Le sucre de fruits, toutes choses égales d'ailleurs, fermente beaucoup plus tôt que la glucose.

II. Le *sucre de canne et de betterave*, ou *sucre ordinaire* $C^{12}H^{22}O^{11}$, qu'on trouve dans la canne à sucre et dans la betterave.

SUCRE ORDINAIRE

Formule : $C^{12}H^{22}O^{11}$. — Poids moléculaire : $C^{12}H^{22}O^{11} = 342$.

550. État naturel. — Le sucre ordinaire est très répandu dans le règne végétal; il se rencontre surtout dans la canne à sucre, dans la racine de betterave, de carotte, de navet, dans les melons, les citronnelles, etc., etc.

C'est principalement de la canne et de la betterave qu'on extrait le sucre pour les besoins de l'économie domestique.

551. Propriétés du sucre ordinaire. — Le sucre cristallise en prismes; sa densité est 1,6. Lorsqu'on le brise ou qu'on le frotte contre un corps dur, dans l'obscurité, il devient phosphorescent. L'eau froide en dissout le double de son poids; l'eau bouillante le dissout en toute proportion. L'alcool très concentré en dissout à peine.

Une dissolution concentrée de sucre dans l'eau abandonne, par évaporation, de gros cristaux qui constituent le *sucre candi*.

Il fond vers 160° et devient un liquide épais, transparent, qui, en se refroidissant, se prend en une masse amorphe et vitreuse, connue sous le nom de *sucre d'orge* : le sucre d'orge perd peu à peu sa transparence et passe, en cristallisant, à l'état de sucre ordinaire.

Chauffé vers 210°, le sucre perd de l'eau, se transforme en un corps brun, le *caramel*. A une température plus élevée, il se décompose complètement et donne pour résidu du charbon pur, très léger.

Le sucre s'unit aux bases : une dissolution sucrée peut dissoudre une grande quantité de chaux, ou de baryte, ou d'oxyde de plomb, avec lesquels elle forme des sucrates. La dissolution perd alors toute saveur sucrée.

Sous l'influence des acides étendus, le sucre cristallisable se transforme rapidement en glucose, ou plutôt en un mélange de glucose et de lévulose. Une ébullition prolongée produit le même effet, ce qui explique la nécessité de concentrer le sirop de sucre rapidement et à une basse température. Lorsque le sucre de canne a subi cette transformation, il est dit *interverti*.

$$C^{12}H^{22}O^{11} \quad + \quad H^2O \quad = \quad C^6H^{12}O^6 \quad + \quad C^6H^{12}O^6$$

Sucre de canne.   Eau.   Glucose.   Lévulose.

Le sucre de canne ne réduit pas les sels de cuivre tandis que la glucose les réduit.

Les chlorures de potassium et de sodium, le chlorhydrate d'ammoniaque, se combinent au sucre et forment avec lui des combinaisons solubles dans l'eau et cristallisables. Ce fait occasionne des pertes considérables pour les betteraves cultivées sur le bord de la mer.

Les acides concentrés, et en particulier l'acide sulfurique, le décomposent.

Rappelons que le sucre ordinaire ne fermente pas immédiatement, il doit d'abord être interverti. La levure de bière jouit de la propriété d'opérer cette transformation, grâce à un ferment soluble qu'elle sécrète, l'*invertine*, et qui, en fixant une molécule d'eau sur le sucre, le rend susceptible de se transformer en alcool et en anhydride carbonique.

EXTRACTION DU SUCRE DE BETTERAVE

552. La plus grande partie du sucre consommé en France est extraite de la betterave. La variété la plus employée est la betterave de Silésie à collet rose, cultivée surtout dans les départements du Nord, du Pas-de-Calais, de la Somme, de l'Aisne et de l'Oise.

553. Lorsque les betteraves ont acquis tout leur développement, on les arrache; on met à part celles qui sont endommagées et qui ne se conserveraient pas; puis on coupe la partie de la racine qui était sortie de terre et portait des feuilles. Cette partie ne contient pas de sucre. Les betteraves ainsi émondées sont portées dans des silos, où on les conserve jusqu'à l'époque où elles sont soumises au traitement que nous allons décrire.

Elles sont d'abord soumises à un lavage mécanique, qui les débarrasse des matières terreuses. En quittant le laveur, les betteraves sont reprises par des chaînes à godets qui les mènent dans un local, que chaque usine doit réserver à l'administration des contributions indirectes, chargée d'établir la quotité de l'impôt que prélève l'État sur le sucre fabriqué.

Il s'agit maintenant d'extraire le sucre. Autrefois on commençait par râper la betterave, au moyen de machines spéciales, et la pulpe produite était soumise à l'action de presses hydrauliques, qui en extrayaient le jus. Plus tard on s'est servi d'un autre mode d'extraction, appelé *macération*, et consistant à mettre la betterave, découpée mécaniquement, en contact avec de l'eau, qui dissolvait le sucre et produisait le jus sucré. Aujourd'hui on emploie généralement le système de la *diffusion*.

554. Diffusion. — La betterave, en sortant du wagonnet peseur, est livrée à une machine qui la découpe en petites lanières appelées *cossettes*, de 12 à 15 centimètres de longueur, de 7 à 8 millimètres de largeur et de 1 à 2 millimètres d'épaisseur. Ces lanières sont livrées à une courroie sans fin horizontale, qui les porte aux diffuseurs.

Le procédé par diffusion repose sur les phénomènes suivants, connus en physique sous les noms d'*endosmose* et d'*exosmose*. Supposons qu'une paroi poreuse divise un vase en deux compartiments A et B : A renfermant une dissolution plus dense que l'eau, de l'eau sucrée par exemple, et B renfermant de l'eau. Il se produit *naturellement* un échange de liquides entre les deux compartiments : celui de A passe en B et celui de B en A. L'équilibre n'est atteint que lorsque le liquide a pris, par cet échange, la même densité de part et d'autre de la paroi. Si l'on enlève le liquide en B et qu'on le remplace par de l'eau, un nouvel échange va se faire, mais moins rapidement, parce que la différence entre le liquide de A et celui de B sera moins grande. On arriverait ainsi à extraire successivement tout le sucre de A.

Cela compris, supposons qu'on verse dans un vase une certaine quantité de cossettes, et par-dessus de l'eau chaude. Chacune des cellules dont se composent les cossettes va jouer le rôle du compartiment A ; le liquide sucré et l'eau vont s'échanger à travers les parois de la cellule et l'on obtiendra un jus sucré ; en le remplaçant successivement par de l'eau pure, on finira par épuiser les cossettes. Mais, si l'on opérait de cette manière, c'est-à-dire si, à chaque opération, on mettait de l'eau pure en contact avec les cossettes, on aurait finalement un volume de jus trop considérable à évaporer. Il est plus économique de ne mettre l'eau pure qu'en contact avec des cossettes déjà presque épuisées : le liquide ainsi obtenu par endosmose et exosmose a une densité plus forte que l'eau pure : si on l'envoie sur des cossettes moins épuisées que les précédentes, il rencontrera dans ces cossettes un jus plus dense que lui, et un nouvel échange aura lieu. Le jus plus dense ainsi obtenu sera envoyé sur des cossettes moins épuisées encore, et ainsi de suite, jusqu'à ce qu'on arrive aux cossettes

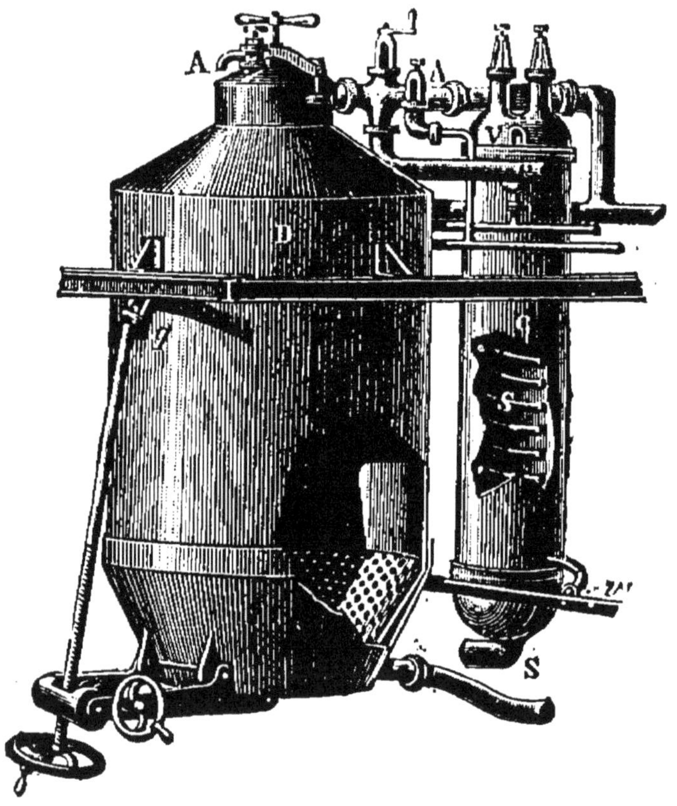

Fig. 186. — Diffuseur système Cail.

fraîches. Toutes ces opérations sont réalisées automatiquement dans une série d'appareils, appelés *diffuseurs*, dont l'ensemble constitue une *batterie de diffusion*.

Chaque diffuseur se compose d'un vase cylindrique D (fig. 186), terminé en haut et en bas par des parties coniques. En haut se trouve une ouverture par laquelle on introduit les cossettes quand le couvercle A est soulevé; en bas est une ouverture, qui servira à décharger les cossettes épurées. A côté de chaque diffuseur se trouve un appareil C, appelé *calorisateur*. C'est un cylindre parcouru par un serpentin de vapeur et qui servira à échauffer les liquides qu'on enverra dans les diffuseurs. Soit une série de diffuseurs 1, 2, 3, 4, 5 et 6, disposés verticalement à côté les uns des autres. Par un système de tuyaux et de robinets, chacun des diffuseurs peut être mis en communication soit avec les diffuseurs voisins, soit avec un réservoir d'eau. Pour fixer les idées, supposons que le diffuseur numéro 1 contienne des cossettes déjà presque épuisées, le numéro 2 des cossette plus riches en sucre, et ainsi de suite jusqu'au numéro 6, qui contiendra des cossettes fraîches. On fait arriver, par le bas de 1, de l'eau pure venant de réservoirs situés à un niveau supérieur et échauffée dans les *calorisateurs*; elle traverse le diffuseur 1 de bas en haut et, comme elle a tout son pouvoir dissolvant, elle épuise les cossettes et, arrivée en haut, elle forme un sirop, qu'on envoie dans le diffuseur 2. Le pouvoir dissolvant de ce jus est moins grand que celui de l'eau pure, mais, comme il se trouve ici en présence de cossettes plus riches, il leur prend encore du sucre, et ainsi de suite, jusqu'au diffuseur 6, qui contient des cossettes fraîches. Il en sortira à l'état de sirop concentré. A ce moment de l'opération, les cossettes de 1 sont épuisées, on les extrait par le bas et on les remplace par des cossettes fraîches; 1 va maintenant jouer le rôle que jouait 6, 2 celui de 1, 3 celui de 2, et ainsi de suite. A ce moment on envoie l'eau pure dans 2. Elle y épuise les cossettes, passe dans 3 et revient à 1, d'où elle sort à l'état de jus concentré. Par ce système de circulation, les cossettes de chaque diffuseur sont successivement épuisées. Le caractère de ce mode de dissolution n'est pas seulement dans le système de circulation des liquides, mais aussi dans l'emploi d'eau et de jus portés à une température telle que l'intérieur des vases soit toujours à 50 degrés environ.

Le jus est ensuite mélangé à un lait de chaux préparé

dans l'usine : on met environ 5 volumes de lait de chaux pour 100 volumes de jus sucré.

555. Râperies. — Il est important, au point de vue économique, de s'approvisionner largement de betteraves et d'amener la *partie utile* de la plante, c'est-à-dire le sucre, à l'usine de fabrication, en laissant la partie *inutile* sur les lieux de production, pour éviter les frais de transport de cette partie inutile, qui se compose du tissu charnu.

De tous les moyens proposés, le suivant parait être jusqu'ici le plus industriel. On installe dans les centres de culture des établissements, appelés *râperies*, qui reçoivent les betteraves, les transforment en cossettes, fabriquent par diffusion le jus sucré et le *chaulent*, c'est-à-dire le mélangent à la chaux. Puis à l'aide de pompes et de tubes souterrains en fonte, qui relient les râperies à la sucrerie, on envoie à celle-ci le jus sucré, après l'avoir tamisé, pour enlever la pulpe folle qui pourrait se déposer dans les tubes et les obstruer. Le lait de chaux a pour but d'empêcher l'altération que le jus sucré pourrait subir dans le transport.

Ce système présente de réels avantages : 1° il laisse la pulpe à la portée des cultivateurs, qui l'emploient pour nourrir les bestiaux; 2° il évite les longs transports de betteraves, qui sont coûteux, toujours difficiles à l'époque de la fabrication et qui dégradent singulièrement les routes; 3° il permet de répartir les frais de combustible employé à l'évaporation des jus sur une plus grande masse de liquide et, par suite, de diminuer les pertes de chaleur.

556. Carbonatation et filtration. — C'est du jus sucré fabriqué dans les *râperies* qu'on extrait le sucre, lorsque ce jus arrive à l'usine centrale. Mais comme la betterave est d'une composition complexe, le jus renferme, indépendamment du sucre, un grand nombre de substances étrangères, qu'il faut d'abord séparer. Ces substances sont des acides, des matières gommeuses, de l'albumine, des matières grasses, etc. Pour en opérer la séparation, on procède à une double opération, qu'on appelle la *double carbonatation*.

Le jus qui arrive des râperies ne contient, en général, que de 1 à 2 pour 100 de lait de chaux. Arrivé à l'usine,

Fig. 187. — Cuve à carbonater.

il est envoyé dans les chaudières de carbonatation. Ce sont de grandes caisses en tôle, montées sur un plancher (fig. 187); elles peuvent être chauffées par un serpentin S, parcouru par de la vapeur et peuvent recevoir un courant de gaz carbonique amené, au fond, par un tube *t* percé de trous. A son arrivée dans la chaudière, le jus est mélangé à du lait de chaux, de manière à atteindre la teneur de 5 volumes de lait de chaux pour 100 de jus sucré. On chauffe le liquide à l'aide du ser-

pentin de vapeur, puis on fait arriver le courant de gaz
carbonique, dont les bulles s'élèvent en bouillonnant
dans la masse sucrée. Pendant cette opération, il se
forme d'abondantes écumes, formées par les matières
étrangères, que la chaux précipite, et par le carbonate
de calcium, pulvérulent et insoluble, que le gaz carbonique forme avec la chaux ajoutée au liquide sucré. Pour
éviter que les écumes ne se prennent en masse à la surface, un agitateur à palettes les remue constamment.

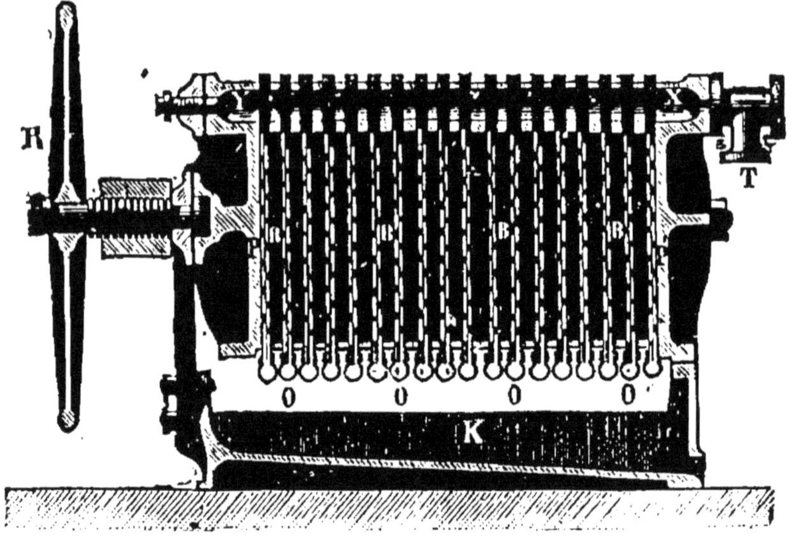

Fig. 188. — Filtre-presse.

Lorsque le traitement a duré assez longtemps, ce dont
l'ouvrier juge par un essai chimique très simple que
nous ne décrirons pas, on vide la chaudière par une
ouverture située à la partie la plus déclive du fond et
l'on envoie la masse boueuse dans un appareil appelé
monte-jus qui, par une pression d'air comprimé, l'envoie
aux appareils de filtration.

En ce moment le liquide se compose d'une dissolution
de sucre renfermant encore un peu de chaux et mélangé
aux écumes produites par la carbonatation. Il faut le
séparer de ces écumes; pour cela, on l'envoie aux
filtres-presses, que représente la figure 188, et qui se

composent de grandes caisses, dans lesquelles sont sus·
pendus verticalement des cadres métalliques, entourés
de toiles et serrés l'un contre l'autre par une vis R, tout
en laissant entre eux un intervalle vide. Le liquide sucré
arrive par T dans le tube XY, tombe
par les trous S (fig. 189) dans les intervalles B laissés entre les cadres, passe
à travers les toiles et laisse les boues
et écumes dans les intervalles; le liquide
filtré s'écoule par le bas, en O, dans un
réservoir K.

Les boues forment alors une espèce
de galette solide, qui retient du jus sucré. On fait traverser le filtre par un
courant d'eau pure, qui dissout le sucre,
et produit un sirop destiné à rentrer
dans la fabrication. Après lavage, les
filtres sont démontés, les galettes ex-
traites et vendues comme engrais.

Le jus sucré, après filtration, contient
encore de la chaux et des matières étrangères solubles; on lui fait subir une nouvelle carbonatation, une nouvelle filtration à travers des cadres garnis de toile
et suspendus dans des caisses fermées.
Il est prêt pour l'évaporation et ne constitue plus qu'une dissolution ou sirop de
sucre, dont il s'agit d'extraire le sucre.

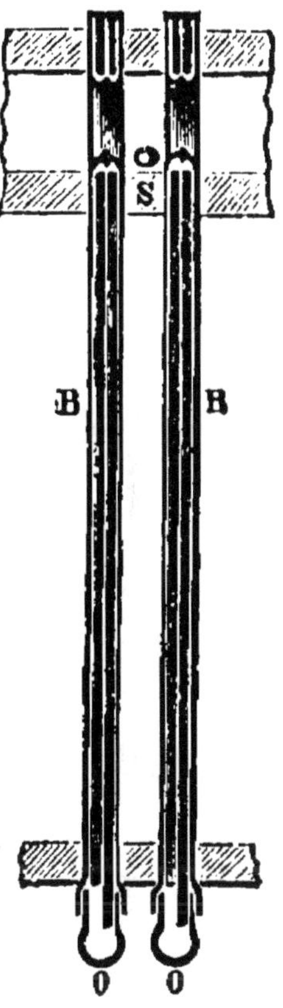

Fig. 189. — Élément
d'un filtre-presse.

557. Évaporation. — Il faut d'abord évaporer le
sirop et l'amener à un degré de concentration tel qu'il
laisse cristalliser le sucre. Mais, comme le sucre pourrait s'altérer sous l'influence de la chaleur, il est important d'évaporer le sirop à une température aussi basse
que possible; on a imaginé pour cela de faire le vide
dans les chaudières d'évaporation : la diminution de
pression permet au liquide de bouillir à une température
peu élevée.

Les fabricants de sucre se servent pour cela d'appareils de formes diverses, parmi lesquels nous citerons ceux de Cail et Cie comme donnant de très bons résultats.

Ils se composent de trois chaudières A, B, C, (fig. 190), dans lesquelles on fait le vide, à l'aide de pompes à air, et qui présentent, à leur partie inférieure, des tubes verticaux, destinés à recevoir le liquide sucré;

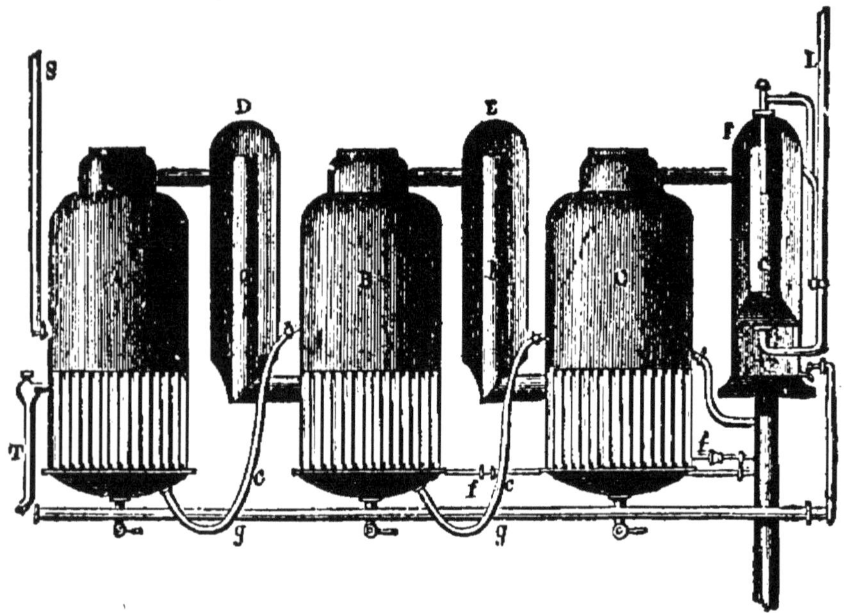

Fig. 190. — Appareil à triple effet pour l'évaporation des sirops.

autour de ces tubes circule de la vapeur qui les échauffe. Le sirop est amené d'abord dans la chaudière A; autour des tubes de cette chaudière circule la vapeur, qui a servi aux machines motrices de l'usine : le liquide sucré s'échauffe, entre en ébullition et la vapeur qu'il forme va circuler autour des tubes de la seconde chaudière, après avoir passé dans un appareil D, où elle laisse les gouttelettes de sirop entraînées mécaniquement. La vapeur produite dans la seconde chaudière, par l'évaporation du sirop, va réchauffer les tubes de la troisième; enfin celle que donnent les sirops de C est condensée dans un appareil F, où arrive de l'eau froide. Cette condensation augmente le vide de la chaudière C; aussi la pression va-t-elle en diminuant de A en C, et le point d'ébullition va-t-il aussi en s'abaissant. Les sirops évaporés dans la première chaudière passent dans la seconde, et de celle-ci dans la troisième, où ils sont amenés au degré de concentration voulu.

On voit l'économie que réalisent de semblables appareils, puisqu'ils utilisent la vapeur des machines motrices, et aussi celle que produit l'évaporation des sirops.

558. **Cuite du sucre.** — Lorsque le liquide sucré est arrivé à un degré de concentration suffisant, il est filtré de nouveau sur du noir et envoyé à l'appareil à cuire. Cet appareil se compose d'une grande chaudière (fig. 191), dans laquelle on peut faire le vide et qui est chauffée à l'aide d'un courant de vapeur, circulant dans un serpentin. Lorsque le sirop est assez cuit, ce qu'on voit à travers une fenêtre vitrée que porte la chaudière, on laisse entrer l'air et l'on fait écouler la masse sucrée et pâteuse, qui est appelée *masse cuite*, dans de grandes cuves de refroidissement, où elle se solidifie. Le sucre se présente alors sous forme de petits grains ou cristaux d'un brun assez foncé. Cette couleur est due au mélange du sucre blanc avec des mélasses et des produits de qualité inférieure.

Pour opérer la séparation du sucre blanc, on se sert d'appareils appelés *toupies* ou *turbines*. Ils se composent d'une enveloppe cylindrique de fonte FF (fig 192), dont le fond porte un pivot sur lequel peut tourner, avec une très grande vitesse, une tige verticale qui entraîne avec elle dans sa rotation une espèce de panier B,B, dont les parois sont percées d'un grand nombre de trous.

On rend la liquidité à la masse cuite en y ajoutant un peu de sirop et on l'envoie dans le panier: on met l'appareil en mouvement : pendant la rotation, il se développe une force, dite *force centrifuge*, qui tend à porter loin de l'axe les matières que renferme le vase percé de trous ; le sucre se trouve appliqué contre les parois, les grains solides ne peuvent passer à travers les trous, mais la partie liquide de la masse cuite passe dans l'intervalle situé entre le panier et l'enveloppe cylin-

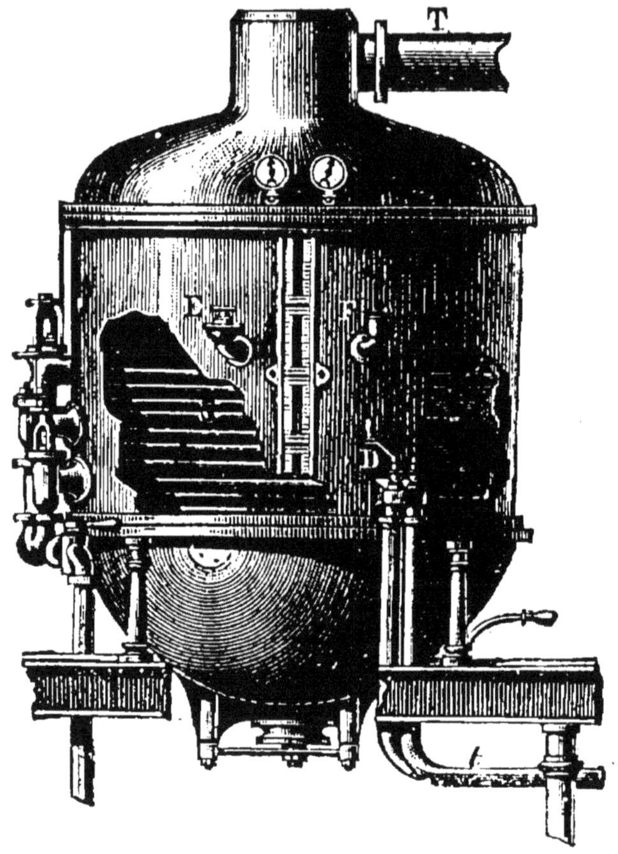

Fig. 191. — Chaudière à cuire dans le vide.

drique et s'écoule au dehors par le tube *f*. Dans l'espace de huit à dix minutes, la matière brune est éliminée et le sucre se présente sous forme de petits grains blancs, qui constituent le *sucre blanc indigène*. On arrête la turbine ; l'ouvrier, à l'aide de mannettes en cuivre, y puise le sucre qui est mis en sac. C'est du sucre de *premier jet*.

Quant à la partie liquide sortie de la turbine, elle est

cuite de nouveau dans le vide et envoyée dans de grands
bassins en tôle, placés dans des greniers, chauffés à 30°.
On l'y abandonne pendant un temps plus ou moins
long; elle y cristallise. On la turbine de nouveau et l'on
a des sucres de *second jet*,
moins blancs que les premiers.
La partie liquide qui sort des
turbines est traitée de la même
manière. Le turbinage en extrait du sucre de *troisième jet*.
Enfin la partie liquide est vendue sous le nom de *mélasses*
aux distilleries, qui en extraient
de l'alcool, après fermentation.

La chaux et le gaz carbo-
nique, employés dans la fabrication du sucre, sont obtenus

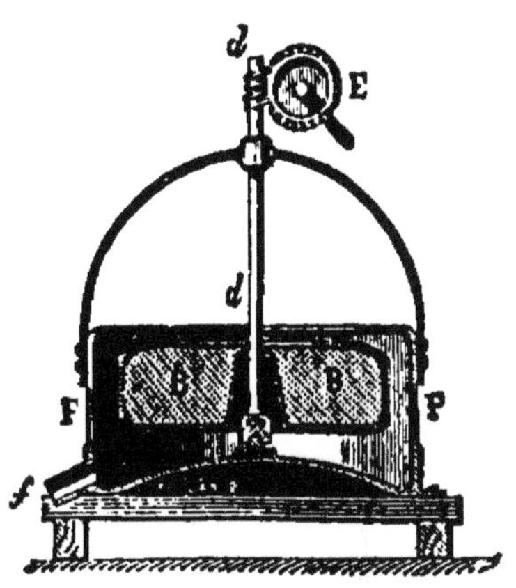

Fig. 192. — Turbine à sucre.

dans l'usine même. On se sert pour cela de pierre calcaire, ou carbonate de calcium, qu'on chauffe à une température suffisamment élevée dans un four à chaux : le
carbonate se décompose et le gaz carbonique, qui se
dégage, est aspiré par des pompes chargées de le refouler
dans des réservoirs, d'où il sera envoyé dans les chaudières à carbonater.

559. Extraction du sucre de canne. — Le
sucre de canne s'extrait de la canne à sucre. La tige est
coupée près de la racine et l'on en extrait un jus sucré
qu'on soumet à un traitement analogue à celui que nous
venons de décrire.

RAFFINAGE DU SUCRE

560. Le sucre brut extrait des betteraves et le sucre
brut de canne, qui nous arrive des colonies, contiennent
un certain nombre de corps étrangers, qui existaient
dans le suc de la plante elle-même, ou ont dû y être
ajoutés, comme la chaux, pendant la fabrication. Le

raffinage a pour but d'éliminer ces matières étrangères. Cette industrie se pratique dans des usines spéciales, qu'on appelle *raffineries*. Elle est concentrée surtout à Paris dans un petit nombre d'établissements. En province, Marseille et Nantes sont les centres les plus importants du raffinage du sucre.

Les matières étrangères qu'on trouve dans le sucre brut sont de l'eau, des matières colorantes, des principes gommeux, des détritus de matières organiques et une partie des sels solubles minéraux de potassium, de sodium, etc., que la plante avait empruntés au sol et qui sont restés dans le jus pendant la fabrication. Les sucres bruts de canne sont, en général, acides; ceux de betterave alcalins, par la présence d'une certaine quantité de chaux, que la fabrication n'a pas séparée. Aussi les mélange-t-on souvent en raffinerie, pour corriger l'acidité des uns par l'alcalinité des autres. Les opérations principales par lesquelles le raffineur se débarrasse des matières étrangères sont le *turbinage*, la *clarification*, la *filtration*, la *cuite* et le *clairçage*.

1° *Turbinage, fonte et clarification.* — Si le sucre est suffisamment pur, on le dissout dans l'eau sans autre traitement préalable : sinon, on le passe à la turbine, en y ajoutant une certaine quantité de sirop, qui pendant la rotation de l'appareil le blanchit. Cette opération est la même que celle que nous avons décrite précédemment.

Le sucre blanc, ou blanchi par l'action des turbines, est dissous dans l'eau chaude, que contient une chaudière chauffée à la vapeur. C'est ce qu'on appelle la *fonte*; quand la dissolution est assez chaude, on ajoute du noir animal fin et du sang; puis, à l'aide d'un monte-jus, on fait passer le liquide dans une chaudière à clarifier. Pour nous rendre compte de ce qui se passe dans cette chaudière, il faut remarquer que le sang contient de l'albumine, et que le noir animal, qui provient de la calcination des os en vase clos, est un mélange de charbon, de phosphate de calcium et de carbonate de calcium, mélange qui a la propriété d'absorber les matières colorantes du sirop et une partie des sels qu'il contient en dissolution. Dans la chaudière, l'albumine du sang se coagule et forme plus tard, dans les filtres, une espèce de réseau qui emprisonne dans ses mailles le noir fin et l'entraîne à la surface, à mesure qu'il remplit son rôle décolorant et épurateur.

2° *Filtration ou décoloration.* — Quand le liquide est arrivé à 100 degrés environ, on vide la chaudière pour envoyer son contenu dans des filtres de natures diverses. Ce sont, soit des filtres Taylor, composés de sacs de toile suspendus dans des caisses, et alors la filtration s'opère de dedans en dehors, les écumes restant dans les sacs; soit des filtres analogues à ceux qui sont employés dans les sucreries et composés de cadres métalliques entourés de toile : alors la filtration se fait de dehors en dedans et les écumes restent sur la surface extérieure des toiles.

A la sortie de ces filtres, le sirop, déjà très épuré, est envoyé sur des filtres à noir en grains, destinés à parfaire la décoloration et l'épuration. Ce sont des colonnes de 10 à 12 mètres de hauteur et remplies de noir. Quand le filtre est monté à neuf, il reçoit d'abord un sirop très pur appelé *clairce*, qui servira plus tard. Puis il reçoit des sirops de plus en plus impurs et colorés. Le passage sur les filtres donne un sirop peu coloré et propre à être cuit.

3° *Cuite à cristallisation et réchauffage.* — Il reste à faire cristalliser le sirop. S'il était pur, il suffirait de l'évaporer suffisamment et de l'abandonner à un refroidissement lent : le sucre cristalliserait. Mais tel n'est pas le cas. La cristallisation par refroidissement donnerait des cristaux plus ou moins isolés, et l'on veut que le sucre se présente sous forme d'une masse dense et compacte. De plus les masses cuites ne sont jamais d'un blanc parfait et l'on doit y laisser une quantité d'eau suffisante pour retenir et entraîner, en s'écoulant, les matières étrangères. Aussi l'opération qui va suivre est-elle l'une des plus importantes de l'industrie du raffinage.

Le sirop sortant des colonnes à noir est envoyé dans des appareils à cuire dans le vide, semblables à ceux des sucreries. On y fait la cuite en grains et l'on nourrit le grain par des arrivées successives de nouveau sirop. Plus la dissolution sucrée est pure, moins le cuiseur lui laisse d'eau à la cuite, *plus la cuite est serrée*. Si la dissolution est moins pure, le cuiseur laisse plus d'eau et fait une cuite *plus légère*.

Les masses cuites sont envoyées dans de grandes chaudières, chauffées par un double fond à vapeur : on les y réchauffe, pour qu'elles ne se refroidissent pas trop pendant la coulée en formes.

4° *Emplissage des formes et opalage.* — Après le réchauffage, la masse est versée dans des formes coniques en terre cuite ou, plus souvent, en tôle galvanisée. Les formes sont placées le sommet en bas et portent à ce sommet un petit trou, bouché par un tampon de linge appelé *tape* ou *tapette*. Ces formes sont disposées dans de grands greniers, chauffés à 35 degrés au moins. Quelque temps après le remplissage, on voit se former à la surface du pain une croûte cristalline, qu'il est nécessaire de briser en brassant la masse avec un couteau de bois, à deux reprises différentes, sans quoi la cristallisation serait irrégulière. C'est ce qu'on appelle *opaler* ou *mouver*.

5° *Égouttage et clairçage.* — Au bout de huit à dix heures, lorsque la cristallisation est faite, on porte les pains dans des greniers, où on les dispose sur un *lit de pains*, ou plancher percé de trous qui reçoivent les formes, dont on a débouché le trou inférieur en enlevant la tapette et en y passant une alène. Les sirops, qui imprègnent le pain, s'égouttent et sont reçus dans une rigole métallique qui les ramène à la fabrication générale. Cet égouttage ne donne encore que des sucres plus ou moins colorés, parce que le sirop n'a pu s'écouler de lui-même. Il faut procéder à l'opération du *clairçage*, qui consiste à verser sur la base du pain des sirops de plus en plus purs ; ces sirops en s'infiltrant de haut en bas dans le pain déplacent le sirop coloré qui imprègne le sucre. On continue jusqu'à ce que le sirop qui s'écoule soit aussi pur que celui qui a été versé sur la base du pain.

6° *Égouttage forcé.* — Pour forcer les dernières traces de sirop à s'écouler, on place les formes sur des tubulures coniques, garnies de rondelles de caoutchouc, et disposées verticalement sur un tube horizontal, mis en communication avec une pompe à air aspirante. Cette pompe fait le vide dans le tube : la pression atmosphérique appuie la forme sur la rondelle en caoutchouc, qui fait joint et, d'autre part, force les dernières traces de clairce à s'écouler. Cet appareil est appelé *sucette*.

7° *Plamotage et lochage.* — Quand les pains sont complètement égouttés, on en nettoie la base soit à la main avec un couteau, soit avec une machine spéciale, de manière à bien aplanir cette base. C'est l'opération du *plamotage*. Puis on *loche* les pains en frappant la forme sur un billot de bois, de manière à en détacher la masse sucrée, qu'on reçoit sur la main.

8° *Étuvage et habillage.* — Le sucre ainsi extrait des formes est humide et friable. Pour lui donner la consistance nécessaire, on le place, pendant six à dix jours, dans des étuves, sur des cloisons horizontales. Ces étuves sont entretenues à une température de 50 à 55 degrés par un courant d'air chaud, circulant de bas en haut.

A la sortie des étuves, les pains sont portés dans un magasin chauffé, où ils sont triés, puis mis en papier. C'est l'*habillage* des pains.

Les sirops provenant des différentes phases de la fabrication, turbinage, clairçage, sont classés d'après leur pureté. Les meilleurs sont recuits à nouveau comme dans les sucreries, puis mis à cristalliser. Ils sont ensuite turbinés : le sucre en grains, que produit ce turbinage, est redissous et rentre dans la fabrication. Les sirops moins purs sont vendus comme mélasses.

Le noir animal, qui a servi à la décoloration, est revivifié; on le soumet à une fermentation, à des lavages à l'acide chlorhydrique étendu et à l'eau. Il est ensuite séché, puis calciné.

On fabrique aujourd'hui d'assez grandes quantités de sucre en *tablettes*. Ces tablettes sont prismatiques et se prêtent mieux au sciage mécanique que le sucre en pains. La matière sucrée est coulée dans des moules prismatiques, qu'on soumet à l'essorage dans des turbines à force centrifuge, pour débarrasser le sucre de l'excès de sirop.

561. **Expériences simples.** — Faire chauffer doucement du sucre ordinaire dans un tube à essais. Le sucre fond d'abord et, si on le faisait cristalliser par refroidissement, on obtiendrait du *sucre d'orge*. Si l'on continue de chauffer, la masse devient brune et répand une odeur caractéristique; le sucre s'est transformé en *caramel*. Enfin sous l'action prolongée de la chaleur, le sucre perd la totalité de son hydrogène et de son oxygène et il ne reste plus, dans le tube, qu'un dépôt de charbon.

CHAPITRE IX

Amidon. — Féoules. — Farines. — Panification.

Amidon. — Fécule
Formule : $C^6H^{10}O^5$.

562. On rencontre, en abondance, dans les organes
d'un grand nombre de végétaux une substance *neutre*, la
matière amylacée. Elle existe plus particulièrement dans
les graines des céréales (blé, orge, seigle); dans celles
des légumineuses (fèves, haricots, pois, lentilles); dans
les tubercules de la pomme de terre, de la patate, des
ignames, dans les racines de la carotte, de la gui-
mauve, etc.

La matière amylacée qu'on retire du blé et des
graines des légumineuses s'appelle *amidon*; celle qu'on
extrait de la pomme de terre et de divers tubercules
porte le nom de *fécule*.

La composition de la matière amylacée correspond à
la formule $C^6H^{10}O^5$. Cette composition reste la même,
quelle que soit la source d'où provienne cette substance.
La différence de provenance ne s'accuse que dans la
forme et dans les caractères physiques.

Tous les grains de matière amylacée, examinés au
microscope, constituent de petites sphères, ou ovoïdes
plus ou moins réguliers, qui présentent un petit point

noir ou tache appelée *hile*. Les dimensions de ces grains varient avec leur provenance, mais ils sont toujours formés de couches concentriques solidifiées, représentant, en quelque sorte, des sacs emboîtés les uns dans les autres. On rend cette structure évidente en chauffant de la fécule jusqu'à 200°, en l'imbibant d'eau et en l'examinant au microscope. La figure 193 représente l'aspect qu'on observe.

La matière amylacée est blanche, insipide, insoluble dans l'eau froide. Lorsqu'on la chauffe jusqu'à 60°, au contact de l'eau, les grains crèvent et se prennent en une masse gélatineuse, qu'on appelle *empois*; mais l'amidon ne se dissout pas, quelle que soit l'apparence de limpidité qu'on donne à la liqueur en l'étendant d'eau. A l'ébullition, l'amidon mis en présence d'une grande quantité d'eau passe, en partie, à l'état d'amidon soluble.

Fig. 193. — Grain d'amidon dans lequel les enveloppes se sont séparées.

On peut préparer l'amidon soluble en chauffant 400 grammes d'amidon avec 2 litres d'une solution sulfurique au cinquantième, jusqu'à dissolution complète.

Les solutions de potasse ou de soude transforment aussi la fécule ou l'amidon en empois. Chauffé à 200°, l'amidon sec se transforme, sans changer de composition, en une substance gommeuse et soluble, qu'on appelle *dextrine*. Cette substance ne bleuit pas au contact de l'iode, tandis que l'amidon prend une belle teinte bleue. Toutefois, la coloration n'a lieu qu'autant qu'il est humide ou à l'état d'empois. Les acides transforment aussi l'amidon en dextrine et, lorsque leur action se prolonge, la dextrine se transforme elle-même en *glucose*.

EXTRACTION DE L'AMIDON

563. 1º Par la fermentation. — On fait un mélange de blé concassé et de 3 à 4 fois son volume d'eau additionnée de 12 à 15 centièmes d'une eau dite *eau sûre*, et provenant d'une opération précédente. On abandonne le tout à la fermentation, pendant un temps qui varie de quinze à trente jours, suivant la saison. Pendant cette fermentation, la matière azotée du blé, le gluten, se dissout et se décompose; il se produit des acides lactique, acétique, carbonique, sulfhydrique, etc.; mais les grains d'amidon restent intacts. On reconnaît que la fermentation est complète lorsque le grain s'écrase facilement sous les doigts et se sépare de son enveloppe corticale.

Il n'y a plus alors qu'à effectuer la séparation d'une manière complète. C'est ce qui se fait en jetant la matière amylacée sur des tamis qui peuvent

Fig. 104. — Tamis avec manivelle pour l'extraction de l'amidon.

contenir 20 à 30 litres; ils sont munis de toiles métalliques, dont la finesse varie, et d'une manivelle M (fig. 104), qui sert à faire tourner un axe sur lequel sont fixées des palettes horizontales S, S'. Ces palettes frottent directement sur la matière que porte la toile métallique, l'écrasent et séparent l'amidon du son. Cette séparation se fait au milieu de l'eau qu'on a ajoutée, et ce liquide passant à travers la toile métallique entraîne les granules d'amidon, tandis que les matières étrangères, le son, restent sur le tamis.

Cette opération ne donne pas encore un produit d'une pureté suffisante. Aussi l'amidon est-il lavé plusieurs fois, égoutté d'abord sur la toile, puis sur une aire en plâtre. La dessiccation est achevée dans une étuve, où, par suite du retrait qu'occasionne la chaleur, l'amidon

se divise en aiguilles prismatiques assez régulières.
Cette forme est une garantie de la pureté de l'amidon,
car on ne peut l'obtenir avec la fécule.

Ce procédé est insalubre, à cause des gaz qui se dégagent pendant la fermentation : il a de plus l'inconvénient
de détruire le gluten du blé, mais il peut être employé
pour les farines avariées, d'où il n'est plus possible
d'extraire cette substance.

564. 2° **Par le malaxage de la pâte de farine.**
— On fait une pâte avec 2 parties de farine et 1 partie

Fig. 193. — Appareil pour l'extraction de l'amidon.

d'eau; l'eau entraîne l'amidon, et le gluten reste. Ce
pétrissage de la pâte, qui se fait à la main dans les laboratoires, lorsqu'on veut préparer de petites quantités
d'amidon, s'exécute, dans l'industrie, avec une machine
appelée *amidonnière*.

Cet appareil se compose de deux parties entièrement
symétriques; chacune d'elles représente une caisse
allongée B (fig. 195), dont le fond est hémi-cylindrique;
une portion de la surface du demi-cylindre est formée

par une toile métallique. Dans l'intérieur de chaque
caisse est disposé un cylindre cannelé en bois C, qui
peut rouler, sur le fond de l'appareil et sur la toile
métallique, d'un mouvement alternatif demi-circulaire
qu'il reçoit d'une manivelle M. Au-dessous des caisses
sont des auges prismatiques. La pâte de farine est
déposée par fractions sur le fond de l'amidonnière, où
elle est malaxée par le cylindre C, sous un filet d'eau
continu qu'amène le tuyau T. L'eau entraîne les grains
d'amidon à travers la toile métallique et se rend, par
des tuyaux de décharge, dans le réservoir R. Le gluten
de la farine reste sur la toile métallique. L'amidon ainsi
préparé n'est pas suffisamment pur; il contient quelques
parcelles de gluten, entraînées à travers les toiles métalliques. On l'en débarrasse par une fermentation, qui
dure moins longtemps que dans le procédé précédent,
et on le soumet ensuite aux opérations que nous avons
décrites (lavage, égouttage, etc.).

Ce procédé a l'avantage d'être plus salubre que le
précédent, puisqu'il évite la plus grande partie de la
fermentation, d'isoler et de conserver intact le gluten,
qui trouve aujourd'hui un débouché important dans la
fabrication des pâtes alimentaires; mais il exige l'emploi
de farines de bonne qualité et ne permet pas d'opérer
avec des farines avariées, dont le gluten ne pourrait
se réunir.

EXTRACTION DE LA FÉCULE

565. Jusqu'à la fin du dix-huitième siècle, les céréales
ont été employées exclusivement à la fabrication de la
matière amylacée. C'est seulement vers les premières
années du dix-neuvième que l'extraction de la fécule de
pomme de terre est devenue l'objet d'une industrie
sérieuse; depuis cette époque elle a pris une très grande
importance.

Les pommes de terre doivent d'abord être débarras-

sées de la terre et des pierres qu'elles peuvent contenir.
Pour cela, on les met dans une trémie T (fig. 106), d'où
elles passent dans un cylindre A à claire-voie, formé de
lames en bois, montées sur un châssis en fer et tournant
avec une vitesse de 24 tours par minute. Ce cylindre
plonge à moitié dans l'eau que renferme l'auge M ; il est
muni intérieurement d'une espèce de vis, appelée *coli-*

Fig. 106. — Appareil pour nettoyer et râper les pommes de terre.

maçon, qui, tournant en sens inverse, fait frotter les
pommes de terre les unes contre les autres et contre la
claire-voie du cylindre; ce frottement les débarrasse de
la terre. La vis les conduit ensuite, par l'intermédiaire
d'un plan incliné, dans une caisse P, appelée *épierreur*,
au fond de laquelle se meut une fourche formée de griffes
très espacées. Cette fourche ramasse les tubercules et
les jette sur le plan incliné L, tandis que les pierres les
plus petites retombent entre les intervalles qui séparent

es griffes. Du plan incliné L, les tubercules tombent
dans la *râpe* ou *cylindre dévorateur*, qui est enfermé
dans la boîte R. Cette râpe se compose d'un cylindre
armé, parallèlement à son axe de rotation, de petites
lames de scie qui déchirent la pomme de terre.

La pulpe déchirée, ou *gâchis*, tombe dans un caniveau,
d'où un jet d'eau S la chasse pour la pousser dans le

Fig. 197. — Appareil pour la fabrication de la fécule.

réservoir commun F, où la pompe G la prend pour la
porter au tamis.

L'opération du tamisage a pour but d'effectuer la
séparation de la fécule et de la pellicule qui l'enveloppe.

Elle s'exécute sur des tamis en toile métallique TT'
(fig. 197), qui peuvent tourner dans les auges en fonte
L, L'. Un intervalle de quelques centimètres reste libre
entre la toile métallique et le fond de l'auge. La pulpe
arrive dans l'intérieur d'un premier tamis T, où elle se
trouve soumise au mouvement de rotation du cylindre,
à l'action d'un filet d'eau et à celle de brosses fines tournant en sens inverse du cylindre.

La séparation de la fécule et des pellicules s'opère : la fécule passe avec l'eau à travers la toile métallique; la pulpe, à peu près épuisée, se rend par un caniveau C dans un réservoir commun H, où elle sera reprise pour être passée de nouveau aux tamis et y abandonner les dernières parties de fécule qu'elle renferme. Quant à l'eau chargée de fécule, elle passe dans un second tamis T', dont la toile métallique est plus fine et peut retenir les parcelles de pulpe qui avaient échappé au premier tamis T. Quelquefois un troisième et un quatrième tamis sont disposés à la suite des deux premiers.

Au sortir des tamis, l'eau coule sur des plans inclinés P, P', placés l'un au-dessus de l'autre, suivant une étendue assez grande, et y dépose la fécule. Celle-ci est reprise à la pelle, et, pour la débarrasser des matières terreuses qu'elle contient encore, on la met dans de grands cuviers pleins d'eau, où elle forme dépôt; enfin on la soumet à des lavages. Elle est ensuite égouttée, séchée d'abord à l'air, puis dans une étuve à air chaud.

566. Usages des matières amylacées. — L'amidon du blé sert d'une manière presque exclusive à la confection de l'empois, employé pour apprêter le linge blanchi.

La fécule est utilisée dans l'alimentation; elle sert au collage des papiers à la cuve, à la fabrication des sirops de fécule; la teinture et l'impression des tissus l'emploient pour certains apprêts et pour épaissir les couleurs. Elle sert à la préparation de la dextrine, qui est elle-même employée pour les apprêts des tissus, pour parer les fils de chaîne destinés au tissage des étoffes, pour la fabrication des étiquettes gommées et celle des bandes agglutinatives employées par la chirurgie à consolider la réduction des fractures.

Rappelons qu'une grande partie des alcools d'industrie se prépare en transformant la matière amylacée en glucose, à laquelle on fait subir la fermentation alcoolique.

PANIFICATION

567. Farines. — On appelle *farine* le produit de la mouture de diverses graines, débarrassées des parties corticales par le tamisage. Ces parties corticales constituent le *son*, qui entraîne toujours avec lui une certaine quantité des éléments constitutifs de la farine.

La farine employée de préférence dans la fabrication du pain est la farine de froment. Les farines d'orge et de seigle sont moins estimées; mais on les mélange avec la farine de froment pour la fabrication du pain de qualité inférieure. Ce mélange prend le nom de *méteil*.

Les farines de céréales se composent d'amidon, d'une matière azotée, le gluten, de glucose, de dextrine et d'eau. Le gluten et l'amidon peuvent s'extraire facilement par le procédé suivant. On fait une pâte avec de l'eau et de la farine, et on la malaxe à la main, sous un filet d'eau continu; l'amidon se sépare du gluten, est entraîné par le courant d'eau et, au bout d'un certain temps, on n'a plus dans la main qu'une substance molle, élastique, qui est le gluten.

568. Fabrication du pain. — On appelle *pain* une pâte de farine de blé, pétrie avec soin, mise à fermenter pendant quelque temps et cuite au four. Le *levain* est un ferment qu'on ajoute à la pâte pour provoquer chez elle une fermentation, qui donne naissance à du gaz carbonique et à de l'alcool. Le dégagement du gaz augmente le volume de la pâte en y produisant de nombreuses cellules, dont la capacité augmente encore par la cuisson, qui détermine la dilatation des bulles de gaz et la production de vapeurs. Le gonflement est d'autant plus grand, et, par suite, le pain d'autant plus léger, que la farine contient plus de gluten. Le pouvoir nutritif du pain augmente d'ailleurs avec la quantité de gluten contenu dans la farine.

Le levain employé peut être de la levure de bière,

mais il ne faut pas le mettre en trop fortes proportions, car cette substance donne au pain une saveur désagréable ; elle a aussi l'inconvénient de s'altérer avec une grande rapidité, et c'est seulement dans les lieux à portée des brasseries qu'on peut s'en servir avec un véritable avantage. La levure de bière est souvent remplacée par un levain qu'on prépare en prélevant une portion de la pâte, à la fin de chaque opération. Abandonnée dans un endroit chaud, cette portion fermente et devient un véritable ferment, capable de provoquer la fermentation de la pâte dans laquelle on la mettra.

. 569. Voyons comment on fait le pain. A chaque opération, le boulanger verse dans le pétrin, espèce de coffre en bois de chêne, le levain gardé d'un précédent pétrissage, et ajoute la quantité d'eau nécessaire. Il divise le levain avec les mains, puis introduit dans la masse liquide la quantité de farine destinée à la fabrication de la pâte' et en fait un mélange homogène. Cette opération s'appelle la *frase*. Elle est suivie de la *contrefrase*, qui consiste à retourner la pâte de droite à gauche et de gauche à droite, à la soulever et à la laisser retomber ensuite, de manière à y introduire de l'air. Ce travail de la pâte a pour effet de faire un mélange très homogène, de bien répartir l'eau dans la masse, de lui permettre d'hydrater l'amidon, d'en faire crever les grains, d'hydrater le gluten et de dissoudre le sucre et les autres matières solubles.

570. Depuis un certain nombre d'années, le pétrissage mécanique tend à se substituer au pétrissage à bras, sur lequel il présente des avantages incontestables, sous le rapport de l'hygiène, de la propreté et de la régularité du travail. Le pétrin Boland, le seul que nous décrirons, se compose (fig. 198) d'un demi-cylindre CC, dans lequel se meut, sous l'influence de la vapeur ou de tout autre moteur, un système de lames de fer D, D, tournées en spirales et disposées de sorte que leurs différentes parties en tournant soulèvent, allongent, et élèvent la pâte et la

déplacent avec lenteur, ce qui est préférable à un mouvement rapide qui la déchire.

571. Lorsque le pétrissage est terminé, soit à bras, soit mécaniquement, on *tourne* la pâte, c'est-à-dire qu'on la divise en *pâtons*, qui sont pesés et placés dans des corbeilles garnies de toile saupoudrée de farine : ces corbeilles sont disposées en avant du four, pour que le pain y soit soumis à une température convenable. Dans ces circonstances la fermentation se produit : une partie de la dextrine que renferme la farine, est transformée

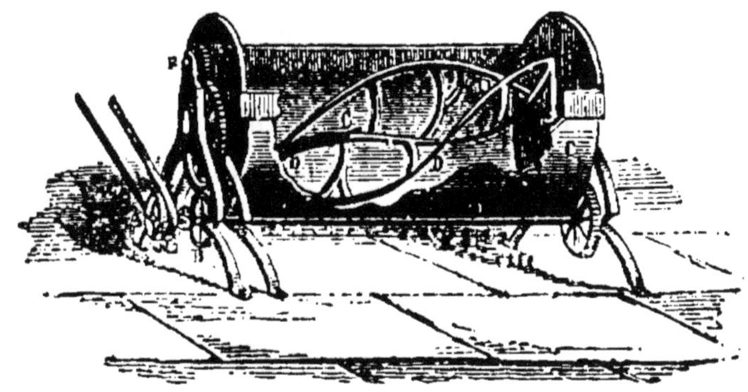

Fig. 198. — Pétrin Boland.

en glucose sous l'influence du gluten, et cette glucose, se joignant à celle que contient déjà la pâte, subit, sous l'action du levain, la fermentation alcoolique qui la transforme en alcool et en gaz carbonique. Les pâtons se gonflent sous l'influence des gaz et des vapeurs produites; c'est à ce moment de l'opération qu'il faut surveiller le phénomène et avoir assez d'expérience pour ne pas laisser faire trop de progrès à la fermentation qui, d'alcoolique qu'elle est d'abord, deviendrait acétique; or, l'acide acétique liquéfiant le gluten, la masse perdrait sa ténacité, les gaz s'échapperaient, et, la pâte s'affaissant, la panification serait manquée.

572. Lorsque les pâtons sont convenablement levés, il n'y a plus qu'à les cuire. Pour cela, ils sont introduits dans un four chauffé à l'avance, et ils y restent environ trente-cinq à soixante minutes, suivant leur grosseur.

L'enfournement s'opère avec une pelle à long manche, saupoudrée de petit son.

Les fours ont une forme elliptique; la sole est plane et la voûte, très surbaissée, est percée de plusieurs ouvertures, qui communiquent avec la cheminée principale. On les chauffe en y brûlant des fagots de bois sec. Lorsque la température intérieure est de 290° à 300°, on enlève la braise, on balaye la sole et l'on enfourne.

573. Depuis quelques années on emploie, surtout dans les grandes villes, des fours qui présentent de grands avantages au point de vue de la propreté, de l'économie du combustible et de la régularité de la cuisson. Ces fours, appelés *aérothermes*, ont un foyer extérieur et ont la forme d'un moufle, autour duquel circulent la flamme et les produits de la combustion de la houille ou du coke. La sole est située au milieu du four et peut tourner sur un axe vertical, de manière à venir successivement présenter ses différentes parties devant la porte. Grâce à cette disposition, l'enfournement et le défournement sont très faciles.

574. Le pain bien cuit doit présenter les caractères suivants : être ferme, avoir une couleur d'un jaune doré, une odeur agréable et aromatique, et résonner quand on frappe le dessous avec les doigts.

575. M. Mège-Mouriès est parvenu à obtenir du pain blanc et de bon goût avec la farine contenant encore du son, et à supprimer par conséquent le pain bis. Le procédé employé, et que nous ne décrirons pas, repose sur ce fait que la coloration du pain bis est due, non à la présence de son très fin, comme on le croyait généralement, mais à l'action sur les farines d'une substance, appelée *céréaline*, qui n'existe que sur la partie corticale du blé. On arrive, par quelques modifications apportées dans la mouture et dans la fabrication du pain, à annihiler ce principe colorant.

576. Expériences simples. — Ajouter un peu d'eau à de la farine, de façon à en faire une pâte. Malaxer cette pâte dans la main, sous un filet d'eau ; l'eau passe toute blanche et laisse déposer l'*amidon* qu'elle a entraîné. La substance grisâtre et élastique qui reste dans la main est du *gluten*.

Rappeler ou renouveler l'expérience indiquée au n° 429, qui permet d'extraire la fécule d'une pomme de terre râpée.

Chauffer de l'amidon avec de l'eau : l'amidon se transforme en empois.

Mettre dans un verre une petite quantité d'empois ainsi préparé ; étendre d'eau ; ajouter une goutte de teinture d'iode et agiter : le mélange devient bleu.

Transformer de l'amidon en glucose, en chauffant dans un ballon un peu d'amidon avec de l'eau légèrement acidulée avec de l'acide sulfurique. Au commencement de l'opération, prélever une petite quantité du mélange et l'additionner d'une goutte de teinture d'iode : la coloration bleue apparaît immédiatement. Au bout d'une demi-heure d'ébullition, si l'on renouvelle la même expérience, il n'y a plus de coloration bleue, ce qui indique que la transformation est opérée.

CHAPITRE X

Cellulose. — Papier.

CELLULOSE
Formule : $C^{24}H^{40}O^{20}$.

577. Les tissus des végétaux sont constitués, en grande partie, par des principes isomériques et insolubles, correspondant à des multiples de $C^6H^{10}O^5$. Ces divers principes jouissent de propriétés analogues, mais ne sont pas identiques. Traités à plusieurs reprises par les alcalis et les acides, ils sont ramenés à l'état d'une substance blanche, qu'on appelle *cellulose* et dont la formule est $C^{24}H^{40}O^{20}$, c'est-à-dire $(C^6H^{10}O^5)^n$, dans laquelle $n = 4$.

Les jeunes cellules végétales, la moelle de sureau, le vieux linge et le papier non collé sont constitués par de la cellulose presque pure.

578. **Propriétés de la cellulose.** — La cellulose est solide, blanche, translucide, insoluble dans l'eau, l'alcool, l'éther, les acides et alcalis étendus. Sa densité est 1,45. Un seul liquide la dissout, c'est le réactif de Schweizer, ou solution ammoniacale d'oxyde de cuivre. Elle est précipitée de cette solution par l'eau et les acides étendus. La chaleur la décompose au-dessus de 100°.

Mise en contact, pendant peu de temps, avec l'acide sulfurique, qu'on enlève aussitôt par des lavages, elle acquiert des propriétés analogues à celles de l'amidon : elle gonfle dans l'eau et bleuit en présence de l'iode.

Le papier non collé, trempé dans l'acide sulfurique étendu de la moitié d'eau, puis lavé, acquiert des propriétés nouvelles de cohérence, devient à demi translucide et constitue le parchemin végétal.

L'action prolongée des acides étendus transforme la cellulose en dextrine et en glucose.

L'action de l'acide nitrique concentré la transforme en acide oxalique.

Plongée dans un mélange d'acide azotique et d'acide sulfurique, elle peut se transformer en trois substances différentes, parmi lesquelles se trouve le *coton-poudre*, ou *fulmi-coton*, substance explosible $(C^{24}H^{20}O^{10})(AzO^3H)^{10}$. Pour préparer le coton-poudre, on plonge du coton cardé et bien lessivé dans un mélange formé de 5 volumes d'acide sulfurique concentré et de 3 volumes d'acide azotique fumant; après une immersion de cinq minutes, on le lave à grande eau et on le fait sécher à une douce chaleur. On obtient une substance qui, conservant l'aspect du coton, est rugueuse au toucher, et s'enflamme à 120 degrés. Le coton-poudre brûle en se transformant complètement en gaz. La facilité avec laquelle il s'enflamme et ses facultés explosives l'ont fait considérer comme pouvant remplacer la poudre; mais on y a renoncé, à cause de son prix élevé et de ses effets brisants sur les armes, qu'il fatigue plus que la poudre ordinaire.

Le coton-poudre est soluble dans un mélange d'éther et d'alcool; il forme un liquide sirupeux, qu'on appelle *collodion*. Ce liquide, étendu en couche mince sur un corps solide, y forme, par l'évaporation de l'éther et de l'alcool, une pellicule imperméable très adhérente. Il est employé, en chirurgie, pour préserver les plaies du contact de l'air.

579. Usages. — La cellulose sert à fabriquer les cordes, les fils, les tissus de lin, de chanvre, de coton, les papiers ordinaires, le parchemin végétal.

580. Celluloïd. — On désigne sous le nom de *celluloïd* un mélange de fulmi-coton, de camphre et d'alcool.

On fabrique le fulmi-coton en traitant du papier ou du coton par un mélange d'acide azotique et d'acide sulfurique. Le produit obtenu est lavé et blanchi par l'action soit de chlorures décolorants, soit de permanganate de potassium.

On broie ensuite le fulmi-coton dans un moulin à meules métalliques, où il est mélangé au camphre. Puis on soumet plusieurs fois la matière à l'action de presses; on réduit en morceaux qu'on fait macérer dans l'alcool ou dans un mélange d'alcool et d'un carbure d'hydrogène liquide, appelé *toluène*. C'est dans ce mélange qu'on ajoute les matières colorantes, lorsque le celluloïd doit être coloré. Puis on lamine le mélange et l'on obtient des plaques qui servent à la confection d'un grand nombre d'objets. Le celluloïd se travaille comme le bois, l'ivoire, l'os et l'écaille (manches de couteaux, peignes, bijoux imitant le corail, etc.); en ajoutant de l'huile de ricin à la pâte, on obtient du celluloïd souple, qui sert à la confection d'objets de lingerie, faux-cols, manchettes, plastrons, etc. Ces objets sont connus sous le nom de *linge américain*.

Le celluloïd se ramollit de 80° à 90° et peut être moulé. Il est très inflammable.

581. Principes ligneux. — On nomme *principes ligneux* les principes constitutifs des cellules et des fibres végétales. Ils n'offrent pas les propriétés complètes de la cellulose : ils sont insolubles dans le réactif de Schweizer. Ils ne deviennent solubles dans ce réactif qu'après avoir bouilli longtemps dans l'eau et les acides étendus. Ce sont probablement des corps plus condensés que la cellulose, transformables en cellulose par l'action de l'eau et des acides étendus bouillants.

582. Matières incrustantes des bois. — Les tissus végétaux ne sont pas seulement constitués par les principes ligneux. On rencontre, en outre, dans les cellules du bois, des matières incrustantes plus riches en carbone, plus pauvres en hydrogène et qu'on a souvent désignées sous le nom de *ligneux*.

Le bois contient une certaine quantité d'azote et de sels minéraux qui forment, après la combustion, les cendres du bois. Ces cendres sont composées de carbonate, de sulfate et de phosphate de potassium et de sodium, de carbonate et de phosphate de calcium, de silice et d'oxyde de fer. Le bois chauffé en présence de l'air commence à s'altérer vers 150°. Sa décomposition devient plus profonde à mesure que la température s'élève; les produits gazeux s'enflamment, brûlent, il ne reste bientôt plus que de la cendre.

Le bois est plus dense que l'eau; s'il flotte à la surface de ce liquide, c'est à cause de l'air qu'il contient dans ses pores.

583. Causes d'altération et conservation des bois. — Exposé aux influences atmosphériques, le bois éprouve une espèce de combustion lente, qui le transforme en une matière brune, qu'on appelle *terreau* ou *humus*. Cette matière, plus riche en carbone que le bois, est susceptible de céder aux alcalis une substance soluble, brune, qu'on appelle *acide ulmique*.

Le bois est encore exposé à l'action destructive qu'exercent sur lui certains insectes ou certains mollusques, qui, trouvant leur nourriture dans la matière azotée du bois, le perforent, détruisent sa solidité et finissent par le faire tomber en poussière.

La peinture, dont on recouvre les boiseries, les préserve de ces causes d'altération; mais ce moyen, qui ne peut être employé dans tous les cas, est moins efficace que ceux qui consistent à faire pénétrer dans le tissu ligneux des agents très divers, tels que le goudron, la créosote, les dissolutions de sulfate de cuivre et de sulfate de zinc, etc. Les propriétés antiseptiques du goudron et de la créosote ne sont pas bien expliquées. Le sulfate de cuivre et le sulfate de zinc ont un mode d'action plus connu : ils décomposent les principes azotés des tissus organiques et les transforment en produits imputrescibles ; ils empêchent, en outre, les insectes d'attaquer le bois.

Les moyens employés pour faire pénétrer la substance conservatrice sont assez différents les uns des autres. Ils consistent à faire pénétrer les matières liquides employées, soit par immersion, soit par pression, soit en utilisant la force d'aspiration de la sève, quand l'arbre est encore sur pied.

Papier

584. Le papier peut être considéré comme formé par l'entrecroisement de fibres végétales formées par de la cellulose presque pure. Les chiffons ou les substances filamenteuses végétales mises hors d'usage sont les matières premières avec lesquelles on fabrique le papier.

Les deux principales phases de la fabrication du papier sont la préparation de la pâte et la conversion de celle-ci en papier.

La pâte de chiffons (nous comprenons sous ce nom seulement celle qui provient des chiffons proprement dits, neufs ou vieux, des déchets de filature, des filets hors de service, des vieux cordages, etc.) se prépare de la manière suivante :

La première opération consiste dans le *triage*, souvent fait par le marchand de chiffons lui-même ; puis vient le *délissage*, qui consiste à séparer les coutures et les parties les plus dures à attaquer de celles qui s'attaquent plus facilement. Le délissage se fait à la main par un ouvrier qui, assis devant un long couteau vertical, prend les chiffons un à un, et en sépare, à l'aide de ce couteau, les parties difficiles à attaquer par les agents chimiques.

Les chiffons délissés et assortis sont soumis aux opérations du *lessivage*, de l'*effilochage* et du *blanchiment*.

Le lessivage se fait en soumettant les chiffons à l'action d'une lessive de soude ou de chaux, chauffée à la vapeur dans des appareils rotatifs, qui sont soit de grands cylindres en tôle rivée, tournant autour de leur axe, soit de grandes sphères en tôle rivée, tournant autour d'un de leurs diamètres.

L'*effilochage*, ou *défilage*, a pour effet de réduire les chiffons en fibrilles et d'en faire une pâte homogène. Cette opération se faisait autrefois dans des mortiers où le chiffon était battu par des pilons, mais on l'exécute aujourd'hui à l'aide de machines inventées au XVIII° siècle par les Hollandais, et qu'on nomme *piles* ou *cylindres*. Elles se composent essentiellement d'un grand bac, dans lequel se meut, avec une vitesse de 180 tours par minute, un cylindre horizontal, armé de lames métalliques; ces lames rencontrent, dans leur rotation, des lames fixes, implantées sur une pièce appelée *platine* et située au fond du bac. Les chiffons, jetés dans l'appareil, sont entraînés par le cylindre et déchirés entre ses lames et celles de la platine. La matière, lavée par un courant d'eau, est déposée par lui sur un plan incliné, à l'état de pâte homogène. La ténuité des fragments sera d'autant plus grande que l'intervalle du cylindre et de la platine sera plus petit; on fait varier la grandeur de cet intervalle en agissant sur une manivelle, qui permet d'élever et d'abaisser l'axe de rotation du cylindre. Au bout de deux heures environ, l'opération est achevée et la pâte ou *défilé* est soumise au blanchiment.

Autrefois ce blanchiment s'exécutait à l'air, sur le pré : aujourd'hui on se sert du chlorure de chaux, qu'on dissout dans l'eau. La dissolution est versée dans des appareils dont la disposition rappelle celle des piles défileuses; le cylindre à lames est remplacé par une roue à

palettes, qui remue la pâte qu'on a versée dans le liquide.
Un courant de gaz carbonique, lancé dans l'appareil,
décompose le chlorure et donne lieu au dégagement de
chlore, qui détruit la matière colorante. Dans certains
cas, cet appareil est remplacé par des chambres où
sont disposées des tablettes, sur lesquelles est placé
le défilé, et où l'on fait circuler un courant de chlore
gazeux.

On a aussi employé un procédé de blanchiment élec-
tro-chimique, qui consiste à soumettre à l'action de courants électriques une dissolution de chlorure de magnésium. Le chlorure se décompose, en donnant lieu à des
produits chlorés, qui blanchissent la matière mêlée à la
dissolution et, par suite de réactions secondaires, régénèrent le chlorure.

La pâte une fois blanchie, il faut la transformer en
papier. Cette transformation se fait *soit à la main*, par
par un procédé dit *à la forme*, très peu employé aujour-
d'hui, soit *à la machine*.

C'est à Essonne que Robert eut, en 1799, la première
idée de la machine dont nous allons décrire le principe;
mais c'est en Angleterre qu'elle fut construite au commencement du XIX° siècle. Cette machine est parvenue à
une telle perfection, que la pâte arrive en bouillie à
l'une des extrémités et sort, à l'autre extrémité, à l'état
de feuille séchée et rognée à la grandeur voulue.

La pâte tombe en bouillie sur une toile métallique
sans fin, qui l'entraîne avec elle et qui est animée, dans
le sens transversal, d'un mouvement de va-et-vient destiné à la répartir uniformément et à la faire égoutter.
Sur cette toile la feuille prend déjà une certaine consistance; en la quittant, elle passe d'abord entre deux
cylindres garnis de feutre, qui lui enlèvent une grande
partie de son eau, puis sur une série de cylindres chauds
et polis, qui achèvent de la dessécher et font disparaître
les inégalités de la surface. Le papier sort fabriqué de
la machine, deux minutes après que la pâte a été versée

sur la toile métallique, et forme un immense rouleau qu'on découpe en feuilles.

585. On fabrique des quantités considérables de papier avec de la pâte de bois. On transforme le bois en pâte, qu'on obtient soit par des procédés mécaniques, soit par des procédés chimiques, que nous ne décrirons pas.

586. **Expériences simples.** — Préparer ainsi du coton-poudre : faire un mélange de 5 volumes d'acide sulfurique et de 3 volumes d'acide azotique monohydraté; y plonger pendant 5 à 10 minutes du coton cardé. Enlever ensuite ce coton avec une pince ou deux baguettes de verre; le laver à grande eau et le laisser sécher.

Mettre sur une assiette un peu de coton-poudre bien sec et de coton ordinaire; enflammer les deux corps et faire constater la différence dans la rapidité de la combustion.

Préparer du collodion, en plongeant du coton-poudre, préparé comme il vient d'être expliqué, dans un mélange de 9 parties d'alcool et de 1 partie d'éther et agiter. *On ne doit jamais manier l'éther et le collodion auprès d'une flamme.*

CHAPITRE XI

Notions sur les principales matières albuminoïdes.
Principales matières alimentaires.

Albumine et matières congénères
(caséine, fibrine, gluten)

587. On désigne sous le nom de *matières albuminoïdes* des principes azotés qui constituent la masse principale de nos tissus. Ce sont des composés très complexes, fixes, incristallisables, fort altérables par les réactifs; les uns sont insolubles, les autres solubles; mais ceux-ci deviennent insolubles par l'action de la chaleur et des acides, qui en déterminent la coagulation. Telles sont l'albumine, la fibrine, la caséine, l'osséine, la chondrine, la glutine, la syntonine (produit de la transformation du blanc d'œuf cuit, sous l'influence des acides). Ce sont, comme les corps gras, des mélanges de principes immédiats fort voisins.

588. **Albumine.** — L'albumine est un corps visqueux, filant, qui mousse par l'agitation et se dissout dans l'eau froide. Les acides la coagulent à froid; les sels métalliques forment avec elle des combinaisons insolubles, où elle joue le rôle d'un acide. L'albumine se coagule, lorsqu'on l'expose à l'action de la chaleur; une température de 60° à 75° la transforme en une masse

solide, blanche, opaque et insoluble dans l'eau. C'est ce qui se passe dans la cuisson d'un œuf, le blanc d'œuf étant surtout formé d'eau et d'albumine.

La propriété qu'a l'albumine de se coaguler est utilisée pour la clarification des liqueurs troublées par des matières en suspension, telles que les dissolutions sucrées. Si l'on verse dans ces liquides bouillants une certaine quantité d'albumine, celle-ci se coagule et forme une espèce de réseau, qui emprisonne, entre ses mailles, les matières en suspension et les entraîne à la surface, sous forme d'écume.

L'albumine sert aussi, à froid, au collage des vins, à la clarification des vinaigres et des liqueurs de table : la coagulation s'opère alors sous l'influence de l'alcool ou des acides que renferment ces liquides.

589. **Fibrine.** — La fibrine, de même composition chimique que l'albumine, est un corps solide, blanc, inodore et insipide ; molle et élastique à l'état ordinaire, elle devient dure et cassante par la dessiccation. Elle est insoluble dans l'eau et dans l'alcool, soluble, à l'aide d'une douce chaleur, dans les dissolutions faiblement alcalines. Une température de 200° la décompose : elle donne lieu, par sa décomposition, à beaucoup de carbonate d'ammoniaque. Elle existe dans le sang et dans la chair des animaux. On peut isoler la fibrine du sang en battant, avec un petit balai, le sang encore chaud ; la fibrine s'attache aux branches, sous forme de filaments blanchâtres, qu'on purifie par des lavages à l'eau, à l'alcool et à l'éther.

La fibre musculaire et la fibrine du sang ont été pendant longtemps considérées comme deux corps identiques ; mais on les distingue maintenant l'une de l'autre, et l'on désigne la fibrine des muscles sous le nom de *musculine*. La musculine se dissout immédiatement dans l'eau contenant 1/10 d'acide chlorhydrique, tandis que la fibrine du sang s'y gonfle et y devient gélatineuse, sans se dissoudre. Ces deux substances jouissent d'un pouvoir nutritif différent : celui de la musculine est plus grand que celui de la fibrine du sang.

590. Caséine. — La caséine se précipite en grumeaux blancs, floconneux, lorsqu'on traite le lait par un acide. L'acide lactique, qui se produit par la fermentation du lait, provoque la coagulation de la caséine. Ces grumeaux lavés à l'eau, à l'alcool et à l'éther fournissent la *caséine pure*. Elle paraît avoir la même composition que l'albumine. La caséine constitue la partie la plus nutritive du lait.

591. Gluten. — Le gluten est une matière albuminoïde, qui se trouve dans la farine et communique au pain sa valeur nutritive, au point de vue de l'azote. Nous en avons parlé à propos de la panification.

592. Gélatine. — Lorsqu'on attaque les os par l'acide chlorhydrique, la partie minérale, composée principalement de phosphate et de carbonate de calcium, se dissout, et, quand, au bout de dix jours, l'action de l'acide est terminée, il reste la matière organique, masse molle et élastique, nommée *osséine*, que l'action de l'eau bouillante peut transformer en *gélatine*. C'est ainsi qu'on fabrique la colle d'os.

La gélatine est une matière tout à fait neutre, soluble, incolore et transparente, sans odeur ni saveur, cassante quand elle est sèche, mais flexible et très tenace quand elle est un peu humide. Dans l'eau froide, elle se gonfle, augmente de poids, et ne se dissout pas sensiblement; l'eau bouillante ne la dissout que lorsqu'on l'a préalablement fait gonfler dans l'eau froide. La solution dans l'eau bouillante se prend, par le refroidissement, en une gelée transparente.

593. Colles. — Les différentes colles, dont se sert l'industrie, ne sont pas toujours faites avec les os. La peau, les tendons, les cartilages des animaux peuvent aussi fournir, par l'action de l'eau, des colles de diverses espèces. La *colle de poisson* n'est autre chose que la membrane interne de la vessie natatoire de plusieurs espèces d'esturgeons, très communs dans la Volga et autres fleuves qui se jettent dans la mer Noire et dans la mer Caspienne.

La *colle de Flandre* est une espèce de gélatine, qu'on obtient en faisant bouillir des rognures de peau, de parchemin, des peaux d'anguilles, de chevaux, de chats, de lapins, etc.

La *colle forte* est préparée avec des matières plus communes, telles que les os, les peaux, les tendons, les pieds de bœufs, les oreilles de moutons, de veaux, de chevaux, les débris de bourrellerie, etc.

594. Colle forte liquide. — On prépare une colle forte qui reste toujours liquide en dissolvant, au bain-marie, de la gélatine transparente dans un poids égal de vinaigre très fort, un quart d'alcool et une petite quantité d'alun. Cette colle sert aux fabricants de fausses perles, qui réunissent avec elle des fragments d'os, de corne, d'écaille, de nacre.

On peut, par le procédé suivant, rendre incorruptible la dissolution de colle forte. On dissout, au bain-marie, dans un litre d'eau, 1 kilogramme de colle forte, dite de Givet ou mieux de Cologne. On verse peu à peu dans la dissolution 200 grammes d'acide azotique à 36°, puis on laisse refroidir. Cette colle liquide se conserve indéfiniment.

PRINCIPALES MATIÈRES ALIMENTAIRES

595. Œufs. — Les œufs des oiseaux sont souvent employés comme aliments pour l'homme. L'œuf de la poule se compose de quatre parties distinctes :

1° D'une coquille, formée principalement de carbonate de calcium, qui se trouve uni par une matière animale à du phosphate de calcium, à du carbonate de magnésium et à de l'oxyde de fer ; 2° d'une membrane collée à la surface intérieure de la coquille ; 3° du *blanc*, formé par des cellules à parois lâches et transparentes, pleines d'un liquide glaireux; ce liquide se compose principalement d'eau et d'albumine; 4° du *jaune*, matière de consistance épaisse, renfermant de l'eau, une substance azotée appelée *vitelline*, des corps gras et des matières colorantes rouges et jaunes. Le blanc et le jaune renferment aussi une petite quantité de sels minéraux.

596. Lait. — Le *lait* est un liquide sécrété par les glandes mammaires des femelles des animaux *mammifères*. Il sert à la nourriture de leurs petits et constitue un aliment précieux et *complet*, c'est-à-dire contenant tous les principes nécessaires à la nutrition.

Le lait de vache est celui qui est généralement employé dans l'alimentation.

Le lait est un liquide opaque, blanc, tirant sur le jaune; sa saveur est douce et légèrement sucrée. Sa densité est plus grande que celle de l'eau. Abandonné à lui-même, le lait se sépare en deux couches distinctes : la couche supérieure, qu'on appelle *crème*, est jaunâtre, onctueuse et épaisse; elle est constituée par de petits globules, ordinairement en suspension dans le lait et qui renferment une matière grasse; la couche inférieure est bleuâtre, plus dense et moins consistante : c'est ce qu'on appelle le lait *écrémé*.

Le lait écrémé contient en dissolution de la *caséine*, du sucre de lait, et divers sels minéraux. Lorsqu'on chauffe le lait écrémé à une température de 40° à 50°, et qu'on y ajoute de la présure, c'est-à-dire de la membrane interne de l'estomac du veau, la caséine se sépare sous forme d'un coagulum blanc, opaque et solide, et le liquide restant, qu'on appelle *sérum* ou *petit-lait*, est transparent et jaune. La coagulation de la caséine peut aussi être déterminée par les acides.

Le sucre de lait, que contient le sérum, peut se transformer en *acide lactique*, sous l'influence d'un ferment que Pasteur a découvert et qu'on nomme *ferment lactique*.

Quelquefois, pendant les chaleurs de l'été, ou par un temps orageux, le lait *tourne* en bouillant, c'est-à-dire que la caséine se coagule et se sépare du petit-lait. Cet inconvénient est dû à la formation de l'acide lactique, qui détermine la coagulation de la caséine. Il peut être évité par l'addition d'un peu de bicarbonate de sodium, à raison de 1 p. 1000. Ce sel sature l'acide, au fur et à mesure qu'il se forme, et s'oppose à son action sur la caséine.

597. Beurre. — Le beurre est constitué par la matière grasse que renferment les globules du lait. Par le battage de la crème, on déchire la membrane qui forme l'enveloppe des globules, et la matière grasse se réunit en une masse qui constitue le beurre. Le battage de la crème se fait à l'aide d'instruments appelés *barattes*. Il y en a plusieurs sortes.

La baratte ordinaire (fig. 199), est un vase en bois, qu'on peut fermer avec une rondelle plate AA, percée d'un trou assez grand pour permettre à un bâton BB d'y glisser avec facilité. Ce bâton porte sa partie inférieure

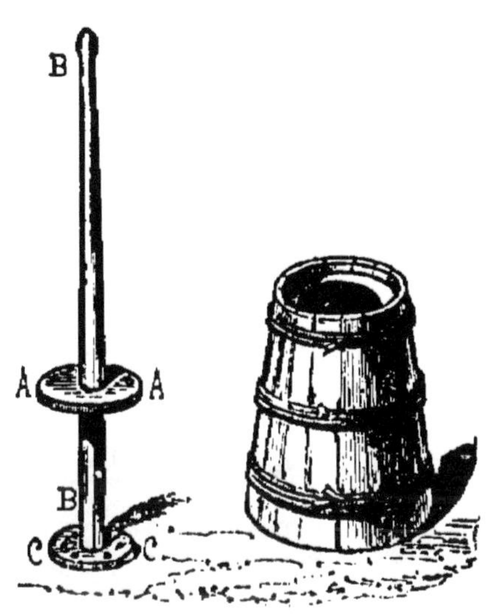

Fig. 199. — Baratte ordinaire.

un disque de bois, percé de trous destinés à diviser la crème et à donner passage au lait de beurre. La crème est introduite dans la baratte, et, par un mouvement alternatif communiqué au bâton, elle est battue jusqu'à formation du beurre.

En Normandie, la baratte employée est un tonneau (fig. 200), qui peut tourner autour d'un axe horizontal, et porte à l'intérieur, de distance en distance, des planchettes telles que B, B, attachées à des douves opposées du baril. La crème est introduite dans la baratte, et, dans le mouvement de rotation imprimé à celle-ci, la crème se trouve battue contre les planchettes. Le *petit-*

Fig. 200. — Baratte normande.

lait baratté ou *babeurre* sort par l'ouverture *e* et le beurre est retiré par l'ouverture *c*.

Dans les Pyrénées, la baratte est un baril cylindrique (fig. 201), dans l'axe duquel on fait tourner un moulinet à ailes.

Lorsque le beurre est fait, on enlève le lait et on lave le beurre, à plusieurs reprises, dans la baratte elle-même avec de l'eau très fraîche; après ce premier lavage,

Fig. 201. — Baratte des Pyrénées.

le beurre est extrait et plongé dans l'eau froide, où on le pétrit en masses plus ou moins grosses.

Le beurre se conserve d'autant mieux qu'il contient moins de lait de beurre, car ce liquide favorise le développement des ferments.

598. Fromages. — On désigne sous le nom de *fro-*

mage des produits obtenus par la coagulation du lait de divers mammifères.

La fabrication du fromage peut se résumer en quelques mots. Le lait, tantôt pur, tantôt écrémé, est porté à 30° environ, et l'on y ajoute de la présure. La coagulation est complète au bout de deux heures. On divise le caillé en fragments pour le séparer du petit-lait; il se rassemble au fond du vase, et on le ramasse dans une étamine. Lorsqu'il est égoutté, on le soumet à la presse. Quelquefois on échaude le fromage ainsi formé en le mettant, pendant deux heures, dans du petit-lait chaud ou dans de l'eau chaude; il est ensuite remis sous la presse. L'action de la chaleur donne plus de densité à la croûte. On procède ensuite à la salaison, en plongeant le fromage entouré de linge dans une forte saumure, ou bien en le recouvrant de sel. Quand la salaison est terminée, au bout de dix jours environ, on lave la surface des fromages à l'eau chaude ou avec du petit-lait chaud, et on les place sur une planche où on les laisse sécher. Quand ils sont secs, on les porte à la cave, où ils restent plus ou moins longtemps, pour y subir une espèce de fermentation, dont dépend le goût propre à chacun d'eux.

En employant du lait de différentes espèces, en ajoutant certains aromates ou certaines matières colorantes, et en faisant varier les conditions de la fermentation, on obtient une quarantaine de variétés de fromages, qu'on peut diviser en quatre catégories :

1° Les fromages *cuits*, de pâte plus ou moins dure et pressée, tels que le fromage de Gruyère, qui se fait en Suisse, dans les Vosges, l'Ain et le Jura; le fromage de Parmesan, qui se fabrique dans le Milanais;

2° Les fromages *crus* à la pâte ferme, tels que les fromages d'Auvergne; le chester, coloré avec du rocou; le fromage de Hollande; le fromage de Roquefort, fait avec un mélange de lait de chèvre et de lait de brebis;

3° Les fromages *mous salés*, tels que les fromages de

Brie, de Maroilles, le fromage du Mont-Dore fait avec du lait de chèvre;

4° Les fromages *mous et frais*, tels que le fromage de Neufchâtel.

599. **Sang.** — Le sang est un liquide nourricier qui circule dans les vaisseaux des animaux et sert à leur nutrition. Il est rouge chez les animaux supérieurs.

Le sang est composé d'une partie aqueuse et transparente, contenant en dissolution deux principes importants, l'albumine et la fibrine, et des globules extrêmement petits, que la figure 202 représente vus au microscope.

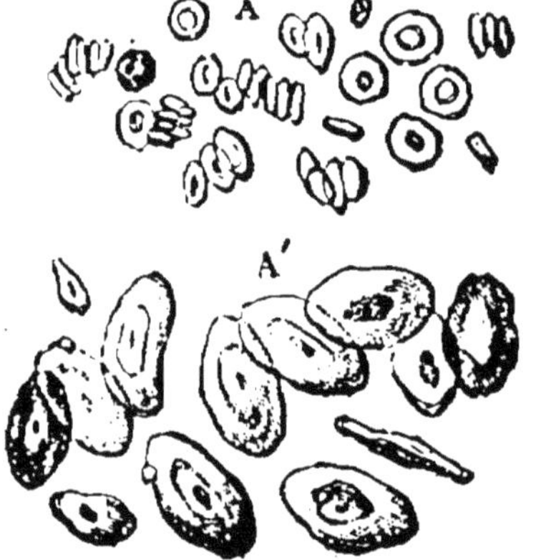

Fig. 202. — Globules du sang. A, globules du sang humain; A', globules du sang d'oiseaux, de reptiles, de batraciens.

En A sont des globules de sang humain, grossis quatre cent fois en diamètre; en A' sont des globules du sang des oiseaux, des reptiles et des batraciens.

Les globules colorés du sang sont formés d'une partie incolore, et d'*hémoglobine* rouge, appelée aussi *hémato-cristalline*. Cette dernière matière se présente sous des formes qui varient suivant les espèces d'animaux. L'hémoglobine se combine avec l'oxygène et forme avec lui l'*oxyhémoglobine* : c'est ce qui arrive dans le sang. L'oxyde de carbone peut se combiner à l'hémoglobine et empêcher son oxydation; de là vient l'action toxique de ce gaz.

Lorsque le sang sorti des vaisseaux est abandonné à lui-même, il se coagule rapidement, parce que la fibrine passe de l'état soluble à l'état insoluble, et se précipite en emprisonnant les globules, avec lesquels elle forme une masse gélatineuse appelée *caillot*. Le liquide au milieu duquel flotte ce caillot est transparent et légèrement alcalin; on le nomme *sérum*. Il contient encore l'albumine en dissolution.

L'analyse suivante du sang veineux de l'homme donnera une idée de la proportion d'après laquelle sont répartis les principes essentiels de ce liquide :

Eau.	780,0
Globules.	140,0
Albumine	69,0
Fibrine	2,2
Matières salines et grasses.	8,8
	1000,0

600. Chair des animaux ou muscles. — Les muscles, qui sont attachés sur les os des animaux et donnent à ceux-ci la facilité de se mouvoir, grâce aux contractions qu'ils peuvent éprouver sous l'influence de la volonté, sont connus sous le nom de *chair* ou *viande*. La structure des muscles est assez complexe : outre les fibres qui en sont l'élément principal, on y rencontre du tissu cellulaire, du tissu adipeux, des vaisseaux sanguins, des vaisseaux lymphatiques, des nerfs et un certain nombre de substances organiques, telles que la *créatine*, principe neutre découvert par Chevreul; la *créatinine*, alcaloïde qui provient de la créatine : l'*inosine*, matière sucrée non fermentescible, et l'acide *inosique*, doué d'un goût de bouillon très agréable. Ces quatre substances sont solubles dans l'eau.

Les chairs *rouges*, telles que celles du mouton et du bœuf, les chairs *noires*, telles que celles du lièvre, du daim, du chevreuil et des oiseaux sauvages, sont plus riches en musculine, en corpuscules sanguins, en matières sapides et odorantes que les chairs blanches des jeunes animaux, comme le veau, l'agneau et le chevreau; celles-ci sont plus aqueuses et moins digestives.

Cherchons à nous rendre compte des phénomènes qui se passent dans la préparation du *bouillon* ou *pot-au-feu*. Mise en contact avec l'eau froide, la viande lui cède une partie de l'albumine qu'elle renferme, des matières extractives, une partie des sels et la matière colorante du sang qui l'imprègne ; aussi l'eau prend-elle une coloration rougeâtre. Lorsqu'on porte le liquide à l'ébullition, l'albumine et la matière colorante du sang se coagulent et viennent former, à la surface, des flocons qu'on enlève sous le nom d'*écume*. En même temps, la graisse fond et forme des *yeux* à la surface du bouillon : le tissu cellulaire de la viande, modifié par l'action de l'eau bouillante, cède de la gélatine au bouillon. Quand la viande a séjourné dans l'eau pendant six à sept heures, à une température voisine de l'ébullition, elle ne retient presque plus de substances solubles, mais seulement des parties graisseuses, gélatineuses et albumineuses, qui restent entre les fibres et les attendrissent par leur interposition. Si le *bouilli* ne conservait pas ces parties, il serait très dur, par suite du durcissement que la cuisson fait éprouver à la fibrine.

Il est important, dans la préparation du bouillon, d'employer de l'eau froide, dont on élève graduellement la température ; car, lorsqu'on met la viande dans l'eau bouillante, l'albumine et la matière colorante du sang se coagulent immédiatement dans l'intérieur de la viande et s'opposent à l'action dissolvante de l'eau.

En résumé, le bouillon renferme de la gélatine, de l'albumine, des principes volatils qui résultent d'une légère altération de la viande, des sels, du chlorure de sodium, et enfin les substances solubles que fournissent les légumes ajoutés ordinairement au *pot-au-feu*.

La viande qui a servi à la préparation du bouillon a perdu une grande partie de ses propriétés nutritives. Les chiens, qui peuvent vivre en mangeant de la viande fraîche, meurent au bout de quelques mois, s'ils sont exclusivement nourris avec de la viande cuite dans l'eau. La viande rôtie est plus nutritive, parce que la cuisson ne change pas sensiblement sa composition.

601. Expériences simples. — Chauffer dans un tube à essais du blanc d'œuf frais : la substance, d'abord liquide, ne tarde pas à se prendre en une masse blanchâtre, par suite de la coagulation de l'albumine.

Mettre du lait frais dans un verre ou dans un tube à essais. Un ou deux jours après, on constate que la crème est montée à la surface et que la caséine s'est coagulée au sein du liquide qui occupe la partie inférieure.

CHAPITRE XII

Conservation des matières alimentaires.

602. Putréfaction ou fermentation putride.
— Les substances végétales et animales, soustraites à
l'influence de la vie, s'altèrent en présence de l'air et de
l'humidité. Cette altération, qu'on désigne sous le nom
de *putréfaction* ou de *fermentation putride*, se fait avec
dégagement de gaz souvent infects. Il se produit surtout
de l'eau et du gaz carbonique, et l'azote se dégage à
l'état d'ammoniaque.

Pasteur a fait connaître les causes de la fermentation
putride. Elle est produite par l'action combinée des
ferments aérobies et *anaérobies* (464).

603. Pasteur, prenant le cas d'un liquide susceptible
d'éprouver la fermentation putride, et soustrait au contact de l'air, montre qu'il s'effectue d'abord un mouvement intérieur, dont l'effet est de faire disparaître
l'oxygène de l'air qui est en dissolution, et de le remplacer par du gaz carbonique. L'absorption de l'oxygène
est due au développement des aérobies qui, par leur
respiration, transforment ce gaz en gaz carbonique. Dès
que l'oxygène a disparu, si la liqueur renferme des
germes anaérobies, ces germes se développent, et la
putréfaction se déclare aussitôt.

Elle s'accélère peu à peu, en suivant la marche progressive du développement des anaérobies, qui transforment le liquide en produits plus simples que ceux qui entrent dans sa composition. La liqueur laisse dégager des gaz, dont la fétidité dépend de la proportion de soufre qui se trouve dans la matière en putréfaction. L'odeur est peu sensible si la substance n'est pas sulfurée. Il résulte de ce qui précède que, non seulement le contact de l'air n'est pas nécessaire au développement de la fermentation, mais que, au contraire, si l'oxygène dissous dans un liquide putrescible n'était pas d'abord soustrait par l'action des aérobies, la putréfaction n'aurait pas lieu, parce que les anaérobies ne pourraient y prendre naissance : l'oxygène ferait périr ceux qui tenteraient de s'y développer.

Examinant ensuite le cas de la putréfaction libre au contact de l'air, Pasteur démontre que, lorsque les aérobies ont absorbé l'oxygène intérieur, ils se portent à la surface du liquide, qu'ils y provoquent la formation d'une pellicule mince, qui s'épaissit peu à peu, puis tombe en lambeaux au fond du vase, pour se reformer, tomber encore, et ainsi de suite. Cette pellicule empêche la dissolution de l'oxygène dans le liquide, et permet, par conséquent, le développement des anaérobies. Le liquide putrescible se trouve alors le siège de deux genres d'actions chimiques distinctes. D'une part, les vibrions, vivant sans oxygène, transforment les matières azotées en produits plus simples, mais encore complexes; d'autre part, les infusoires ramènent ces mêmes produits à l'état des plus simples combinaisons binaires : l'eau, l'ammoniaque et le gaz carbonique.

Passant enfin à la putréfaction des matières solides, Pasteur s'exprime ainsi : « J'ai prouvé que le corps des animaux est fermé, dans les cas ordinaires, à l'introduction des germes des êtres inférieurs. Par conséquent, la putréfaction s'établira d'abord à la surface, puis elle gagnera peu à peu l'intérieur de la masse solide. En ce qui concerne un animal entier, abandonné après la mort soit au contact, soit à l'abri de l'air, toute la surface de son corps est couverte de poussières que l'air charrie, c'est-à-dire de germes d'organismes inférieurs. Son canal intestinal, là surtout où se forment les matières fécales, est rempli non seulement de germes, mais de vibrions tout développés. Les vibrions ont une grande avance sur les germes de la surface des corps. Ils sont à l'état d'individus adultes privés d'air, en voie de multiplication et de fonctionnement. C'est par eux que commencera la putréfaction des corps. »

CONSERVATION DES MATIÈRES ORGANIQUES

604. Les procédés de conservation des matières organiques ont pour objet de détruire les germes des ferments et d'empêcher leur développement.

On obtient la destruction des germes soit en cuisant les substances à conserver et en les privant d'air, soit en faisant agir sur elles des substances antiseptiques. La dessiccation des matières organiques ou l'abaissement de leur température empêche aussi le développement des germes.

605. **Cuisson et privation d'air.** — La cuisson a pour conséquence de détruire les germes des ferments, et pourrait, à elle seule, empêcher la putréfaction, si l'air ne ramenait toujours de nouveaux germes. Un grand nombre de procédés ont été employés; ils sont tous des modifications du procédé Appert.

Les aliments, préparés comme s'ils devaient être mangés immédiatement, sont introduits dans des boîtes en fer-blanc; le couvercle est soudé avec soin, et, quand il s'agit de viandes, il est muni d'une ouverture par laquelle on verse la sauce de manière à remplir la boîte : on ferme cette ouverture à l'aide d'une pièce qu'on y soude, et l'on soumet les boîtes à une température d'au moins 100°, soit en les maintenant une demi-heure environ dans de l'eau salée à 105° ou 106°, soit en les plaçant dans un milieu clos et résistant, dans lequel on fait arriver de la vapeur d'eau sous pression. L'effet de la chaleur est de détruire les germes.

Les viandes préparées par cette méthode sont encore bonnes après quinze ou vingt ans; mais elles ont une saveur particulière, qui finit par exciter la répugnance des personnes dont elles sont la nourriture habituelle. Les légumes, tels que les petits pois, les haricots, peuvent aussi se conserver dans des flacons en verre bien bouchés et chauffés ensuite à une température un peu supérieure à 100°.

Ce procédé de conservation ne s'applique ni au lait ni aux fruits mous.

606. Conservation par l'emploi de substances antiseptiques. — Certaines substances ont la propriété, en détruisant les germes, d'assurer la conservation des matières organiques : on sait que la viande fumée se conserve pendant un certain temps. Dans ce cas, l'effet est dû à certains produits, comme l'acide phénique et la créosote, qui se dégagent dans la combustion du bois et qui imprègnent la viande fumée. Le sel ou chlorure de sodium est aussi un très bon antiseptique; on y ajoute quelquefois un peu de salpêtre, ou azotate de potassium, qui communique à la viande une teinte rouge.

Salaison. — La salaison des viandes constitue une industrie importante. Le système d'abattage n'est pas indifférent; on a reconnu que l'assommage donnait les meilleurs résultats. Les animaux destinés à la salaison ne doivent jamais être soufflés, comme le font souvent les bouchers pour séparer la peau des muscles. Ils doivent être dépecés et vidés avec beaucoup de propreté. Le saleur saupoudre la viande avec du sel, et, pour mieux faire pénétrer celui-ci dans les tissus, frotte chaque pièce pendant une minute; chaque morceau passe ainsi dans la main de trois ou quatre ouvriers : le dernier les examine, écarte les gros muscles et fait pénétrer le sel dans les parties qui n'en ont pas encore reçu. Les pièces sont ensuite rangées dans de grandes cuves, où on les abandonne pendant quinze jours environ, en ayant soin d'arroser, tous les matins, avec de la saumure qu'on pompe du fond. Puis on dispose dans des tonneaux la viande et le sel par rangées alternatives.

Les légumes peuvent aussi se converver par la salaison.

L'alcool est aussi un excellent antiseptique, employé surtout pour la conservation des fruits.

Lorsqu'il s'agit de conserver des cadavres ou des pièces anatomiques, on peut faire usage d'un grand nombre d'antiseptiques : le bichlorure de mercure, l'anhydride arsénieux, le sulfate de zinc, etc. Ces corps étant très vénéneux ne sauraient convenir pour la conservation des substances alimentaires.

607. Conservation par dessiccation. — La dessiccation est un des moyens de conservation les plus anciens Elle rend impossible le développement des germes. Ce procédé consiste à découper la viande par tranches minces, qu'on fait sécher au soleil. Les produits ainsi conservés laissent beaucoup à désirer.

Cette méthode est appliquée industriellement pour la conservation des fruits (pruneaux, figues, poires tapées), pour celle des légumes.

Voici le procédé suivi pour la conservation des légumes :

Les légumes, épluchés avec soin, lavés et coupés, sont cuits complètement par la vapeur dans des appareils à haute pression, où ils subissent une température de 112° à 115°. Après la cuisson, qui est faite au bout de quelques minutes, les légumes sont rangés sur des châssis, dans des séchoirs où circule un courant d'air chaud et sec. Cet air, qui à son entrée ne marque que 5° environ à l'hygromètre et 45° au thermomètre, sort presque saturé d'eau à une température de 28° à 31°. Sous l'action du courant d'air, les légumes sont bientôt desséchés, et en sortant du séchoir ils sont secs et cassants : on les expose à l'air, pendant quelque temps, pour qu'ils y reprennent un peu de vapeur d'eau qui les rend flexibles et maniables.

Lorsque les légumes sont destinés à l'approvisionnement des navires, ils sont comprimés par des presses hydrauliques, de manière à être d'un transport plus facile. Trempés dans l'eau pendant une demi-heure, ils retrouvent leur volume primitif et peuvent être cuits comme les légumes frais.

608. Conservation par le froid. — Les substances organisées ne se putréfient pas tant qu'elles sont exposées à un froid suffisant. Le contact de la glace suffit à assurer la conservation de la viande et du poisson.

Ce procédé est employé en grand pour la conservation des viandes, qu'on place dans des chambres frigorifiques, dont on abaisse la température, soit en y faisant circuler des tuyaux constamment parcourus par une dissolution très refroidie de chlorure de magnésium ou de calcium, soit en faisant détendre, entre les cloisons qui les enveloppent, de l'air comprimé à une haute pression (procédé Popp). Quand on emploie les chlorures de calcium et de magnésium, on refroidit la dissolution au moyen de machines à ammoniaque (appareils Carré et Rouart) ou de machines à anhydride sulfureux (appareils Raoul Pictet).

La température ne doit pas être la même, suivant que la viande doit être conservée à court terme ou à longue échéance. Dans le premier cas, l'abaissement de température peut être moindre. S'il s'agit, comme dans les abattoirs des grandes villes, de conserver la viande pendant quelques jours, la température de l'entrepôt de viandes peut être de 4 à 5 degrés au-dessus de zéro. Si l'on veut conserver la viande pendant deux ou trois semaines, la température devra rester dans le voisinage de zéro. On a intérêt à se tenir au-dessous de la limite stricte, pour éviter l'influence des germes de décomposition, qui pénètrent dans les chambres lorsqu'on vient y chercher la viande.

Quand il s'agit de conserver la viande pendant des mois, il ne suffit pas de la maintenir aux températures que nous venons d'indiquer; il faut *la congeler à cœur*. Pour cela, il est nécessaire d'employer une température d'environ 15 degrés au-dessous de zéro, et le séjour dans les chambres doit être de cinquante heures environ. C'est ainsi qu'on opère en Amérique, dans les usines de la Plata, qui congèlent des quantités considérables de viande, pour les transporter ensuite, dans des wagons refroidis, sur les différents points du continent américain. Il en est de même des viandes expédiées en Europe par les établissements d'Australie; on les congèle et on les transporte sur des navires convenablement aménagés.

Lorsque la viande a été congelée à cœur, il suffit, avant de la livrer au consommateur, de la laisser se dégeler lentement. Ce dégel doit être lent. Quand la viande est dégelée, elle a repris ses propriétés primitives, comme aspect et comme saveur.

609. Conservation du lait. — Le lait étant un aliment *complet* et de première importance, il y a lieu de chercher à le mettre à l'abri des phénomènes de fermentation qu'il subit, sous l'influence de microbes qu'il prend à l'air. De plus il renferme souvent des germes dangereux, qui peuvent développer chez les enfants le choléra infantile et les diarrhées vertes; chez tous, la tuberculose, s'il provient de vaches tuberculeuses. On arrive à tuer ces germes par deux procédés : la *pasteurisation* et la *stérilisation*.

Dans le premier procédé, on porte le lait à une température de 70° à 75° et on le refroidit brusquement à 10° ou 12°. On arrive ainsi à tuer les microbes et, si l'on consomme bientôt le lait pasteurisé, son usage pourra être sans inconvénients.

Le procédé de la stérilisation consiste à porter le lait

à une température au moins égale à 100° et à fermer les bouteilles pendant qu'il est chaud, de sorte que l'air ne puisse y rentrer et y rapporter de nouveaux germes.

Ces deux méthodes sont pratiquées industriellement et livrent à la consommation des quantités considérables de lait, qui se conserve bien et est employé surtout à l'alimentation des enfants. Mais, comme toute opération industrielle comporte parfois des insuccès ou des négligences, il est préférable, quand on le peut, de stériliser le lait soi-même. Divers systèmes ont été proposés pour la stérilisation du lait à domicile : nous n'en décrirons qu'un.

On fractionne le lait dans des fioles, qui pourront elles-mêmes servir de biberons. On place ces fioles dans une espèce de panier à bouteilles, qu'on descend dans une marmite, où se trouve de l'eau jusqu'au niveau du lait dans les fioles. On place sur chaque fiole un disque en caoutchouc, présentant sur sa face inférieure une saillie conique qui entre librement par sa pointe dans le goulot. On fait bouillir l'eau de la marmite pendant quarante minutes. Le lait donne des vapeurs qui chassent l'air avec ses germes par le goulot, que ferme imparfaitement la saillie conique. Pendant ce temps, les microbes contenus dans le lait sont tués par l'élévation de température. On sort le panier à bouteilles avec ses fioles et on laisse refroidir. Les vapeurs se condensent et, par suite du vide partiel que produit la condensation, le bouchon, poussé par la pression atmosphérique, s'enfonce graduellement dans le goulot et ferme hermétiquement la fiole, sans que l'air extérieur puisse rentrer.

610. Conservation du beurre. — Le procédé le plus employé pour la conservation du beurre est le salage. Après avoir étendu le beurre en couches minces sur une table, on le saupoudre de sel finement pulvérisé, puis on le malaxe avec un rouleau, de manière à incorporer le sel dans la masse. La quantité de sel employé varie, suivant qu'on veut avoir du beurre demi-sel, salé moyennement ou sursalé. On emploie, en moyenne, 1 kilogramme de sel pour 20 à 25 kilogrammes de beurre.

Le beurre fondu est aussi employé. Pour le préparer, on le fond, puis on l'écume; on l'abandonne au repos, et on le décante en laissant au fond du chaudron le dépôt qui s'y est formé. On peut ajouter un peu de sel pour faciliter la conservation. Le beurre fondu est un produit d'assez mauvaise qualité.

611. Conservation des œufs. — Les procédés pour la conservation des œufs sont nombreux.

Appert les introduisait dans un vase qu'il remplissait de chapelure pour les empêcher de se casser les uns contre les autres, et les soumettait, pendant quelques minutes, dans un bain-marie, à une température de 70° environ. Ce procédé est encore employé.

On conserve aussi un grand nombre d'œufs, d'une manière économique, en les maintenant dans un bain d'eau de chaux. La chaux pénétrant au travers des parois de la coque forme avec la première couche d'albumine un ciment qui empêche l'air de pénétrer.

La gélatine, appliquée en couche mince sur les œufs, la préserve aussi du contact de l'air et en assure la conservation.

612. **Expériences simples.** — Dans un ballon mettre de l'eau et des petits pois, ou tout autre légume. Faire bouillir pendant une demi-heure; puis, en même temps qu'on enlève la lampe à alcool, boucher le ballon avec un bouchon de liège, qui a lui-même séjourné au moins 10 minutes dans l'eau bouillante. Cacheter à la cire, en plongeant l'extrémité du col du ballon et le bouchon dans de la cire à cacheter les bouteilles, que l'on a fait fondre. Le légume se conserve ainsi très longtemps sans altération.

Mettre du lait ou du bouillon dégraissé dans deux ballons; fermer le col d'un des ballons avec un tampon d'ouate et faire bouillir le liquide de ce ballon, pendant un quart d'heure environ. Si, quelques jours et même quelques mois après, on examine les deux ballons, on voit que le liquide contenu dans celui qui n'a subi aucune opération, et qui sert de témoin, s'est putréfié, tandis que l'autre n'a subi aucune altération. L'ébullition a, en effet, tué les ferments, et l'air qui est rentré dans le ballon, au moment du refroidissement, s'est tamisé à travers le tampon d'ouate, stérilisé lui-même par l'ébullition.

TABLE DES MATIÈRES

PREMIÈRE ANNÉE

DEUXIÈME ANNÉE

TROISIÈME ANNÉE

Coulommiers. — Imp. Paul BRODARD. — 389-1902.

LABOR